中央高校基本科研业务费专项资金(2021ZDPY0205)资助
内蒙古自治区科技计划项目(2060399-273)资助

干旱半干旱草原矿区生态累积效应及弹性应对机制研究

闫庆武 朝鲁孟其其格 董霁红 吴振华 等 著

中国矿业大学出版社
· 徐州 ·

内容简介

《干旱半干旱草原矿区生态累积效应及弹性应对机制研究》以内蒙古自治区鄂尔多斯市和锡林郭勒盟及神东矿区、准格尔矿区、白音华矿区、胜利矿区为研究对象，以遥感影像数据以及调查得到的基础地理数据、土地利用数据、土地覆盖数据、空气污染数据等作为基期数据，从研究区的景观格局干扰累积、植被退化累积、水土流失累积和空气污染累积四个方面构建生态累积效应指数，初步摸清了内蒙古矿区生态环境的现状以及影响因素，并提出一套煤矿区生态累积效应的弹性应对机制。

图书在版编目(CIP)数据

干旱半干旱草原矿区生态累积效应及弹性应对机制研究/闫庆武等著. —徐州：中国矿业大学出版社，2021.9

ISBN 978-7-5646-4972-2

Ⅰ.①干… Ⅱ.①闫… Ⅲ.①煤矿－矿区环境保护－累积效应－研究－内蒙古 Ⅳ.①X322.226

中国版本图书馆 CIP 数据核字(2021)第 042120 号

书　　名 干旱半干旱草原矿区生态累积效应及弹性应对机制研究
著　　者 闫庆武　朝鲁孟其其格　董霁红　吴振华 等
责任编辑 周　红
出版发行 中国矿业大学出版社有限责任公司
（江苏省徐州市解放南路　邮编 221008）
营销热线 (0516)83884103　83885105
出版服务 (0516)83995789　83884920
网　　址 http://www.cumtp.com　**E-mail**:cumtpvip@cumtp.com
印　　刷 苏州市古得堡数码印刷有限公司
开　　本 787 mm×960 mm　1/16　**印张** 19.5　**字数** 382 千字
版次印次 2021 年 9 月第 1 版　2021 年 9 月第 1 次印刷
定　　价 58.00 元

前　言

随着我国东部煤炭资源日渐枯竭，东部、中部地区受资源与环境约束的矛盾加剧，煤炭资源的开发向生态环境脆弱的西部煤矿区加速转移。受到地形、气候、植被覆盖等诸多自然条件的影响，我国西部煤矿区生态环境脆弱且承载力较小，长时间、大规模的煤炭开采导致了一系列生态环境问题。为了保障煤炭开发区的生态环境安全，降低煤炭资源开发所带来的生态风险，应在充分考虑矿区生态承载力的前提下，统筹考虑煤、水、土地等环境资源的空间配置关系，协调煤炭资源开发和生态环境之间的矛盾，考虑不同项目、产业之间的生态效应累积作用。因此，研究煤炭资源开发所导致的生态累积效应，评价、预测不同开发方式所导致的生态累积效应，探讨减缓生态累积效应的措施及方法是我国煤炭开发中需要深入研究的重要课题。

《干旱半干旱草原矿区生态累积效应及弹性应对机制研究》以内蒙古自治区鄂尔多斯市和锡林郭勒盟及神东矿区、准格尔矿区、白音华矿区、胜利矿区为研究对象，以遥感影像数据以及调查得到的基础地理数据、土地利用数据、土地覆盖数据、空气污染数据等作为基期数据，从研究区的景观格局干扰累积、植被退化累积、水土流失累积和空气污染累积四个方面构建生态累积效应指数，初步摸清了内蒙古矿区生态环境的现状以及影响因素，并提出一套煤矿区生态累积效应的弹性应对机制。

本书是2019年度内蒙古自治区科技计划项目“内蒙古干旱半干旱草原矿区生态累积效应及弹性应对机制研究”的主体内容和研究成果之一。全书共分9章，其中第1章介绍了研究背景、研究现状、研究内容和技术路线，主要由王文铭、厉飞、闫庆武等完成。第2章则介绍了研究区域现状，主要由厉飞、刘保丽、董霁红等完成。第3至第6章则分别对选取的四个生态累积效应研究指标，也就是景观格局干扰累积、植被退化累积、水土流失累积以及空气污染累积展开了研究，通过综合运用遥感、GIS以及随机森林等技术，剖析了研究区域各个指标的时空变化以及影响因素，并根据相关模型对各个指标进行了计算分析，以便为后续的生态累积效应的研究提供数据支持。其中，第3章主要由仲晓雅、李茂林、朝鲁孟其其格等完成，第4章主要由李茂林、刘保丽、董霁红、吴振华等完成，第5章主要由赵蒙恩、王文铭、闫庆武等完成，第6章主要由刘政婷、赵蒙恩、仲晓雅、朝鲁孟其其格等完成。第7章则根据所选取的指标以及各个指标的计算结果，在结合矿区实际情况的基础上，建立了矿区的生态累积效应模型，计算了研究区域的生态累积指数，并对生态累积效应的时空变化进行了分析，从而把握矿区生态环境系统的现状及演变趋势，主要由王文铭、闫庆武、董霁红等完成。第8章介绍了适合内蒙古干旱半干旱矿区的生态弹性调控机制，主要由厉飞、闫庆武、朝鲁孟其其格等完成。第9章介绍了煤矿区的水体提取和变化监测。全书内容和结构由闫庆武审定。

值此出版之际，感谢中央高校基本科研业务费专项资金(2021ZDPY0205)、内蒙古自治区科技计划项目(2060399-273)资助，感谢内蒙古自治区科学技术厅在项目实施中给予的指导和帮助，特别要感谢内蒙古自治区林业与草原局、内蒙古自治区草原勘察规划院、内蒙古蒙矿生态科技有限公司的各位同事在项目立项和实施过程中的大力支持。

由于水平所限加之时间仓促，本书难免存在一些不妥之处，恳请广大读者朋友指正。

著　者

2020年6月

目　录

第1章 绪　论

1.1 研究背景与意义

1.1.1 研究背景

21世纪是知识经济和全球经济一体化的世纪，经济活动和生态环境的相互影响日益加深，全球性人口增长、资源短缺、环境污染和生态恶化已成为人类面临的共同难题。越来越多的国家和地区把生态安全作为国家安全的基本战略，谋求经济与人口、资源、环境的协调发展已经成为全球的共同行动[1,2]。

党中央、国务院一直高度重视我国煤炭资源开发所导致的生态环境问题。矿产资源与土地不仅仅是我国经济快速发展的重要保证，也是全球经济与社会发展的重要基础。根据国家统计局发布的2019年国民经济和社会发展公报显示[3]，2018年全国累计原煤产量39.7亿t，比上年增长5.1%；煤炭开采和洗选业产能利用率为70.6%，与上年持平；煤炭进口量完成29 967万t，同比增长6.3%，进口金额1 605亿元，降低1.1%；全年能源消费总量48.6亿t标准煤，比上年增长3.3%。其中煤炭消费量增长1.0%，煤炭消费量占能源消费总量的57.7%，比上年下降1.5个百分点；煤矿百万吨死亡人数0.083人，下降10.8%。尽管煤炭消费量占能源消费总量的比例在逐年降低，考虑到目前我国仍处于新型工业化、新型城镇化快速发展的历史阶段，能源需求总量仍有增长空间，根据我国《能源中长期发展规划纲要(2004—2020年)》中提出的相关能源战略，在未来相当长一段时间内，煤炭能源仍然会是占主体地位的能源[4,5]。全国煤炭供需形势将保持稳中有进、稳中有升态势，未来5年煤炭消费仍将保持小幅增长趋势，总量维持在40亿t左右。

由于长期的大型煤炭开采活动(我国煤矿的主要开采方式为井工开采[6])，对周边的生态环境，例如景观格局、耕地、空气等造成了严重的影响。因此，如何合理开发煤炭资源，尽可能地减少对生态环境的损坏，实现矿区可持续发展已成为人们关注的热点，也是国民经济和社会发展规划研究的重要课题之一。

1.1.2 研究意义

《国务院关于促进煤炭工业健康发展的若干意见》(2005 年 6 月 7 日)明确提出，煤炭工业要走资源利用率高、安全有保障、经济效益好、环境污染少和可持续的煤炭工业发展道路，同时要统筹煤炭工业与相关产业协调发展，统筹煤炭开发与生态环境协调发展，统筹矿山经济与区域经济协调发展的要求；用 3～5 年时间，矿区生态环境恶化的趋势初步得到控制，再用 5 年左右时间，形成以煤炭加工转化、资源综合利用和矿山环境治理为核心的循环经济体系。《国家中长期科学和技术发展规划纲要(2006～2020)》也强调要重点研究和开发矿产开采区等典型生态脆弱区生态系统的动态监测技术。

煤炭资源开发对矿区生态环境存在胁迫作用，生态环境反过来对矿区经济社会的发展也存在约束机制。开展煤炭资源开发和生态环境之间相互关系的研究，是协调煤炭资源开发和生态环境关系的前提[7-10]，对实现矿区经济、社会和生态环境协调发展的目标具有重要的指导意义[11,12]。煤炭资源开发活动具有较强的时间持续性、空间扩展性、开发周期长等特点，具有较明显的累积效应特征。若想实现煤炭资源开发与生态环境的协调发展，就必须考虑矿区各种干扰行为在时间和空间尺度上的累积效应和系统影响。因此迫切需要开展煤炭资源开发的生态环境累积效应机理分析及研究。掌握了煤炭资源开发的生态环境累积效应，就可以从时空、布局、规模等方面控制或优化采矿及相关活动，减少累积效应的发生，进而有效减少煤炭开发对矿区生态环境系统的损害[13]。

随着我国东部煤炭资源日渐枯竭，中部受资源与环境约束的矛盾加剧，煤炭资源的开发向生态环境脆弱的西部煤矿区加速转移。《2019 煤炭行业发展年度报告》表明，2019 年，内蒙古、山西、陕西和新疆 4 个亿吨级煤炭生产省份原煤产量 29.6 亿 t，占全国的 76.9%，同比提高 1.7 个百分点。由此可见西部煤矿区已成为我国煤炭的主要生产地区。受到诸多自然条件的影响，如地形、气候、植被覆盖等，我国西部煤矿区生态环境脆弱且承载力较小，长时间、大规模的煤炭开采导致了一系列生态环境问题。2007 年的“大型煤炭基地煤炭资源、水资源和生态环境综合评价”项目报告显示，除云贵基地外，西部的大型煤炭基地均分布在干旱、半干旱地区；神东、陕北等基地的环境容量小；蒙东(东北)、宁东、黄陇等基地的环境容量较小。《煤炭工业发展“十三五”规划》指出，干旱半干旱煤矿区，水资源缺乏，植被稀少，生态环境脆弱，主要环境影响是地下水径流破坏、地下潜水位下降和地表水减少，这些引起地表干旱、水土流失、荒漠化和植被枯萎。西部地区资源丰富，开采条件好，生态环境脆弱，须加大资源开发与生态环境保护统筹协调力度。

为了保障煤炭开发区的生态环境安全,降低煤炭资源开发所带来的生态风险,应在充分考虑矿区生态承载力的前提下,解决煤炭资源开发规模、结构和布局,统筹考虑煤、水、土地等环境资源的空间配置关系,协调煤炭资源开发和生态环境之间的对立和矛盾,考虑不同项目、产业之间的生态效应叠加、累积作用。而要做到这一点,必须从源头做起,分析煤炭资源开发所导致的生态累积效应规律,评价、预测不同开发方案所导致的生态累积效应,探讨减缓生态累积效应的措施方法以及管理手段。但目前针对煤炭资源开发的生态累积效应研究尚属薄弱环节,理论研究明显不足,从而影响了上述工作的开展及实际效果。

1.2 国内外研究现状

1.2.1 生态累积效应研究现状

累积效应(Cumulative Effects)的概念[14,15]源于美国1973年颁布的《实施"国家环境政策法"(NEPA)指南》中的环境累积效应。关于该概念的描述较多,如"随着时间和空间的变化,加和以及聚集作用产生的影响会不断地增加和增效","性质相同活动的环境影响在时间或空间上的加和,或者性质不同的活动在时间和空间的相互作用所产生的环境影响"等。目前被普遍接受的是由美国环境质量委员会(USCEQ)于1997年提出的概念,即"累积效应是由已发生的过去的行为、现在的及可合理预见的将来要发生的一系列行为所导致的作用于环境的持续影响"。

生态累积效应具有时间、空间和人类活动导致的特征,即当作用于生态环境系统的两个扰动之间的时间间隔小于生态环境系统从每个扰动中恢复过来所需的时间时,就会产生时间上的效应累积或时间拥挤现象;当两个干扰之间的空间间距小于消除每个干扰所需的空间距离时,就会产生空间上的效应累积或空间拥挤现象;当各种人类活动之间具有时间重复和空间聚集或扩展的特征时,人类活动的方式、特征会影响累积效应发生的方式和结果。累积效应是人们从另一个全新的角度来看待环境问题的方式,它所揭示的重要现象是,当区域环境处于可持续发展的临界水平时,自身环境影响较小的开发活动,与其他开发活动对环境影响累积后,可能会带来重大的环境后果。区域性的环境恶化问题是由区域内所有开发行为之间在时间与空间上的协同累积作用所产生的。矿区生态环境的退化具有典型的累积效应的特点,其不仅受到煤炭资源开采的影响,而且也受到其他经济活动的影响,矿区生态环境服务功能的降低(如地力衰退、土地污染等)也是受到煤炭开采和人类其他活动等的时空叠加、累积影响所造成的。

累积效应分析(Cumulative Effects Analysis,CEA)是为了弥补传统环境影响评价(Environmental Impact Analysis,EIA)的缺陷提出来的。环境影响评价制度自1969年在美国以法律形式确定下来以后,在协调经济发展和环境保护方面发挥了巨大作用,世界各国纷纷引入了这项制度。但随着世界范围内环境破坏程度和范围的不断扩大,对环境影响认识的不断加深,尤其是在可持续发展的要求下,传统的EIA制度暴露了很多自身的缺陷,如对环境影响的时空效应、一个项目与其他项目之间对环境产生的综合影响或累积影响等考虑不够。由于累积效应分析的概念、目标等与可持续发展理论具有高度的一致性,因此,为了克服EIA的缺陷,世界各国都逐步拓展了EIA的范围,开展了累积效应分析方面的研究。目前,累积效应分析研究主要集中在美国、加拿大、澳大利亚和欧共体等国家,特别是美、加两国在累积效应评价的理论和实践上进行了多年的研究和探索,并取得了一些重要的成果[16]。Geppert等[17]把累积效应的思想首次运用到森林开采活动产生的环境效应研究中;Cocklin等[18]开发了分类模型以区分环境累积效应的影响源和累积作用方式;Smit和Spaling[19]进行了累积效应方法分类,并对方法的使用标准做出评价;Therivel和Ross[20]对累积效应的空间范围的确定进行了研究;Hosseini Vardei[21]利用景观指数进行森林内发达道路网络累积影响评估;Willsteed等[22]研究了海洋可再生能源开发的累积环境影响,指出应构建多学科综合的累积环境影响框架;Hodgson[23]在生态尺度上总结归纳了累积效应评估的6类方法,并提出多物种建模的方法。

但有关煤矿区生态累积效应评价的研究仍十分有限,国外仅有零星研究[24,25]。如Merriam等[24]通过构建累积效应线性评价模型评价了采煤活动对美国西弗吉尼亚阿巴拉契亚流域生态环境的累积影响。研究表明,区域的河流退化是地表开采、地下开采和住宅开发等复杂问题相互叠加、相互作用的结果。

近年来,生态累积效应分析及评价在我国也日益受到重视,一些学者对其基本概念与问题进行了介绍和分析。如毛文锋等[26,27]根据累积影响评价的特征,提出了累积影响评价的原则和框架,以指导和规范累积影响评价的实践。彭应登和杨明珍[28]分析了区域开发环境影响累积的基本特征与过程,建立了相应的概念框架,并提出了描述区域开发环境影响累积特征的指标。汪云甲等[29]则紧密结合矿区煤炭资源开发的特点,对矿区环境累积效应的特点、表征方法等进行了初步研究和探索。李佳承[30]采用遥感和GIS技术研究了青藏铁路建设和运营对沿线生态系统的累积影响;徐丽丽[31]通过构建生态累积效应模型,分析不同道路网络对盐城市带来的累积生态影响;李哲等[32]构建了景观类型结构偏离度模型来探究艾比湖典型区域的累积环境效应;曹晓萌[33]和潘海静[34]先后从丁坝群理论角度研究了其对河流环境的累积效应机理等。此外我国学者还针对诸如干旱半干旱地区开发、港口及水利建设、水域湿地景观演变、流域资源开发等方面累积影响效应开展了实证研究[35]。

在我国,由于煤炭资源在能源消耗构成中的占比较大,相关研究较国际上略多。如中国科学院、中国矿业大学、国土环境与灾害监测国家测绘局重点实验室等单位均开展了相关案例研究[36-39]。韩林桅等[36]针对煤电一体化开发建设活动,从建设活动、土壤环境、水资源、大气环境、生物、景观和生态7个方面筛选出29个生态环境因子,运用解释结构模型(interpretation structure modeling, ISM)对煤电一体化开发的生态累积效应因子进行关联与层次分析,揭示了煤电一体化开发产生生态累积效应的方式和途径,并分析煤电开发过程中不同开发建设活动产生的累积效应。结果表明,煤电一体化开发建设活动会造成多种生态环境影响,并且所引发的环境效应可以相互叠加、传递和累积。王行风等[37]以地理信息系统(GIS)为基础平台,结合系统动力学(SD)及元胞自动机(CA),建立SD-CA-GIS模型,对山西潞安矿区的社会、经济与环境因素进行时间及空间累积效应分析,对矿区在一定时间范围内土地利用变化的累积状况进行了评估。结果表明,随煤炭开采活动的进行,矿区内工矿用地等呈现累积性增加,其他土地类型呈累积性减少。该研究团队[38]通过构建基于景观演变的生态累积效应表征模型,利用遥感技术对矿区景观变化进行分析,探讨矿区煤炭开采活动对土地利用变化类型以及矿区景观生态的累积影响。结果表明,矿区景观空间累积负荷显著增强,同时还具有向外扩张趋势。此外,由于不同分区的人类活动的干扰强度具有差异,矿区的不同分区内也会表现出不同累积程度。连达军和汪云甲[39]基于场论与GIS技术,结合生态场理论构建了生态位元素体系,描述了采动生态势的确定方法以及生态环境采动累积效应的分析方法,并针对山西潞安矿区某开采沉陷区进行分析,得到该矿区主要生态位元素的采动累积效应规律,探究了矿区土壤覆盖、土壤侵蚀以及植被覆盖的煤炭采动累积效应变化,得出开采沉陷是造成矿区环境灾害的直接根源。

1.2.2 煤炭资源开发的生态累积效应研究

针对煤炭资源开发所引起的生态环境问题,国内外专家学者从多方面分析了煤炭资源开发对生态环境各要素的影响机理,探讨了矿区生态环境对煤炭资源开发的响应机制,并尝试对煤炭资源开发所引起的生态环境效应进行定量评价,有针对性地提出矿区生态环境保护措施、治理技术与管理对策等。

水土环境是矿区生态环境的重要组成要素,也是煤炭资源开发中破坏最直接最严重的对象之一,故引起较多学者的关注。卞正富等[40]系统研究了开采沉陷对潜水位埋深的影响规律；杨策等[41]以平顶山石龙区为例，从地下水资源量和水质两个方面探讨煤矿开采对水环境的破坏机理，分析了该区40余年来煤炭大规模开发所导致的地下水水位和水化学场变化及其原因，为矿区的生态环境综合整治提供了依据；胡振琪等[42]则结合华东平原高潜水位地区开采沉陷特征对耕地土壤物理、化学和生物特性的影响进行了分析；陈龙乾等[43]通过对沉陷影响区和未开采区观测数据的比较分析，得出了开采沉陷对土壤水分、容重、孔隙度、机械组成等物理特性和有机质、盐分、养分、酸碱性等化学特性的影响规律及其空间变异特征；顾和和等[44]进而定量评价了开采沉陷对耕地生产力的影响；李鹏波等[45]分析了矸石山对矿区和周围区域生态环境的物理、化学危害机理；余学义[46]预计分析了采动区地表剩余变形对高等级公路的影响并划定了移动变形危险区；李永树等[47]详细分析了铁路路基沉陷特征，提出了铁路安全预报公式及其防灾减灾措施，对铁路临界变形值的界定方法进行了深入研究；夏军武等[48]就开采沉陷对桥体的影响及抗变形技术进行了研究。

矿区生态环境的保护、治理和管理也是专家、学者和政府部门关注的焦点。更多的学者从技术层面对开采沉陷控制和减轻地面沉陷程度的方法、技术手段进行了探讨。如为了提高地表移动变形过程预计及对矿区环境影响分析的准确性，吴侃[49]提出了开采沉陷动态预计的实用算法。郭广礼等[50]根据荷载置换原理，提出了“条带开采—注浆充填固结采空区—剩余条带开采”的三步法开采沉陷控制新思路并进行了可行性研究；赵经彻等[51]则提出了兖州矿区“地表下沉盆地分割、离层带与冒落带全面注浆、拱基参数控制、注浆材料、农田保护”等5项地表沉陷控制综合方案。

综上可见，学术界研究侧重于煤炭资源开采对生态环境影响的系统分析和生态环境保护、治理、管理等方面，对影响效应研究较多，尚缺少从大时空尺度、生态环境约束角度，将煤炭资源开发与生态环境效应过程有机结合起来进行规律性的基础研究。

1.3 研究内容与技术路线

1.3.1 主要内容

本书以我国内蒙古锡林郭勒与鄂尔多斯的重点煤矿区作为研究对象，以遥感影像数据以及调查得到的西部重点煤矿区基础地理数据、土地利用数据、土地覆盖数据、社会经济数据、空气污染数据和其他数据等作为基期数据，从研究区的景观格局干扰累积、植被退化累积、水土流失累积和空气污染累积四个方面构

建生态累积效应指数(ECEI),具体如下:

对研究区域的大致情况进行了介绍,通过对锡林郭勒和鄂尔多斯两个研究区的基本情况的调查研究,从而根据研究区的基本情况有针对性地对研究区的各项生态累积因子以及最终的生态累积效应展开研究,并提出适合当地开展的生态保护与修复措施。

在景观格局干扰方面,通过多时相的遥感数据,以调查得到内蒙古鄂尔多斯市和锡林郭勒煤矿区基础地理数据、土地利用/覆盖数据、矿产资源数据、社会经济数据和其他数据等作为基期数据,进行土地利用分类,并对分类结果计算景观格局指数,分析景观格局变化,构建适合干旱半干旱草原矿区的景观生态风险模型,得到研究区的景观格局干扰累积指数。

在植被退化方面,通过 Landsat 影像数据获取 NDVI 指数,通过气象站点数据克里金插值得到降水与气温数据,并与水文数据中提取的高程、坡度、坡向数据以及其他人为因素数据结合,以像元二分法得到植被覆盖度指数,从而获取采矿活动对地表植被在时间、空间方面的影响信息和作用的强弱程度,寻找采矿区植被的动态时空变化规律,并计算得出研究区的植被退化累计指数。

在水土流失方面,以气象数据、高程数据、土地利用类型数据、土壤类型数据和遥感影像数据为数据源,并选择合适的因子计算得到 RUSLE 模型结果图,从而分析水土流失年变化趋势及原因,并计算得到研究区植被退化的累积指数。

在空气污染方面,以内蒙古的空气质量地面监测站点 $PM_{2.5}$ 数据为基础,结合 AOD、气象数据等,借助随机森林算法构建近地面 $PM_{2.5}$ 浓度与多因素之间的关系模型,获得了研究区的 $PM_{2.5}$ 浓度变化,并利用该数据对此地区长期 $PM_{2.5}$ 的时空模式进行分析,并计算得到研究区的空气污染累积指数。

在生态累积效应方面,在分析矿区发展与生态环境交互关系的基础上,选择了合适的生态累积效应评价指标以及评价模型,并以上述部分计算的生态累积效应评价指标结果对研究区的生态累积效应进行了计算分析,从而把握矿区生态环境系统的现状及演变趋势,为制定生态环境保护政策、合理选择资源开发速度和规模提供依据,以期降低或减缓累积程度效应。

根据研究结果对内蒙古矿区的开发与周边生态保护提出了一些简要措施,并结合研究区内矿区的实际情况进行了举例说明,为矿区资源的合理开发提供了一些建议和意见。

1.3.2 技术路线

本书选取了景观格局干扰、水土流失、植被退化以及空气污染四个方面生态累积效应的组成因子,在对这几个方面分别进行研究的基础上,建立生态累积效应模型，并将上述四个因子代入计算，得到了研究区 2000—2010 年以及 2000—2019 年两种生态累积效应结果，并进行分析评价。具体技术路线图如图 1-1 所示。

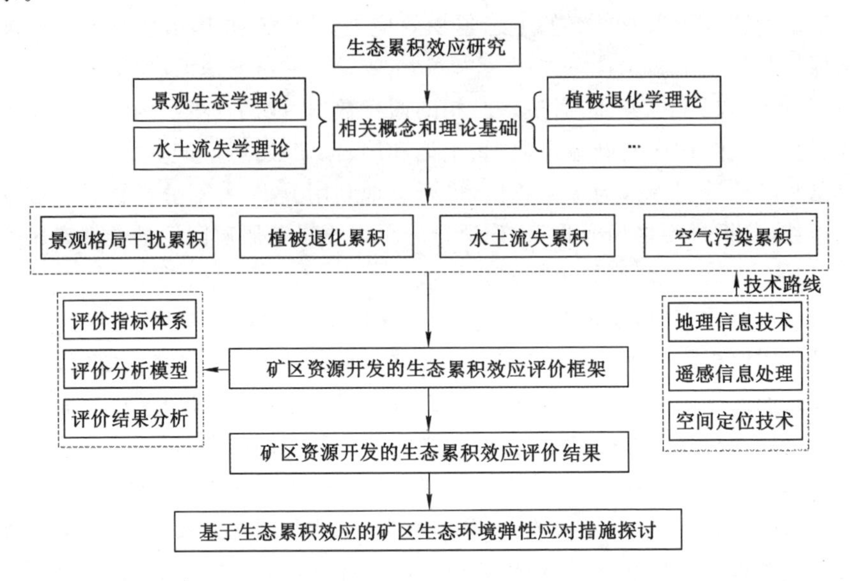

图 1-1　技术路线图

参考文献

[1] PRINZ D,SINGH A K. Water resources in arid regions and their sustainable management[J]. Annals of Arid Zone,2000,39(3):251-252.

[2] CINCOTTA R P,VINING D R. Double book review:two perspectives on five cities:modelling Asian urban population-environment dynamics[J]. Population & Environment,2001,23(1):127-131.

[3] 国家统计局. 中华人民共和国 2019 年国民经济和社会发展统计公报[N]. 中国信息报,2020-03-02(2).

[4] 陈宏念. 千米深井条带开采沉陷规律研究及应用:以张小楼矿区为例[D]. 徐州:中国矿业大学,2017.

[5] 王安妮. 沛北矿区积水特征的遥感监测与预测研究[D]. 徐州:中国矿业大学,2019.

[6] 张发旺,侯新伟,韩占涛,等. 采煤塌陷对土壤质量的影响效应及保护技术[J]. 地理与地理信息科学,2003,19(3):67-70.

[7] 朱松丽.我国煤炭开采生态环境保护相关政策措施评述[J].煤,2007(12):1-4.

[8] 邵艳,徐淑媛,陈明伟.煤炭开发建设项目生态环境影响评价因素分析[J].现代农业,2008(2):92-93.

[9] 马延吉.矿业城市资源集聚开采环境后效与持续发展[J].环境与可持续发展,2008(2):56-58.

[10] 张金锁,王喜莲.煤炭开采规模的影响因素及模型研究[J].能源技术与管理,2007(5):68-71.

[11] 刘刚.面向可持续发展的煤炭矿区循环经济模式研究[J].露天采矿技术,2008(1):65-67.

[12] 陈振斌,张万红.基于理想解法的和谐矿区评价[J].煤炭经济研究,2007(3):37-38.

[13] 王行风.煤矿区生态环境累积效应研究[D].徐州:中国矿业大学,2010.

[14] SPALING H. Cumulative effects assessment:concepts and principles[J]. Impact Assessment,1994,12(3):231-251.

[15] BURRIS R K,CANTER L W. Cumulative impacts are not properly addressed in environmental assessments[J]. Environmental Impact Assessment Review,1997,17(1):5-18.

[16] MACDONALD L H. Evaluating and managing cumulative effects:process and constraints[J]. Environmental Management,2000,26(3):299-315.

[17] GEPPERT R R,LORENZ C W,LARSON A G. Cumulative effects of forest practices on the environment: a state of the knowledge[M]. Washington:Ecosystems,1984.

[18] COCKLIN C,PARKER S,HAY J. Notes on cumulative environmental change[J]. Journal of Environmental Management,1992,35(1):51-67.

[19] SMIT B,SPALING H. Methods for cumulative effects assessment[J]. Environmental Impact Assessment Review,1995,15(1):81-106.

[20] THERIVEL R,ROSS B. Cumulative effects assessment:Does scale matter[J]. Environmental Impact Assessment Review,2007,27(5):365-385.

[21] HOSSEINI VARDEI M,SALMANMAHINY A,MONAVARI S M,et al. Cumulative effects of developed road network on woodland—a landscape approach[J]. Environmental Monitoring and Assessment,2014,186(11):7335-7347.

[22] WILLSTEED E,GILL A B,BIRCHENOUGH S N R,et al. Assessing the

cumulative environmental effects of marine renewable energy developments: Establishing common ground[J]. Science of the Total Environment,2017,577:19-32.

[23] HODGSON E E,HALPERN B S. Investigating cumulative effects across ecological scales[J]. Conservation Biology,2019,33(1):22-32.

[24] MERRIAM E R,PETTY J T,STRAGER M P,et al. Scenario analysis predicts context-dependent stream response to landuse change in a heavily mined central Appalachian watershed[J]. Freshwater Science,2015,34(3):1006-1019.

[25] SAINI V,GUPTA R P,ARORA M K. Assessing the environmental impacts of coal mining using analytical hierarchy process: A case study of Jharia coal-field,India[M]. [s. l.]:WSEAS Press,2015.

[26] 毛文峰,吴仁海. 可持续发展与累积影响评价[J]. 环境导报,1997(5):1-2.

[27] 毛文锋,陈建军. 累积影响评价的原则和框架[J]. 重庆环境科学,2002(6):60-62.

[28] 彭应登,杨明珍. 区域开发环境影响累积的特征与过程浅析[J]. 环境保护,2001(3):22-23.

[29] WANG Y J,ZHANG D C,LIAN D J,et al. Environment cumulative effects of coal exploitation and its assessment[J]. Procedia Earth and Planetary Science,2009,1(1):1072-1080.

[30] 李佳承,沈渭寿,林乃峰,等. 基于遥感和GIS的青藏铁路生态累积效应研究[J]. 生态与农村环境学报,2013,29(5):566-571.

[31] 徐丽丽. 盐城市道路网络对景观格局的影响和累积效应分析[D]. 南京:南京信息工程大学,2015.

[32] 李哲,张飞,张海威,等. 艾比湖典型区域景观格局及累积环境效应研究[J]. 环境科学与技术,2018,41(4):172-181.

[33] 曹晓萌. 丁坝群作用尺度理论及累积效应机理研究[D]. 杭州:浙江大学,2014.

[34] 潘海静. 非淹没大尺度丁坝群对河流系统的累积效应机理研究[D]. 杭州:浙江大学,2018.

[35] 林逢春,陆雍森. 幕景分析法在累积影响评价中的实例应用研究[J]. 上海环境科学,2001(6):288-291.

[36] 韩林桅,付晓,严岩,等. 基于解释结构模型的煤电一体化开发生态环境累积效应识别[J]. 应用生态学报,2017,28(5):1653-1660.

[37] 王行风,汪云甲,李永峰.基于SD-CA-GIS的环境累积效应时空分析模型及应用[J].环境科学学报,2013,33(7):2078-2086.

[38] 王行风,汪云甲,马晓黎,等.煤矿区景观演变的生态累积效应:以山西省潞安矿区为例[J].地理研究,2011,30(5):879-892.

[39] 连达军,汪云甲.基于场论的矿区生态环境采动累积效应研究[J].中国矿业,2011,20(5):49-53.

[40] 卞正富,张国良.矿山开采沉陷对潜水环境的影响与控制[J].有色金属,1999(1):3-5.

[41] 杨策,钟宁宁,陈党义,等.煤炭开发影响地下水资源环境研究一例:平顶山市石龙区贫水化的原因分析[J].能源环境保护,2006(1):50-52.

[42] 胡振琪,胡锋,李久海,等.华东平原地区采煤沉陷对耕地的破坏特征[J].煤矿环境保护,1997(3):6-10.

[43] 陈龙乾,邓喀中,许善宽,等.开采沉陷对耕地土壤化学特性影响的空间变化规律[J].土壤侵蚀与水土保持学报,1999(3):81-86.

[44] 顾和和,胡振琪,刘德辉,等.开采沉陷对耕地生产力影响的定量评价[J].中国矿业大学学报,1998(4):3-5.

[45] 李鹏波,胡振琪,吴军,等.煤矸石山的危害及绿化技术的研究与探讨[J].矿业研究与开发,2006(4):93-96.

[46] 余学义.采动区地表剩余变形对高等级公路影响预计分析[J].西安公路交通大学学报,2001(4):9-12.

[47] 李永树,韩丽萍.地表沉陷区铁路临界变形值的探讨[J].矿业研究与开发,2000(5):13-15.

[48] 夏军武,于广云,吴侃,等.采动区桥体可靠性分析及抗变形技术研究[J].煤炭学报,2005(1):17-21.

[49] 吴侃.开采沉陷动态预计程序及其应用[J].测绘工程,1995(3):44-48.

[50] 郭广礼,王悦汉,马占国.煤矿开采沉陷有效控制的新途径[J].中国矿业大学学报,2004(2):26-29.

[51] 赵经彻,高延法,张怀新.兖州矿区开采沉陷控制的研究[J].煤炭学报,1997(3):26-30.

第2章　研究区概况

本书的研究区为内蒙古自治区鄂尔多斯市以及锡林郭勒盟及其包含的4个矿区，分别是神东矿区、准格尔矿区、胜利矿区以及白音华矿区。

2.1　鄂尔多斯市概况

鄂尔多斯市坐落于内蒙古自治区的西南部位，总面积86 752 km^2。东、南、西分别与山西省、陕西省、宁夏回族自治区接壤，东北部、北部分别与呼和浩特市及包头市隔河相望，南部与陕西省榆林市接壤。东西长约400 km，南北宽约340 km。于2001年经国务院批准撤盟建市，正式挂牌成立鄂尔多斯市。全市辖有达拉特旗、准格尔旗、东胜区、伊金霍洛旗、杭锦旗、鄂托克旗、康巴什区、鄂托克前旗和乌审旗9个旗(区)。鄂尔多斯市属"呼包鄂"金三角地区。东部临近环渤海经济圈，形成与京津城市密集区、晋北经济区、辽宁城市密集区的联系；西部沟通我国西北，与宁夏、兰州、西宁等经济区联系，正好是我国西部大开发的前沿和东中西结合部，在国家西部大开发中具有承东启西的战略作用[1]。

2.1.1　自然特征

鄂尔多斯市地处鄂尔多斯高原，平均海拔1 000～1 500 m，西北高东南低，地势起伏不平，地形复杂，环抱在黄河几字湾内，南与黄土高原相连。地貌类型丰富多样，既有一望无垠的沙漠、沟壑梁峁的丘陵、辽阔壮美的草原，也有面积广大的起伏状高原。北部为黄河冲积平原，东部为丘陵沟壑区，中部为库布齐沙漠和毛乌素沙地，西部为广阔的起伏状高原。全市境内五大类型地貌，平原约占总土地面积的4.33%，丘陵山区约占总土地面积的18.91%，波状高原约占总土地面积的28.81%，毛乌素沙地约占总土地面积的28.78%，库布齐沙漠约占总土地面积的19.17%[1]。

鄂尔多斯市属典型北温带半干旱大陆性气候。日照丰富，一年总日照时长为2 716～3 194 h，多年平均气温6.2 ℃，境内年平均太阳辐射总量为593.47

kJ/cm²。1月均温−14～−8 ℃,7月均温22～24 ℃,由于地形的作用,四周气温较中部地区偏高。鄂尔多斯市四季分明,冬天寒冷,夏天炎热,昼夜温差大。降水少并且在时间和空间上分布不均匀。年降水量从东至西由400 mm递减至160 mm,多年平均蒸发量2 506.3 mm,为降水量的7倍以上;降水主要集中在7、8、9三个月份;东部地区年均降水量比西部地区高,年蒸发量却相反。全年多盛行西风及北偏西风,年平均风速为3.6 m/s,最大风速可达22 m/s。风力资源丰富,全年8级以上大风日数40 d以上[1-3]。

鄂尔多斯市土壤湿度东南部较西北部大,东南部至西北部递减趋势十分明显。鄂尔多斯市水资源总量约29.6亿m³,其中地表水14.1亿m³,地下水15.5亿m³。黄河东、西、北三面环绕鄂尔多斯市,过境全长728 km,多年平均过境水量300亿m³左右,据中国科学院考察队1961年普查,鄂尔多斯市(原伊克昭盟)有湖泊820个,湖水面积540 km²,占全市国土总面积的0.62%。鄂尔多斯市共有湿地119个,湿地总面积为16.98万km²,有三个湿地保护区[2]。

在土壤形成和发育的过程中,季节交替和昼夜大温差促进了岩石的"机械分化"和崩解,而岩石经过风化的残积物的化学变化和破坏作用极其缓慢,此为鄂尔多斯市风成砂性母质发育的风沙土广泛分布的主要气候因素之一。全市降水少且集中,与降水、蒸发相关的湿润度分布自东南至西北递减,由于热量的纬向性和降水的经向性变化,由东南至西北形成了栗钙土、棕钙土、灰钙土和灰漠土4个地带性土壤。鄂尔多斯市土壤共划分为9类,21亚类,60属,167种。境内其他类土壤面积51 km²,占全市土壤总面积的0.06%[2]。

鄂尔多斯市复杂的地质地貌结构和气候特征,决定了境内特殊的植被类型。鄂尔多斯市是中旱生植物资源较为丰富的地区之一,仅高等植物就有1 000多种。植被带自东向西呈中生、旱生、超旱生过渡,其中旱生、超旱生灌木有200种之多。2004年在森林分类经营区域界定时,按照国家规定,把天然柠条、沙地柏、四合木、绵刺、霸王、半日花等灌木纳入森林资源,森林覆盖率由新中国成立初期的4.65%上升到2010年的23.01%。从东南向西北,境内植被依次可划分为典型草原亚带、荒漠草原亚带和草原荒漠化亚带[4]。

2.1.2　自然资源

鄂尔多斯市有各类矿藏50多种,矿产资源主要有以下几种:① 煤炭,煤炭已探明储量1 676亿t,占全国的六分之一,有褐煤、长焰煤、不黏结煤、弱黏结煤、气煤、肥煤和焦煤等;② 石油、天然气,天然气探明储量8 000多亿m³,占全国的三分之一,天然气的成分以甲烷为主,乙烷、丙烷次之,另含有少量异丁烷、正丁烷、二氧化碳、氮气等;③ 油页岩,发现油页岩矿产7处,其中小型矿床3

处，矿点4处；④ 化工原料非金属矿产，主要为天然碱、芒硝、盐类、黄铁矿和泥炭，其次为与上述诸矿物伴生的钾盐、镁盐、溴、硼、磷矿，有矿床、矿点114处；⑤ 建筑非金属矿产，主要为石膏、石灰岩、石英砂及石英岩、白云岩和制砖黏土，其次为泥灰岩、大理岩、花岗岩、木纹石、石墨等；⑥ 铁矿，铁矿总储量为1 401.31万t，其中工业储量为508.64万t，远景储量为55.8万t，估计储量836.87万t；⑦ 铜矿，截至1988年底，伊克昭盟境内已发现铜矿床5处，其中矿点3处，矿化点2处；⑧ 锌矿，锌矿仅在鄂托克旗阿尔巴斯苏木境内发现一处矿化点；⑨ 耐火黏土，境内耐火黏土矿产资源包括高铝耐火黏土（含铝土矿、高铝矾土矿、铁矾土矿）、硬质耐火黏土、软质耐火黏土；⑩ 稀有金属、分散元素矿产，境内有稀有金属铌、钽，分散元素锗、镓，已发现矿点4处；⑪ 砂金，境内发现砂金矿床3处。

2.2 锡林郭勒盟概况

锡林郭勒盟地处我国的正北方，内蒙古自治区中部，是我国北方的门户地区。锡林郭勒盟草地类型复杂，生物种类繁多，不仅建有多个大型畜牧业生产养殖基地，更是保护北方生态环境的天然防护屏障。锡林郭勒盟东西横向水平长度约为700 km，南北垂直竖向长度约为500 km，全盟总面积为20.3万km^2，共含9旗、2市和1县。作为连接东北、华北、西北的枢纽地带，锡林郭勒盟南部紧挨河北省（张家口市、承德市），东部紧挨内蒙古自治区内的赤峰市、兴安盟及通辽市，西部与乌兰察布市相接，北部与蒙古国接壤，国境线长1 098 km。锡林郭勒盟是东北三省、华北平原与西北地区三者的交界处，同时又是北通欧亚的重要通道，其地理位置优越且意义重大。

2.2.1 自然特征

锡林郭勒盟地貌条件复杂，海拔在800～1 900 m之间，以高平原为主导兼具多种复杂地貌地区。地势总体呈南高北低，由东南方向向西北方向倾斜，其东部与南部存在较多低山丘陵，多为大兴安岭向西和阴山山脉向东延伸的余脉，同时与一定量的盆地纵横交错。其西部与北部地形较为平坦。东北部为乌珠穆沁盆地，河网密布，水源丰富。西南部为浑善达克沙地，自西北向东南延伸至中部，由一系列垄岗沙带组成，属半固定沙漠。

锡林郭勒盟属北温带大陆性季风气候，冬季寒冷干燥，夏季高温多雨，该气候具有“风大、干旱、寒冷”的显著特征。年平均气温在1～2 ℃之间，无霜期平均在100～120 d，结冰期长达150 d，寒冷期长达210 d。年气温差值可达35～42 ℃，日气温差值在12～16 ℃之间。境内降水主要集中在7、8、9月，降水量在

150～400 mm之间[5]，降水量由西北方向向东南方向递增，年平均降水量约为300 mm，降雪期约为5个月，为该年11月份至次年3月份，降雪总量在8～15 mm。年平均相对湿度小于60%，蒸发量由东向西为1 500～2 700 mm，5月、6月、7月太阳辐射能最高，最大蒸发量通常出现在这几个月份。全盟大部分区域年日照时间约为3 000 h。各地太阳辐射均在276 kJ/cm^{2}以上，日照率为64%～73%，同比均高于同纬度平原区[6]。

2.2.2 自然资源

锡林郭勒盟地处中纬度西风带，大部分地区属风能丰富区。目前风能主要被应用于牧民生活用电和农牧业生产，开发利用前景十分广阔。多数区域年平均风速在4～5 m/s，西部地区风速在5 m/s以上，最大风速在24～28 m/s，局部瞬时风速可达34 m/s，全年约有1/6的时间风力大于八级，且多为偏西风。

锡林郭勒盟地下水资源探明储量30.25亿m^3，探明可采储量7.44亿m^3。地下水资源共分为6个单元，分别为：① 大兴安岭西坡丘陵水文地质单元；② 乌珠穆沁盆地水文地质单元；③ 阿巴嘎熔岩台地水文地质单元；④ 苏尼特层状高平原水文地质单元；⑤ 浑善达克沙地水文地质单元；⑥ 察哈尔浅山丘陵水文地质单元。目前地下水利用率最高的两个水文地质单元是前两个，得益于这两个单元的地下水资源埋藏浅且储量大，易于开采。后4个单元，虽储量丰富，但不符合国家饮用水标准，暂不开采。

锡林郭勒盟地表水资源主要由20条河流构成，共分为三大水系，分别为滦河水系、乌拉盖河水系、查干诺尔水系，前者为外流河，后两者为内流河。水资源总流域面积为4.8万km^2，占全盟总面积的23.6%，年均径流量为5.9亿m^3。其中，滦河水系流经锡林郭勒盟长为25 km，流域面积6 366 km^2，占全盟总流域面积的10.3%。乌拉盖河水系年径流量2.4亿m^3，流域面积最大为3.7万km^2，沿途经过较多的湖泊、沼泽，地域广阔低平。全盟共有湖泊超过1 300个，总蓄水量不到40亿m^3。其中淡水湖泊670余个，蓄水量约为20亿m^3。其中有部分淡水湖水质为咸性，不宜人畜饮用和灌溉。

锡林郭勒盟土壤资源丰富，土类共分为16种，分别为：灰色森林土、黑钙土、栗钙土、棕钙土、石质土、粗骨土、沼泽土、灰色草甸土、盐土、碱土等。灰色森林土约占全盟土壤面积的1%，主要分布在东部及东北部地区，灰色森林土土层厚度大，有机质含量高，且多位于地势较高且潮湿寒冷处，是锡林郭勒盟的主要宜林土壤。黑钙土在全盟各地均有分布，但占比不大，黑钙土土层厚度大，且肥力强劲，主要作为农、林、牧业用地。栗钙土占据了全盟土壤面积的一半以上，在全盟各地均有分布，为主要牧业用地。棕钙土约占全盟土壤面积的六分之一，主要分布在草原向荒漠过渡的地带，多属于风蚀沙化区，土层厚度薄且肥力低，植被生长缓慢。风砂土约占全盟土壤面积的八分之一，主要存在于锡林郭勒盟中部沙地，风砂土所处地区生态环境恶劣，不适宜植物生长。

锡林郭勒盟是我国重要的畜牧业生产养殖基地，农牧业资源十分丰富。

在土地资源方面，锡林郭勒盟共有耕地约 19.1 万 ha，播种面积 20.4 万 ha，林地面积约 37.4 万 ha，草原面积 1 931.6 万 ha，可利用草原面积 1 807.3 万 ha。在草地资源方面，锡林郭勒盟草原总面积占全盟总面积的 96.8%，其中可利用草场面积占草场总面积的 90%[6]。全盟草原共有三种类型，分别为草甸草原、典型草原、荒漠草原。

2.3 矿区概况

研究区所包括的矿区中，神东矿区为井工矿区，其他皆为露天矿区，且基本都分布在干旱半干旱地区，矿区概况如表 2-3-1 所示。

表 2-3-1 四个矿区概况

序号	矿区名称	矿区地址	主要开采方式	说明
1	白音华矿区	锡林郭勒盟西乌珠穆沁旗	露天	干旱半干旱矿区
2	胜利矿区	锡林郭勒盟锡林浩特市	露天	半干旱矿区
3	准格尔矿区	鄂尔多斯市准格尔旗	露天	干旱半干旱矿区
4	神东矿区	鄂尔多斯市伊金霍洛旗	井工	干旱矿区

2.3.1 神东矿区

神东矿区是神府东胜矿区简称，位于内蒙古西南部，陕西、山西北部。煤系地层包括神东侏罗系和河东石炭二叠系(康家滩矿区)。其中侏罗纪煤田总面积为 31 172 km^2，探明地质储量为 2 236 亿 t，远景储量为 10 000 亿 t，占全国探明储量的四分之一，相当于 70 个大同矿区，160 个开滦矿区，是我国现已探明储量最大的煤田，该煤田与美国阿巴拉契亚煤田、德国的鲁尔煤田等并称为世界七大煤田，是国家“七五”“八五”“九五”计划重点建设项目。神华集团神府东胜煤炭有限责任公司经国务院批准，负责建设经营神东矿区大型骨干矿井及配套项目。神东矿区已成为我国具有国际先进水平的西部现代化能源基地[7]。

神东矿区所开采的范围是神东煤田的一部分。神东矿区位于榆林市神木市北部，府谷县西部，鄂尔多斯市的伊金霍洛旗和鄂尔多斯市的南部。矿区专用铁路与京包线、包兰线、神(木)—延(安)和神(木)—朔(州)—黄(骅港)铁路连通。由于地处半干旱地区,矿区原本人口稀少,但由于近几十年的煤炭资源开发,矿、厂、附属单位以及居民点星罗棋布。当地已经形成人口相对较多的新兴工业化地带,有包头—神木铁路和包头—府谷公路贯穿南北,交通条件十分便利。

神东矿区地处鄂尔多斯高原的毛乌素沙漠区,地表为流动沙及半固定沙所覆盖,最厚可达20～50 m。平均海拔为+1 200 m左右,属典型的半干旱、半沙漠的高原大陆性气候,区内不少地区气候干燥,年降水量平均为194.7～531.6 mm,年蒸发量为2 297.4～2 838.7 mm,区内地表水系不发育,主要有乌兰木伦河(窟野河)贯穿全区,植被稀少。由于地形地貌的原因,降水大部分形成地表径流而流失,渗入岩土层的不足15%,不利于地下水的补给渗入。地形切割强烈,沟谷纵横,大气降水多沿沟谷以地表水的形式排泄,地下水径流速度缓慢。由于构造简单,岩层产状平缓,构造裂隙不发育,不利于地下水的储集,形成区内承压水头高但水量小的特点。区内水文地质条件的基本特点是地下水较贫乏,总量相对较少,但往往在局部富集,对煤层开采构成威胁。

矿区西北为库布齐沙漠,多为流沙、沙垄,植被稀疏;中部为群湖高平原,地势波状起伏,较低地带多有湖泊分布,湖泊边缘生长着茂密的天然柳林;西南部为毛乌素沙漠,地势低平,由沙丘、沙垄组成,沙丘间分布有众多湖泊,植被茂密;东北部为土石丘陵沟壑区,地表土层薄。总体地形是西北高,东南低。

神东矿区先后建设了大柳塔煤矿(含大柳塔井和活鸡兔井)、补连塔煤矿、榆家梁煤矿、上湾煤矿、乌兰木伦煤矿、哈拉沟煤矿、马家塔煤矿和康家滩煤矿等8座矿井,其中大柳塔煤矿、补连塔煤矿、榆家梁煤矿和上湾煤矿等7座矿井已具备并达到年生产能力10 Mt水平。

2.3.2　准格尔矿区

准格尔矿区位于乌海-鄂尔多斯综合能源重化工矿产重点开采区域内,地跨陕西省榆林市府谷县、内蒙古自治区鄂尔多斯市准格尔旗,区内的准格尔煤田是国家规划矿区,也是内蒙古自治区主要的煤矿产区之一。

准格尔矿区地处鄂尔多斯高原的东南部及陕北高原的北缘,陕北黄土高原北缘与毛乌素沙漠过渡地带的东段。地形地貌方面,准格尔煤矿区为典型的丘陵沟壑地形;区内大部分为典型的风成沙丘及沙滩地貌,地势西北高东南低,中部高南北低,海拔1 200～1 400 m。气候属于典型的中温带大陆性气候,冬季漫长而寒冷,夏季炎热而短促,春秋气温变化剧烈。年降水少而集中,降水年季变化大,晴天多,海拔高,日照时间长,太阳辐射强。受季节风影响,夏季多偏南或偏东风,晚秋至初春多西北风[8]。

准格尔矿区位于鄂尔多斯高原东北部,地形西北高,东南低。较大的沟谷自北向南有孔兑沟、龙王沟、黑岱沟、哈尔乌素沟、罐子沟及十里长川等,延展方向多斜交或垂直地层走向。各支沟多呈树枝状分布,向源侵蚀为主。横断面多呈"V"字形,属于侵蚀性黄土高原地貌。各大沟谷的上游多有泉水流出,至中下游形成小溪。雨季山洪暴发,流量大而历时短促。各大沟谷也是排泄矿区内大气降水和地下水的主要通道。岩承压水则以地下径流排泄为主。

准格尔矿区矿产资源丰富,以能源矿山为主,其次为建材类非金属矿山,水气矿产非常稀少。研究区内主要矿产资源有:煤矿、油页岩、白云岩、玻璃用石英岩、大理岩、高岭土、建筑石料用灰岩、建筑用凝灰岩、建筑用砂、砂岩、石灰岩、石英岩、饰面用蛇纹岩、天然石英砂、砖瓦用页岩、砖瓦用黏土等。准格尔矿区煤矿资源主要集中分布于准格尔旗东部地区,以露天开采方式为主。

2.3.3 胜利矿区

胜利矿区位于内蒙古自治区锡林郭勒盟锡林浩特市北 2～5 km,属于蒙东煤炭基地,矿区呈北东、南西向条带状。锡林郭勒盟的草原属于典型的半干旱草原,胜利矿区内除盐渍化地、季节性水域、锡林河流域外均为典型草原。矿区共划分 10 个井田,包括 6 个露天煤矿、1 个露天锗矿和 3 个井工矿[9]。

胜利矿区地处蒙古高原,属于中温带半干旱大陆性气候。春季和秋季多风少雨,夏季炎热少雨,冬季寒冷漫长[10]。年平均降水量为 294.9 mm,主要集中于每年的 7、8 月份。

胜利矿区主要土壤类型为栗钙土,同时伴有盐土、碱土、沼泽土以及草甸土等类型。野生动物主要有苍鹰、黄羊、野兔等。草原类型主要包含草甸草原、典型草原和沙丘沙地草原[11]。植物以丛生禾、根茎禾草为主,包括小叶锦鸡儿、羊草和克氏针茅等,南部沙地主要植被为散生榆、沙蒿灌丛以及天然灌木柳。

2.3.4 白音华矿区

白音华矿区,位于内蒙古中东部大兴安岭南段北侧,地处辽阔的锡林郭勒大草原腹地,煤田走向长度约 60 km,倾向宽约 8.5 km,面积 267.02 km^2,煤炭资源储量 140.7 亿 t。煤田沿走向自南西向北东分别为一、二、三、四号露天煤矿。

白音华矿区海拔 1 000～1 200 m,地形呈南高北低,东高西低。除外围有低山丘外,区内均为广阔的草原和起伏很小的丘陵地带。主要地貌特征为高原低山缓坡状丘陵地形,矿区内地形较为平缓。区内为富饶、辽阔的草原,植被类型主要为草甸草原植被。在矿区河湖地表水体发育地段有沼泽植被发育,有芦苇、芨芨草等喜水植物分布。草原植被覆盖度较高,生态环境良好[12]。

白音华矿区外围有大面积裸露的侏罗纪火山碎屑岩及石炭纪变质岩。地层区划属于天山-兴安岭分区西乌珠穆沁旗小区。煤田成煤于晚侏罗-早白垩纪，属独立的山间断陷盆地型煤田。区域内所见地层有第四系、侏罗系、石炭系。区域构造受新华夏系构造体系控制，是体系中一系列雁行式排列盆地群中的一个含煤盆地。

白音华矿区远离海洋，属大陆性半干旱草原气候，春季干旱多大风，冬季寒冷漫长，年温差变化较大。据罕乌拉气象站 22 年的资料，最高气温 36.1 ℃，最低气温 −40.7 ℃。年平均降水量为 355.2 mm，蒸发量为 1 632.6 mm。降水量年际变化较大，雨季主要集中在每年的 6～8 月份。每年 9 月至翌年 5 月为霜冻期，最大冻土深度 3.27 m。春季多风，一般为 4～9 级，最大风速约 20 m/s，以西北风居多，平均风速 5.1 m/s；夏季平均风速 2.9 m/s，年平均风速为 2.3 m/s。全年以春季风速最大，大风日数 60 d 左右，沙尘天平均为 14 d。全年日照时数为 2 894 h，历年平均无霜期 106 d 左右。

参考文献

[1] 丁晓东. 基于生态功能区划的鄂尔多斯林业可持续发展研究[D]. 呼和浩特：内蒙古师范大学，2013.

[2] 嘎毕日. 鄂尔多斯高原土地利用/土地覆被变化及驱动机制研究[D]. 呼和浩特：内蒙古师范大学，2007.

[3] 姜淑琴. 鄂尔多斯市风沙灾害孕灾环境风险评价[D]. 呼和浩特：内蒙古师范大学，2010.

[4] 崔桂凤. 基于 GIS 的鄂尔多斯市生态环境监测与评价[D]. 呼和浩特：内蒙古师范大学，2010.

[5] 张连义，张静祥，赛音吉亚，等. 典型草原植被生物量遥感监测模型：以锡林郭勒盟为例[J]. 草业科学，2008，25(4)：31-36.

[6] 孙秀云. 锡林郭勒盟草地物候时空演变及其气候影响因素分析[D]. 邯郸：河北工程大学，2020.

[7] 伊茂森. 神东矿区浅埋煤层关键层理论及其应用研究[D]. 徐州：中国矿业大学，2008.

[8] 罗政. 基于 RS 的土地退化研究[D]. 北京：中国地质大学，2018.

[9] 邢龙飞. 基于 GIS 的露天矿区景观生态网络格局研究[D]. 徐州：中国矿业大学，2019.

[10] 白中科. 山西矿区土地复垦科学研究与试验示范十八年回顾[J]. 山西农业

大学学报(自然科学版),2004(4):313-317.
[11] 王石英,蔡强国,吴淑安.首都圈上风向农牧交错带的土地利用评价[J].资源科学,2004(增刊):67-73.
[12] 巴音.基于生命周期的露天矿区土地生态质量演变研究[D].徐州:中国矿业大学,2017.

第 3 章　煤矿区景观格局变化研究

内蒙古作为我国重要的资源战略基地，矿产资源丰富，矿产种类多，储量大且分布广泛。内蒙古草原位于欧亚大陆内部干旱半干旱气候区的温带草原东南部，气候干旱，植被以草原荒地为主，生态环境脆弱，作为我国北方重要的生态屏障，其生态系统的稳定对生态安全起着十分重要的作用。随着矿区采煤量的增加和采矿区的扩大，煤炭开采在促进经济发展的同时造成了矿山生态环境损伤，从而造成矿区人口、资源、环境三者之间的矛盾日益突出，直接威胁到矿区生态安全与社会可持续发展。

土地利用/土地覆被变化是影响区域生态系统的重要因素，本研究根据内蒙古干旱半干旱草原矿区实际情况结合遥感数据，制作土地利用景观类型分类图，为区域长时间序列的相关研究提供了数据基础，便于后续研究工作的开展。基于地理学、景观生态学、空间统计学、地统计学等理论，在分析矿区土地利用景观类型变化的基础上，寻找干旱半干旱草原矿区景观格局时空演变规律，对不同尺度下人类活动对于矿区景观格局的干扰展开探讨。构建景观格局生态累积风险指数，分析区域尺度和矿区尺度下生态累积风险的变化，为矿区的生态环境动态监测和预警提供技术支持，为土地利用景观类型的时空合理配置提供科学依据，以促进矿区人口、资源、环境的可持续发展。

3.1　国内外相关研究进展

景观可概括为狭义和广义两种，狭义景观是指几十公里至几百公里范围内，由不同生态系统类型所组成的异质性地理单元；广义景观则是指现在从微观到宏观不同尺度上的，具有异质性或缀块性的空间单元[1]。景观格局是不同大小和形状的景观要素在空间上的排列组合，它是景观异质性的具体体现，又是各种生态过程在不同尺度上作用的结果。景观生态学是研究景观单元的类型组成、空间配置及其生态学过程相互作用的综合性学科。强调空间格局、生态学过程与尺度之间的相互作用是景观生态学的核心所在[2]。长期以来，景观格局与景观过程作为景观生态学的研究核心，国内外众多学者相继开展了与之相关的研究，并取得了大量的成果[3-5]。

3.1.1 景观格局研究现状

3.1.1.1 研究尺度的选择

景观格局演变特征总是随着时空尺度的变化而变化，在相同时间尺度下，不同空间尺度的景观格局变化特征也会有所不同[6]。尺度问题是所有生态学研究的基础[7]，在景观生态学研究中根据研究对象和目的选择最适宜的研究尺度尤为重要。

景观格局具有层次结构和尺度依赖性，因此研究者在对景观格局的尺度效应展开研究时会注意到比例尺对于景观格局尺度效应的影响。赵文武等[8]认为景观格局指数的尺度效应受粒度和比例尺的交互作用，不同比例尺条件下的适宜粒度存在一定差距。丁雪姣等[9]采用景观生态学与统计学相结合的方法通过设置不同的栅格大小研究景观指数的尺度效应并选取出了安徽省土地覆被研究合适的粒度范围。

景观格局的尺度不仅受到人为处理的控制，还受影像分辨率的限制。Dewitt 等[10]发现 Landsat 陆地卫星影像分类结果并没有完全捕捉到小尺度下研究区域的人工和小规模钻石开采活动。Alhamad 等[11]以约旦地中海旱地为研究区域，检查了 50 个景观格局指数对大范围图像粒度的响应，使用相关分析和主成分分析获得了 6 个代表性的指数来描述地中海的景观格局变化。

因此部分学者在使用景观格局指数描述区域土地利用时空变化时，会进行不同分辨率大小的数据之间景观格局指数的比较，以便选择最适宜的研究尺度[12,13]。

3.1.1.2 景观格局的动态变化

景观格局的动态时空变化一直是生态环境研究的热点，主要依托于土地利用/土地覆被变化来研究景观类型结构变化和景观形状变化，常用的方法包括定性描述法、景观分类图叠加分析法和景观格局指数法。景观格局指数是指能够高度浓缩景观格局信息，反映其结构组成和空间配置方面的简单定量指标[2]。通过景观格局指数可以对景观的组成特征、空间配置以及动态变化等进行定量的研究，因此在对景观格局的动态变化开展分析时景观格局指数法受到了广泛的应用。杜金龙等[14]以土地利用数据为基础，利用 GIS 技术(Geographic Information Systems，GIS)和景观生态学方法，对研究区的景观格局时空变化特征进行了分析。王海君等[15]以内蒙古自治区鄂尔多斯市鄂托克旗荒漠化草原景观为对象，选取 1978 年、1991 年、1999 年、2002 年和 2007 年遥感影像资料进行解译和土地利用分类,使用10种景观指数对研究区域进行景观格局时空动态分析。

目前,在景观生态学中常用于分析景观格局动态发展变化的模型可大致分为数量模拟与预测模型、空间格局模拟与预测模型、综合预测模型三类[16]。数量模拟与预测模型主要包括回归分析模型[17]、马尔科夫模型[18]和人工神经网络模型[19]等,该类模型主要从数量角度对研究区域的景观格局进行预测,但空间表现力不强。荣子容等[20]以辽河口湿地景观格局为例,建立二元Logistic回归模型来解释湿地景观格局变化的驱动力及其作用机理。空间格局模拟与预测模型主要包括Agent模型[21]、CLUE-S模型[22]和元胞自动机模型[23]等,该类模型主要用于预测和模拟景观格局的时空变化,具有较强的空间表现力,但精度相对数量模拟与预测模型较差。Barau等[24]基于马来西亚依斯干达地区的土地利用/土地覆被图,利用Agent模型模拟了投资驱动下城市的景观破碎化格局动态变化,认为城市的可持续发展仍需要在经济发展和生态利益之间取得平衡。综合预测模型以CA-Markov模型[25]为代表将上述模型相结合,在提高模型精度的同时也有较好的空间表现能力。Rimal等[26]利用历史土地利用/土地覆被图和几个生物物理变量,使用CA-Markov模型预测2026年和2036年尼泊尔东部低地快速发展地区未来的城市扩张,模拟分析表明城市扩张仍将持续,耕地面积还会出现减少。

3.1.1.3 景观格局的驱动力分析

景观格局的驱动力分析是在景观格局变化分析基础上,进一步揭示景观格局变化的原因、基本过程和内部机制等,以期为预测景观格局变化和制定相应管理对策等提供服务[27]。

不同类型的地域景观格局时空变化及其驱动力都存在一定的差异,国内外学者以绿洲[28,29]、流域[30,31]、湿地[32,33]、草原[34,35]、城市[36,37]等为研究对象,对景观格局的时空变化及其驱动力开展了多角度的探讨。

随着人口增加、城市扩张,耕地、建设用地等人类活动区域扩张往往会对自然景观生态格局造成一定的影响。Sun等[38]利用景观格局指数对黑河中游典型农业绿洲区域的绿洲演化进行了研究,并对景观破碎化进行了评价,发现耕地空间扩张和面积增长是绿洲增长的主导因素。Wang等[39]通过分析10个景观格局指数的变化对玛纳斯流域的1989—2014年景观格局变化展开研究,认为人口的涌入和盐碱地的开垦是导致该区域景观格局发生变化的主要驱动力。张敏等[40]结合GIS技术和景观格局指数方法对白洋淀湿地景观格局变化特征及其驱动力机制进行了分析,认为人口和社会经济发展是影响白洋淀景观格局变化的主要因素。

对于城市的景观格局变化而言,人类在城市内部的生活生产活动是不可忽视的影响因素。Hersperger 等[41]提出一种量化景观格局变化主要驱动力组的贡献的方法，通过对瑞士 5 个行政区的景观格局变化展开研究，发现经济驱动因子和政治驱动因子对于景观格局变化的影响较为显著。Fan 等[42]利用河南省封丘县的卫星影像和社会数据，分析了景观格局变化及其驱动力，认为人类活动尤其是人口增长是影响河南省封丘县景观格局变化的主要驱动力。韩彤彤等[43]对太原城区景观格局的遥感影像进行解译获得太原城区不同时期景观格局类型图，对其进行景观动态、景观转移矩阵、景观格局重心转移和景观指数分析，认为太原城区景观格局变化的驱动力由自然因素、经济因素和社会政策因素共同决定。

3.1.2 矿区景观格局研究现状

随着城市的扩张和科技的发展，人类的干扰对景观格局产生了较大影响，其中地表采矿和农业文化集约化的影响较为显著[44]。针对矿区资源开发所引起的生态环境问题，国内外专家学者从多方面对矿区的景观格局变化以及生态评价展开了探讨，并尝试有针对性地提出可以有效应对矿区生态环境问题的保护措施、治理技术与管理对策。

3.1.2.1 *矿区景观格局变化*

矿区城市的城市发展与采矿活动往往有着密不可分的关系，而城市扩张与采矿活动会导致城市景观格局发生较大的变化。Zhang 等[45]利用 GIS 和 RS (Remote Sensing, RS)技术，通过使用五个景观指标研究了 1986 年至 2013 年城市采矿复合区城市扩张的景观变化模式和驱动力，将城市采矿复合区看作是一个由城市子系统、农村子系统、工业子系统和自然环境子系统组成的系统，受采矿活动的影响，这类城市的城市扩张比一般城市更为复杂。王云涛[46]以我国典型的资源型矿业城市鞍山市为研究区域，应用景观格局指数、遥感技术与地理信息系统等分析鞍山矿业景观格局动态演变规律及存在的景观生态问题，认为研究景观生态恢复与重建时应根据大型铁矿与小型铁矿的特点分别进行有针对性的分析。

采矿活动对于自然景观的影响同样也是不可忽视的。张晓德等[47]应用景观生态学的方法，对锡林浩特市 1995—2015 年矿产开采情况和草原景观的动态变化进行分析，发现矿区数量的增加和原有矿区面积的不断扩大对草原景观的面积以及连续性产生一定影响。马雄德等[48]构建荒漠化遥感监测模型，分析了榆神府矿区土地荒漠化的时空规律，认为想要减少该区域荒漠化，持续的生态环境建设和矿区土地复垦是最主要的方法手段。

在采矿对于景观格局的影响相关的研究中，国内外学者采取多种方法展开了探讨。Csüllög 等[49]在匈牙利基于采矿需求和采矿废弃物的数据库，制定出景观负荷指数以及特定地理景观单元采矿负荷指数，揭示了采矿对于匈牙利景观格局的影响。梅昭容等[50]使用剖面线分析在适宜的尺度下利用移动窗口法对昆明市某露天矿的景观格局指数进行空间化，并在此基础上对矿区景观格局的时空变化进行了分析。徐嘉兴等[51]以徐州沛北矿区为例，应用 GIS、景观生态学和数理统计方法，分析了该区土地利用结构和景观格局变化，并从生命周期的角度探讨了煤炭开采对景观格局演变过程的影响，从而揭示了煤炭开采对矿区土地利用景观格局变化的影响。这些研究的目的都在于尝试用定量的方法对采矿对于土地利用方式的影响进行描述，从而为矿区的土地复垦以及景观恢复提供依据。

3.1.2.2　*矿区景观生态评价*

矿区景观生态评价基于景观生态学，结合景观格局指数构建景观生态评价模型，从而体现矿区景观生态格局的变化情况，为矿区的生态环境保护、土地生态系统的修复以及土地利用规划提供参考和依据。常用的景观格局指数有景观破碎度指数、景观脆弱度指数、景观多样性指数等。王行风等[52]基于累积效应原理和景观分析原则构建了煤矿区景观生态累积效应表征模型，并以山西省潞安矿区为例进行分析。Xu 等[53]以徐州沛县煤矿矿区为例，提出了一种基于景观生态学理论、RS 和 GIS 技术的景观生态评价模型，用于煤矿矿区复垦前后景观生态质量的监测与评价。

景观格局指数评价法常与 GIS 空间分析技术相结合，体现矿区景观生态在空间上和时间上的分布与变化。吴健生等[54]从景观斑块的层面，以平朔矿区为例构建综合指数定量评估露天矿区景观生态风险，并采用 ESDA 方法分析了矿区景观生态风险的空间分异特征。王涛等[55]利用 GIS 空间分析技术，对东滩煤矿区开采前后的景观格局开展矿区景观类型转移矩阵分析、景观格局变异分析以及其景观生态风险评估的研究，发现矿区煤炭开采对于景观生态产生了极大的影响。Wang 等[39]通过测绘和量化多个时空尺度上的变化，评估采矿扰动和恢复对生态系统的累积影响，并利用景观格局指数分析了景观变化。

3.2　研究内容及数据处理

3.2.1　研究内容

本章以我国内蒙古自治区鄂尔多斯市和锡林郭勒盟煤矿区为研究对象，以调查得到的鄂尔多斯市和锡林郭勒盟煤矿区基础地理数据、土地利用/覆盖数据、矿产资源数据、社会经济数据和其他数据等作为基础数据，利用土地利用景观类型现状遥感监测数据，研究矿区人为活动造成的矿区景观格局变化，为找寻煤矿区景观格局演变的规律奠定基础。主要内容包括：

(1) 对鄂尔多斯市和锡林郭勒盟的遥感影像做预处理、分类与解译，在中国科学院资源环境科学与数据中心土地利用数据的基础上制作两市/盟土地利用分类图，并对两市/盟的土地利用景观类型时空动态变化进行分析。

(2) 合理选择景观格局指数，利用 Fragstats4.2 软件对两市/盟以及矿区的景观格局进行处理，并根据结果对研究区域的景观格局时空动态变化进行分析。

(3) 根据景观生态学理论构建景观意义上的区域生态累积风险指数，结合空间统计学及地统计学理论，探究 2000—2019 年研究区景观格局生态累积风险的时空变化情况及异质性分布规律。

本章主要致力于对研究区域进行景观格局演变的分析以及景观生态风险的动态评价，调查研究区内景观类型的划分，分析景观格局变化，构建适合于干旱半干旱草原矿区的景观生态累积风险模型，揭示研究区生态风险的演变及在空间上的分异特征，对 2005—2019 年研究区域的生态累积风险进行评价。详细技术路线如图 3-2-1 所示。

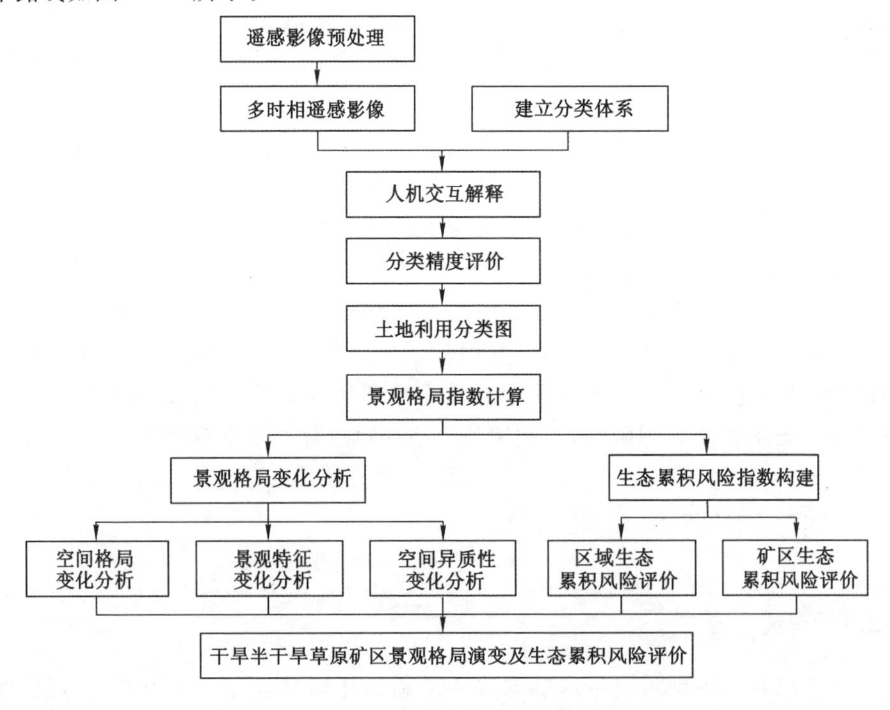

图 3-2-1 技术路线图

3.2.2　遥感影像数据

本章中，利用地理数据云(http://www.gscloud.cn/)下载的 Landsat5 TM 和美国地质调查局官方网站(https://earthexplorer.usgs.gov/)下载的 Landsat8 OLI 在鄂尔多斯市和锡林郭勒盟两处的影像，选取 2000 年、2005 年、2010 年、2015 年和 2019 年共 5 期数据，进行土地利用分类处理。Landsat5 TM 和 Landsat8 OLI 的产品参数分别如表 3-2-1 和表 3-2-2 所示。

表 3-2-1　Landsat5 TM 产品参数

产品类型	Level 1T 标准地形校正
分辨率	1～5,7:反射波段(30 m);8:全色波段(15 m);热波段 6H 和 6L(60 m)
输出格式	GeoTIFF
取样方法	三次卷积 (CC)
地图投影	UTM-WGS84 投影坐标系
地形校正	L1 数据产品已经经过系统辐射校正和几何校正
重访周期	16 天
倾角	98.2°
运行周期	98.9 min
轨道类型	近极地太阳同步轨道

表 3-2-2　Landsat8 OLI 产品参数

产品类型	Level 1T 标准地形校正
分辨率	1～7,9:OLI 多光谱波段(30 m);8:OLI 全色波段(15 m); 10,11:TIRS 波段(30 m)
输出格式	GeoTIFF
取样方法	三次卷积 (CC)
地图投影	UTM-WGS84 投影坐标系
地形校正	L1 数据产品已经经过系统辐射校正和几何校正
重访周期	>72 h
倾角	98.2°
运行周期	98.9 min
轨道类型	近极地太阳同步轨道
轨道高度	705 km

3.2.3 土地利用景观类型数据处理

以 Landsat5 TM 和 Landsat8 OLI 影像数据为基础，利用 ENVI 软件对 2000 年、2005 年、2010 年、2015 年和 2019 年遥感影像进行波段融合、辐射定标、大气校正、影像镶嵌拼接等预处理。

根据国土资源部（现自然资源部）组织修订的国家标准《土地利用现状分类》（GB/T 21010—2017）结合研究区域实际情况把研究区域土地利用景观类型分为耕地、植被、水域、城镇用地、工矿用地和其他用地六类（表 3-2-3）。

表 3-2-3 遥感影像解译地类及景观类型对应表

土地利用景观类型		实际包含地类
遥感解译地类	景观类型	
耕地	农业景观	水浇地、旱地、茶园、果园、农用地等
水域	水体景观	河流、湖泊、水库、沟渠、滩涂等
工矿用地	建设景观	工矿企业、仓储及其附属设施等
城镇用地	城市景观	城市、建制镇、乡村成片居民地等
植被	植被景观	天然草地、人工草地、有林地、灌木林地、其他草地、其他林地等
其他用地	其他景观	沙地、裸地、盐碱地、交通用地等其他地类

建立各种土地利用景观类型的解译标志对影像进行遥感解译，主要以目视解译为主，参考 Google Earth 历史影像和中国科学院资源环境科学与数据中心发布的 2000 年、2005 年、2010 年、2015 年和 2018 年的土地利用分类数据，获得鄂尔多斯市和锡林郭勒盟的土地利用数据，实地考察进行核实、补充和完善，得到 2000 年、2005 年、2010 年、2015 年和 2019 年研究区域的土地利用景观类型数据。使用第二次全国土地调查数据进行了精度验证，总体精度和 kappa 值均大于 0.8，分类精度满足研究需求。

3.3 研究方法

3.3.1 空间分析法

空间分析是为了解决地理空间问题而进行的数据分析与数据挖掘，是从 GIS 目标之间的空间关系中获取派生的信息和新的知识、从一个或多个空间数据图层中获取信息的过程。

3.3.2 景观格局指数

随着景观生态学、地理信息系统技术和遥感技术的迅速发展,景观格局指数为土地利用空间配置的量化提供了一种有效的方法[56]。利用景观格局指数方法量化景观组成与空间配置,定量分析景观水平与类型水平上景观格局指数,对于优化景观要素空间配置、支撑内蒙古干旱半干旱草原矿区的管理具有重要的科学意义。

(1) 斑块类型所占景观面积比例

$$E_{\mathrm{PLAND}} = p_i = \frac{\sum_{j=1}^{n} a_{ij}}{S_{\mathrm{TA}}} \times 100 \tag{3-3-1}$$

式中,a_{ij}为斑块ij的面积,p_i为斑块类型i所占整个景观的比例,S_{TA}为景观总面积。E_{PLAND}的取值范围为0~100。当其值接近于0时,说明该斑块类型在景观中较为稀少;当取值为100时,说明景观由一种类型的斑块构成。E_{PLAND}能够体现景观格局变化时某一斑块类型在景观中丰度比的变化。

(2) 最大斑块指数

$$E_{\mathrm{LPI}} = \frac{\max a_{ij}}{S_{\mathrm{TA}}} \times 100 \tag{3-3-2}$$

式中,a_{ij}为斑块ij的面积,S_{TA}为景观总面积。E_{LPI}的取值范围为0~100。当其值接近于0时,说明该景观类型的最大斑块的面积较小;当取值为100时,说明景观由一种类型的斑块构成。E_{LPI}用于度量多大比例的景观面积,是由该斑块类型的最大斑块决定的,能够在一定程度上体现景观类型的优势度。

(3) 形状指数

$$E_{\mathrm{LSI}} = \frac{e_i}{\min e_i} \tag{3-3-3}$$

式中,e_i指类型的边缘总长度,包括涉及斑块类型i的所有景观边界线和背景边缘;$\min e_i$为e_i的最小可能值。E_{LSI}相当于相关斑块类型的总边缘长度除以总边缘长度的最小可能值,其取值范围为$E_{\mathrm{LSI}} \geqslant 1$。当$E_{\mathrm{LSI}}$大于1时,说明景观中该类型的斑块只有一个,且为正方形或接近正方形。随着斑块类型的离散,它逐渐变大且没有最大限制。

(4) 分维数

$$E_{\mathrm{FRAC}} = \frac{2\lg(P/4)}{\lg a} \tag{3-3-4}$$

式中,P为斑块周长,a为斑块面积。E_{FRAC}为2倍1/4斑块周长的自然对数除以面积的自然对数值,其取值范围为1~2。单个斑块周长越简单,E_{FRAC}越接近于

1,周长越迂回曲折,E_{FRAC}越接近于2。E_{FRAC}能够体现景观形状在空间尺度上的复杂性。

(5) 多样性指数

$$E_{SHDI} = -\sum_{i=1}^{m}(p_i \times \ln p_i) \tag{3-3-5}$$

式中,p_i 为斑块类型 i 所占整个景观的面积比例。E_{SHDI}的取值范围为$E_{SHDI} \geqslant 0$。当整个景观中只有一个斑块时,$E_{SHDI}=0$,随着景观中斑块类型数的增加以及它们面积比重的均衡化,E_{SHDI}数值增大。

(6) 均匀度指数

$$E_{SHEI} = \frac{-\sum_{i=1}^{m}(p_i \times \ln p_i)}{\ln m} \tag{3-3-6}$$

式中,p_i为斑块类型 i 所占整个景观的面积比例,计算时采用的景观总面积不包括背景值;m 为景观中的斑块类型数。E_{SHEI}的取值为0~1。随着景观中不同斑块类型面积比例越来越不均衡,E_{SHEI}越接近于0;当整个景观只有一个斑块组成时,$E_{SHEI}=0$。当景观中各斑块类型面积比例相同时,$E_{SHEI}=1$。

3.3.3 景观格局生态累积风险指数

3.3.3.1 景观脆弱度累积退化指数

不同的景观类型抵抗外界干扰的能力是不同的,借鉴干旱半干旱矿区相关研究并结合研究区自身特点[57],将各景观类型的易损度分为6级,耕地=6,其他用地=5,草地=4,水域=3,工矿用地=2,城镇用地=1。在景观类型赋值的基础上,通过引进聚合度指数和斑块内聚力指数构建景观内聚力体现景观类型在概率和结构上抵抗干扰的能力,对景观易损度进行修正获得景观脆弱度。具体公式如下:

$$F_{it} = V_i \cdot (1 - F_{LC,it}) \tag{3-3-7}$$

式中,F_{it}、V_i和$F_{LC,it}$分别为景观类型 i 在 t 时刻的景观脆弱度、景观易损度和景观内聚力。具体计算方法如下:

$$F_{LC} = \frac{A_{AI} \cdot F_{COHESION}}{10\ 000} \tag{3-3-8}$$

式中,F_{LC}为景观内聚力,A_{AI}为聚合度指数,$F_{COHESION}$为斑块内聚力。由于 A_{AI}和$F_{COHESION}$的取值范围都在0~100,因此除以10 000,使 F_{LC}的取值范围变为0~1。景观类型空间分布越松散、连通度越低,F_{LC}的值越接近于0,景观类型抵抗干扰的能力就越低。

(1) 聚合度指数

$$A_{AI,i}=\left[\frac{g_{ii}}{\max g_{ii}}\right]\times 100 \tag{3-3-9}$$

式中，g_{ii}为基于单倍法的斑块类型i像元之间的结点数；$\max g_{ii}$为基于单倍法的斑块类型i像元之间的最大结点数。A_{AI}的取值范围在0～100。A_{AI}表示同类斑块相邻出现在景观图上的概率。随着某一斑块类型的聚集程度不断增加，A_{AI}的值也不断增大；当该斑块类型聚集成一个紧实的整体时，$A_{AI}=100$。

（2）斑块内聚力指数

$$F_{COHESION,i}=\left[1-\frac{\sum_{j=1}^{n}P_{ij}}{\sum_{j=1}^{n}P_{ij}\sqrt{a_{ij}}}\right]\cdot\left[1-\frac{1}{\sqrt{TA'}}\right]-1\times 100 \tag{3-3-10}$$

式中，P_{ij}为斑块ij的周长，a_{ij}为斑块ij的面积，TA'为景观中不包括内部背景的栅格总数。$F_{COHESION}$的取值范围在0～100。$F_{COHESION}$可度量斑块类型的自然连通度，当景观中某斑块类型的比例降低且不断细化，连通度降低时，$F_{COHESION}$就趋近于0；随着景观中该类斑块组成比例的提高，$F_{COHESION}$的值也随之增加。

利用比值法获得的研究时段内不同景观类型的景观脆弱度累积退化指数表达式为：

$$F_i=F_{it}/F_{i0} \tag{3-3-11}$$

式中，F_i表示景观类型i的景观脆弱度累积退化指数；F_{it}和F_{i0}分别为景观类型i在起始年份和i年的景观脆弱度。$F_i>1$表示该景观类型的景观脆弱度有所增强，$F_i<1$表示该景观类型的景观脆弱度在降低。

3.3.3.2 景观格局累积干扰指数

为了描述景观格局演变所带来的生态累积干扰效应，在参考文献和分析相关景观格局指数的基础上[58]，选取了破碎度、分离度和优势度3个指标来表征区域景观格局受到各种干扰因素影响的程度：

$$E_{LDI,it}=cC_{it}+sS_{it}+dD_{it} \tag{3-3-12}$$

式中，$E_{LDI,it}$为景观类型i在t年的景观格局干扰指数，C_{it}、S_{it}和D_{it}分别为标准化过的景观类型i在t年的破碎度指数、分离度指数和优势度指数，c、s、d分别为三者的权重，且$c+s+d=1$，根据相关参考文献[59]，对c、s和d分别赋0.5、0.3和0.2的权值。

（1）破碎度指数

$$C_i=\frac{N_i}{A_i} \tag{3-3-13}$$

式中，N_i为景观类型的斑块数，A_i为景观类型i的面积。C_i表明景观类型i的破碎化程度，能够反映人类活动对景观的干扰强度。C_i的值越大，破碎化程度越高。

（2）分离度指数

$$S_{it} = \frac{S_{TA}}{A_i} I_{it}, I_{it} = \frac{1}{2}\sqrt{\frac{N_{it}}{S_{TA}}} \tag{3-3-14}$$

式中，I_{it}为景观类型i的距离指数。A_i为景观类型i的面积，N_i为景观类型的斑块数，S_{TA}为景观总面积。S_{it}能够体现景观类型i中每一个不同斑块个体分布的分离水平，S_{it}的值越大，该景观类型的斑块分离度水平越高。

（3）优势度指数

$$D_i = rdRD_i + rcRC_i \tag{3-3-15}$$

式中，RD_i为景观类型i的相对密度；RC_i为景观类型i的相对盖度；rd和rc分别为二者的权重，依据相关研究通常认为相对密度和相对盖度的权重分别为0.4和0.6[59]。D_i能够体现景观类型i在景观中的重要性，D_i的值越大，该景观类型在景观中的重要性越高。

通过比值法获得各景观类型的累积干扰指数。

$$E_{LDI,i} = \frac{E_{LDI,it}}{E_{LDI,i0}} \tag{3-3-16}$$

式中，$E_{LDI,i}$为景观类型i的景观格局累计干扰指数，$E_{LDI,i0}$和$E_{LDI,it}$分别为景观类型i在起始年份和i年的景观格局干扰指数。$E_{LDI,i}>1$表示该景观类型受人类活动干扰程度加强，$E_{LDI,i}<1$表示该景观类型受人类活动干扰程度减弱。

3.3.3.3 景观格局生态累积风险指数

景观损失度指数反映不同景观类型所代表的生态系统在受到自然和人为干扰时其自然属性损失的程度[60]，其公式为：

$$E_{RI,it} = F_{it} \cdot E_{LDI,it} \tag{3-3-17}$$

式中，$E_{RI,it}$为景观类型i在t时刻的景观损失度指数，$E_{LDI,it}$为景观类型i在t年的景观格局干扰指数，F_{it}表示景观类型i在t年的景观脆弱度指数。$E_{RI,it}$值越高，表示该景观类型的自然属性损失的程度越高。

景观累积损失度指数可通过比值法获得，表现为景观格局累积干扰指数和脆弱度累积退化指数的综合：

$$E_{RI,i} = \frac{E_{RI,it}}{E_{RI,i0}} = F_i \cdot E_{LDI,i} \tag{3-3-18}$$

式中，$E_{RI,i}$为景观类型i在某一段时间的景观累积损失度指数，$E_{LDI,i}$为景观类型i的景观格局累积干扰指数，F_i表示景观类型i的景观脆弱度累积退化指数。$E_{RI,i}>1$表示该景观类型景观损失度加强，$E_{RI,i}<1$表示该景观类型景观损失度减弱。

利用各景观组分的面积比重和景观损失度指数，构建景观格局生态风险指数[61]：

$$E_{\mathrm{ERI},t}=\sum_{n=1}^{6}\frac{S_{it}}{S_{\mathrm{TA}}}E_{\mathrm{RI},it} \tag{3-3-19}$$

式中，$E_{\mathrm{ERI},t}$为t时刻的景观格局生态风险指数，S_{it}为景观类型i在t年的面积，S_{TA}为景观总面积，$E_{\mathrm{RI},it}$为景观类型i在t时刻的景观损失度指数。

通过比值法获得景观格局生态累积风险指数。

$$E_{\mathrm{ERI}}=\frac{E_{\mathrm{ERI},t}}{E_{\mathrm{ERI},0}}=\frac{\sum_{n=1}^{6}S_{it}E_{\mathrm{RI},it}}{\sum_{n=1}^{6}S_{i0}E_{\mathrm{RI},i0}} \tag{3-3-20}$$

式中，E_{ERI}为景观格局生态累积风险指数，应用时可根据研究区面积、景观格局及生态系统特点，采用格网全覆盖系统采样法，将各格网的综合生态环境累积效应指数值作为样地中心点的生态环境累积效应值，通过空间插值获得全区生态累积效应分布图。

3.4 景观格局时空变化分析

本章研究区为内蒙古自治区的鄂尔多斯市和锡林郭勒盟，从两个研究区域和4个矿区两个层面进行土地利用以及景观格局变化的时空分析。

3.4.1 区域土地利用转移分析

3.4.1.1 鄂尔多斯

鄂尔多斯地处内蒙古西南部，位于温带草原与荒漠的过渡地带，是我国半干旱地区相对独立的自然地理单元[62]。地形西高东低，平均海拔在1 000～1 500 m之间，西部为波状高原区，属典型的荒漠草原，东部为丘陵沟壑水土流失区和砒砂岩裸露区，北部为黄河冲积平原，中部为毛乌素沙地和库布齐沙漠。图3-4-1为2000年、2005年、2010年、2015年和2019年鄂尔多斯土地利用景观类型分布图。

由图3-4-1可以看出鄂尔多斯的土地利用景观类型以植被为主，其次为其他用地。植被主要分布在西部和东北地区，其他用地主要分布在北部的库布齐沙漠以及东南部的毛乌素沙漠地区，耕地主要分布在达拉特北部和鄂托克前旗南部，工矿用地主要集中于伊金霍洛旗和准格尔旗。在研究时段内，鄂尔多斯的工矿用地和城镇用地扩张明显。

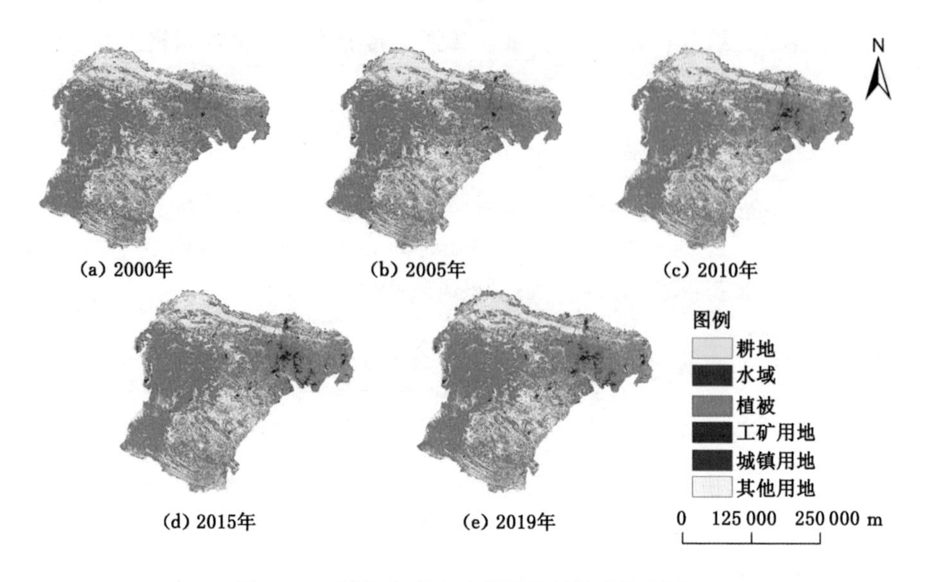

图 3-4-1 鄂尔多斯土地利用景观类型分布图

利用鄂尔多斯土地利用景观类型分布图以及 ArcGIS 软件，计算了 2000 年、2005 年、2010 年、2015 年和 2019 年研究区土地利用景观类型面积变化情况，面积统计如表 3-4-1 所示。鄂尔多斯土地利用景观类型转移矩阵见表 3-4-2。

表 3-4-1 鄂尔多斯土地利用景观类型面积统计 单位：km²

	2000 年	2005 年	2010 年	2015 年	2019 年
耕地	3 365.30	3 427.53	3 514.35	4 456.39	4 450.14
水域	1 077.55	1 288.70	1 166.52	1 074.32	1 318.51
植被	56 935.84	55 797.83	57 672.42	57 273.53	57 134.65
工矿用地	38.83	129.91	477.47	827.50	731.49
城镇用地	224.17	383.54	483.66	534.82	563.86
其他用地	25 349.56	25 963.68	23 675.71	22 823.04	22 792.43

根据表 3-4-1 可知，在研究时段内，鄂尔多斯的耕地面积呈增加态势，由 2000 年的 33 65.30 km² 增加至 2019 年的 4 550.14 km²；植被面积先由 2000 年的 56 935.84 km² 增加至 2010 年的 57 672.42 km²，后减少至 2019 年的 57 134.65 km²；水域面积波动较大，城镇用地面积持续增加，由 2000 年的 224.17 km² 增加至 2019 年的 563.86 km²；工矿用地面积在前 15 年持续增加，由 2000 年的 38.83 km² 增加至 2015 年的 827.50 km²，在 2019 年减少至 731.49

km^2；其他用地面积主要呈下降趋势，由 2000 年的 25 349.56 km^2 上升至 2005 年的 25 963.68 km^2，而后逐渐下降至 2019 年的 22 792.43 km^2。

表 3-4-2　鄂尔多斯土地利用景观类型转移矩阵　　单位：%

类型	耕地	水域	工矿用地	城镇用地	植被	其他用地
2000—2005 年						
耕地	64.84	1.72	0.12	3.30	24.91	5.12
水域	1.61	69.10	0.38	0.19	21.78	6.94
工矿用地	0.51	1.18	71.85	10.69	12.70	3.07
城镇用地	0.71	0.07	0.24	94.87	3.46	0.66
植被	1.78	0.51	0.14	0.08	94.73	2.76
其他用地	0.83	0.76	0.06	0.04	3.08	95.23
2005—2010 年						
耕地	80.54	0.16	0.29	0.26	15.43	3.32
水域	2.33	77.04	0.03	0.03	15.96	4.61
工矿用地	1.03	0.30	79.26	3.56	12.79	3.05
城镇用地	1.79	0.07	1.17	95.25	1.56	0.17
植被	1.09	0.20	0.57	0.17	96.63	1.35
其他用地	0.42	0.22	0.16	0.04	11.56	87.60
2010—2015 年						
耕地	94.57	0.05	0.38	0.66	4.25	0.08
水域	2.37	79.10	0.95	0.02	13.69	3.86
工矿用地	0.26	0.39	90.47	1.51	6.83	0.53
城镇用地	0.94	0.03	0.73	96.63	1.62	0.05
植被	1.58	0.21	0.57	0.05	96.93	0.67
其他用地	0.80	0.11	0.17	0.04	4.32	94.56
2015—2019 年						
耕地	75.18	1.99	0.16	0.42	19.54	2.71
水域	2.10	77.21	0.22	0.03	16.91	3.53
工矿用地	2.78	0.76	71.49	2.82	20.94	1.22
城镇用地	2.35	0.13	0.21	93.79	3.21	0.31
植被	1.52	0.50	0.21	0.03	95.97	1.77
其他用地	0.76	0.46	0.03	0.01	4.06	94.67

由表 3-4-1 和表 3-4-2 可知，鄂尔多斯耕地主要由植被、水域和工矿用地转变而来，一方面分布在河流附近的耕地，在原本河流干涸后逐渐扩张面积；另一方面伴随着鄂尔多斯土地复垦工作的进行，矿区土地复垦为耕地。水域主要和植被和其他用地相互转换，耕地的扩张也占用了部分水域。随着城市的发展，城镇用地扩张占据周边的土地，原先是工矿用地的土地也转变成城镇用地。工矿用地在 2015 年前一直处于持续扩张，在 2015—2019 年间由于矿区土地复垦，部分土地转变为植被和耕地。

3.4.1.2　锡林郭勒

锡林郭勒位于我国北部边陲，内蒙古高原中部，地域辽阔，不仅是距京津冀经济圈最近的草原牧区，还是我国北方地区重要的生态保障。全境地势西南高东北低，海拔在 800～1 800 m 之间。西、北部地形平坦，为高原草场，零星分布一些低山丘陵和熔岩台地，浑善达克沙地自西北向东南横贯中部。图 3-4-2 为 2000 年、2005 年、2010 年、2015 年和 2019 年锡林郭勒土地利用景观类型分布图。

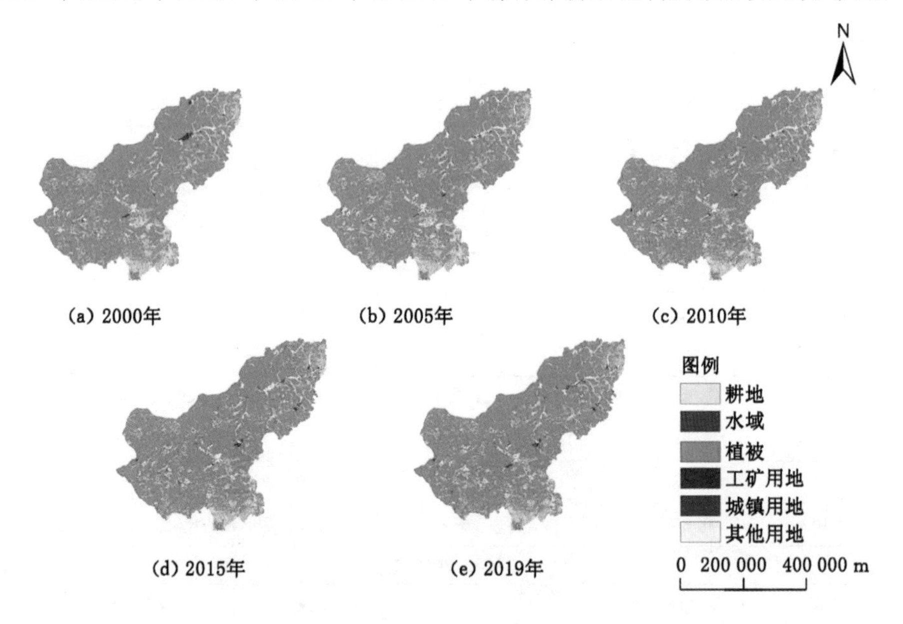

图 3-4-2　锡林郭勒土地利用景观类型分布图

由图 3-4-2 可以看出锡林郭勒的土地利用景观类型主要以植被为主，其他用地其次，零散分布在全盟各处。耕地主要分布在太仆寺旗、多伦县、正镶白旗南部、正蓝旗南部和东乌珠穆沁旗东北部，工矿用地主要集中于锡林浩特市和西乌珠穆沁旗，水域主要分布在东北部以及东南部较为湿润的地区。在研究时段内，锡林郭勒的工矿用地扩张明显。锡林郭勒土地利用景观类型面积统计见表3-4-3，转移矩阵见表3-4-4。

根据表3-4-3可知，在研究时段内，锡林郭勒的耕地面积先由2000年的5 753.10 km²增加至2010年的5 807.29 km²，后减少至2019年的5 571.92 km²；植被面积除了2005年出现了显著的减少，整体上处于上升趋势，由2000年的171 021.14 km²增加至2019年的171 737.94 km²；水域面积波动较大，工矿用地面积和城镇用地面积持续增加，分别由2000年的13.12 km²和471.05 km²增加至2019年的546.73 km²和648.87 km²；其他用地面积变化趋势与植被相反，除了2005年出现了显著的增加，整体上处于下降趋势，由2000年的21 176.47 km²减少至2019年的20 416.98 km²。

表3-4-3　锡林郭勒土地利用景观类型面积统计　　单位：km²

	2000年	2005年	2010年	2015年	2019年
耕地	5 753.10	5 784.39	5 807.29	5 577.13	5 571.92
水域	1 696.71	1 122.50	1 242.70	1 182.39	1 235.46
植被	171 021.14	169 556.65	171 473.93	171 574.98	171 737.94
工矿用地	13.12	38.07	191.89	549.88	546.73
城镇用地	471.05	517.31	587.07	623.63	648.87
其他用地	21 176.47	23 114.65	20 840.34	20 625.53	20 416.98

表3-4-4　锡林郭勒土地利用景观类型转移矩阵　　单位：%

类型	耕地	水域	工矿用地	城镇用地	植被	其他用地
2000—2005年						
耕地	96.56	0.02	0	0.07	3.18	0.18
水域	0.10	50.29	0	0.01	8.73	40.87
工矿用地	0.17	0	90.11	0.90	8.66	0.15
城镇用地	3.64	0.02	1.85	87.46	6.70	0.32
植被	0.11	0.09	0.01	0.05	98.77	0.96
其他用地	0.07	0.50	0.02	0.07	1.27	98.07
2005—2010年						
耕地	94.68	0	0.15	0.12	4.72	0.33
水域	0.12	73.94	0.24	0.01	7.20	18.48
工矿用地	0.07	5.36	43.00	27.56	22.24	1.77

表 3-4-4(续)

类型	耕地	水域	工矿用地	城镇用地	植被	其他用地
城镇用地	1.36	0.04	0.62	92.12	5.37	0.50
植被	0.18	0.02	0.08	0.05	99.19	0.48
其他用地	0.08	1.62	0.11	0.01	12.52	85.65
2010—2015 年						
耕地	93.90	0.02	0.22	0.21	5.47	0.16
水域	0.02	66.56	0.24	0.02	2.08	31.08
工矿用地	0	0.19	97.72	0.08	1.88	0.13
城镇用地	0.74	0.01	0.40	93.00	5.61	0.24
植被	0.07	0.05	0.18	0.03	99.46	0.21
其他用地	0.04	1.24	0.15	0.03	3.16	95.37
2015—2019 年						
耕地	97.04	0.03	0.03	0.16	2.56	0.18
水域	0.05	50.81	0.01	0.06	6.14	42.92
工矿用地	0.23	1.56	83.32	0.41	13.64	0.84
城镇用地	1.56	0.39	0.22	91.49	5.67	0.68
植被	0.08	0.08	0.05	0.03	99.49	0.28
其他用地	0.06	2.39	0.03	0.02	3.39	94.12

由表 3-4-3 和表 3-4-4 可知，锡林郭勒的耕地主要和植被相互转化，减少的水域面积主要转变成了植被和其他用地，主要是因为锡林郭勒气候条件对河流和湖泊产生了一定的影响，干暖化加剧的环境下出现了河流断流、湖泊萎缩的现象，导致水域面积变化较大。工矿用地主要转变为城镇用地、植被和水域，体现了废弃矿区的植被恢复一直在有序进行。其他用地主要转变为植被和水域，锡林郭勒的植被恢复明显。

3.4.2 矿区土地利用转移分析

3.4.2.1 神东矿区

神东矿区地处鄂尔多斯中东部，位于毛乌素沙漠北部，地势西高东低，地形较为平坦，水土流失较为严重，生态环境脆弱。神东矿区的煤矿资源在区内分布较为均匀，大部分分布在河流沟谷地带，以井工开采为主。图 3-4-3 为 2000 年、

2005 年、2010 年、2015 年和 2019 年神东矿区 20 km 缓冲区范围内的土地利用景观类型分布图。

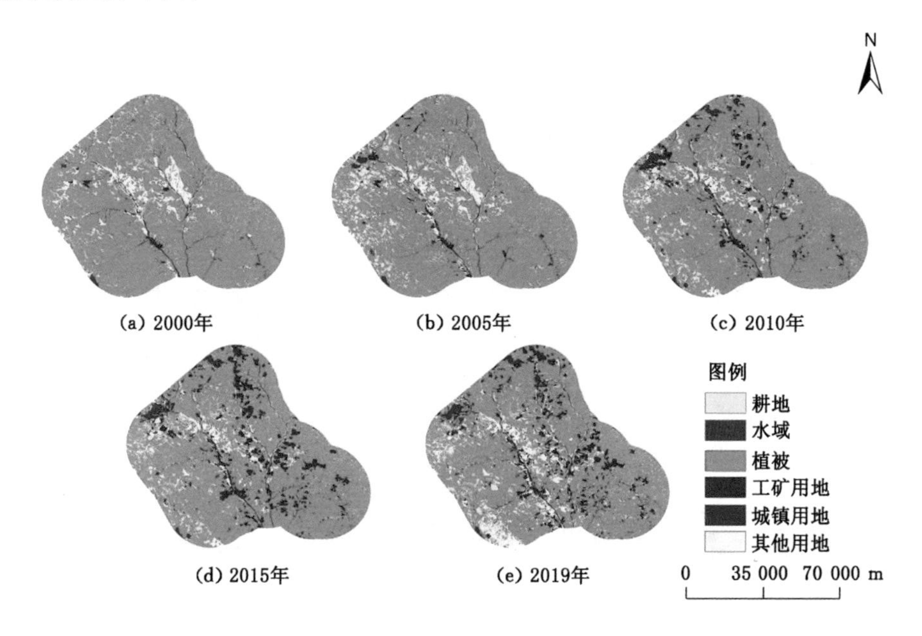

图 3-4-3　神东矿区土地利用景观类型分布图

由图 3-4-3 可以看出神东矿区的土地利用景观类型主要以植被为主，其他用地其次。植被主要分布在东西两侧区域，中部主要分布的土地利用类型为其他用地和水域，耕地主要分布在神东矿区西部；工矿用地和城镇用地主要沿河流分布，在 2005—2015 年间扩张明显。

根据表 3-4-5 可知，在研究时段内，神东矿区的耕地面积波动较大，先于 2000 年的 141.61 km^2 增加至 2005 年的 367.30 km^2，后减少至 2015 年的 275.94 km^2，最后增加至 2019 年的 337.83 km^2；水域呈现出波动上升的趋势，从 2000 年的 173.10 km^2 增加至 2019 年的 186.21 km^2；植被面积持续下降，由 2000 年的 5 678.14 km^2 减少至 2019 年的 4 957.41 km^2；城镇用地面积持续增加，由 2000 年的 10.52 km^2 增加至 2019 年的 80.87 km^2；工矿用地面积在前 15 年持续增加，由 2000 年的 24.59 km^2 增加至 2015 年的 470.50 km^2，在 2019 年减少至 416.29 km^2；其他用地面积先减少后增加，由 2000 年的 503.14 km^2 减少至 2015 年的 314.30 km^2，后增加至 2019 年的552.35 km^2。

由表 3-4-5 和表 3-4-6 可知，神东矿区的耕地和水域主要和植被相互转化，工矿用地和城镇用地扩张占用了其他类型用地的面积，其中工矿用地在扩张的同时还林还草转变为植被和耕地。其他用地主要转变为植被，废弃的工矿用地、干涸的水域以及部分植被转变为其他用地，因此虽然部分区域其他用地面积减少，但 2010 年后其他用地面积持续增加。

表 3-4-5 神东矿区土地利用景观类型面积统计 单位：km^2

	2000 年	2005 年	2010 年	2015 年	2019 年
耕地	141.61	367.30	310.41	275.94	337.83
水域	173.10	170.47	174.32	154.17	186.21
植被	5678.14	5479.92	5417.97	5240.75	4957.41
工矿用地	24.59	68.63	230.62	470.50	416.29
城镇用地	10.52	26.22	63.96	75.29	80.87
其他用地	503.14	421.14	334.72	314.30	552.35

表 3-4-6 神东矿区土地利用景观类型转移矩阵 单位：%

类型	耕地	水域	工矿用地	城镇用地	植被	其他用地
2000—2005 年						
耕地	87.30	1.22	0.30	0.31	10.37	0.49
水域	2.00	73.09	0.68	0.06	22.35	1.82
工矿用地	0.03	1.73	97.54	0	0.68	0.01
城镇用地	1.58	0.60	0	95.51	2.23	0.08
植被	4.02	0.50	0.47	0.25	94.15	0.61
其他用地	2.37	2.59	3.19	0.31	15.50	76.04
2005—2010 年						
耕地	57.67	0.17	1.67	0.67	38.37	1.45
水域	0.19	95.17	1.06	0.11	3.16	0.31
工矿用地	0.91	0.22	87.81	0.06	8.82	2.19
城镇用地	0.91	0.06	0.08	98.29	0.56	0.10
植被	1.74	0.16	2.68	0.61	93.33	1.48
其他用地	1.09	0.50	3.70	0.46	35.82	58.42
2010—2015 年						
耕地	84.86	0.01	3.07	0.28	11.61	0.16
水域	0.51	78.97	3.79	0.10	14.10	2.53
工矿用地	0.04	0.70	88.09	2.45	8.00	0.71

表 3-4-6(续)

类型	耕地	水域	工矿用地	城镇用地	植被	其他用地
城镇用地	0.41	0.05	1.40	94.65	3.45	0.04
植被	0.20	0.20	4.23	0.13	94.93	0.31
其他用地	0.19	1.38	6.29	0.23	4.96	86.94
2015—2019 年						
耕地	85.05	1.56	0.97	0.51	11.38	0.53
水域	1.17	87.36	0.94	0.07	8.58	1.87
工矿用地	3.20	0.99	65.91	1.00	24.74	4.15
城镇用地	0.07	0.81	0.41	96.06	2.49	0.17
植被	1.59	0.68	1.84	0.04	90.71	5.14
其他用地	0.90	1.96	1.68	0.07	12.99	82.40

3.4.2.2　准格尔矿区

准格尔矿区地处鄂尔多斯东北部，位于陕北黄土高原与毛乌素沙漠的过渡地带，黄河贯穿其中，为典型的丘陵沟壑地形，地势西北高东南低，中部高南北低。准格尔矿区煤矿资源主要集中分布在准格尔旗东部地区，以露天开采方式为主。图 3-4-4 为 2000 年、2005 年、2010 年、2015 年和 2019 年准格尔矿区 20 km缓冲区范围内的土地利用景观类型分布图。

由图 3-4-4 可以看出准格尔矿区的土地利用景观类型主要以植被为主，其他用地其次。植被主要分布在大部分区域，其他用地主要分布在准格尔矿区北部。耕地主要分布在准格尔矿区东部黄河河道两侧。工矿用地和城镇用地在研究时段内扩张明显。

根据表 3-4-7 可知，在研究时段内，准格尔矿区的耕地面积波动较大，先于 2000 年的 813.45 km^2 增加至 2005 年的 949.92 km^2，后减少至 2015 年的 891.22 km^2，最后增加至 2019 年的 982.80 km^2；水域面积在 2005—2015 年持续下降，从 2005 年的 237.47 km^2 下降至 2015 年的 225.24 km^2，后于 2019 年增加至 241.47 km^2；植被面积在研究时段内波动较大，由 2005 年的 6 634.89 km^2 增加至 2015 年的 6 966.72 km^2，后减少至 2019 年的 6 797.09 km^2；城镇用地面积持续增加，由 2000 年的 29.56 km^2 增加至 2019 年的 70.75 km^2；工矿用地面积在前 15 年持续增加，由 2000 年的 13.10 km^2 增加至 2015 年的 146.41 km^2，在 2019 年减少至 142.92 km^2；其他用地面积先减少后增加，由 2000 年的 973.06 km^2 减少至 2015 年的 570.18 km^2，后增加至 2019 年的 625.64 km^2。

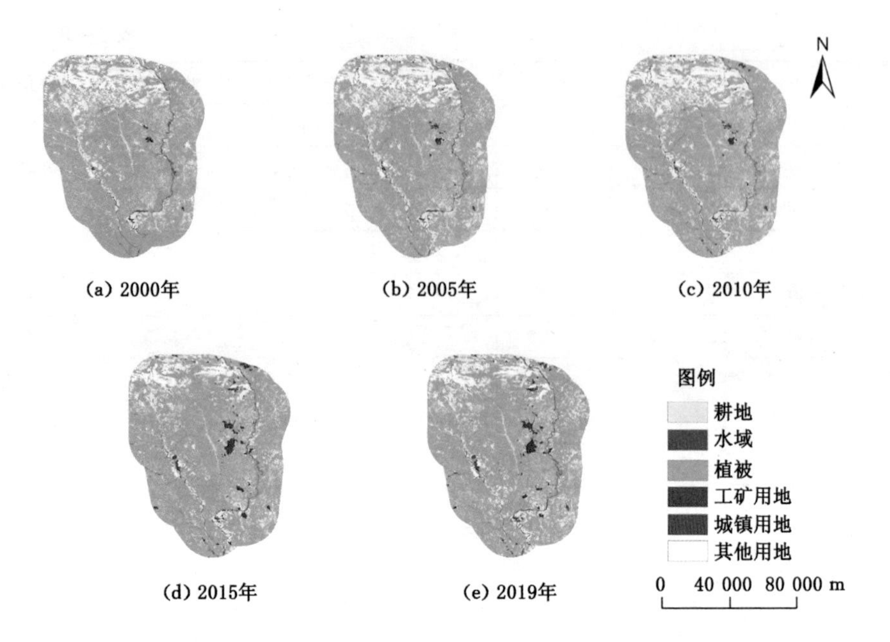

图 3-4-4 准格尔矿区土地利用景观类型分布图

由表 3-4-7 和表 3-4-8 可知，准格尔矿区的耕地和水域主要和植被相互转化，耕地沿河流两岸分布，因此也存在耕地扩张侵占水域的现象存在。工矿用地和城镇用地存在相互转化的现象，其中工矿用地在扩张的同时通过还林还草转变为植被和耕地。其他用地主要与植被和水域相互转化，部分其他用地转化为耕地。

表 3-4-7 准格尔矿区土地利用景观类型面积统计 单位：km^2

	2000 年	2005 年	2010 年	2015 年	2019 年
耕地	813.45	949.92	916.79	891.22	982.80
水域	215.26	237.47	235.20	225.24	241.47
植被	6 816.60	6 634.89	6 679.71	6 966.72	6 797.09
工矿用地	13.10	36.43	43.57	146.41	142.92
城镇用地	29.56	42.12	46.62	60.88	70.75
其他用地	973.06	960.70	939.15	570.18	625.64

表 3-4-8　准格尔矿区土地利用景观类型转移矩阵　　单位:%

类型	耕地	水域	工矿用地	城镇用地	植被	其他用地
2000—2005 年						
耕地	96.65	1.00	0.15	0.59	1.59	0.01
水域	0.30	79.78	1.31	0.02	17.65	0.95
工矿用地	1.17	0.02	53.86	12.28	26.23	6.44
城镇用地	1.52	0	0	91.16	6.55	0.77
植被	2.31	0.74	0.33	0.09	96.02	0.52
其他用地	0.53	0.74	0.29	0.29	3.41	94.74
2005—2010 年						
耕地	94.92	0.20	0.02	0.11	4.70	0.06
水域	0.83	94.20	0.01	0.03	4.71	0.23
工矿用地	0	0.03	97.71	0.08	2.16	0.02
城镇用地	0.02	0	0	99.95	0.03	0
植被	0.19	0.14	0.10	0.05	99.15	0.38
其他用地	0.07	0.05	0.15	0.07	4.64	95.03
2010—2015 年						
耕地	82.54	0.17	1.05	0.10	15.79	0.36
水域	1.66	87.96	0.12	0	9.04	1.21
工矿用地	1.52	0.08	83.62	0.58	13.47	0.72
城镇用地	0.55	0.01	3.27	94.07	2.00	0.10
植被	1.77	0.21	1.30	0.19	96.21	0.32
其他用地	1.23	0.27	1.28	0.33	39.16	57.74
2015—2019 年						
耕地	93.07	1.02	0.57	0.22	4.82	0.29
水域	3.41	84.27	0.27	0.01	10.93	1.12
工矿用地	2.41	0.72	76.50	3.22	14.83	2.32
城镇用地	0.79	0.22	0.31	97.40	1.07	0.21
植被	1.91	0.57	0.35	0.07	95.59	1.52
其他用地	1.49	0.32	0.15	0.03	8.41	89.60

3.4.2.3　胜利矿区

胜利矿区地处锡林郭勒盟锡林浩特市西北部,位于我国“两屏三带”的北部防沙带东部区域，地形为缓波状起伏的山前平原。胜利矿区煤矿资源主要集中分布在矿区南部地区，总体呈北东-南西条状分布，以露天开采方式为主。图 3-4-5为 2000 年、2005 年、2010 年、2015 年和 2019 年胜利矿区 20 km 缓冲区范围内的土地利用景观类型分布图。

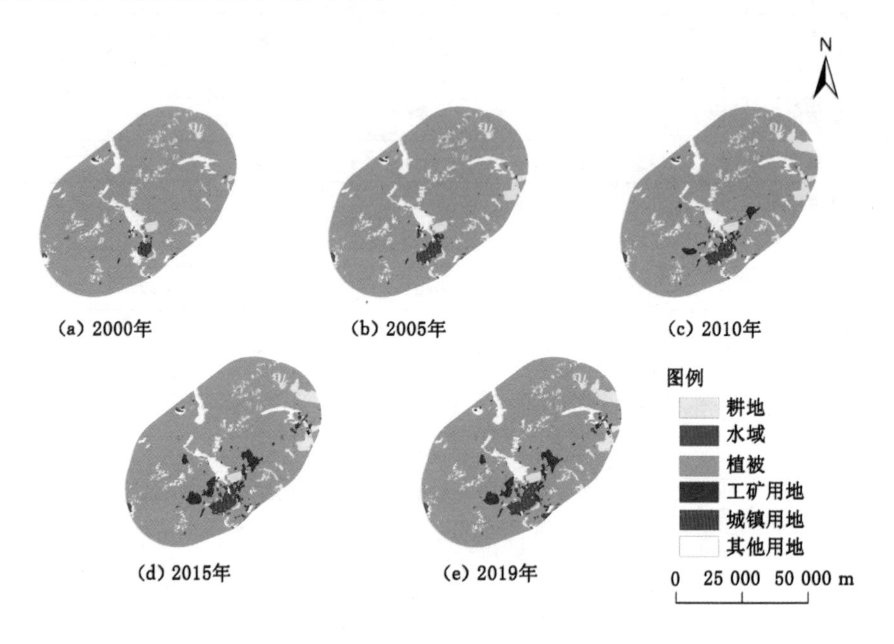

图 3-4-5 胜利矿区土地利用景观类型分布图

由图 3-4-5 可以看出胜利矿区的土地利用景观类型主要以植被为主，其次为其他用地。植被分布在大部分区域，其他用地在矿区中心呈十字状分布。耕地、工矿用地和城镇用地在研究时段内扩张明显，耕地主要分布在矿区东北部，工矿用地和城镇用地集中分布于矿区的中南区域。

根据表 3-4-9 可知，胜利矿区的耕地和水域面积除了在 2010—2015 年期间出现下降以外，整体上处于上升趋势，分别从 2000 年的 47.05 km^2和 7.50 km^2增加至 2019 年的 113.40 km^2和 16.08 km^2；植被和其他用地面积在研究时段持续下降，分别从 2000 年的 3 169.01 km^2 和 238.40 km^2 下降至 2019 年的 2 957.82 km^2和 216.78 km^2；工矿用地和城镇用地的面积于 2000—2015 年都处于持续上升的状态，分别从 2000 年的 3.32 km^2和 34.87 km^2增加至 2015 年的 112.25 km^2 和 79.32 km^2，在 2015—2019 年城镇用地面积保持增加，而工矿用地面积出现了下降但总面积依然大于城镇用地。

表 3-4-9　胜利矿区土地利用景观类型面积统计　　单位：km^2

	2000 年	2005 年	2010 年	2015 年	2019 年
耕地	47.05	76.95	119.51	113.36	113.40
水域	7.50	11.49	14.39	12.71	16.08
植被	3 169.01	3 122.97	3 041.32	2 964.75	2 957.82
工矿用地	3.32	8.52	40.84	112.25	108.78
城镇用地	34.87	58.76	65.27	79.32	87.29
其他用地	238.40	221.47	218.83	217.77	216.78

根据表 3-4-9 和表 3-4-10 可知，在研究时段内，耕地主要与植被相互转变，工矿用地和城镇用地扩张的同时也侵占了部分耕地；受气候和采矿塌陷的影响，水域主要与植被和其他用地相互转变；工矿用地和城镇用地主要在原本区域的基础上扩张，废弃的矿区主要转变为耕地和植被；其他用地逐渐转变为其他 5 类土地利用类型，干涸的湖泊和河道是新增其他用地的主要来源。

表 3-4-10　胜利矿区土地利用景观类型转移矩阵　　单位：%

类型	耕地	水域	工矿用地	城镇用地	植被	其他用地
2000—2005 年						
耕地	87.60	0	0	0.01	4.81	7.59
水域	0	72.92	0.08	0.57	9.26	17.18
工矿用地	0	0	93.78	0	5.80	0.41
城镇用地	0.02	0.01	0.90	95.86	3.20	0.02
植被	1.13	0.09	0.13	0.43	98.13	0.08
其他用地	0	1.30	0.38	4.85	3.70	89.77
2005—2010 年						
耕地	98.24	0	0.34	0.15	1.25	0.02
水域	0	95.83	0.99	0.05	1.39	1.73
工矿用地	0	23.42	16.28	4.58	49.13	6.59
城镇用地	0.27	0.01	1.16	94.61	3.87	0.08
植被	1.40	0	1.23	0.29	96.91	0.16
其他用地	0.01	0.58	0	0.02	3.23	96.15
2010—2015 年						
耕地	93.93	0	1.89	0.60	3.57	0.01

表 3-4-10(续)

类型	耕地	水域	工矿用地	城镇用地	植被	其他用地
水域	0	81.75	11.19	0.23	1.85	4.99
工矿用地	0	0	99.75	0.06	0.19	0
城镇用地	0.04	0	1.27	96.35	2.25	0.09
植被	0.04	0.01	2.17	0.51	97.12	0.15
其他用地	0.01	0.24	0.33	0.09	2.33	97.01
2015—2019 年						
耕地	98.55	0.01	0	0.37	1.06	0.01
水域	0	64.00	0	7.32	1.17	27.51
工矿用地	0	0.34	96.92	0	2.74	0
城镇用地	0.69	0.10	0	95.17	3.95	0.09
植被	0.04	0.14	0	0.30	99.33	0.19
其他用地	0	1.47	0	0.74	2.51	95.28

3.4.2.4 白音华矿区

白音华矿区地处锡林郭勒盟西乌珠穆沁旗东南部，地形东南低西北高，地势由西北向东南逐渐倾斜。白音华煤矿资源主要条状分布在矿区中南部地区，以露天开采方式为主。图 3-4-6 为 2000 年、2005 年、2010 年、2015 年和 2019 年白音华矿区 20 km 缓冲区范围内的土地利用景观类型分布图。

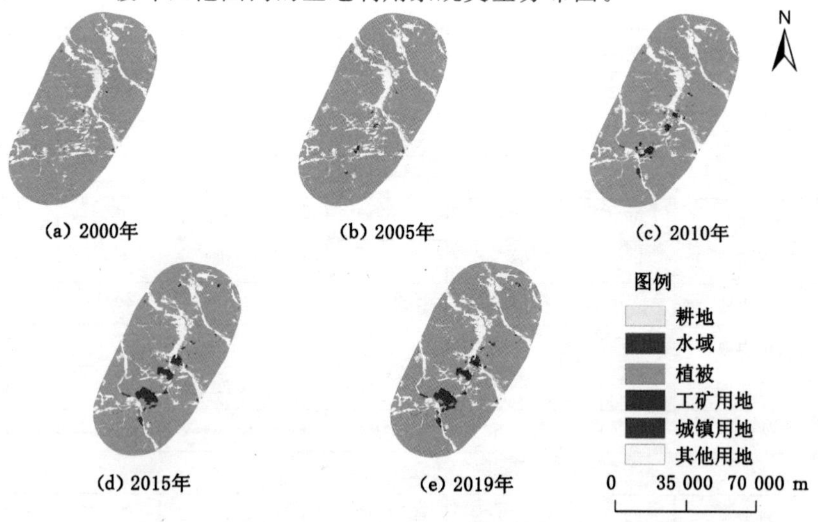

图 3-4-6 白音华矿区土地利用景观类型分布图

由图3-4-6可以看出白音华矿区的土地利用景观类型主要以植被为主，其次为其他用地。植被分布在大部分区域，其他用地在矿区中心呈鱼骨状分布。耕地主要分布在矿区西部，所占面积较小，变化并不显著；工矿用地和城镇用地在研究时段内扩张明显，工矿用地主要分布于矿区的中南部区域。

根据表3-4-11可知，研究时段内，白音华矿区的耕地面积变化不大，水域面积持续增加，从2000年的3.25 km^2增加至2019年的7.06 km^2，其中部分原因是采矿引起的地表塌陷产生塌陷湖；植被面积持续下降，从2000年的3 757.29 km^2下降至2019年的3 633.62 km^2；工矿用地和城镇用地的面积于2000—2015年都处于持续上升的状态，分别从2000年的0.64 km^2和2.91 km^2增加至2015年的119.31 km^2和10.45 km^2，在2015—2019年城镇用地面积保持增加，而工矿用地面积出现下降但总面积依然大于城镇用地。其他用地面积在研究时段先上升后下降，总量变化不大。

表3-4-11 白音华矿区土地利用景观类型面积统计 单位：km^2

	2000年	2005年	2010年	2015年	2019年
耕地	10.95	10.75	10.79	10.77	10.78
水域	3.25	3.59	4.89	6.61	7.06
植被	3 757.29	3 744.92	3 695.96	3 634.68	3 633.62
工矿用地	0.64	8.48	44.63	119.31	116.91
城镇用地	2.91	3.10	5.11	10.45	11.12
其他用地	533.53	537.73	547.19	526.75	529.08

根据表3-4-11和表3-4-12可知，在研究时段内，减少的耕地主要转变为植被，工矿用地和城镇用地扩张的同时也侵占了水域、植被和其他用地；受气候和采矿塌陷的影响，水域主要与植被和其他用地相互转变；工矿用地和城镇用地主要在原本区域的基础上扩张，其中工矿用地在2005—2015年扩张较为剧烈，废弃的矿区主要转变为植被；其他用地主要和植被相互转化，干涸的湖泊也是其他用地的重要来源。

表3-4-12 白音华矿区土地利用景观类型转移矩阵 单位：%

类型	耕地	水域	工矿用地	城镇用地	植被	其他用地
2000—2005年						
耕地	92.89	0	0	0	7.11	0
水域	0	77.09	1.12	0	2.47	19.32

表 3-4-12(续)

类型	耕地	水域	工矿用地	城镇用地	植被	其他用地
工矿用地	0	0	100.00	0	0	0
城镇用地	0.02	0	0	99.80	0.18	0
植被	0.02	0.02	0.14	0.01	99.64	0.19
其他用地	0	0.08	0.51	0	0.08	99.33
2005—2010 年						
耕地	97.16	0	0	0	2.83	0.01
水域	0	70.52	17.91	0	3.52	8.05
工矿用地	0	0	93.48	0	5.20	1.33
城镇用地	0.51	0	0	95.20	3.89	0.40
植被	0.01	0.06	0.74	0.04	97.34	1.81
其他用地	0	0.03	1.55	0.14	9.21	89.08
2010—2015 年						
耕地	97.01	0	0	0.01	2.97	0.01
水域	0	78.60	11.98	0	1.34	8.08
工矿用地	0	0	93.23	0	6.76	0.01
城镇用地	0.02	0	0	91.81	7.75	0.42
植被	0.01	0.04	1.78	0.04	97.88	0.25
其他用地	0	0.26	2.86	0.01	2.39	94.49
2015—2019 年						
耕地	96.85	0	0	0.03	3.11	0.01
水域	0	64.33	0	0	2.86	32.80
工矿用地	0	0.60	87.42	0	10.21	1.76
城镇用地	0.01	0	0.01	97.96	1.68	0.34
植被	0.01	0.04	0.33	0.02	99.33	0.27
其他用地	0	0.11	0.13	0.01	2.00	97.76

3.4.3 区域景观格局演变分析

3.4.3.1 鄂尔多斯

(1) 斑块形状分析

如图 3-4-7 所示，鄂尔多斯的 E_{AWMSI}（面积加权的形状指数）和 E_{AWMPFD}（面积加权的分维数）存在一定的相关性。除了 2019 年，其余年份各景观类型中

E_{AWMSI}和E_{AWMPFD}值都以植被最大，这与鄂尔多斯植被的性质相关。根据鄂尔多斯地形地貌和自然条件，植被类型主要为草本和灌木，其在鄂尔多斯的总面积中占据较大的比例，主要与其他景观类型镶嵌分布，因此斑块形状较为复杂。其他用地和水域的E_{AWMSI}和E_{AWMPFD}也较大，说明两者受人为干扰相对较小，保有较好的原始形态。耕地、工矿用地和城镇用地的E_{AWMSI}和E_{AWMPFD}值较小，主要因为这些景观类型受人类影响较大，呈现出成片分布的现象，形状较为简单。

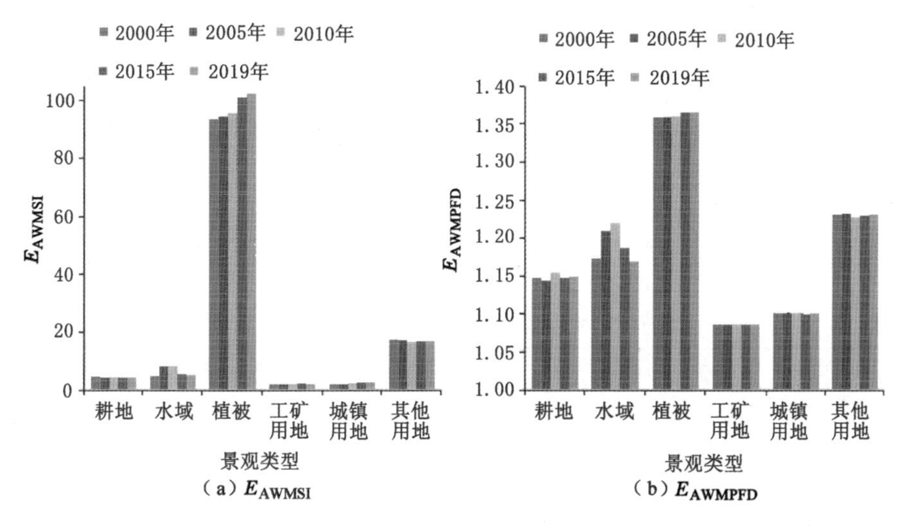

图 3-4-7　鄂尔多斯斑块形状指数柱状图

(2) 多样性分析

如图 3-4-8 所示，鄂尔多斯在 2000—2019 年的景观多样性指数和景观均匀度指数都存在一定差异，总体呈现出缓慢上升的趋势。这说明鄂尔多斯景观的异质性较高，且各景观类型的斑块的分布情况也趋向于均匀。

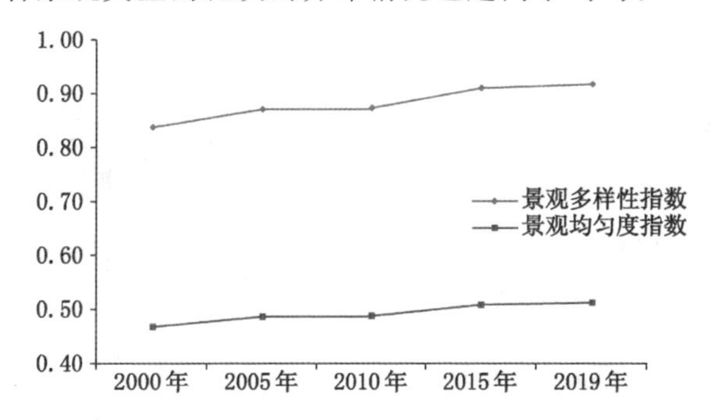

图 3-4-8　鄂尔多斯景观多样性指数与景观均匀度指数折线图

结合表 3-4-13,可以发现这与人类活动的强烈作用相关,植被的 E_{LPI}(最大斑块指数)相较其他类型有较大的优势。其中其他用地 E_{PLAND}(斑块类型所占景观面积比例)呈下降趋势;植被 E_{PLAND} 虽然在 2010 年出现了显著上升,但在 2010—2019 年呈持续下降的趋势;工矿用地和城镇用地 E_{PLAND} 持续上升;2015—2019 年,工矿用地的 E_{PLAND} 出现了下降,植被的 E_{LPI} 下降更为显著。这期间工矿用地的土地复垦工作的进行以及城镇的持续扩张,也使得景观趋于均匀分布。

表 3-4-13 鄂尔多斯各景观类型面积比与最大斑块指数

	2000 年		2005 年		2010 年		2015 年		2019 年	
	E_{PLAND}	E_{LPI}	E_{PLAND}	E_{LPI}	E_{PLAND}	E_{LPI}	E_{PLAND}	E_{LPI}	E_{PLAND}	E_{LPI}
耕地	3.868 5	0.268 6	3.940 1	0.252 5	4.039 9	0.226 4	5.122 9	0.234 9	5.115 6	0.246 7
水域	1.238 7	0.049 3	1.481 4	0.067 7	1.341 0	0.067 2	1.235 0	0.050 7	1.515 7	0.048 7
植被	65.450 1	59.180 7	64.141 9	56.876 8	66.297 7	59.962 5	65.839 5	59.486 1	65.678 7	59.028 4
工矿用地	0.044 6	0.006 5	0.149 3	0.013 9	0.548 9	0.015 0	0.951 3	0.042 9	0.840 9	0.039 8
城镇用地	0.257 7	0.021 2	0.440 9	0.037 8	0.556 0	0.077 4	0.614 8	0.077 7	0.648 2	0.083 2
其他用地	29.140 4	6.871 3	29.846 3	6.887 0	27.216 5	6.050 6	26.236 5	5.911 0	26.200 9	5.955 6

(3) 破碎化分析

根据图 3-4-9 所示,除了 2019 年,鄂尔多斯植被的景观破碎度最低,其次为其他用地,耕地和水域的景观破碎度较高,自 2005 年城镇用地的景观破碎度明显下降后,城镇用地和工矿用地的景观破碎度普遍不高。植被和其他用地景观破碎度变化不大,耕地自 2005 年上升至 0.054 3 后一直处于下降的趋势,主要

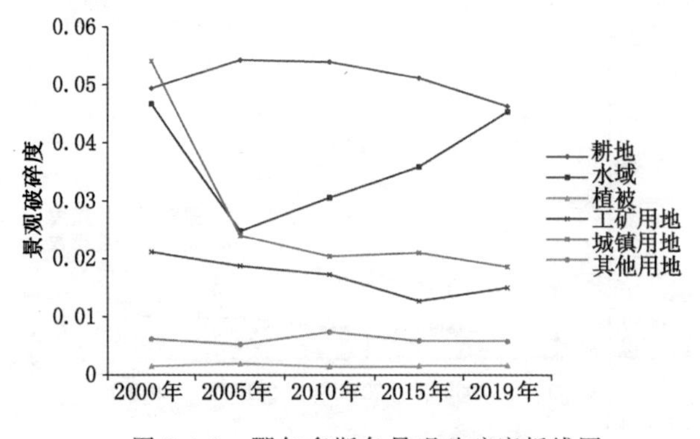

图 3-4-9 鄂尔多斯各景观破碎度折线图

是因为随着土地整理以及人们的生活活动，导致耕地的分布更加聚集有规律。城镇用地的破碎度总体上处于下降趋势，这是城市扩张中逐渐与零散居民地合并导致的。工矿用地的破碎度在 2015 年出现起伏，主要是因为矿区开采的飞地式扩张以及废弃矿区复垦导致的矿区破碎度增加。

3.4.3.2　锡林郭勒

（1）斑块形状分析

如图 3-4-10 所示，各景观类型中植被的 E_{AWMSI} 值最高，其次是耕地和其他用地，其中耕地与植被的 E_{AWMSI} 都出现了先增加后下降的现象，可能与该区域的土地整理与植被恢复有关。水域、工矿用地和城镇用地的 E_{AWMSI} 都小于 5，说明三者斑块形状较为规则。植被的 E_{AWMPFD} 在所有景观类型中也是最高的，其次分别是其他用地、水域和耕地，工矿用地的 E_{AWMPFD} 与城镇用地的相当。这表明锡林郭勒人类活动对工矿用地、城镇用地和耕地的干扰较大，对于另外三类景观类型的干扰较小。

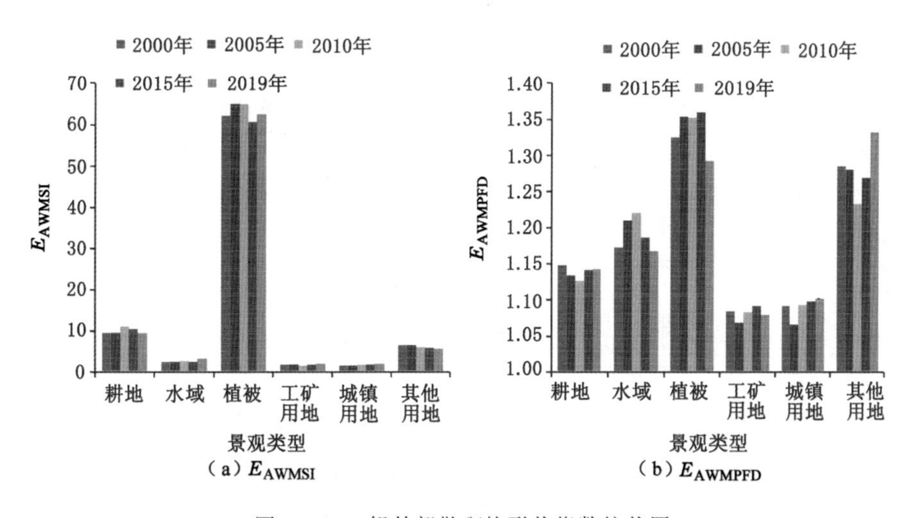

图 3-4-10　锡林郭勒斑块形状指数柱状图

（2）多样性分析

如图 3-4-11 所示，锡林郭勒在 2000—2019 年的景观多样性指数和景观均匀度指数起伏不大，且值都不是很高。这说明锡林郭勒景观的异质性不高，且各景观类型的斑块分布也比较集中。这是因为锡林郭勒的植被面积在锡林郭勒占有绝对的优势，其他用地零散分布于其中，水域面积较少，耕地、城镇用地和工矿用地大多密集分布。

结合表 3-4-14，可以发现虽然锡林郭勒在 2000—2019 年期间的景观多样性

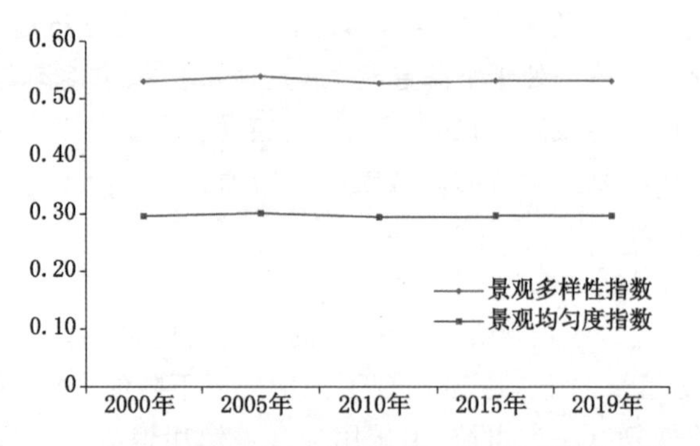

图 3-4-11 锡林郭勒景观多样性指数与景观均匀度指数折线图

指数和景观均匀度指数变化不大，但人类活动还是对各景观类型产生了一定的影响。植被的E_{LPI}从 2000 年的 83.784 2 减小至 2019 年的 82.968 1，原因有二，一方面是其他用地变动频繁，另一方面是工矿用地和城镇用地的扩张侵占植被面积。

表 3-4-14 锡林郭勒各景观面积比与最大斑块指数

	2000 年		2005 年		2010 年		2015 年		2019 年	
	E_{PLAND}	E_{LPI}	E_{PLAND}	E_{LPI}	E_{PLAND}	E_{LPI}	E_{PLAND}	E_{LPI}	E_{PLAND}	E_{LPI}
耕地	2.874 5	0.455 6	2.890 1	0.483 7	2.901 0	0.570 7	2.786 4	0.567 4	2.783 9	0.462 4
水域	0.847 9	0.251 8	0.560 9	0.033 5	0.620 9	0.033 5	0.590 7	0.048 6	0.617 0	0.089 0
植被	85.453 7	83.784 2	84.721 0	82.972 2	85.675 3	84.173 4	85.729 5	82.884 2	85.803 3	82.968 1
工矿用地	0.006 5	0.001 2	0.019 0	0.004 6	0.095 9	0.006 8	0.274 8	0.026 1	0.273 1	0.030 7
城镇用地	0.235 2	0.011 2	0.258 4	0.022 0	0.293 2	0.024 5	0.311 6	0.026 5	0.322 0	0.027 6
其他用地	10.582 1	0.546 3	11.550 6	0.552 5	10.413 6	0.326 0	10.307 0	0.354 5	10.200 7	0.345 3

(3) 破碎化分析

根据图 3-4-12 所示，锡林郭勒植被的景观破碎度最低，几乎等于 0。城镇用地的景观破碎度变化不大，这主要是因为锡林郭勒的城镇用地以农村居民地为主，2000—2019 年期间面积变化不大。耕地的景观破碎度持续下降，主要是随着耕地的扩张，零散的耕地逐渐连片成区，而其他用地被城镇用地和工矿用地侵占，破碎度缓慢上升。工矿用地的景观破碎度波动下降，主要是伴随着资源衰竭，零散工矿用地逐渐消失，大型矿业单位对煤矿区进行集中管理。

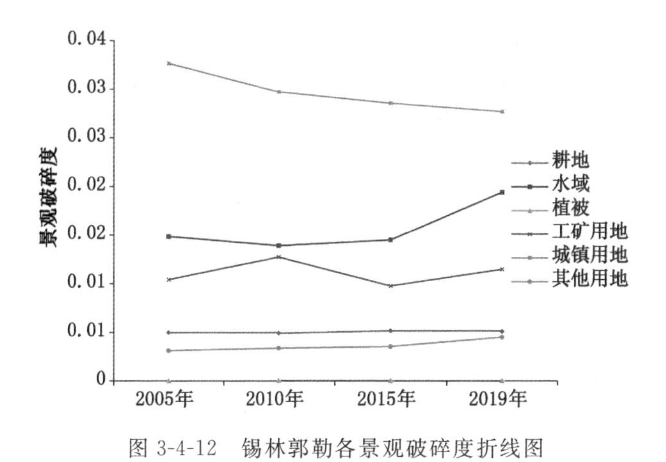

图 3-4-12 锡林郭勒各景观破碎度折线图

3.4.4 矿区景观格局变化分析

3.4.4.1 神东矿区

(1) 斑块形状分析

如图 3-4-13 所示,神东矿区的 E_{AWMSI} 和 E_{AWMPFD} 的变化较为相似。研究年份各景观类型中 E_{AWMSI} 和 E_{AWMPFD} 都以植被最大,其次为水域和其他用地。植被的 E_{AWMSI} 和 E_{AWMPFD} 变化与水域完全相反,是因为神东矿区中南部的河谷地带景观类型混合分布,相互影响。耕地、工矿用地和城镇用地的 E_{AWMSI} 和 E_{AWMPFD} 较小,说明神东矿区人类活动对耕地、工矿用地和城镇用地的干扰较大,对于另外三类景观类型的干扰较小。

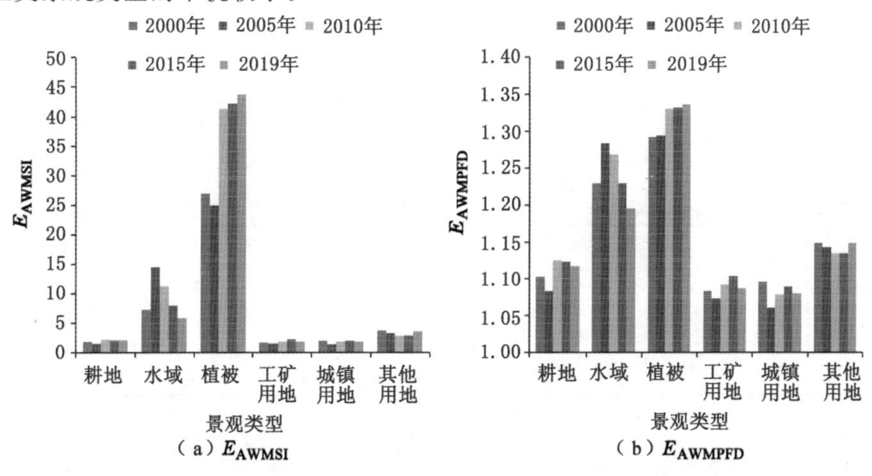

图 3-4-13 神东矿区斑块形状指数柱状图

(2) 多样性分析

如图 3-4-14 所示,神东矿区的景观多样性指数和景观均匀度指数在 2000—2019 年持续上升。神东矿区的植被面积占据全区的 75%以上,因此神东矿区景观多样性指数和景观均匀度指数受植被变化的影响。城镇用地和工矿用地的扩张也是神东矿区景观多样性指数和景观均匀度指数上升的重要原因。

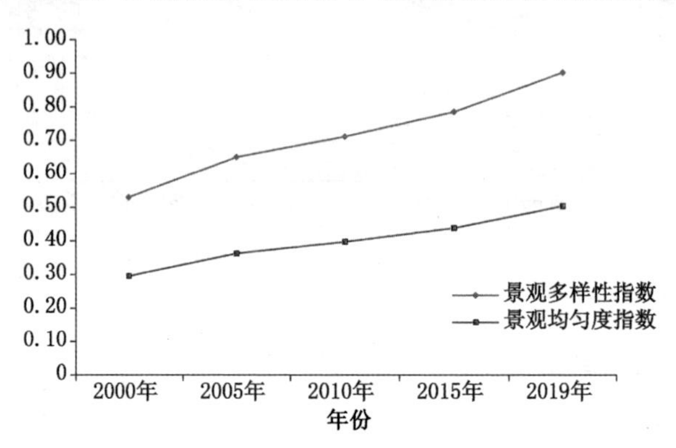

图 3-4-14 神东矿区景观多样性指数与景观均匀度指数折线图

结合表 3-4-15,可以发现神东矿区植被的 E_{PLAND} 出现持续下降的现象,这与景观多样性指数和景观均匀度指数的变化趋势相反。耕地的 E_{PLAND} 虽然波动较大,但 E_{LPI} 一直在上升,这说明人类活动对于耕地的影响较为显著。其他用地、工矿用地和城镇用地的 E_{PLAND} 和 E_{LPI} 的变化基本一致,说明这三种景观面积形状变化受人类活动影响较大。

表 3-4-15 神东矿区各景观类型面积比与最大斑块指数

	2000 年		2005 年		2010 年		2015 年		2019 年	
	E_{PLAND}	E_{LPI}	E_{PLAND}	E_{LPI}	E_{PLAND}	E_{LPI}	E_{PLAND}	E_{LPI}	E_{PLAND}	E_{LPI}
耕地	2.169 1	0.033 0	5.586 5	0.059 5	4.752 3	0.108 9	4.224 1	0.105 4	5.172 2	0.158 5
水域	2.652 7	0.329 5	2.612 3	0.849 3	2.670 3	0.553 2	2.360 0	0.492 8	2.850 8	0.286 7
植被	86.939 8	85.660 6	83.905 8	55.174 8	82.950 4	82.290 4	80.246 7	79.406 0	75.906 0	74.553 3
工矿用地	0.376 7	0.056 0	1.051 0	0.121 3	3.532 3	0.180 6	7.205 0	0.447 5	6.375 2	0.306 3
城镇用地	0.160 1	0.059 1	0.401 6	0.165 7	0.979 8	0.262 2	1.153 1	0.259 3	1.237 9	0.262 1
其他用地	7.700 6	1.234 1	6.442 8	0.696 6	5.114 8	0.414 0	4.811 0	0.401 4	8.458 0	1.062 6

(3) 破碎化分析

根据图 3-4-15 所示,神东矿区植被的景观破碎度最低,其次为城镇用地和工矿用地。2010 年其他用地的破碎度显著上升，主要是因为该年份部分其他用地转变为城镇用地和工矿用地，景观更加破碎。而在 2010—2019 年，随着植被面积的减少，其他用地面积增加，破碎度逐渐降低。水域的破碎度呈现出波动缓速上升的趋势，部分原因是河谷地区的采矿活动引起的地表塌陷形成塌陷湖。

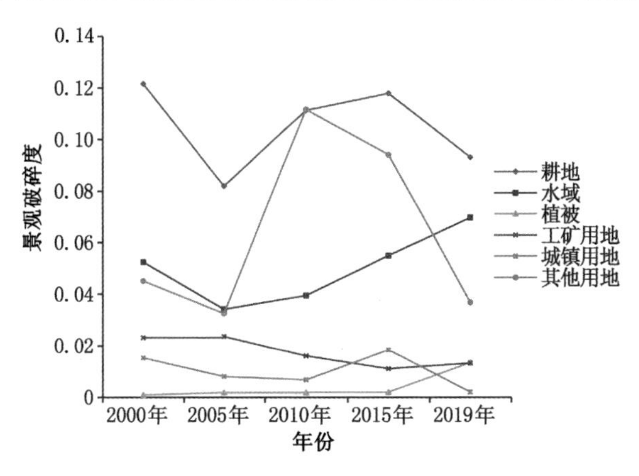

图 3-4-15　神东矿区各景观破碎度折线图

3.4.4.2　准格尔矿区

(1) 斑块形状分析

如图 3-4-16 所示，准格尔矿区的 E_{AWMSI} 和 E_{AWMPFD} 指数变化较为相似。各年份各景观类型中 E_{AWMSI} 和 E_{AWMPFD} 都以植被最大，其次为水域和其他用地。耕地、工矿用地和城镇用地的 E_{AWMSI} 和 E_{AWMPFD} 较小，体现准格尔矿区人类活动对

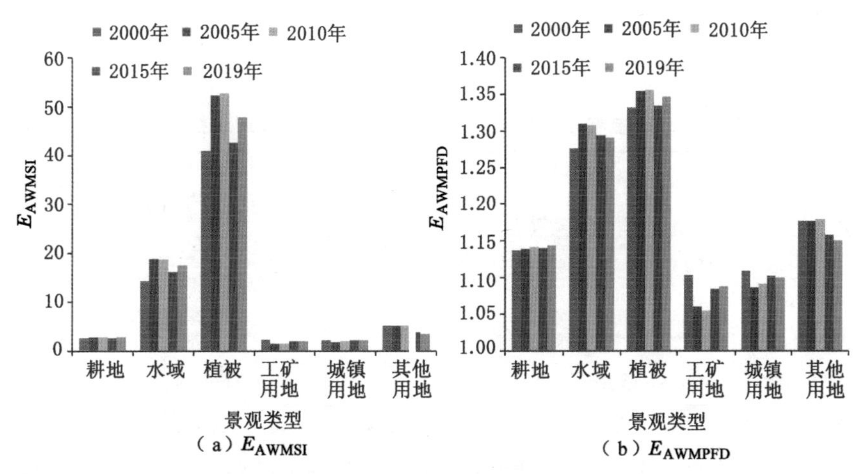

图 3-4-16　准格尔矿区斑块形状指数柱状图

耕地、工矿用地和城镇用地的干扰较大，对于另外三类景观类型的干扰较小。

(2) 多样性分析

如图 3-4-17 所示，准格尔矿区的景观多样性指数和景观均匀度指数在 2000—2019 年呈 S 形变化，在 2000—2005 年出现上升，后在 2005—2019 年展现出先下降后上升的趋势。准格尔矿区的植被面积占据全区大部分的面积，因此准格尔矿区景观多样性指数和景观均匀度指数会随着植被变化而发生变化。城镇用地和耕地的扩张也是准格尔矿区景观多样性指数和景观均匀度指数上升的重要原因。

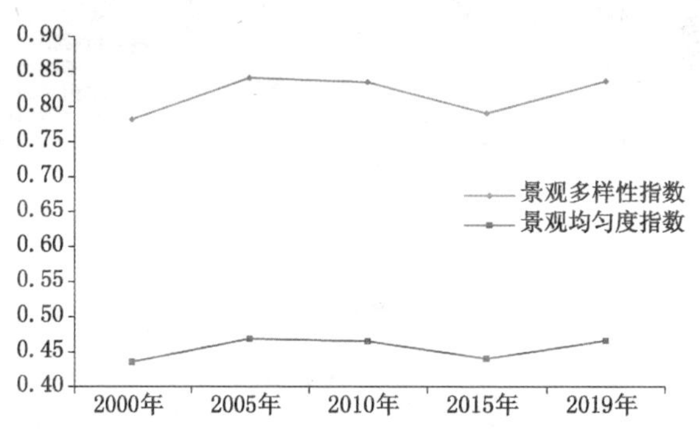

图 3-4-17　准格尔矿区景观多样性指数与景观均匀度指数折线图

结合表 3-4-16，可以发现准格尔矿区植被的 E_{PLAND} 的变化与景观多样性指数和景观均匀度指数的变化趋势相反。耕地和水域的 E_{PLAND} 和 E_{LPI} 呈现出波动上升的趋势，其他用地的 E_{PLAND} 和 E_{LPI} 主要呈下降趋势，工矿用地和城镇用地 E_{PLAND} 和 E_{LPI} 主要呈上升趋势，其中工矿用地的变化较城镇用地更为显著。这说明准格尔矿区人类活动对于工矿用地的影响比城镇用地更加明显。

表 3-4-16　准格尔矿区各景观类型面积比与最大斑块指数

	2000 年		2005 年		2010 年		2015 年		2019 年	
	E_{PLAND}	E_{LPI}	E_{PLAND}	E_{LPI}	E_{PLAND}	E_{LPI}	E_{PLAND}	E_{LPI}	E_{PLAND}	E_{LPI}
耕地	9.177 3	0.113 4	10.717 3	0.154 5	10.343 3	0.144 8	10.057 7	0.145 2	11.090 0	0.137 0
水域	2.445 6	1.308 2	2.695 2	1.547 6	2.668 4	1.489 3	2.540 7	1.416 5	2.724 5	1.674 9
植被	76.916 9	41.179 6	74.867 3	50.917 0	75.377 0	51.068 2	78.630 3	43.478 2	76.719 3	46.702 7
工矿用地	0.147 6	0.064 0	0.410 9	0.136 9	0.491 4	0.136 9	1.651 8	0.420 9	1.611 4	0.390 8
城镇用地	0.332 5	0.037 5	0.474 1	0.037 5	0.525 1	0.047 2	0.685 7	0.097 4	0.797 2	0.097 5
其他用地	10.980 1	1.599 6	10.835 2	1.536 0	10.594 8	1.536 0	6.433 7	0.748 8	7.057 5	0.744 0

(3) 破碎化分析

根据图3-4-18所示，准格尔矿区植被的景观破碎度最低，其次为工矿用地和城镇用地，三者在2000—2019年间变化都不是很明显。2005—2015年其他用地的破碎度显著上升，主要是因为该年部分其他用地转变为植被和工矿用地，植被面积显著增加，其他用地面积减少，分布更加破碎。而在2015—2019年，其他用地面积成片减少，零碎水域面积增加，因此其他用地的破碎度下降，水域破碎度上升。

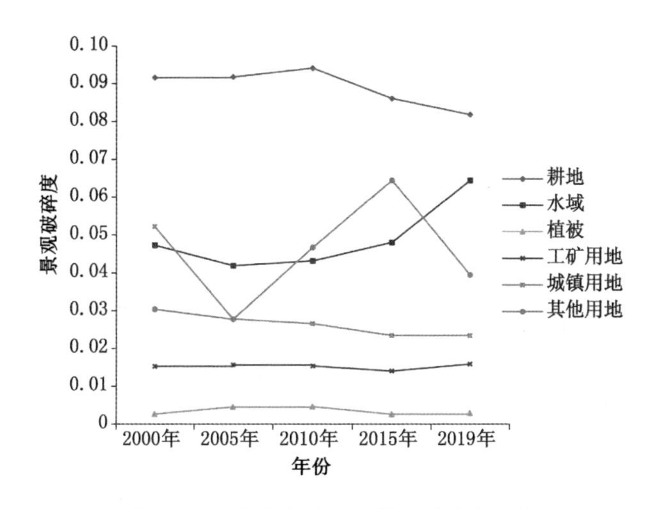

图3-4-18 准格尔矿区各景观破碎度折线图

3.4.4.3 胜利矿区

(1) 斑块形状分析

如图3-4-19所示，胜利矿区的 E_{AWMSI} 和 E_{AWMPFD} 指数变化较为相似。植被的 E_{AWMSI} 和 E_{AWMPFD} 最高，其余景观类型的 E_{AWMSI} 和 E_{AWMPFD} 都不高，主要因为植被是胜利矿区最主要的景观类型，其余景观类型大都呈块状规律地分布在胜利矿区内。伴随着其余景观类型形状的变化和面积的扩张，植被的斑块形状更加复杂，E_{AWMSI} 和 E_{AWMPFD} 持续上升。

(2) 多样性分析

如图3-4-20所示，胜利矿区的景观多样性指数和景观均匀度指数在2000—2019年间持续上升，其中2000—2015年间上升较快，2015—2019年增速有所减缓。这主要是因为在2000—2015年间城镇用地和工矿用地快速扩张，植被面积持续下降，而2015—2019年城镇用地依旧持续扩张，而部分工矿用地还林还草，因此景观多样性指数和景观均匀度指数的增速减缓。

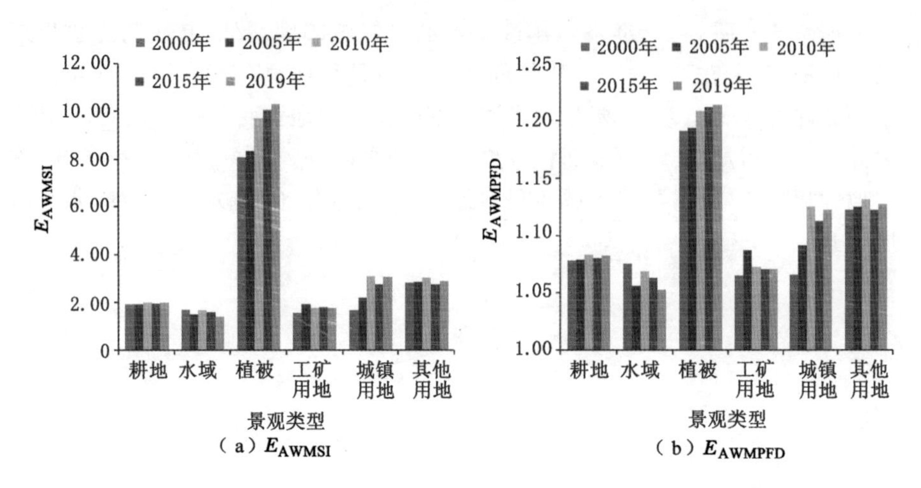

图 3-4-19 胜利矿区斑块形状指数

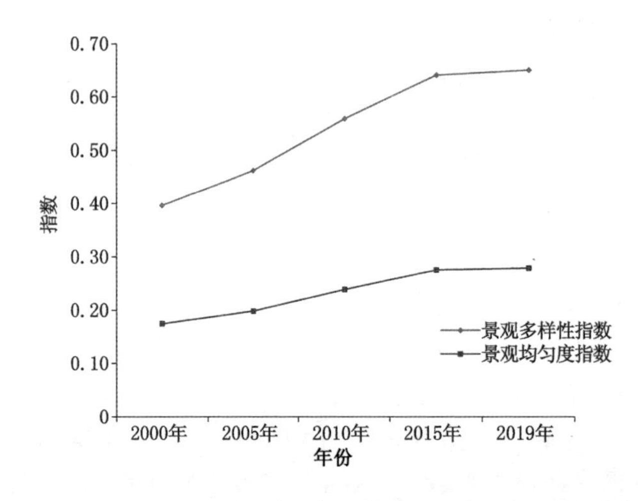

图 3-4-20 胜利矿区景观多样性指数与景观均匀度指数折线图

结合表 3-4-17,可以发现胜利矿区植被和其他用地的 E_{PLAND} 和 E_{LPI} 主要存在下降趋势。水域的 E_{PLAND} 和 E_{LPI} 波动上升,城镇用地的 E_{PLAND} 和 E_{LPI} 持续上升,耕地的 E_{PLAND} 和 E_{LPI} 在 2000—2010 年快速上升,并于 2010—2015 年出现下降,这主要是城镇用地和工矿用地扩张占用了部分耕地。工矿用地的 E_{PLAND} 和 E_{LPI} 在 2015—2019 年出现了下降,主要是矿区内部的植被恢复和矿内水域面积增加所致。

表 3-4-17　胜利矿区各景观类型面积比与最大斑块指数

	2000 年		2005 年		2010 年		2015 年		2019 年	
	E_{PLAND}	E_{LPI}	E_{PLAND}	E_{LPI}	E_{PLAND}	E_{LPI}	E_{PLAND}	E_{LPI}	E_{PLAND}	E_{LPI}
耕地	1.345 9	0.390 7	2.198 6	0.738 1	3.417 9	1.110 6	3.238 2	1.108 9	3.241 4	1.108 8
水域	0.214 4	0.082 2	0.328 8	0.140 6	0.410 5	0.138 9	0.364	0.140 7	0.460 3	0.145
植被	90.537 6	90.510 2	89.224 2	89.167 4	86.888 9	86.814 9	84.704 7	84.626 9	84.503 3	84.412
工矿用地	0.094 9	0.033 7	0.243 7	0.103 7	1.166 5	0.349 7	3.207 1	0.839 6	3.106 9	0.774 7
城镇用地	0.996 5	0.640 7	1.679 2	1.258 5	1.865 9	1.402 8	2.266 7	1.512 6	2.493 7	1.681 2
其他用地	6.810 7	1.703 2	6.325 5	1.679 5	6.250 3	1.687 8	6.219 3	1.626 6	6.194 4	1.615 4

(3) 破碎化分析

根据图 3-4-21 所示，胜利矿区各景观类型的破碎度普遍不高，2019 年水域破碎度的上升，主要是源于水域面积在 2015—2019 年间的增加，且这些增加的面积零星分布于胜利矿区内。工矿用地的破碎度在 2015 年之前持续下降，是因为零碎的工矿用地不断向周围扩张并连成一片，而 2015—2019 年间工矿用地的破碎度上升则是工矿用地还林还草所导致的。

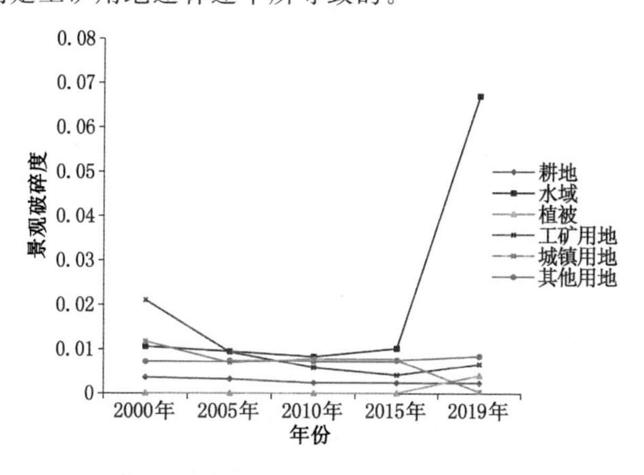

图 3-4-21　胜利矿区各景观破碎度折线图

3.4.4.4　白音华矿区

(1) 斑块形状分析

如图 3-4-22 所示，白音华矿区植被的 E_{AWMSI} 和 E_{AWMPFD} 最高，其次是其他用地，其余景观类型的 E_{AWMSI} 和 E_{AWMPFD} 都不高。2000—2019 年间植被、工矿用地和城镇用地的 E_{AWMSI} 和 E_{AWMPFD} 变化较为显著，其余景观类型都保持在比较相近的水平。这说明在白音华矿区人类活动对植被、工矿用地和城镇用地的影响较大。

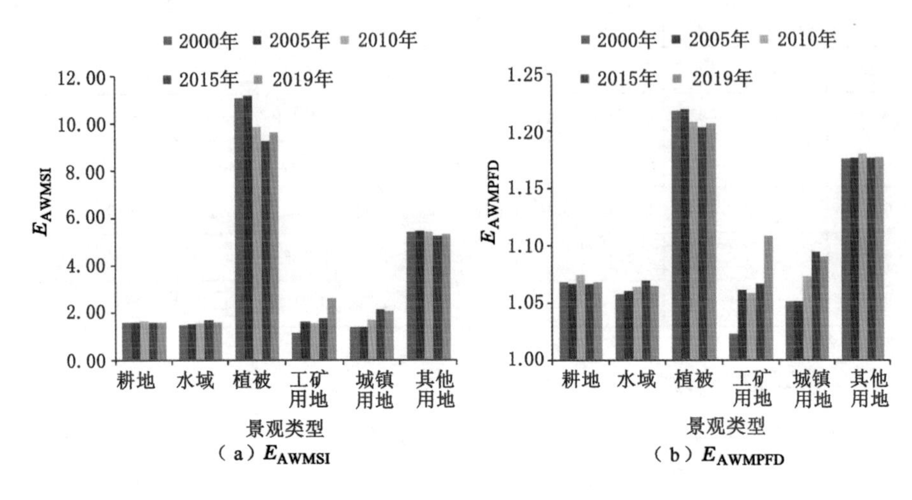

图 3-4-22　白音华矿区斑块形状指数柱状图

（2）多样性分析

如图 3-4-23 所示，白音华矿区的景观多样性指数和景观均匀度指数在 2000—2019 年间持续上升，其中 2000—2015 年间上升较快，2015—2019 年增速有所减缓。这主要表现在 2000—2015 年间城镇用地和工矿用地快速扩张，植被面积持续下降，而 2015—2019 年城镇用地依旧持续扩张，而部分工矿用地还林还草，因此景观多样性指数和景观均匀度指数的增速减缓。

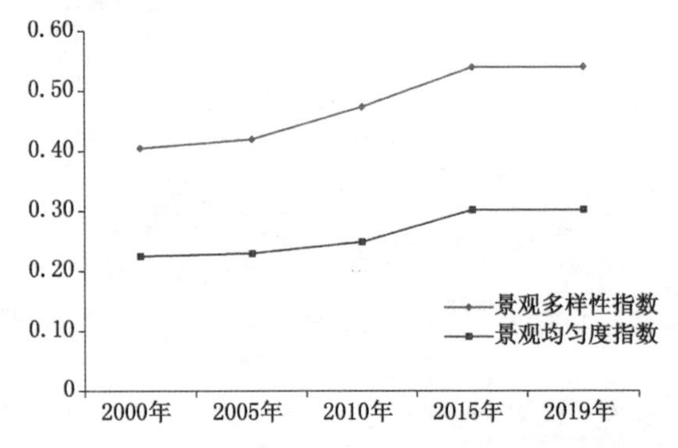

图 3-4-23　白音华矿区景观多样性指数与景观均匀度指数折线图

结合表 3-4-18，可以发现白音华矿区植被的 E_{PLAND} 和 E_{LPI} 的变化保持一致，在 2000—2019 年间持续下降，而城镇用地的变化正好与之相反。耕地的 E_{PLAND}

和 E_{LPI} 在此期间变化并不明显。其他用地的 E_{LPI} 与波动变化的 E_{PLAND} 不同，在 2000—2019 年间持续下降，这也体现了白音华矿区景观多样性和均匀度的持续上升。与其他用地相反，水域的 E_{LPI} 呈现出波动变化，而 E_{PLAND} 持续上升，因为该区域的水域并不是只在原本的水域上扩张，部分水域斑块还存在收缩的现象。工矿用地的 E_{PLAND} 和 E_{LPI} 在 2000—2015 年持续上升，在 2015—2019 年间虽然 E_{PLAND} 下降了，但 E_{LPI} 仍然上升，说明这期间工矿用地的扩张与收缩是同时进行的。

表 3-4-18　白音华矿区各景观类型面积比与最大斑块指数

	2000 年		2005 年		2010 年		2015 年		2019 年	
	E_{PLAND}	E_{LPI}	E_{PLAND}	E_{LPI}	E_{PLAND}	E_{LPI}	E_{PLAND}	E_{LPI}	E_{PLAND}	E_{LPI}
耕地	0.253 6	0.083 5	0.249 3	0.083 7	0.250 4	0.083 9	0.249 9	0.084 0	0.250 5	0.083 8
水域	0.075 6	0.016 2	0.083 1	0.016 2	0.113 4	0.049 8	0.153 6	0.098 6	0.163 8	0.096 6
植被	87.212 7	86.988 5	86.925 9	86.673 1	85.785 9	68.169 9	84.361 6	66.706 8	84.331 5	66.642 8
工矿用地	0.014 7	0.014 7	0.196 8	0.069 3	0.930 5	0.315 0	2.768 2	1.214 3	2.712 9	1.424 5
城镇用地	0.067 4	0.017 5	0.071 8	0.017 5	0.223 4	0.104 9	0.242 5	0.148 1	0.258 2	0.163 5
其他用地	12.375 9	3.834 2	12.473 1	3.832 8	12.696 4	2.859 1	12.224 2	2.791 7	12.28 3	2.786 8

（3）破碎化分析

根据图 3-4-24 所示，白音华矿区植被的破碎度最低且变化不大，其他用地和耕地的破碎度在 2000—2019 年间变化也不明显。城镇用地与工矿用地破碎度以下降为主，主要是因为零碎的工矿用地和城镇用地不断向周围扩张并连成

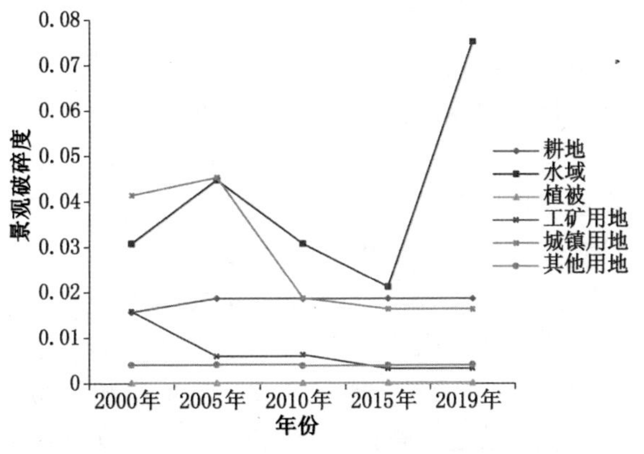

图 3-4-24　白音华矿区各景观破碎度折线图

一片。2019 年水域破碎度的上升，主要是源于水域面积在 2015—2019 年间增加，且这些增加的面积零星分布于胜利矿区内。水域的破碎度波动较大主要受气候和人为因素的双重影响。

3.5 景观格局生态累积风险分析

景观格局生态累积风险指数反映了矿区不同景观类型对煤炭资源开发等各种干扰活动的响应状况。利用式(3-3-12)计算研究区的景观格局干扰指数，由于公式中破碎度、分离度和优势度三种指数量纲不同，所以进行了归一化处理，并以 2000 年景观作为景观生态基准，利用式(3-3-11)、式(3-3-16)、式(3-3-18)和式(3-3-20)计算景观脆弱度累积退化指数、景观格局累积干扰指数、景观累积损失度指数和区域景观格局生态累积风险指数。

景观格局生态累积风险指数的连续空间分布图利用区域生态累积风险指数计算模型[式(3-3-20)]，通过格网取样(5 km×5 km)计算了各区域的景观类型生态累积风险指数，经普通克里格插值生成。利用景观类型生态累积风险指数，根据标准差和平均值进行分级，将累积生态风险划分为累积低风险区、累积较低风险区、累积中风险区、累积较高风险区、累积高风险区。

3.5.1 区域景观格局生态累积风险分析

3.5.1.1 鄂尔多斯

由表 3-5-1 可知，鄂尔多斯耕地和其他用地的景观脆弱度累积退化指数在 2005—2019 年基本上大于 1，表明在这期间，耕地和其他用地的景观脆弱度都大于起始年份，说明二者在这些年份抵抗受到干扰的能力要低于起始年份；而植被和城镇用地的景观脆弱度累积退化指数都小于 1，这说明随着城镇用地的扩张以及植被恢复的进行，植被和城镇用地的景观脆弱度较起始年份有所减轻。水域和工矿用地的景观脆弱度累积退化指数变化不明显，因为水域不仅受到气候变化的影响还存在由于地质灾害产生的塌陷水体。

鄂尔多斯各景观类型的累积干扰指数在大多数年份都小于 1，随着煤矿开采、城镇扩张变得更加有规划以及人为进行的植被恢复，各类景观的压力有所缓解。2005—2019 年水域的累积干扰指数都小于 1，但一直处于上升的趋势并逐渐趋近于 1，说明煤炭资源开采对于水域存在一定的影响。2010—2019 年耕地和其他用地的累积干扰指数逐渐降低，主要源于鄂尔多斯持续的土地复垦和土地整理工作的进行。工矿用地和城镇用地主要受到经济社会发展对城市建设和资源开采的需求的影响，受人类活动影响相对较轻，因此格局干扰累积度相对较小。

耕地、城镇用地和其他用地的景观累积损失度指数在2005—2019年间一直处于波动下降的趋势，而水域的景观累积损失度指数在2010—2019年间基本处于上升趋势，植被在2019年的景观累积损失度小于1。说明虽然植被的景观脆弱度累积退化指数都小于1，但是鄂尔多斯的植被还是受到了人类活动的干扰且造成了一定程度的损失。耕地的景观累积损失度指数虽然出现过上升，但其值在2019年时小于2005年，说明耕地得到了一定程度的恢复。区域景观格局生态累积风险指数虽然在2015年出现了上升，但在2019年下降至1以下，说明2019年鄂尔多斯地区生态风险较2000年有了明显的改善。

表3-5-1　鄂尔多斯景观格局生态累积风险指数计算

时间		耕地	水域	植被	工矿用地	城镇用地	其他用地	E_{ERI}
2000年	E_{FI0}	0.568 3	0.297 4	0.290 7	0.246 2	0.016 5	0.147 3	/
	E_{LDI0}	0.227 0	0.324 5	1.042 5	0.716 8	0.100 9	0.086 2	
2005年	E_{FI}	1.069 3	0.944 9	0.493 1	1.240 4	0.768 3	1.015 4	1.052 8
	E_{LDI}	1.054 9	0.658 3	0.518 8	0.507 8	1.033 8	0.941 5	
	E_{RI}	1.128 0	0.622 0	0.255 8	0.629 8	0.794 2	0.956 0	
2010年	E_{FI}	1.098 4	1.034 2	0.459 5	1.251 5	0.649 4	0.990 6	1.052 3
	E_{LDI}	1.037 4	0.767 0	0.265 1	0.418 3	0.996 1	1.030 1	
	E_{RI}	1.139 5	0.793 2	0.121 8	0.523 5	0.646 8	1.020 4	
2015年	E_{FI}	1.038 5	1.028 6	0.485 8	1.000 8	0.636 1	1.033 6	1.084 9
	E_{LDI}	0.957 1	0.865 9	0.174 9	0.404 9	1.003 2	0.898 8	
	E_{RI}	0.993 9	0.890 7	0.084 9	0.405 2	0.638 1	0.929 0	
2019年	E_{FI}	1.075 4	0.968 9	0.498 8	1.095 2	0.600 1	1.051 0	0.749 8
	E_{LDI}	0.899 2	0.903 4	0.201 8	0.370 7	1.008 9	0.891 6	
	E_{RI}	0.967 0	0.875 3	0.100 6	0.406 0	0.605 5	0.937 1	

注：E_{FI0}、E_{LDI0}分别为2000年的景观脆弱度和景观格局干扰指数；E_{FI}、E_{LDI}和E_{RI}分别为景观脆弱度累积退化指数、景观格局累积干扰指数和景观累积损失度指数；E_{ERI}为区域景观格局生态累积风险指数。下文同。

由图3-5-1可见，从空间分布来看，鄂尔多斯大部分区域为累积中风险区和累积较低风险区，累积高风险区和累积较高风险区主要分布在耕地密集的北部黄河沿岸，累积中风险区主要分布在鄂尔多斯的库布齐沙漠和毛乌素沙地。从时序变化上来看，2005—2019年，累积较高风险区和累积中风险区面积逐渐减小，累积较低风险区和累积低风险区面积逐渐增大，累积高风险区面积呈现出先减少后增加的趋势。由此可见鄂尔多斯的景观格局生态环境有好转的趋势，这与当地的生态建设密切相关，但是累积高风险区域仍有零散分布是值得注意的。

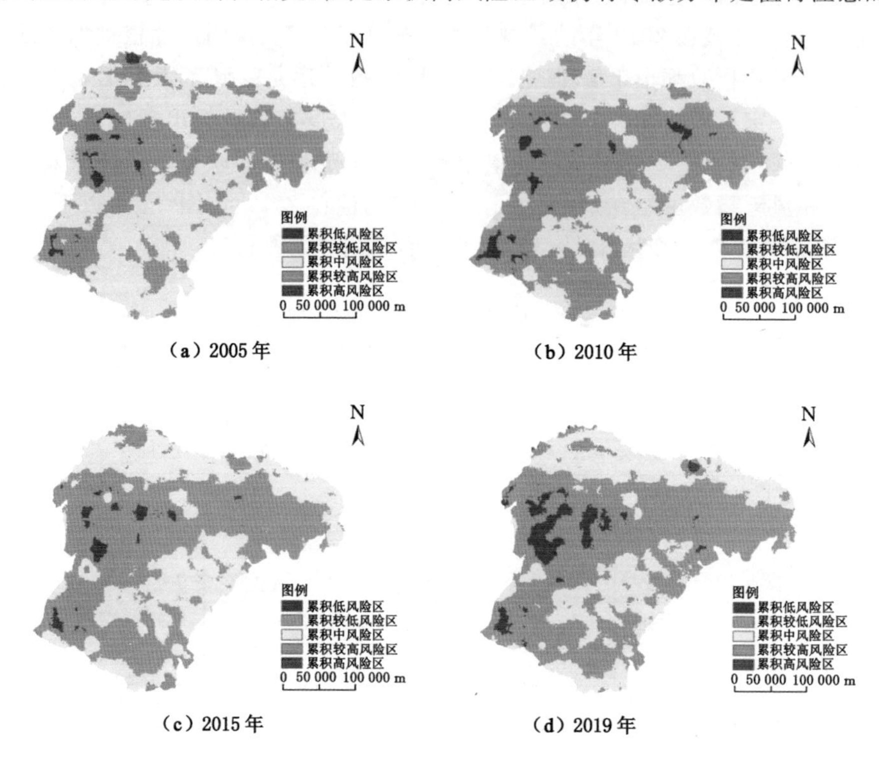

图 3-5-1 鄂尔多斯景观生态累积风险时空分布

3.5.1.2 锡林郭勒

由表 3-5-2 可知，锡林郭勒水域、植被和其他用地的景观脆弱度累积退化指数基本大于 1，耕地和其他用地的景观脆弱度累积退化指数都体现出波动上升的趋势，主要是因为锡林郭勒的耕地和其他用地在 2005—2019 年逐渐转变为其他景观类型，抵抗干扰的能力下降。城镇用地的景观脆弱度累积退化指数在研究时段都小于 1 且呈现出减小的趋势，主要是因为随着城市的扩张和合理规划，城镇用地的变化受其他因素的影响小。工矿用地景观脆弱度累积退化指数的变化不明显，主要是因为工矿用地的建设受自然资源和采建规划的双重影响。

锡林郭勒在 2005—2019 年水域和其他用地的累积干扰指数都大于 1，且都在 2010—2019 年间上升，说明随着煤矿开采和气候变化，水域和其他用地与其他景观类型相互转化，造成景观压力不断增强。耕地的累积干扰指数变化不明显，植被、工矿用地和城镇用地的累积干扰指数基本呈现下降趋势，工矿用地和城镇用地主要受到社会经济发展对城市建设和资源开采的需求影响，受人类活动影响相对较轻，而锡林郭勒的植被恢复工作的进行也对该景观的景观格局干扰指数起到了一定的恢复作用，因此格局累积干扰度相对较小。

表 3-5-2 锡林郭勒景观格局生态累积风险指数计算

时间		耕地	水域	植被	工矿用地	城镇用地	其他用地	E_{ERI}
2000年	E_{FI0}	0.437 7	0.184 3	0.034 5	0.271 5	0.177 2	0.284 8	/
	E_{LDI0}	0.084 1	0.171 0	0.115 4	2.573 3	0.602 3	0.075 7	
2005年	E_{FI}	0.993 6	1.466 6	1.048 7	0.708 4	0.940 4	0.997 9	1.140 7
	E_{LDI}	0.996 1	1.528 3	1.137 9	0.435 1	0.928 3	1.037 4	
	E_{RI}	0.989 7	2.241 3	1.193 3	0.308 2	0.872 9	1.035 2	
2010年	E_{FI}	1.005 6	1.602 3	1.032 9	0.712 3	0.874 1	1.081 5	1.076 4
	E_{LDI}	0.982 2	1.411 8	1.009 2	0.216 1	0.833 5	1.021 2	
	E_{RI}	0.987 7	2.262 2	1.042 4	0.154 0	0.728 5	1.104 5	
2015年	E_{FI}	0.996 2	1.513 1	1.001 6	0.587 1	0.831 9	1.073 4	1.049 7
	E_{LDI}	1.016 3	1.473 8	0.986 9	0.113 5	0.793 6	1.045 3	
	E_{RI}	1.012 4	2.230 0	0.988 5	0.066 6	0.660 3	1.122 1	
2019年	E_{FI}	1.014 5	1.320 2	1.029 9	0.631 9	0.800 1	1.119 5	1.103 0
	E_{LDI}	0.983 8	1.679 5	0.984 2	0.123 4	0.767 3	1.129 9	
	E_{RI}	0.998 1	2.217 2	1.013 6	0.077 9	0.613 9	1.264 8	

锡林郭勒水域、植被和工矿用地的景观累积损失度指数在2005—2019年间一直处于波动下降的趋势，且水域的景观累积损失度指数大于2，虽然出现了下降，但是据起始年份还存在一定的差距。而其他用地的景观累积损失度指数在2010—2019年间都处于上升趋势且大于1，说明其他用地受外界干扰影响较大且造成了一定程度的损失。植被和城镇用地的景观累积损失度指数主要处于下降的趋势，说明锡林郭勒的植被和城镇用地的景观生态得到了一定程度的恢复。锡林郭勒的区域景观格局生态累积风险指数虽然在2005—2019年都大于1，在2005—2015年一直处于下降趋势，但在2019年出现了上升，该区域的生态环境还有待改善。

由图3-5-2可见，从空间分布来看，锡林郭勒大部分区域都属于累积较高风险区，累积高风险区较少，零散分布于其他用地和植被交汇的区域。累积低风险区和累积较低风险区在锡林郭勒零散分布。时序变化表明锡林郭勒景观所受的累积影响程度差异越来越大，累积较高风险区域面积逐渐减少，累积较低风险区域和累积高风险区域逐渐增加，说明锡林郭勒的景观生态风险的变化存在空间分异性。一方面锡林郭勒的植被恢复起到了一定的成效，另一方面其他用地和植被交汇区域的生态风险出现上升的现象。

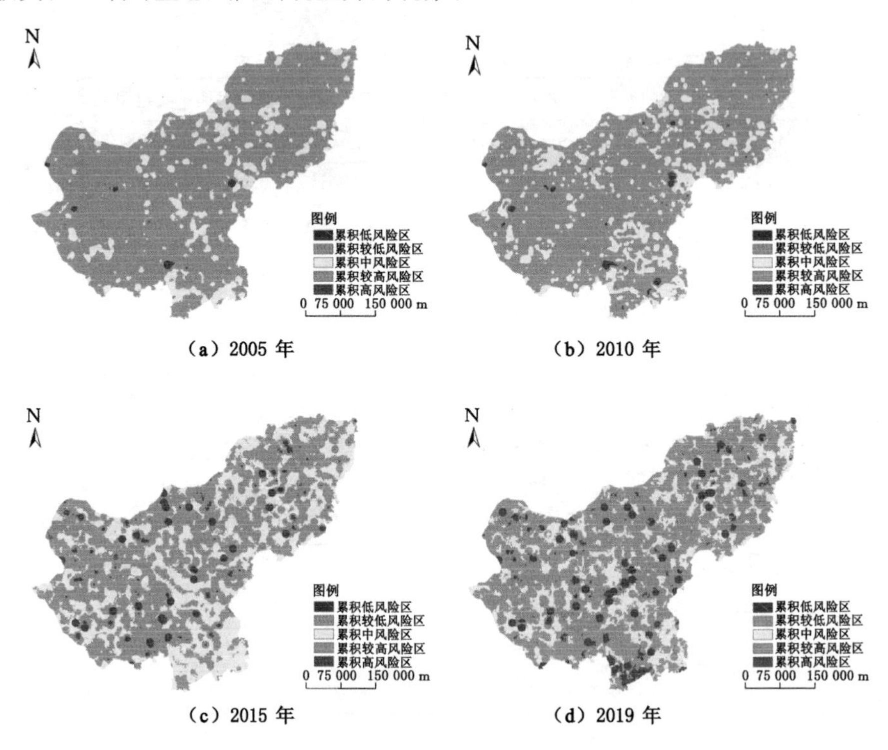

图 3-5-2 锡林郭勒景观生态累积风险时空分布

3.5.2 矿区景观格局生态累积风险分析

3.5.2.1 神东矿区

由表 3-5-3 可知，神东矿区耕地和其他用地的景观脆弱度累积退化指数在 2005—2019 年先上升后下降，工矿用地的景观脆弱度累积退化指数持续上升。说明耕地和其他用地抵抗干扰的能力有所提高，工矿用地抗干扰能力有所下降，这可能跟废弃工矿用地的整顿相关。城镇用地的景观脆弱度累积退化指数变化波动较大，但除了 2005 年其他年份都小于 1，说明 2010—2019 年城镇用地抵抗干扰的能力较 2000 年有一定程度的提升。植被的景观脆弱度累积退化指数在

2005—2015年持续上升但在2019年出现了下降，但都小于1，2005—2019年植被抗干扰能力要优于2000年且在2019年进一步增强。水域的景观脆弱度累积退化指数一直大于1，说明神东矿区的水域景观内聚力较2000年有所下降，抵抗干扰的能力较弱。

表3-5-3　神东矿区景观格局生态累积风险指数计算

时间		耕地	水域	植被	工矿用地	城镇用地	其他用地	E_{ERI}
2000年	E_{FI0}	1.338 3	0.364 6	0.058 8	0.045 7	0.163 7	0.391 3	/
	E_{LDI0}	0.443 6	0.253 6	0.469 2	0.117 0	0.384 8	0.179 8	
2005年	E_{FI}	0.762 5	1.071 8	0.746 1	1.347 0	1.065 4	1.031 5	1.088 5
	E_{LDI}	0.605 2	0.787 0	0.461 5	1.037 6	0.623 5	0.826 0	
	E_{RI}	0.461 5	0.843 5	0.344 3	1.397 6	0.664 4	0.852 0	
2010年	E_{FI}	0.915 5	1.092 1	0.690 3	1.548 9	0.928 6	1.508 0	1.477 3
	E_{LDI}	0.722 7	0.833 3	0.275 2	0.992 3	0.302 8	1.755 7	
	E_{RI}	0.661 6	0.910 0	0.190 0	1.536 9	0.281 2	2.647 5	
2015年	E_{FI}	0.964 3	1.064 8	0.973 6	1.615 1	0.723 5	1.450 2	1.428 3
	E_{LDI}	0.776 1	1.052 5	0.428 2	0.975 1	0.202 0	1.611 3	
	E_{RI}	0.748 4	1.120 7	0.416 9	1.574 9	0.146 2	2.336 8	
2019年	E_{FI}	0.812 9	1.068 5	0.940 6	1.772 8	0.831 5	1.053 9	1.219 0
	E_{LDI}	0.642 6	1.125 7	0.232 7	0.756 8	0.426 8	0.820 8	
	E_{RI}	0.522 3	1.202 8	0.218 9	1.341 7	0.354 9	0.865 1	

神东矿区各类景观的累积干扰指数的变化与景观脆弱度累积退化指数的变化基本保持一致，只有其他用地和水域的累积干扰指数在2010—2019年期间出现大于1的情况，且水域的累积干扰指数呈上升趋势，而其他用地的累积干扰指数呈下降趋势。除了工矿用地的累积干扰指数在2005年大于1，其他景观类型在2005—2019年期间受干扰的水平都低于2000年。这说明矿区开采以及城镇扩张对于周边环境的干扰得到了很好的控制。

神东矿区耕地、工矿用地和其他用地的景观累积损失度指数在2005—2019年先上升后下降，体现了耕地、工矿用地和其他用地的景观累积损失度都有所缓解。水域的累积损失度指数持续上升，并在2015—2019年大于1，说明水域受干扰影响较大并造成了一定程度的损失。城镇用地累积损失度指数变化没有规律，主要是因为城镇用地变化主要与城镇规划相关。神东矿区的区域景观格局生态累积风险指数自2005—2010年上升后，在2010—2019年都处于下降的状态，说明开矿初期的确对周围的环境产生了一定的干扰，但在矿区土地复垦以及植被恢复的工作下生态风险有所降低。

由图 3-5-3 可见，从空间分布来看，神东矿区大部分区域都属于累积低风险区和累积较低风险区，累积高风险区、累积较高风险区和累积中风险区主要分布在神东矿区西南区域的耕地密集区。时序变化上，累积高风险区域先减少后增加，累积较高风险区和累积中风险区呈圈状包围累积高风险区，累积低风险区面积先增加后减少，2019 年累积较低风险区面积大于累积较高风险区面积。这说明虽然神东矿区整体上来看景观格局生态风险有一定的缓解，但在 2019 年神东矿区西部的生态风险出现了增强的现象，这说明废弃矿区的治理、土地整理、植被恢复的工作仍需要持续的努力。

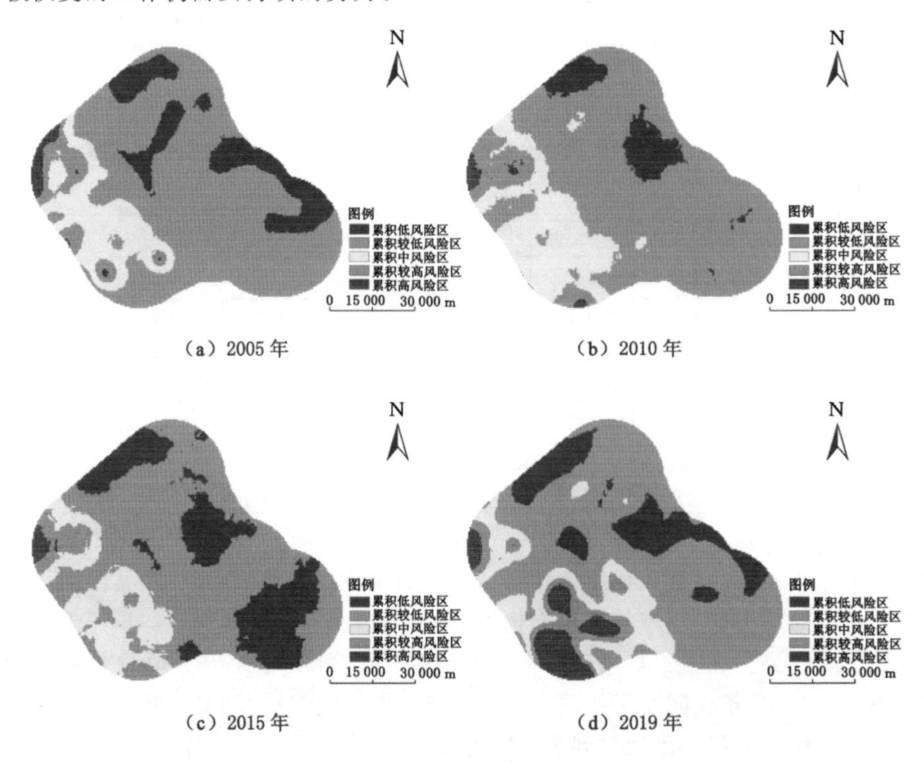

(a) 2005 年　(b) 2010 年

(c) 2015 年　(d) 2019 年

图 3-5-3　神东矿区景观生态累积风险时空分布

3.5.2.2　准格尔矿区

由表 3-5-4 可知，准格尔矿区耕地和水域的景观脆弱度累积退化指数先上升后下降，其中水域的景观脆弱度累积退化指数一直大于 1，说明准格尔矿区的耕地和水域景观内聚力先下降后上升，抵抗干扰的能力也先减弱后加强，但水域的抗干扰能力还是比 2000 年要低。其他用地的景观脆弱累积退化指数先上升后下降，城镇用地的景观脆弱累积退化指数变化趋势与其他用地相反。工矿用地、城镇用地和其他用地的景观脆弱累积退化指数大部分年份大于 1，说明这些年份工矿用地、城镇用地和其他用地的景观脆弱度都高于 2000 年。

表 3-5-4　准格尔矿区景观格局生态累积风险指数计算

时间		耕地	水域	植被	工矿用地	城镇用地	其他用地	E_{ERI}
2000 年	E_{FI0}	1.190 5	0.334 7	0.133 7	0.105 9	0.123 2	0.314 9	/
	E_{LDI0}	0.251 0	0.241 3	0.622 2	0.113 4	0.490 7	0.125 0	
2005 年	E_{FI}	0.968 9	1.080 9	0.750 5	1.145 1	1.142 1	1.022 2	1.092 2
	E_{LDI}	0.965 3	0.896 8	0.608 7	1.052 6	0.614 2	0.932 3	
	E_{RI}	0.935 3	0.969 3	0.456 8	1.205 3	0.701 4	0.953 0	
2010 年	E_{FI}	0.986 5	1.100 7	0.729 0	1.151 9	1.127 4	1.129 1	1.126 0
	E_{LDI}	0.965 4	0.913 1	0.566 5	1.049 0	0.558 4	1.247 7	
	E_{RI}	0.952 4	1.005 0	0.413 0	1.208 3	0.629 5	1.408 7	
2015 年	E_{FI}	0.974 0	1.091 5	0.651 2	1.005 7	0.966 8	1.421 6	1.058 1
	E_{LDI}	0.939 8	0.991 7	0.468 1	1.009 2	0.302 8	1.682 8	
	E_{RI}	0.915 3	1.082 4	0.304 8	1.014 9	0.292 8	2.392 3	
2019 年	E_{FI}	0.929 9	1.024 7	0.644 4	1.066 3	1.059 8	1.369 7	1.052 3
	E_{LDI}	0.906 8	1.139 4	0.435 8	1.003 9	0.326 3	1.232 9	
	E_{RI}	0.843 2	1.167 6	0.280 8	1.070 4	0.345 8	1.688 7	

准格尔矿区工矿用地和其他用地的累积干扰指数大部分年份都大于 1，其余景观类型基本都小于 1。水域的累积干扰指数在 2005—2019 年期间持续上升并在 2019 年大于 1，主要是因为矿区水域形状和面积变化较大，且受气候和人为因素的双重干扰较大。工矿用地、城镇用地、植被和耕地的累积干扰指数主要呈下降趋势，这说明矿区开采以及城镇扩张对于周边环境的干扰得到了很好的控制。

准格尔矿区水域、工矿用地和其他用地的景观累积损失度指数都在 2010—2019 年期间大于 1，其中水域的景观累积损失度指数呈上升趋势，而工矿用地和其他用地的景观累积损失度指数波动较大。植被和城镇用地的景观累积损失度指数主要呈下降趋势。耕地的景观累积损失度指数波动较大但都小于 1，说明耕地的景观生态环境得到了一定恢复。准格尔矿区的区域景观格局生态累积风险指数的变化与神东矿区相似，二者都在 2010 年后有了较好的恢复。

由图 3-5-4 可见，从空间分布来看，准格尔矿区大部分区域都属于累积中风险区和累积较低风险区，累积高风险区、累积较高风险区主要分布在准格尔矿区的南北两侧耕地密集区域，累积低风险区域面积较小。时序变化上，累积中风险区域先增加后减少，累积较高风险区呈圈状包围累积高风险区。这说明准格尔矿区在 2000—2015 年景观格局生态风险都有一定的上升，在 2019 年有所缓解，矿区和城镇的生态恢复工作落实有效。

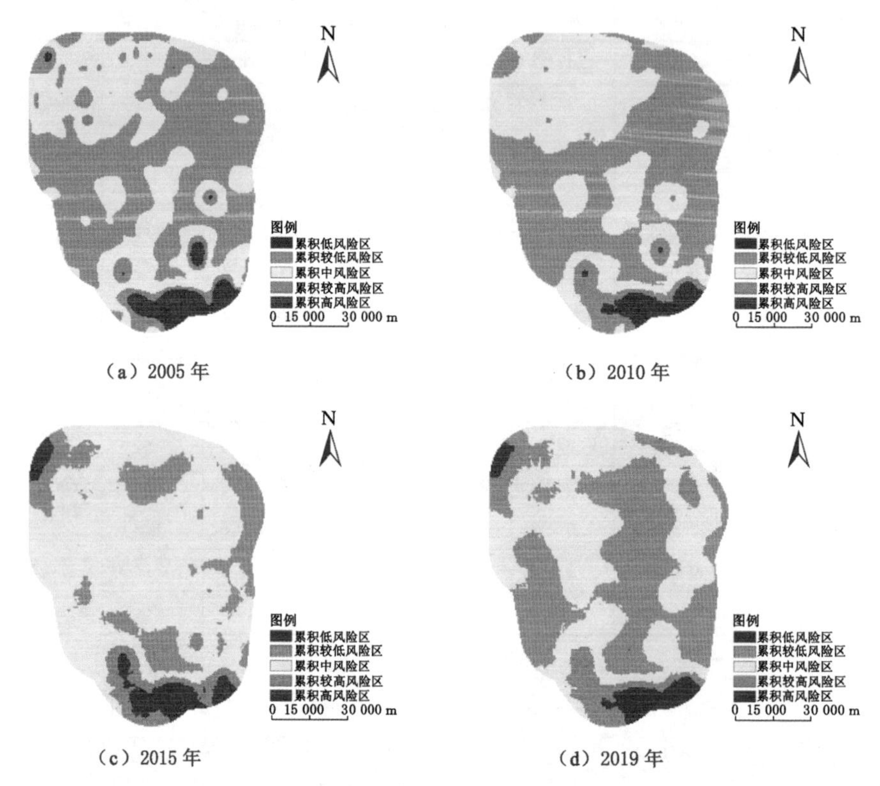

图 3-5-4　准格尔矿区景观生态累积风险时空分布

3.5.2.3　胜利矿区

由表 3-5-5 可知，胜利矿区植被的景观脆弱度累积退化指数在 2005—2019 年期间持续上升且大于 1，水域和其他用地的景观脆弱度累积退化指数呈现出波动上升的趋势且都在 2019 年时大于 1，说明胜利矿区的植被、水域和其他用地景观内聚力下降，抵抗干扰的能力减弱。耕地、城镇用地和工矿用地的景观脆弱度累积退化指数都小于 1，耕地和工矿用地的景观脆弱度累积退化指数以下降为主，城镇用地的景观脆弱度累积退化指数先上升后下降，说明这三种景观类型较2000年抵抗干扰的能力都有所增强。

表3-5-5　胜利矿区景观格局生态累积风险指数计算

时间		耕地	水域	植被	工矿用地	城镇用地	其他用地	E_{ERI}
2000年	E_{FI0}	0.249 2	0.175 9	0.015 5	0.154 3	0.046 3	0.256 1	/
	E_{LDI0}	0.438 7	0.226 0	0.114 9	0.388 6	0.577 6	0.130 8	
2005年	E_{FI}	0.776 3	0.811 8	1.047 3	0.674 1	0.680 9	1.045 8	0.976 8
	E_{LDI}	0.670 5	0.986 0	1.038 8	0.611 8	0.317 0	1.484 1	
	E_{RI}	0.520 5	0.800 4	1.087 9	0.412 4	0.215 9	1.552 1	
2010年	E_{FI}	0.662 8	0.888 7	1.259 2	0.562 7	0.743 8	1.067 4	1.029 5
	E_{LDI}	0.781 9	1.241 0	1.004 2	0.292 5	0.219 9	4.487 0	
	E_{RI}	0.518 3	1.102 9	1.264 5	0.164 6	0.163 5	4.789 7	
2015年	E_{FI}	0.632 1	0.866 5	1.331 0	0.420 6	0.760 0	1.045 7	1.017 3
	E_{LDI}	0.783 2	1.183 8	0.990 6	0.199 4	0.347 4	2.003 8	
	E_{RI}	0.495 0	1.025 7	1.318 5	0.083 9	0.264 0	2.095 3	
2019年	E_{FI}	0.641 1	1.911 7	1.381 1	0.421 1	0.700 9	1.086 1	1.014 3
	E_{LDI}	0.647 4	1.261 3	0.769 6	0.422 8	0.190 3	1.127 0	
	E_{RI}	0.415 1	2.411 2	1.062 9	0.178 0	0.133 4	1.224 0	

胜利矿区植被和城镇用地的累积干扰指数主要呈下降趋势，耕地和其他用地累积干扰指数先上升后下降，这说明城镇扩张对于周围环境的干扰得到了很好的控制。工矿用地的累积干扰指数先下降后上升且都小于1，说明胜利矿区工矿用地的干扰较2000年要小但仍需要持续的关注。水域的累积干扰指数波动上升，主要与胜利矿区的自然环境相关。

胜利矿区水域景观累积损失度指数波动上升，植被和其他用地景观累积损失度指数先上升后下降且都大于1，耕地、工矿用地和城镇用地景观累积损失度指数主要呈下降趋势且都小于1，说明耕地、工矿用地和城镇用地的景观生态环境得到了一定恢复，植被和其他用地的景观损失度高于2000年但也有了一定的恢复。胜利矿区的区域景观格局生态累积风险指数自2005—2010年上升后，在2010—2019都处于下降的状态但始终大于1，说明矿区生态风险有所降低，但景观格局生态风险还没有恢复到2000年的水平。

由图3-5-5可见，从空间分布来看，胜利矿区大部分区域都属于累积较低风险区，累积高风险区主要分布在胜利矿区的东北区域，累积较高风险区和累积中风险区呈圈状包围累积高风险区，累积低风险区面积较小，主要分布在南部和东北偏北的区域。时序变化上，累积中风险区面积逐渐增加，累积高风险区域自2010年后变化不大，累积较高风险区呈圈状包围累积高风险区，累积较低风险区面积逐渐减少。胜利矿区工矿工地和城镇用地密集的区域主要为累积低风险区域和累积较低风险区域，其他区域以累积中风险区为主，矿区周边的景观生态还需要持续的改善。

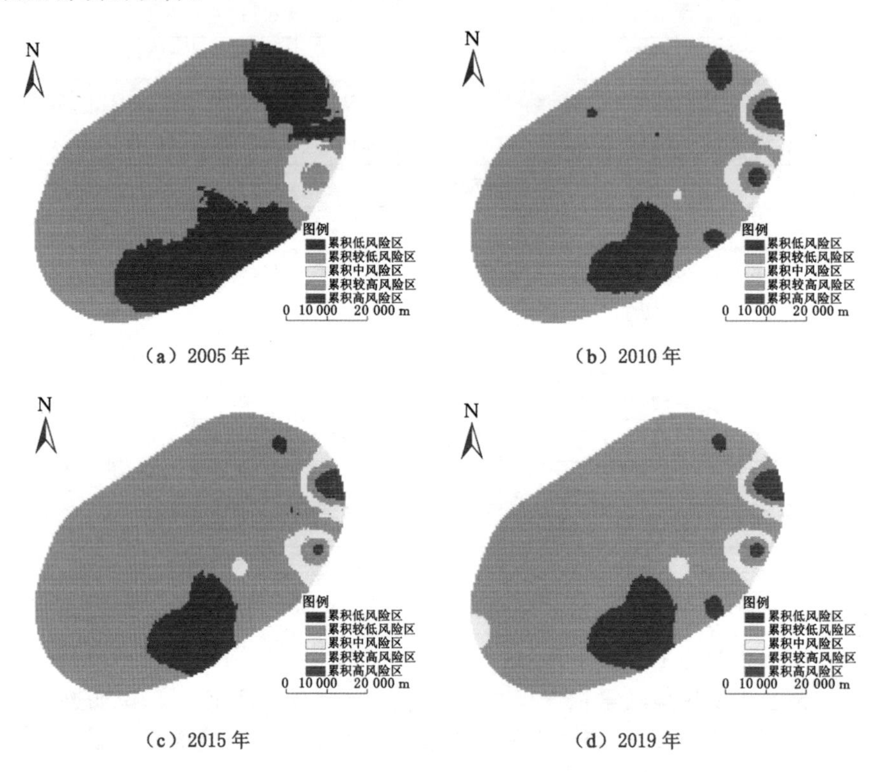

(a) 2005年　(b) 2010年

(c) 2015年　(d) 2019年

图 3-5-5　胜利矿区景观生态累积风险时空分布

3.5.2.4　白音华矿区

由表 3-5-6 可知，白音华矿区所有景观类型的景观脆弱度累积退化指数在2005年都大于1，其中耕地和植被的景观脆弱度累积退化指数在2005—2019年间一直大于1，这说明白音华矿区2005年景观脆弱度较2000年高，耕地和植被的景观脆弱度累积退化指数虽然在2005年不是最高的，但在2005年后也没有出现较好的缓解。工矿用地和城镇用地的景观脆弱度累积退化指数在2005—2019年大幅度降低，这主要源于工矿用地和城镇用地有规划的开采扩张，使二者抵抗干扰的能力增强。水域和其他用地的景观脆弱度累积退化指数变化规律并不明显，可能与自然环境变化相关。

表 3-5-6　白音华矿区景观格局生态累积风险指数计算

时间		耕地	水域	植被	工矿用地	城镇用地	其他用地	E_{ERI}
2000 年	E_{FI0}	0.459 9	0.307 2	0.020 6	0.085 7	0.115 0	0.191 4	/
	E_{LDI0}	0.250 3	0.216 2	0.109 2	0.527 5	0.757 9	0.113 6	
2005 年	E_{FI}	1.027 2	1.169 8	1.021 6	1.106 4	1.051 2	1.007 7	1.039 9
	E_{LDI}	0.959 4	0.912 8	1.064 5	0.666 1	0.656 5	1.006 3	
	E_{RI}	0.985 5	1.067 7	1.087 5	0.737 0	0.690 1	1.014 0	
2010 年	E_{FI}	1.053 6	0.862 9	1.146 8	0.868 1	0.609 0	1.035 0	1.055 8
	E_{LDI}	0.951 0	1.100 4	1.041 8	0.386 1	0.412 6	3.919 2	
	E_{RI}	1.002 0	0.949 6	1.194 7	0.335 2	0.251 3	4.056 4	
2015 年	E_{FI}	1.030 1	0.598 1	1.107 9	0.506 2	0.517 7	0.975 9	0.957 2
	E_{LDI}	1.101 1	0.586 2	0.995 4	0.041 7	0.334 5	0.883 0	
	E_{RI}	1.134 2	0.350 6	1.102 8	0.021 1	0.173 2	0.861 7	
2019 年	E_{FI}	1.033 0	0.919 6	1.157 4	0.537 1	0.486 4	0.991 9	1.015 9
	E_{LDI}	1.096 6	1.092 8	0.996 3	0.041 5	0.323 4	0.837 9	
	E_{RI}	1.132 9	1.004 9	1.153 2	0.022 3	0.157 3	0.831 1	

白音华矿区水域和耕地的累积干扰指数波动较大，可能是因为二者受自然环境和人类活动的双重影响。植被、工矿用地、城镇用地和其他用地的累积干扰指数主要呈下降趋势且都在 2015 年之后小于 1，这说明，采矿活动和城镇扩张对于周围环境的干扰受到了很好的控制，矿区植被恢复工作的进行起到了一定的恢复作用，因此景观格局干扰累积度相对较小。

白音华矿区耕地的景观累积损失度指数主要呈上升趋势且在 2010 年起大于 1，城镇用地和其他用地的景观累积损失度指数在 2010—2019 年持续下降，水域和植被的景观累积损失度指数波动较大，主要是因为自然环境变化对于两者的影响较大。白音华矿区的区域景观格局生态累积风险指数在 1 上下波动，除了人类活动的干扰外，自然环境的变化也有较大的影响。

由图 3-5-6 可见，从空间分布来看，白音华矿区大部分区域都属于累积中风险区，累积高风险区和累积较高风险区主要分布在白音华矿区的中南区域，累积低风险区域主要在矿区的中心区域，面积较小。时序变化上，累积中风险区面积波动增加，2005 年白音华矿区没有累积高风险区域，2010 年后累积高风险区域先减小后增大，累积较高风险区呈圈状包围累积高风险区，累积较低风险区面积波动减少。和胜利矿区相似，白音华矿区在工矿工地和城镇用地密集的区域主

要为累积低风险区和累积较低风险区，其他区域以累积中风险区为主。

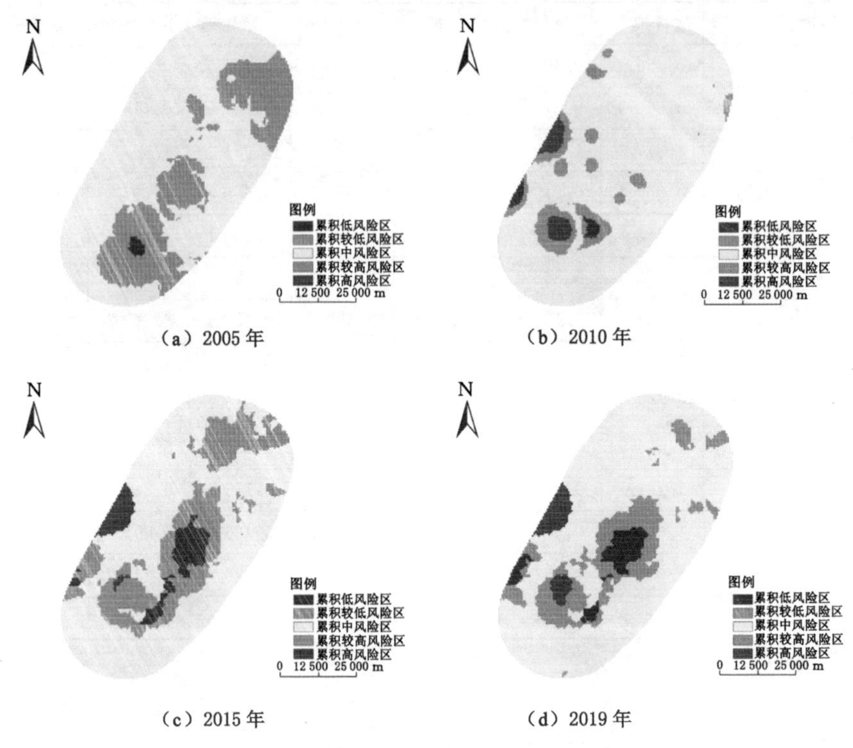

图 3-5-6　白音华矿区景观生态累积风险时空分布

3.6　小结

(1) 针对研究区植被恢复与保护需求，选取典型生态关键区，综合景观格局、景观脆弱度、人类活动干扰等因素，构建了景观格局生态累积风险指数模型。

(2) 结合土地利用景观格局类型转移矩阵和 2000 年、2005 年、2010 年、2015 年和 2019 年的土地利用景观格局分布图，分析研究区域土地利用景观类型的时空变化。鄂尔多斯和锡林郭勒的土地利用景观类型主要以植被为主，其他用地其次，在研究时段内，工矿用地和城镇用地扩张明显。神东矿区、准格尔矿区、胜利矿区和白音华矿区的工矿用地面积在 2015 年前都持续增加，但在 2019 年有所减少，废弃矿区的植被恢复显著。

(3) 从斑块形状、景观多样性和景观破碎度三个方面对研究区景观格局进行分析，研究结果表明由于矿产资源开发和城镇扩张的影响，研究区内斑块形状变化更加复杂，大部分区域景观多样性增加。由于植被在研究区域面积比例较大，植被的面积、形状变化对研究区域的景观格局指数有较大影响。其他用地的景观破碎度以增加为主，工矿用地和城镇用地的景观破碎度以下降为主，水域的景观格局指数波动较大。

（4）从区域和矿区两个角度，通过整体和网格分析景观格局生态累积风险的时空变化。结果表明，从区域上看，累积高风险区和累积较高风险区主要分布在耕地密集的区域以及沙漠裸地分布的区域，且累积较高风险区呈圈状包围累积高风险区；从矿区上看，累积低风险区和累积较低风险区主要分布在工矿用地密集区域，说明鄂尔多斯和锡林郭勒的矿区生态环境治理较为有效。本研究为干旱半干旱草原矿区生态保护与发展提供科学指导。

参考文献

[1] 邬建国. 景观生态学：概念与理论[J]. 生态学杂志，2000(1)：42-52.

[2] 郑新奇，付梅臣. 景观格局空间分析技术及其应用[M]. 北京：科学出版社，2010.

[3] CUSHMAN S A，MACDONALD E A，LANDGUTH E L，et al. Multiple-scale prediction of forest loss risk across Borneo[J]. Landscape Ecology，2017，32(8)：1581-1598.

[4] ZHANG L P，ZHANG S W，HUANG Y，et al. Prioritizing abandoned mine lands rehabilitation: combining landscape connectivity and pattern indices with scenario analysis using land-use modeling[J]. International Journal of Geo-Information，2018，7(8)：305.

[5] 师满江，颉耀文，曹琦. 干旱区绿洲农村居民点景观格局演变及机制分析[J]. 地理研究，2016，35(4)：692-702.

[6] 张微微，李晓娜，王超，等. 密云水库上游白河地表水质对不同空间尺度景观格局特征的响应[J]. 环境科学，2020，41(11)：4895-4904.

[7] WIENS J A. Spatial Scaling in Ecology[J]. Functional Ecology，1989，3(4)：385.

[8] 赵文武，傅伯杰，陈利顶. 景观指数的粒度变化效应[J]. 第四纪研究，2003，23(3)：326-333.

[9] 丁雪姣，沈强，聂超甲，等. 省域尺度下不同时序景观指数集与粒度效应分析[J]. 中国农业资源与区划，2019，40(3)：111-120.

[10] DEWITT J D，CHIRICO P G，BERGSTRESSER S E，et al. Multi-scale

46-year remote sensing change detection of diamond mining and land cover in a conflict and post-conflict setting [J]. Remote Sensing Applications:Society and Environment,2017(8):126-139.

[11] ALHAMAD M N,ALRABABAH M A,FEAGIN R A,et al. Mediterranean drylands: the effect of grain size and domain of scale on landscape metrics[J]. Ecological Indicators,2011,11(2):611-621.

[12] PETROSILLO I,ZACCARELLI N,ZURLINI G. Multi-scale vulnerability of natural capital in a panarchy of social-ecological landscapes[J]. Ecological Complexity,2010,7(3):359-367.

[13] 常小燕,李新举,万红,等.采煤塌陷区景观格局尺度效应及变化特征分析[J].煤炭学报,2019,44(增刊):231-242.

[14] 杜金龙,朱记伟,解建仓,等.近 25 a 关中地区土地利用及其景观格局变化[J].干旱区研究,2018,35(1):217-226.

[15] 王海君,高润宏,苗澍,等.内蒙古荒漠草原景观格局动态研究:以鄂尔多斯市鄂托克旗为例[J].内蒙古农业大学学报(自然科学版),2010,31(1):56-61.

[16] 李保杰.矿区土地景观格局演变及其生态效应研究:以徐州市贾汪矿区为例[D].徐州:中国矿业大学,2014.

[17] 孙才志,闫晓露.基于 GIS-Logistic 耦合模型的下辽河平原景观格局变化驱动机制分析[J].生态学报,2014,34(24):7280-7292.

[18] YEH C K,LIAW S C. Application of landscape metrics and a Markov chain model to assess land cover changes within a forested watershed, Taiwan[J]. Hydrological Processes,2015,29(24):5031-5043.

[19] 贾胜韬.曹妃甸工业园区地表景观格局变化预测分析[D].兰州:兰州交通大学,2015.

[20] 荣子容,马安青,王志凯,等.基于 Logistic 的辽河口湿地景观格局变化驱动力分析[J].环境科学与技术,2012,35(6):193-198.

[21]肖琳,田光进,乔治.基于 Agent 的城市扩张占用耕地动态模型及模拟[J].自然资源学报,2014,29(3):516-527.

[22] BATISANI N,YARNAL B. Urban expansion in Centre County,Pennsylvania: spatial dynamics and landscape transformations[J]. Applied Geography,2009,29(2):235-249.

[23] YANG X,CHEN R,ZHENG X Q. Simulating land use change by integrating ANN-CA model and landscape pattern indices[J]. Geomatics,Natural

Hazards and Risk,2016,7(3):918-932.

[24] BARAU A S,QURESHI S. Using agent-based modelling and landscape metrics to assess landscape fragmentation in Iskandar Malaysia[J]. Ecological processes,2015,4(1):1-11.

[25] RAMACHANDRA T V,BHARATH S,GUPTA N. Modelling landscape dynamics with LST in protected areas of Western Ghats,Karnataka[J]. Journal of Environmental Management,2018,206(15):1253-1262.

[26] RIMAL B,KESHTKAR H,SHARMA R,et al. Simulating urban expansion in a rapidly changing landscape in eastern Tarai,Nepal[J]. Environmental Monitoring and Assessment,2019,191(4):1-14.

[27] 傅伯杰,赵文武,张秋菊. 黄土高原景观格局变化与土壤侵蚀[M]. 北京:科学出版社,2014.

[28] 刘传胜,张万昌,雍斌. 绿洲景观格局动态及其梯度分析的遥感研究[J]. 遥感信息,2007(3):62-66.

[29] 周俊菊,张恒玮,张利利,等. 综合治理前后民勤绿洲景观格局时空演变特征[J]. 干旱区研究,2017,34(1):79-87.

[30] 祖拜代·木依布拉,夏建新,普拉提·莫合塔尔,等. 克里雅河中游土地利用/覆被与景观格局变化研究[J]. 生态学报,2019,39(7):2322-2330.

[31] ZHANG F,KUNG H T,JOHNSON K T,et al. Assessment of land-cover/land-use change and landscape patterns in the two national nature reserves of Ebinur Lake Watershed,Xinjiang,China[J]. Sustainability,2017,9(5):724.

[32] 秦钰莉,颜七笙,蔡建辉. 鄱阳湖湿地南部区域景观格局演变与动态模拟[J]. 长江科学院院报,2020,37(6):171-178.

[33] MIRANDA C S,GAMARRA R M,MIOTO C L,et al. Analysis of the landscape complexity and heterogeneity of the Pantanal wetland[J]. Brazilian Journal of Biology,2018,78(2):318-327.

[34] 张起鹏,王建,张志刚,等. 高寒草甸草原景观格局动态演变及其驱动机制[J]. 生态学报,2019,39(17):6510-6521.

[35] SITAYEB T,BELABBES I. Landscape change in the steppe of algeria south-west using remote sensing[J]. Annals of Valahia University of Targoviste,Geographical Series,2018,18(1):41-52.

[36] 车通,李成,罗云建. 城市扩张过程中建设用地景观格局演变特征及其驱动力[J]. 生态学报,2020,40(10):3283-3294.

[37] ŞIMŞEK D, SERTEL E. Spatial analysis of two different urban landscapes using satellite images and landscape metrics[J]. Photogrammetric Engineering and Remote Sensing, 2018, 84(11): 711-721.

[38] SUN P, MAN L, YANG G. Relationship between landscape fragmentation and oasis evolution: a case study of Suzhou Oasis in arid China[J]. IOP Conference Series Earth and Environmental Science, 2018(199): 022064.

[39] WANG B, LI Y X, WANG S Y, et al. Oasis landscape pattern dynamics in manas river watershed based on remote sensing and spatial metrics[J]. Journal of the Indian Society of Remote Sensing, 2019, 47(1): 153-163.

[40] 张敏，宫兆宁，赵文吉，等. 近 30 年来白洋淀湿地景观格局变化及其驱动机制[J]. 生态学报，2016，36(15)：4780-4791.

[41] HERSPERGER A M, BÜRGI M. Going beyond landscape change description: Quantifying the importance of driving forces of landscape change in a Central Europe case study[J]. Land Use Policy, 2009, 26(3): 640-648.

[42] FAN Q D, DING S Y. Landscape pattern changes at a county scale: a case study in Fengqiu, Henan Province, China from 1990 to 2013[J]. CATENA, 2016, 137: 152-160.

[43] 韩彤彤，杨斌，王中琪，等. 1997-2017 年太原城区景观格局变化及其驱动力分析[J]. 西南科技大学学报，2020，35(2)：26-32.

[44] HERZOG F, LAUSCH A, MÜLLER E, et al. Landscape metrics for assessment of landscape destruction and rehabilitation[J]. Environmental Management, 2001, 27(1): 91-107.

[45] ZHANG X R, BAI Z K, FAN X, et al. Urban expansion process, pattern, and land use response in an urban mining composited zone from 1986 to 2013 [J]. Journal of Urban Planning and Development, 2016, 142(4): 04016014.

[46] 王云涛. 资源型城市矿业景观格局动态演变研究：以鞍山市为例[D]. 北京：中国地质大学，2009.

[47] 张晓德，刘桂香，王梦圆，等. 开矿对锡林浩特市草原景观的影响[J]. 中国草地学报，2018，40(3)：102-109.

[48] 马雄德，范立民，张晓团，等. 陕西省榆林市榆神府矿区土地荒漠化及其景观格局动态变化[J]. 灾害学，2015，30(4)：126-129.

[49] CSÜLLÖG G, HORVÁTH G, TAMÁS L, et al. Quantitative Assessment of Landscape Load Caused by Mining Activity[J]. European Countryside,

2017,9(2):230-244.
[50] 梅昭容,李云驹,康翔,等.基于移动窗口分析法的矿区景观格局时空演变研究[J].国土资源遥感,2019,31(4):60-68.
[51] 徐嘉兴,李钢,余嘉琦,等.煤炭开采对矿区土地利用景观格局变化的影响[J].农业工程学报,2017,33(23):252-258.
[52] 王行风,汪云甲,马晓黎,等.煤矿区景观演变的生态累积效应:以山西省潞安矿区为例[J].地理研究,2011,30(5):879-892.
[53] XU J X,ZHAO H,YIN P C,et al. Landscape ecological quality assessment and its dynamic change in coal mining area:a case study of Peixian[J]. Environmental Earth Sciences,2019,78(24):1-13.
[54] 吴健生,乔娜,彭建,等.露天矿区景观生态风险空间分异[J].生态学报,2013,33(12):3816-3824.
[55] 王涛,肖武,王铮,等.煤矿开采对景观格局的影响及生态风险分析[J].中国矿业,2016,25(12):71-75.
[56] ZHANG M,WANG J M,LI S J,et al. Dynamic changes in landscape pattern in a large-scale opencast coal mine area from 1986 to 2015: A complex network approach[J]. CATENA,2020,194:104738.
[57] 康紫薇,张正勇,位宏,等.基于土地利用变化的玛纳斯河流域景观生态风险评价[J].生态学报,2020,40(18):6472-6485.
[58] 吴健生,乔娜,彭建,等.露天矿区景观生态风险空间分异[J].生态学报,2013,33(12):3816-3824.
[59] 郝彩莲,王勇,肖伟华,等.基于景观格局的承德市武烈河流域生态安全分析[J].南水北调与水利科技,2012,10(5):67-71.
[60] 刘春艳,张科,刘吉平.1976-2013年三江平原景观生态风险变化及驱动力[J].生态学报,2018,38(11):3729-3740.
[61] 李程程,南忠仁,王若凡,等.基于景观结构和3S技术的干旱区绿洲生态风险分析:以高台县为例[J].干旱区资源与环境,2012,26(11):31-35.
[62] 蒙吉军,张彦儒,周平.中国北方农牧交错带生态脆弱性评价:以鄂尔多斯市为例[J].中国沙漠,2010,30(4):850-856.

第4章　煤矿区植被覆盖度变化及驱动因素

人类社会的发展离不开对矿产资源的开发与利用，矿产资源是人类发展和生存的重要物质基础。矿产资源的开发利用规模和程度也反映了一个地区的社会经济水平，自工业革命以来，人们对各类矿产资源的勘探、开采深度和力度日益加大。在对草原、林地地区埋藏的各类矿产资源开发利用的同时，这些地区的生态与环境也遭到严重破坏[1]。内蒙古是我国矿产最富集的地区之一，区域煤层面积大，分布范围广，很多大型煤矿都建立在草原之上，如白音华矿区、胜利矿区、准格尔矿区以及神东矿区等。草原生态系统较其他生物群落结构较为单一，生态环境极易受到破坏，由于煤矿大规模开采导致的表土剥离，废料堆砌引发的一系列生态与环境问题，已经对当地生存环境及区域经济的可持续发展构成了巨大的威胁。因此，研究矿区植被变化并做出综合治理具有十分重要的意义[2]。

4.1　矿区植被覆盖研究进展

目前，矿区植被生态环境问题主要集中在两点——生态破坏与环境污染。生态破坏与环境污染对植被的影响主要集中体现在以下三个方面[3]：① 矿产开采对地表的扰动，主要表现在对土地的压占、侵蚀和破坏，采矿活动产生的废石、废渣压占土地表面会导致矿区表层水土流失，土壤肥力下降，严重不利于植被的生长；② 开矿活动对地下的影响，其主要体现在矿产开采时矿井水外排致使矿井地下水水位下降，造成水资源短缺，尤其在干旱和半干旱的地区这种现象较为显著，进而造成土地沙漠化、植被锐减、生物多样性减少甚至地质灾害，严重威胁人民生命财产。③ 采矿过程中产生的尘埃和有害气体对大气造成污染，采矿产生的污染物未经处理直接排放，对矿区附近的环境产生了极大的破坏，生态环境持续恶化导致植被脆弱性上升，从而不利于植被的生长。

矿区植被生态环境响应规律的研究是保护矿区生态环境和指导生态环境恢复的理论支撑。植被是覆盖地表的植物群落的总称，包括森林、草甸、灌丛等，具有保持水土、涵养水源、防风沙等功能。植被作为生物圈的重要组成部分，具有明显的年际和季节变化特征，并且是联结土壤、大气和水分的自然纽带，在一定程度上能代表土地覆盖的变化情况。它对生态环境变化非常敏感，尤其在干旱和半干旱地区严重影响着地区的各类生态指标，如土壤、水文等[4]。我国重点矿区主要位于草原、荒漠草原、荒漠、沙漠和戈壁区域，属于典型的干旱半干旱地区，植被覆盖率不高、海拔高、日照时间长、蒸发量大导致水资源严重匮乏、生态环境脆弱[5,6]。其中，鄂尔多斯和锡林郭勒地处干旱半干旱的地区，其生态系统较为脆弱、水土保持性差，在植物的生长季极易受到气温和降水的影响，干旱因素直接影响该地区植被覆盖度情况[7]。

当前，利用遥感信息提取对植被进行大范围监测是快速获取植被动态变化信息的主要手段。因此对植被的动态监测和预测可以从一定程度上反映生态环境变化的趋势，植被覆盖及其长势的变化间接反映了矿区的扰动和扩展变化。在此基础之上，通过对矿区植被生长状况的连续遥感监测，可以获取采矿活动对地表植被在时间、空间方面的影响信息和作用的强弱程度，寻找采矿区植被的动态时空变化规律。研究成果将对内蒙古地区煤矿资源开采与环境协调具有重要的理论和实际意义。

4.1.1　基于植被指数的方法

植被指数是根据不同地物在不同波段具有不同的光谱特性这一机理构建的，绿色植物光谱响应特征是在 0.5～0.7 μm 的可见光波段有 2 个强吸收谷，反射率一般小于 20%；而在 0.7～1.3 μm 的近红外波段，由于叶肉海绵组织结构中许多空腔具有很大的反射表面，反射率较高。根据这一原理，国内外学者提出了几十种植被指数如归一化植被指数（normalized difference vegetation index，NDVI）、比值型植被指数（ratio vegetation index，RVI）和土壤调节指数（soil-adjusted vegetation index，SAVI）等[8-10]，如表 4-1-1 所示。

表 4-1-1　植被指数一览表

植被指数	计算公式
归一化植被指数（NDVI）	$NDVI=(\lambda_{NIR}-\lambda_R)/(\lambda_{NIR}+\lambda_R)$
比值型植被指数（RVI）	$RVI=\lambda_{NIR}/\lambda_R$
差值植被指数（DVI）	$DVI=\lambda_{NIR}-\lambda_R$
土壤调节指数（SAVI）	$SAVI=((\lambda_{NIR}-\lambda_R)/(\lambda_{NIR}+\lambda_R+L))(1+L)$
修正植被指数（MVI）	$MVI=\sqrt{(\lambda_{NIR}-\lambda_R)/(\lambda_{NIR}+\lambda_R)+0.5}$

注：λ_{NIR} 为近红外波段，λ_R 为红外波段；L 为土壤调节系数。

NDVI 作为应用最广的植被指数，主要应用于检测植被生长状态、植被覆盖度和消除部分辐射误差等，它是通过将红外和近红外波段的弱者作为分子、强者作为分母构建的，不但能反映出植物冠层的背景影响，如土壤、潮湿地面、雪、枯叶、粗糙度等，而且与植被覆盖有关。它通过比值运算进行归一化（$-1 \leqslant NDVI \leqslant 1$），负值表示地面覆盖为云、水、雪等，在可见光波段高反射；0 表示有岩石或裸土等，λ_{NIR} 和 λ_R 近似相等；正值表示有植被覆盖，且随覆盖度增大而增大，光谱性质明显，提取效果较好。NDVI 的局限性在于用非线性的方式增强了 λ_{NIR} 和 λ_R 反射率的对比度，这就使得 NDVI 对高覆盖的植被识别不敏感，对低中覆盖度和裸土区域的阈值难以分割，易造成混分[11]。

RVI 是基于近红外和红外波段比值构建的，它以 1 为阈值分割点，绿色健康植被覆盖地区的 RVI 远大于 1，而无植被覆盖的地面（裸土、人工建筑、水体、植被枯死或严重虫害）的 RVI 在 1 附近。RVI 通常大于 2，它是绿色植物的灵敏指示参数，与生物量、叶绿素含量相关性较高，可广泛检测和估算植物生物量。当植被覆盖度较高时，RVI 对植被十分敏感；当植被覆盖度较低时，其敏感性会显著降低。RVI 受大气条件影响，大气效应可大大降低其对植被检测的灵敏度，所以在计算前必须对其进行大气校正，或者用反射率计算 RVI[2]。相比于 NDVI，RVI 值增加的速度高于 NDVI，因此在高植被覆盖区灵敏性较高。

SAVI 是根据两个波段反射率计算得到的[12]。它的目的在于解释背景的光学特征变化并修正 NDVI 对土壤背景的敏感，与 NDVI 相比，增加了根据实际情况确定的土壤调节系数 L，其取值范围 0～1。$L=0$ 时，表示植被覆盖度为零；$L=1$ 时，表示土壤背景的影响为零，即植被覆盖度非常高，土壤背景的影响为零，这种情况只有在被树冠浓密的高大树木覆盖的地方才会出现。SAVI 仅在土壤线参数 $a=1$、$b=0$（即非常理想的状态下）时才适用，因此产生了 TSAVI、ATSAVI、MSAVI、SAVI2、SAVI3、SAVI4 等改进模型[13]。

此外，EVI（enhanced vegetation index，EVI）通过加入蓝色波段以增强植被信号，矫正土壤背景和气溶胶散射的影响[14]。大气阻抗植被指数（atmospherically resistant vegetation index，ARVI）是 NDVI 的改进，它使用蓝色波段矫正大气散射的影响（如气溶胶），常用于大气气溶胶浓度很高的区域，如烟尘污染的热带地区或原始刀耕火种地区。GVI（绿度植被指数），该指数通过 KT 变换后表示绿度的分量，将植被与土壤的光谱特性分离[15]。植被生长过程的光谱图形呈所谓的“穗帽”状，而土壤光谱构成一条土壤亮度线，土壤的含水量、有机质含量、粒度大小、矿物成分、表面粗糙度等特征的光谱变化沿土壤亮度线方向产生。KT 变换后得到的第一个分量表示土壤亮度，第二个分量表示绿度，第三个分量随传感器不同而表达不同的含义。如 Landsat 的 MSS 第三个分量表示黄度，没有确定的意义;Landsat TM 的第三个分量表示湿度。第一二分量集中了95%以上的信息,这两个分量构成的二位图可以很好地反映出植被和土壤光谱特征的差异。GVI 是各波段辐射亮度值的加权和,而辐射亮度是大气辐射、太阳辐射、环境辐射的综合结果,所以 GVI 受外界条件影响大。垂直植被指数(PVI),是植被像元到土壤亮度线的垂直距离。该指数较好地消除了土壤背景的影响,对大气的敏感度小于其他植被指数[16]。

植被指数在应用于植被提取时常结合经验模型进行使用,经验模型法即首先根据样点建立地表实测植被覆盖度与遥感信息之间的估算模型,然后将该模型推广到整个研究区域计算植被覆盖度。该方法的特点是对特定区域的地表实测数据具有依赖性,当研究区域较小时测量结果具有一定的精度,而当研究区域较大时精度就会明显降低,此外不同地区研究得出的经验模型难以在其他地区直接推广应用。根据回归方法的不同,经验模型法可细分为线性回归模型和非线性回归模型:① 线性回归模型。在线性回归模型研究中多数建立的是植被覆盖度与植被指数之间的关系模型,如 NDVI 与像元二分模型结合提取植被覆盖度。② 非线性回归模型。通过建立植被覆盖度与遥感信息的非线性关系从而获得植被提取的调整参数,但是不同地区间所得非线性关系不确定,结果具有局限性[17]。

4.1.2　基于非植被指数的方法

近年来,随着计算机技术的发展,机器学习方法逐渐兴起并用于图像识别,其中包括神经网络、决策树和支持向量机等,但是模型复杂、样本训练等一直是制约机器学习估算植被覆盖度精度的关键,国内外学者对此进行了相关研究[18-20]。机器学习基本原理是从大量的、不完全的、有噪声的、模糊的及随机的数据中提取隐含在其中的、人们事先不知道但又是潜在有用的信息和知识的过程。相对于此,基于遥感光谱的指数模型和混合像元分解的方法广泛应用于遥感方面,尤其在提取植被并进行时空变化方面得到广泛普及。目前应用比较广泛的决策树分类法和人工神经网络法等在应用遥感数据估算植被覆盖度方面也有了一定的研究进展[12]。

决策树分类器的原理是模拟人工分类整个数据集从上而下的逐级分类的过程,在预先已知类别样本数据的情况下根据各类别的相似程度逐级聚类,每一次聚类形成一个树节点,在该节点处选择对其往下细分的有效特征依次往上发展到根节点,完成对各级各类组的特征选,在此基础上再根据已选出的特征对整个影像实行全面的逐级分类[21]。决策树分类法在植被覆盖度遥感估算上的应用原理是:首先由部分样本数据建立决策树;然后用另外的样本数据对所建立的决策树进行修剪和验证，形成最终用于估算植被覆盖度的决策树结构；最后根据建立的决策树进行植被覆盖度的估算。决策树分类法可避免数据的冗余，减少数据的维数，更充分地挖掘数据的潜力[22]。

人工神经网络[23]是由大量简单的处理单元(神经元)连接成的复杂网络，是模仿人的大脑进行数据接收、处理、贮存和传输的一种信息处理系统。在进行知识获取时，由研究者提供样本和相应的解，通过特定的学习算法对样本进行训练，通过网络内部自适应算法不断修改权值分布以达到要求，最终将其应用于所研究的区域。此外，随机森林和支持向量机的方法也广泛应用于植被识别和分类[24,25]。

4.1.3 植被覆盖度驱动因素研究进展

植被的生长受多种因素的影响，其中包括温度、降水、水文和人为因素等[26-29]。从大尺度角度分析，中国西部地广人稀，人为干扰因素较弱，绝大部分地区植被主要受气候如温度、降水影响较大。国内外很多学者对此进行了相关研究，如金凯等[30]对中国气候和人类与植被影响做了相关研究，研究发现中国整体植被贡献率受人类活动影响[31,32]，而在西部的内蒙古地区气候才是主导因素；焦珂伟等[33]研究植被对气候的响应机制，研究显示在东北地区温度对植被贡献较大而在内蒙古地区降水才是主要影响因素。从小尺度角度来看，由于小尺度遥感影像分辨率较高，结合实测数据后其精度也较高，如王子玉等[34]对内蒙古地区植被进行研究，结果显示干旱和人类活动[35,36]才是导致植被退化的主要原因；齐蕊等[37]探究了地下水和干旱对鄂尔多斯地区植被的影响，在不考虑气候影响前提下地下水和干旱对植被的影响较为显著。因此，快速对研究区域的植被影响因素进行锁定显得具有重大意义[38,39]。

综上，绝大部分相关学者大致从以下三个角度探究植被覆盖度驱动因素：首先，考虑到数据的可获取性和大尺度地区[40]，主要从降水和温度角度来探究植被覆盖度的变化趋势和植被生长期状态；此外结合东西部发展水平和区域特点有时会考虑人为因素，例如人口数据、放牧数据、矿区数据以及城市的土地利用数据等[41]。其次，针对中、小区域地区，研究者往往会综合已有数据源和所掌握数据，有时会结合月际降水、温度数据和无人机采样数据，来探究植被覆盖度变化与高程、坡度、坡向的关系。最后，从土壤数据出发，探究植被覆盖度变化与土壤的相关关系，此类研究区域比较局限，一般为高寒、冻土、干旱等环境较为恶劣的地区，例如和田地区、黄土高原地区等[42,43]。

4.1.4 植被覆盖度驱动模型进展

随着学科不断交叉，诸多研究模型被用于植被覆盖变化的研究中，从线性回归到多元回归再到相关分析等，本研究从尺度、适用性等角度对此做出如下梳理，列出了常用的几种植被分析模型，如表4-1-2所示。

表4-1-2 常用驱动模型

驱动模型	模型注释
趋势分析	利用回归分析对变量进行时间维度上(或其他序列)的预测或者拟合，或表现为回归系数，当为正值时表示趋势增长，反之为负值时表示趋势减少
重心迁移	以重量作为自变量建立重心模型，通过比较重心的迁移，来对比变量空间上的布局和变化
相关性分析	相关性分析是指对两个或多个具备相关性的变量元素进行分析，从而衡量两个变量元素的相关密切程度。相关性的元素之间需要存在一定的联系或者概率才可以进行相关性分析
偏相关分析	在相关性基础之上控制其中一个变量，动态分析剩余的两个变量，一般用来多个变量的对比和分析
显著性检验	显著性检验就是事先对总体(随机变量)的参数或总体分布形式做出一个假设，然后利用样本信息来判断这个假设(备择假设)是否合理，即判断总体的真实情况与原假设是否存在显著性差异，主要对变化趋势做出合理预测和判断
生态指数	例如，干旱指数、生物丰度指数、土壤指数等

动态定量研究植被覆盖度变化及影响因素依赖模型结合与方法的选取，在参考大量文献基础之上，从研究角度出发将其分为三类[33,44-48]。

从时空动态角度出发，主要采用趋势分析法(斜率分析法)、重心迁移模型、显著性检验、预测模型等[49]。张圣微等[50]利用变异系数对内蒙古自治区锡林郭勒草地进行研究；焦全军等[51]利用残差趋势法探究了典型干旱区和半干旱区植被覆盖度变化；杭玉玲等[52]利用线性趋势法探究草原植被与降水、温度之间的关系。上述模型多从时间序列和空间转换角度出发，目的在于探究植被覆盖度在时空上的变化趋势，分析研究区的植被覆盖度和变化特征，进而对研究区的状况提出具体的调整措施。从相关性角度出发，主要采用皮尔逊相关、偏相关分析、空间自相关以及地理加权模型等。贾若楠等[53]利用M-K统计检验和相关分析探讨了植被覆盖度与气候因子的相关关系及响应特征；信忠保等[54]利用MODIS数据和气象观测数据，结合相关分析法开展西鄂尔多斯自然保护区植被覆盖年际、月际变化趋势及其与区域气候变化的关系研究；李晓光等[55]以2001—2013年MODIS-NDVI数据及其同时段的月均温和月降水数据为基础数据源，采用回归分析、相关分析、残差分析[56]对鄂尔多斯高原植被进行研究。相关分析主要从变量出发探究变量之间的相关程度进而确定植被的影响因素，在空间上可以结合自相关模型对其各自分布生成高低之间的聚类，进而探究出各变量之间的分布强弱。从复合模型角度出发，如结合干旱模型、生物丰度指数等。胡君德等以 2000—2012 年生长季的 MODIS-NDVI 数据和同期的帕尔默干旱指数为依据对鄂尔多斯高原植被和干旱异常变化进行了研究；侯一蕾等[57]利用实地调查数据探究北京市植被覆盖和生物多样性之间的绿色需求关系。复合模型主要通过与其他模型进行耦合深层次地探究区域的变化特征，一般用于综合生态评价，针对性较强。

4.2 数据处理

4.2.1 数据源

研究所选用的影像为 Landsat 5 TM & Landsat 8 OLI 数据，数据来自地理空间数据云（http://www.gscloud.cn/）和美国 USGS 网站（https://glovis.usgs.gov/），气象数据和土壤数据来自中国国家气象网（http://www.gscloud.cn/）和中国科学院资源环境科学与数据中心（http://www.resdc.cn/），Dem 数据来自 ASTER GDEM 2013 年数据（http://gdem.ersdac.jspacesystems.or.jp/），人口数据来自 WorldPop 数据集（https://www.worldpop.org/geodata/summary/），矢量数据由自天地图所提供，矿区边界经实地调研获得。数据源参数见表 4-2-1。

表 4-2-1 数据源参数

数据源	数据获取及处理情况
遥感影像	2000 年、2005 年、2010 年数据源自 TM 数据
	2015 年、2019 年数据源自 OLI 数据
	获取月份为 6～9 月、分辨率为 30 m
气象数据	气象数据(降水、温度)、分辨率 1 km
	2000 年、2005 年、2010 年、2015 年数据为中国科学院数据
	2019 年数据为中国气象数据网数据经克里金差值所得
DEM & 土壤	分辨率 30 m，根据该 DEM 提取出坡度、坡向
	土壤数据包括砂粒、粉粒、黏粒(以百分比显示)
人口数据	分辨率 1 km
矢量数据	2020 年 Ordos、Xilin Gol 地区矢量边界、矿区边界

为了便于对各变量进行统计、表达和计算，本书对各解释变量以及自变量做出如下缩写表示，见表 4-2-2。

表 4-2-2　变量缩写对照表

解释变量	英文全称	变量
矿区距离	Mining Area Distance	D_{dis}
降水	Precipitation	P_{pre}/R_{rai}
气温	Temperature	T_{tem}
坡度	Slope	S_{slo}
坡向	Aspect	A_{asp}
高程	Digital Elevation Model	D_{dem}
黏粒	Clay	C_{cla}
砂粒	Sand	S_{san}
粉粒	Silt	S_{sil}
人口	Population	P_{pop}
平均植被覆盖度	Mean Vegetation Cover	V_{MF}
植被覆盖度变化	Change of Vegetation Cover	V_{CF}

4.2.2　数据处理流程

4.2.2.1　数据预处理

本研究采用像元二分模型提取植被覆盖度，遥感影像由于受大气和地面反射、折射的影响，存在大量噪声点。为了提高遥感影像解译质量，获得较高的提取精度，因此在提取植被覆盖度之前需进行遥感影像的校正，操作流程注解见表 4-2-3。

表 4-2-3　操作流程注解

操作流程	处理流程详解
辐射定标	用户需要计算地物的光谱反射率或光谱辐射亮度时，或者需要对不同时间、不同传感器获取的图像进行比较时，都必须将图像的亮度灰度值转换为绝对的辐射亮度，这整个过程就是辐射定标
大气校正	传感器最终测得的地面目标的总辐射亮度并不是地表真实反射率的反映，其中包含了由大气吸收，尤其是散射作用造成的辐射量误差。大气校正就是消除这些由大气影响所造成的辐射误差，反演地物真实的表面反射率的过程

表 4-2-3(续)

操作流程	处理流程详解
影像镶嵌	对一幅或若干幅图像通过几何镶嵌、色调调整、去重叠等处理,并将其镶嵌到一幅大的背景图像中的影像处理方法
掩膜提取	用选定的图像、图形或物体,对处理的图像(全部或局部)进行遮挡,来控制图像处理的区域或处理过程,用于覆盖的特定图像或物体称为掩膜或模板

本书所选研究区域为鄂尔多斯地区和锡林郭勒地区,数据源选自 Landsat 5 TM 和 Landsat 8 OLI 数据,需对影像进行辐射定标、大气校正和影像镶嵌处理。首先是对 Landsat 影像的处理,利用 Envi 5.3 软件对影像进行 NDVI 提取,采用像元二分模型提取出研究区的植被覆盖度,处理流程如图 4-2-1 所示。

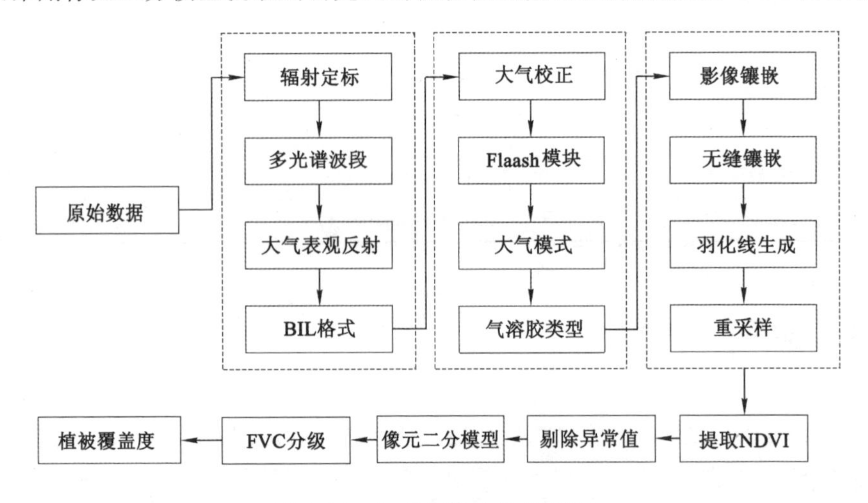

图 4-2-1 遥感影像处理流程图

遥感影像所选的数据源获取时间集中在 6～9 月,所选遥感影像云量大部分低于 10%,受获取源限制极少数影像云量在 10%～20%之间。辐射定标采用 Envi 5.3 的 Radiometric Calibration 模块,定标参数选用大气表观反射率,图像存储格式采用 BIL 格式;大气校正模块采用 Flaash 模块,Flaash 模块是基于 Motran 模型模拟地表-大气之间的情景从而消除大气、地表的干扰,该模块基于物理基础,具有较高的精度且较为稳定,大气模型选取中纬度夏季,气溶胶模式选择 K-T 变换和城市;影像镶嵌选用多景影像的无缝镶嵌,镶嵌选择基于标准影像参考方式生成羽化线,当羽化线效果不佳出现显著拼接痕迹时,设置羽化距离为 50 m。对于云量较大,遮挡重要地物如矿区、城市、河流等影像,选用同期影像代替或者裁剪掉多云区域，用相近月份其余成像较佳的影像去代替，以保证影像的提取精度[58]。

其次是对水文（高程、坡度、坡向）、气候数据（降水、气温）的处理，利用ArcMap软件将高程（DEM）数据导入，经矢量边界裁剪生成研究区的DEM，随后利用DEM生成坡度和坡向。

对于降水和气温数据，通过计算日均值降水、气温数据合成年度数据，然后利用克里金插值求得研究区域的降水和气温栅格数据；对于矿区距离，通过Arc GIS邻域分析提取至各栅格单元；剩余数据源只需与其统一单元尺度，考虑到研究区面积大小，将鄂尔多斯、锡林郭勒分别划分为5 km、10 km的分辨率栅格单元，最适宜软件的处理与分析。

4.2.2.2 数据描述统计

本研究统一栅格单元后对其进行格网划分，利用SPSS软件统计分区后的影像各单元上的值，其中各变量的单位均以国际标准为基准，分别统计出各变量的样本数、最值、均值以及标准误差。在对研究区各变量进行统计后，对上述各个单元进行离差标准化（STD），离差标准化后的变量值介于0～1之间。鄂尔多斯地区变量描述统计如表4-2-4所示。

表4-2-4 鄂尔多斯地区变量描述统计

解释变量	样本数	最小值	最大值	均值	标准偏差
D_{dis}/m	3 618	0	315 704.19	137 870.70	83 775.61
A_{asp}	3 618	104.56	253.89	175.46	8.51
C_{cla}/%	3618	0	29.00	12.62	5.12
D_{dem}/m	3 618	870.97	1 824.46	1 293.43	133.75
$P_{pop,MF}$/人	3 618	0	4 742.27	24.71	164.63
$R_{rai,MF}$/mm	3 618	119.70	399.11	266.98	65.90
S_{san}/%	3 618	36.00	100.00	65.92	13.89
S_{sil}/%	3 618	0	42.00	21.44	9.12
S_{slo}/(°)	3 618	2.89	23.60	5.78	2.17
$T_{tem,MF}$/℃	3 618	6.68	10.04	8.22	0.57
FVC_{MF}	3 618	0.11	0.74	0.36	0.11
FVC_{CF}	3 618	−0.61	0.50	0.13	0.11
$P_{pop,CF}$/人	3 618	−304.32	3 050.85	14.35	97.89
$T_{tem,CF}$/℃	3 618	−1.85	2.35	0.38	0.84

表 4-2-4(续)

解释变量	样本数	最小值	最大值	均值	标准偏差
$R_{rai,CF}$/mm	3 618	−15.37	222.71	121.24	46.87
有效个案数	3 618				

注：下标 CF 为变化值，MF 为平均植。

通过表 4-2-4 统计数据的对比分析：鄂尔多斯海拔较高，不同地区之间高程差异明显；该地区地广人稀，人口密度较小；降水量较少，属于典型干旱半干旱地区；土壤含沙量较高，蓄水能力差；年平均温度在 6～10 ℃左右，属于典型的温带大陆性气候；此外，该地区植被覆盖度虽然整体偏低，但是整体植被覆盖度有所提升。

图 4-2-3 以平均植被覆盖度为横坐标，以各因素标准化后的数据为纵坐标。由图 4-2-2 可以初步得出，平均植被覆盖度与降水、温度、人口数据明显存在线性关系，其余影响因素与平均植被覆盖度关系不显著。

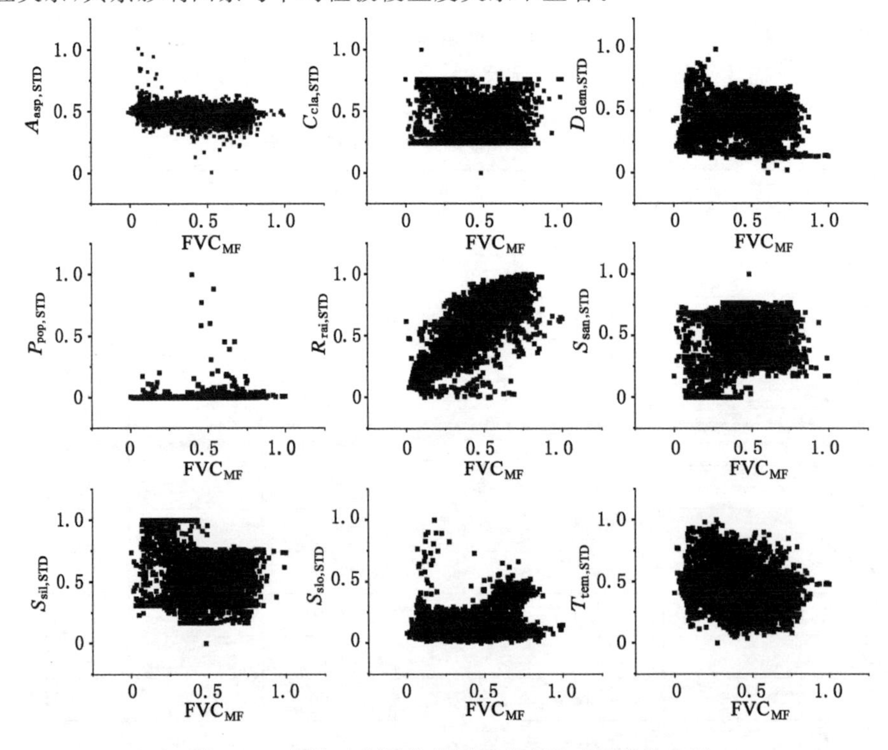

图 4-2-2 鄂尔多斯平均植被覆盖度影响因素散点图

图 4-2-3 以植被覆盖度变化为横坐标，以除人口、降水和温度以外其余各因素标准化后的数据为纵坐标。由图 4-2-3 可以初步得出，植被覆盖度变化与高程、坡度、坡向存在一定线性关系，与其余影响因素关系不显著。同理，在此基础之上对锡林郭勒地区变量描述统计如表 4-2-5 所示。

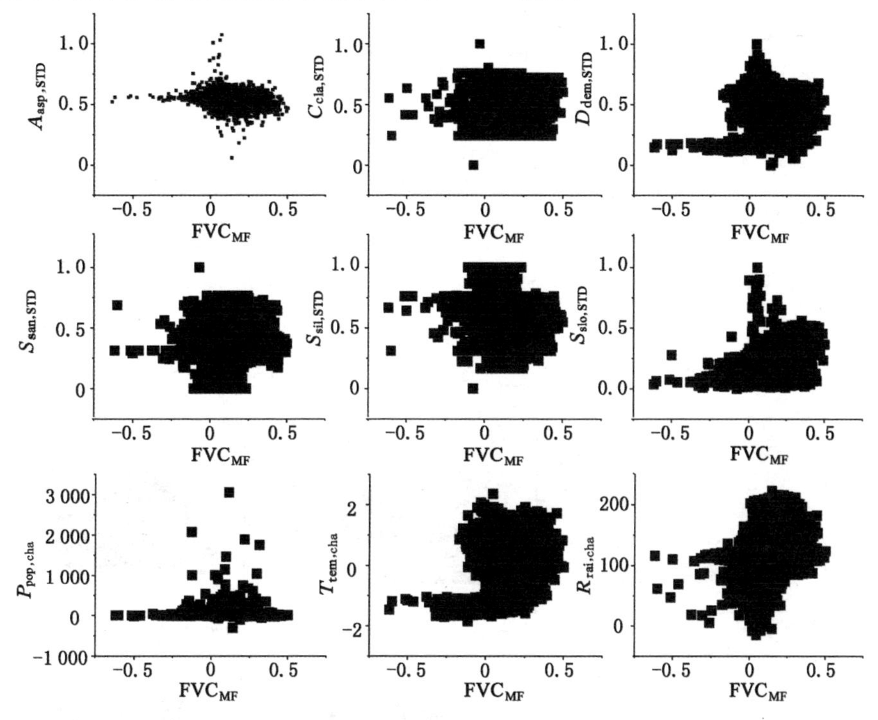

图 4-2-3　鄂尔多斯植被覆盖度变化影响因素散点图

表 4-2-5　锡林郭勒地区变量描述统计

解释变量	样本数	最小值	最大值	均值	标准偏差
D_{dis}/m	2 130	0	376 587.27	149 400.15	90 811.08
A_{asp}	2 130	−0.63	11.35	0.52	0.75
C_{cla}/%	2 130	7.00	33.65	17.46	4.15
D_{dem}/m	2 130	774.90	1 598.50	1 114.44	163.01
$P_{pop,MF}$/人	2 130	0	870.15	5.30	31.27
$R_{rai,MF}$/%	2 130	137.14	465.07	262.67	74.93
S_{san}/%	2 130	29.54	82.69	57.11	9.27
S_{sil}/%	2 130	7.00	42.00	25.42	6.11

表 4-2-5(续)

解释变量	样本数	最小值	最大值	均值	标准偏差
S_{slo}	2 130	0.03	2.92	0.33	0.18
$T_{tem,mf}$/℃	2 130	−1.77	5.50	2.62	1.32
FVC_{MF}	2 130	0.21	0.92	0.46	0.14
FVC_{CF}	2 130	−0.36	0.52	0.08	0.10
$P_{pop,CF}$/人	2 130	−82.58	188.76	51.32	56.90
$T_{tem,CF}$/℃	2 130	−1.48	5.57	1.77	1.31
$R_{rai,CF}$/mm	2 130	−82.58	188.76	51.32	56.90

锡林郭勒地区情况整体与鄂尔多斯相似。高程、坡度、坡向、矿区距离数据在时间和空间上变化不大，降水、气温、人口数据时效性强且随着时间的推移发生变化。图 4-2-4 以平均植被覆盖度为横坐标，以各因素标准化后的数据为纵

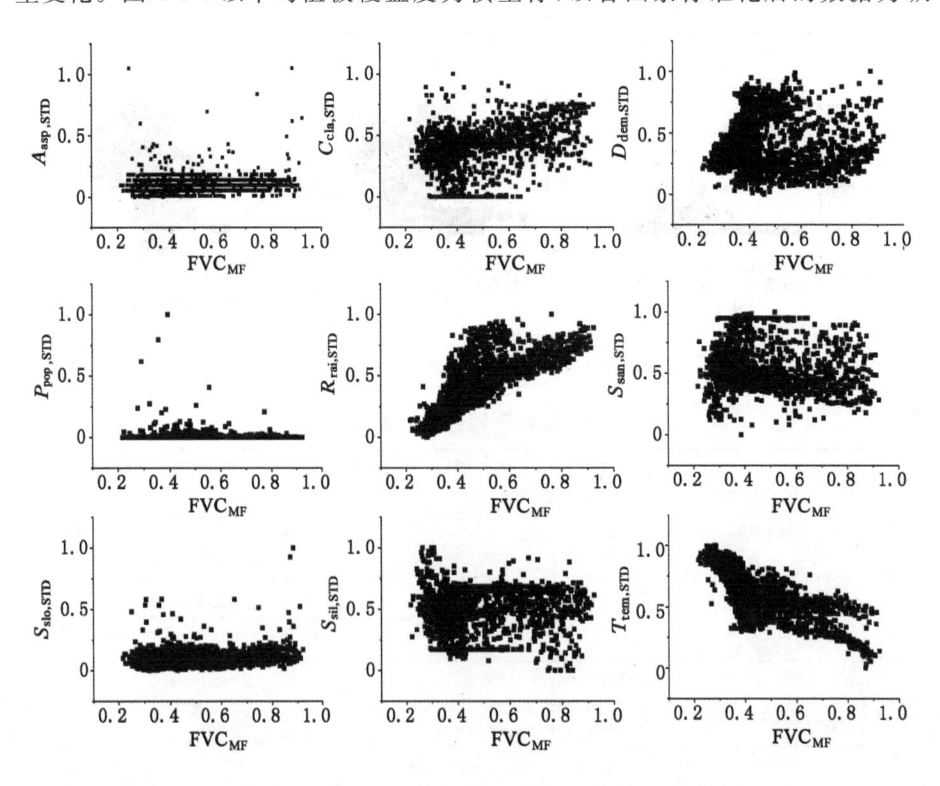

图 4-2-4 锡林郭勒平均植被覆盖度影响因素散点图

坐标。由图4-2-4可以初步得出，平均植被覆盖度与降水、温度数据存在明显线性关系，与高程、坡度线性关系一般，与其余各影响因素关系不显著。

图4-2-5以植被覆盖度变化为横坐标，以除人口、降水和温度以外其余各因素标准化后的数据为纵坐标。由4-2-5可以初步得出，植被覆盖度变化与高程、坡度、砂粒坡向可能存在一定线性关系，与其余影响因素关系均不显著。此外，为了探究各年份植被影响因素，本研究对鄂尔多斯2000年、2005年、2010年、2015年和2019年降水、温度、NDVI以及人口进行统计并做出相关性分析，如表4-2-6、表4-2-7所示。

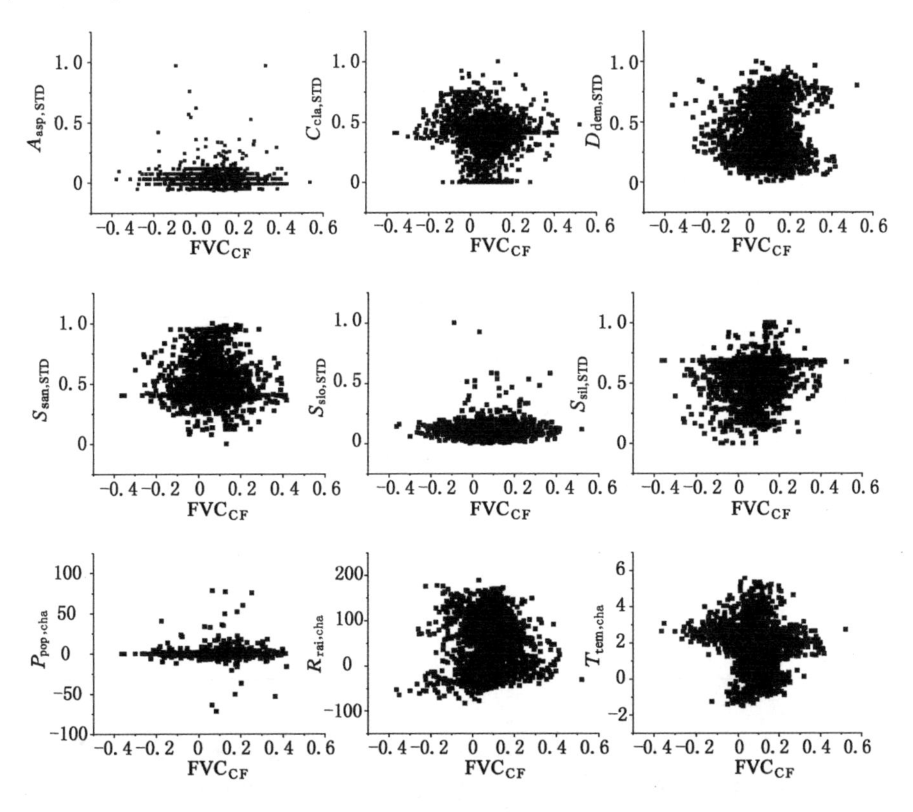

图4-2-5 锡林郭勒植被覆盖度变化影响因素散点图

结果显示：鄂尔多斯植被覆盖度与NDVI相关性最高，降水量次之，人口最弱，且与温度呈弱负相关性；降水与温度相关性较强，这表明鄂尔多斯地区雨热同期，植被生长受降水和温度的共同作用，在年际水平上，降水起主导作用，温度作用稍弱；人口与降水相关性较高，与温度相关性较弱。此外，NDVI与FVC相关性高且具有一致性。

表 4-2-6　鄂尔多斯植被覆盖度与气候、水文、人为因子对比

年份	2000 年	2005 年	2010 年	2015 年	2019 年
FVC	0.321 7	0.357 5	0.447 9	0.251 4	0.459 5
MSE	0.204 4	0.149 5	0.159 3	0.229 9	0.218 1
P_{pre}/mm	203.940 2	203.930 5	305.266 9	294.046 3	326.075 6
MSE	48.054 7	69.768 7	77.220 8	62.365 4	80.215 6
T_{tem}/℃	7.916 5	7.789 5	8.267 9	9.724 0	8.323 5
MSE	0.688 6	0.687 1	0.679 4	0.563 9	0.765 1
NDVI	0.195 1	0.1959	0.290 0	0.136 7	0.302 3
MSE	0.136 9	0.093 5	0.117 4	0.134 3	0.149 9
P_{pop}/人	9.572 1	12.154 0	15.110 1	17.335 6	18.960 7
MSE	224.66 1	268.659 2	306.991 7	369.832 3	418.243 3

注：FVC—植被覆盖度；P_{pre}—降水量；T_{tem}—温度；P_{pop}—人口；MSE—标准差。

表 4-2-7　鄂尔多斯植被覆盖度与驱动力相关性分析

参数	FVC	P_{pre}/mm	T_{tem}/℃	NDVI	P_{pop}/人
FVC	1				
P_{pre}/mm	0.435	1			
T_{tem}/℃	−0.209	0.788	1		
NDVI	0.986	0.511	−0.115	1	
P_{pop}/人	0.285	0.924	0.790	0.327	1

本研究对锡林郭勒 2000 年、2005 年、2010 年、2015 年和 2019 年降水、温度、NDVI 进行统计并做出相关性分析，如表 4-2-8 和表 4-2-9 所示。

表 4-2-8　锡林郭勒植被覆盖度与气候、水文、人为因子对比

年份	2000 年	2005 年	2010 年	2015 年	2019 年
FVC	0.321 7	0.357 5	0.447 9	0.251 4	0.459 5
MSE	0.204 4	0.149 5	0.159 3	0.229 9	0.218 1

表 4-2-8(续)

年份	2000 年	2005 年	2010 年	2015 年	2019 年
P_{pre}/mm	271.237 5	220.581 9	276.486 9	207.965 8	322.842 0
MSE	72.127 1	97.573 5	85.807 6	88.834 1	55.992 2
T_{tem}/℃	2.127 162	2.452 428	2.156 5	2.603 532	3.853 29
MSE	1.535 5	1.650 5	1.719 0	1.225 1	0.973 38
NDVI	0.252 78	0.297 49	0.306 58	0.298 3	0.334 76
MSE	0.181 87	0.158 64	0.100 6	0.225 06	0.099 46
P_{pop}/人	2.198 7	2.592 3	2.862 3	2.501 0	2.402 0
MSE	79.619 9	89.097 7	90.193 9	90.252 6	90.792 9

表 4-2-9　锡林郭勒植被覆盖度与驱动力相关性分析

参数	FVC	P_{pre}/mm	T_{tem}/℃	NDVI
FVC	1			
P_{pre}/mm	0.677	1		
T_{tem}/℃	0.214	0.546	1	
NDVI	0.426	0.356	0.763	1
P_{pop}/人	0.412	−0.160	−0.226	0.454

结果显示:锡林郭勒植被覆盖度与降水相关性最高,NDVI 次之,气温最弱,降水与温度相关性显著,这表明锡林郭勒地区雨热同期,植被生长受降水和温度的共同作用,降水起主导,温度作用稍弱;人口与降水和温度呈弱的负相关。

通过对水文、气象、人为数据的初步判断与分析,对于在时序上相关性较高的变量必然存在共性问题,相关性较低的数据可能存在共性问题,对于相关性较高的变量在后续处理多重共性问题时,可以预先分别代入或者剔除,减少不必要的操作步骤。

为了直观清晰地反映出研究过程,本研究设计了如下技术线路图,如图4-2-6所示。

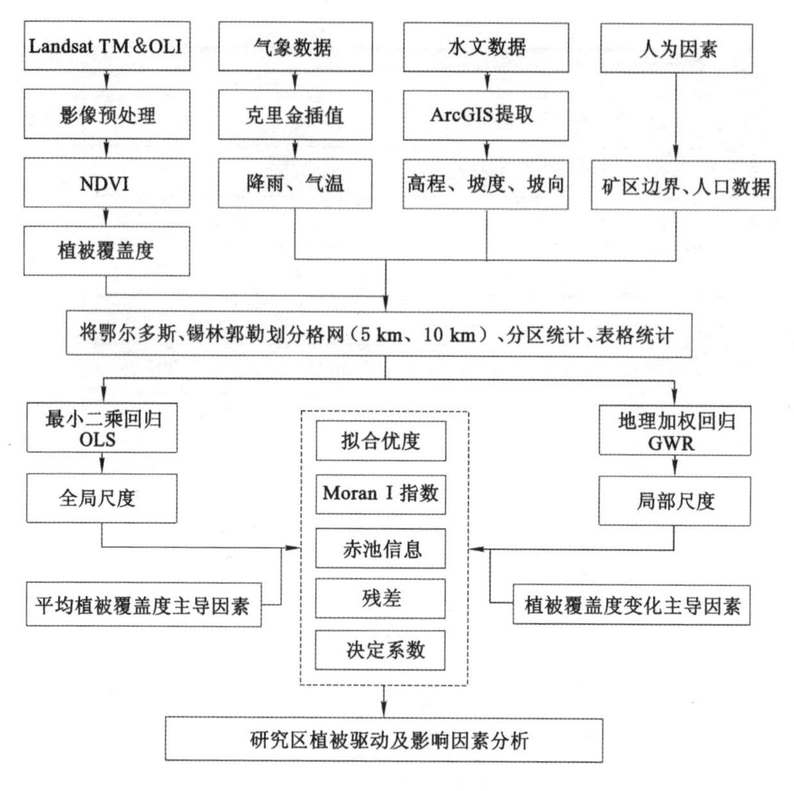

图 4-2-6　主要技术流程图

4.3　研究方法

4.3.1　像元二分模型

归一化植被指数[59,60]（normalized difference vegetation index，NDVI）能够反映植被生长状况，是监测植被覆盖动态变化的有力工具，被广泛应用于植被覆盖时空变化研究中。NDVI 可以表示为：

$$NDVI = \frac{\lambda_{NIR} - \lambda_{Red}}{\lambda_{NIR} + \lambda_{Red}} \tag{4-3-1}$$

式中，λ_{NIR} 为近红外波段，λ_{Red} 为红光波段[61,62]。像元二分模型是一种计算植被覆盖度常用的方法，其以线性混合像元分解模型为基础。植被覆盖度与归一化植被指数之间存在极显著的线性相关关系，建立二者之间的转换关系，可提取植被覆盖度，Gutmam 构建了从 NDVI 中提取植被覆盖度的混合像元模型。像元二分模型对影像的辐射校正影响不敏感，且计算简便，是计算植被覆盖度的一种有效方法。其表达式为：

$$FVC=\frac{NDVI-NDVI_{soil}}{NDVI_{veg}-NDVI_{soil}} \tag{4-3-2}$$

式中，FVC 为植被覆盖度，NDVI 为归一化植被指数，$NDVI_{veg}$代表纯植被 NDVI 值，$NDVI_{soil}$代表纯裸地 NDVI 值。本研究分别对 2005 年、2010 年、2019 年和 2020 年 4 期 NDVI 影像进行直方图的统计分析，分别在累积概率 95%和 5%处的经验值取得从而确定 $NDVI_{veg}$ 和 $NDVI_{soil}$，利用 ENVI5.3 软件实现植被覆盖度计算。

像元分解后的植被覆盖度(FVC)值介于[0,1]之间，由于研究区域面积较大，区域内存在多种混交林，混合像元较多，光谱相似性较高且难以区分，如裸土与低覆盖植被的混分以及耕地与矮生灌丛的混分。因此本研究在前人的基础之上对植被进行归并划分，将植被覆盖分为三大类：低覆盖(极低覆盖、低覆盖)、中覆盖(中等覆盖、中高覆盖)、高覆盖，如表 4-3-1 所示。

表 4-3-1　植被覆盖度分级标准

分级范围	低覆盖	中覆盖	高覆盖
鄂尔多斯	<0.40	0.40～0.80	>0.8
锡林郭勒	<0.40	0.40～0.80	>0.8

4.3.2　趋势分析

为研究不同时段(2000 年、2005 年、2010 年、2015 年和 2019 年)鄂尔多斯和锡林郭勒植被的变化和对环境的响应，此研究在像元尺度上采用一元线性回归方法对 NDVI 进行变化趋势的分析，从而获得植被的时空变化特征。

$$S_{slope}=\frac{n\times\sum_{i=1}^{n}(i\times NDVI_i)-\sum_{i=1}^{n}i\sum_{i=1}^{n}NDVI_i}{n\times\sum_{i=1}^{n}i^2-(\sum_{i=1}^{n}i)^2} \tag{4-3-3}$$

式中，S_{slope}为每个像元的 NDVI 的变化趋势斜率，n 为监测时段年数总量，i 为年序数；$NDVI_i$ 为第 i 年的 NDVI 值。斜率为正即表示 NDVI 随时间呈增大趋势；斜率为负则表示 NDVI 随时间呈减小趋势[46]。

4.3.3　地理加权回归

回归分析常被用来定量分析地理推理，而地理因子的交互作用多发生于局部且随地理位置的变化而变化，Fotheringham 等基于“局部光滑”思想提出了地理加权回归模型（geographic weighted model，GWR）[63-65]。地理加权回归模型是对普通线性回归最小二乘法（OLS）的拓展，其为观测值所在的地理空间位置与回归点的地理空间位置之间的距离函数，其作用是权衡不同空间位置的观测值对于回归点参数估计的影响程度。估计参数随研究的空间位置变化而变化，反映自变量与因变量之间的空间依赖性与非平稳性，模型的表达式如下：

$$y_i = \beta_0(u_i, v_i) + \sum_{j=1}^{k} \beta_j(u_i, v_i) x_{ij} + \varepsilon_i \tag{4-3-4}$$

式中，y_i是样本 i 的 FVC 变化的拟合值；(u_i, v_i)是第 i 个样本空间单元的地理中心坐标；$\beta_0(u_i, v_i)$是第 i 个样本的常数项估计值；$\beta_j(u_i, v_i)$是第 i 个样本的第 j 个回归参数，是关于地理位置的函数；x_{ij}是第 j 个自变量在样本 i 的值；ε_i是服从均值为零的独立正态分布的误差。

4.3.4 多重共线性检验

在进行最小二乘回归时，多个解释变量在信息属性上产生冗余，从而造成多重共线性问题。为了确保实验的精度，利用 Eview 软件中四种方法对解释变量进行交叉验证，剔除冗余解释变量。首先利用直观判定和简单相关法对指标因子做出初期预判，直观判定根据先验经验锁定影响植被变化的重要因子如降水、温度等，通过加入相关性分析进行检验，解释变量之间相关系数越高则共线性一定强，反之如果相关系数低，强共线性也可能存在。为了进一步增强实验结果可靠性，需进一步通过方差膨胀因子和特征根共同检验[66,67]。

对于方差膨胀因子（variance inflation factor，VIF），如果解释变量之间的 VIF 越大，表明重共线性越强。研究表明，当 VIF$\geqslant$10 时，该变量与其余变量间存在严重的多重共线，当 2$\leqslant$VIF$<$5 时存在较轻的共线性。为了消除变量 VIF 之间带来的累积效应，可通过逐步回归对每个变量逐个代入削弱 VIF 累积产生的共线性问题：

$$\mathrm{VIF}_{i-1} = \frac{1}{1-R_i^2} \tag{4-3-5}$$

式中，R^2 为决定系数，i 为变量个数，VIF_{i-1} 为检验变量对其余 $i-1$ 的共同决定系数。此外，当 VIF 检验效果不佳时，用特征根角度解释使得 $|X'X| \approx 0$，若行列式特征根近似为 0 时，X 的列向量必存在多重共线，当存在多个特征根时，向量存在多重共线。设 $X'X$ 最大的特征根为 α_m，β_i 为特征根 α_i 条件数：

$$\beta_i = \sqrt{\frac{\alpha_m}{\alpha_i}} \tag{4-3-6}$$

条件数量可以衡量特征值的分布程度，可以判断多重共线的共线程度，当 $0<\beta<10$ 时，矩阵 X 无多重共线性；当 $10<\beta<100$ 时，矩阵 X 存在性较强多重共线性；当 $\beta\geqslant 100$ 时，矩阵 X 存在严重多重共线性。

4.3.5　相关性分析

本书以年平均气温和年降水量两个指标作为半干旱区域植被强扰动因子，采用相关分析的方法在像元尺度上计算了研究区2000—2019年温度、降水和植被覆盖度之间的相关系数，然后利用遥感和GIS工具得出长时间序列的植被与温度及降水的相关关系，公式如下：

$$r=\frac{\sum_{i=1}^{n}(w_i-\overline{w})(z_i-\overline{z})}{\sqrt{\sum_{i=1}^{n}(w_i-\overline{w})^2\sum_{i=1}^{n}(z_i-\overline{z})^2}} \tag{4-3-7}$$

式中，w 与 z 分别代表着两个不同的变量，i 为时间，r 为 w、z 逐像元所统计出的相关系数。此相关系数针对长时间序列动态研究相关变量之间的关系，意在探究植被覆盖度与相关变量（如降水、气温和人口）的相关关系，对于其余具有长时序稳定性的影响因素（高程、沙粒等）并不适用。

4.4　鄂尔多斯植被覆盖度变化及驱动因素

4.4.1　鄂尔多斯植被覆盖度时空变化

为了反映鄂尔多斯植被覆盖度在空间上的分布情况，本研究提取了该地区四期（2000年、2005年、2010年、2015年和2019年）遥感影像的植被信息，统计出鄂尔多斯各个分级的植被覆盖度面积，如表4-4-1所示，并制作了鄂尔多斯的植被覆盖度图，如图4-4-1所示。

表4-4-1　鄂尔多斯植被覆盖度　　单位：km²

	低覆盖	中覆盖	高覆盖
2000年	64 924.33	18 146.96	3 922.61
2005年	60 721.99	24 502.71	1 769.19
2010年	37 580.20	46 673.14	2 740.56
2015年	66 796.74	17 393.81	2 803.34
2019年	40 482.80	39 153.04	7 358.05

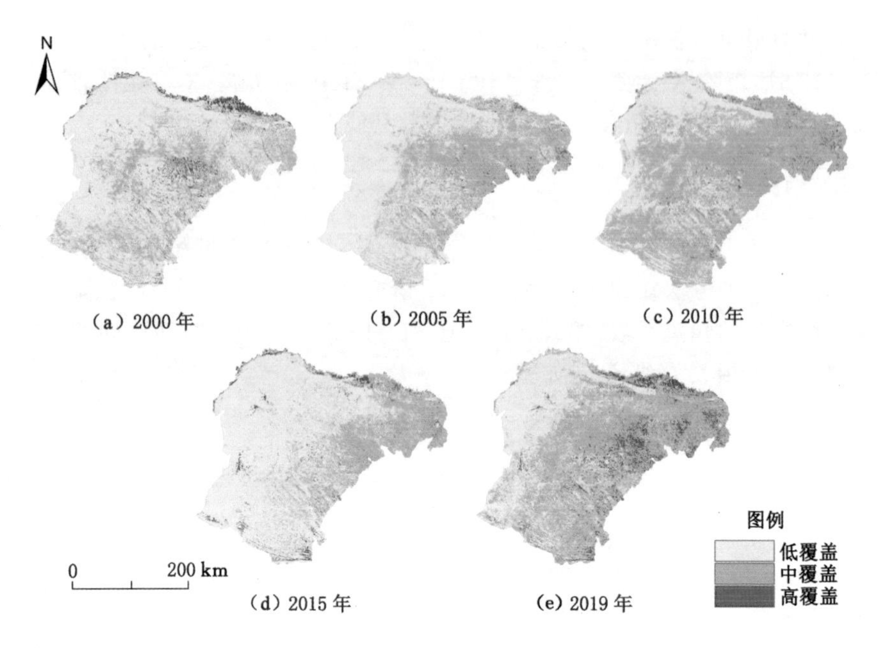

图 4-4-1 鄂尔多斯植被覆盖度图

鄂尔多斯整体植被覆盖度呈现出东高西低趋势，其中东部为典型草原半干旱地区，北部多为耕地和沙地，南部为荒漠草原，西部为戈壁和沙漠干旱地区。2000—2019 年鄂尔多斯植被覆盖度呈现出上升的趋势，整体上呈现出东部地区较西部地区植被覆盖度较高，抗逆性较强。此外，高覆盖植被增长显著($P<0.05$)，中覆盖植被逐渐改善($P<0.05$)，其中 2005 年鄂尔多斯北部、2015 年鄂尔多斯西部植被退化明显。矿区附近植被整体上得到改善，但是存在局部退化现象。

由表 4-4-2 和图 4-4-2 可知，从整体来看，20 年来鄂尔多斯的植被覆盖度呈现出东部增长西部和北部衰弱的趋势，其中增长和衰减面积各占 39.78%、60.22%，增长较强面积占增长面积的 2%，主要集中在鄂托克旗西部、准格尔旗和乌审旗北部，矿区周边植被改善明显，植被增长趋势明显大于衰退趋势；衰减较强面积占衰减面积的 0.4%，主要集中在鄂尔多斯北部边界地区，边界地区耕地多，人为干扰因素大，植被退化可能是该地区土地轮休所导致的。

表 4-4-2 鄂尔多斯植被空间变化趋势

S_{slope}	−0.058～−0.029	−0.029～0	0～0.029	0.029～0.058
面积/km^2	153.172	34 463.830	51 420.300	956.593
显著性	$P<0.05$	$P<0.1$	$P<0.1$	$P<0.05$

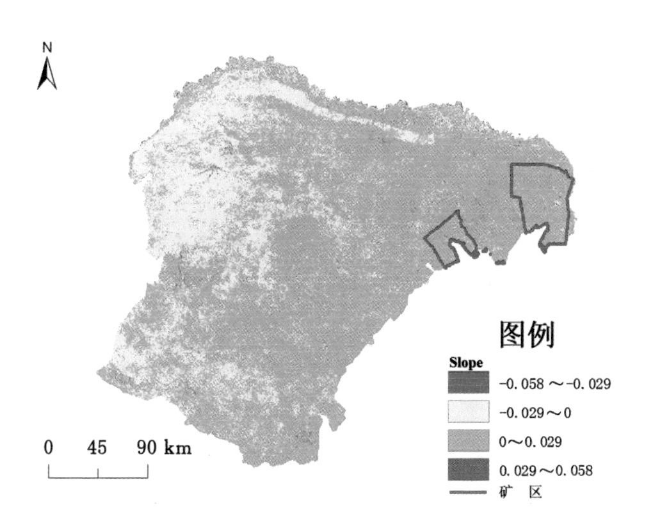

图 4-4-2　鄂尔多斯趋势分析图

4.4.2　鄂尔多斯驱动力检验

本研究以鄂尔多斯植被覆盖度(FVC)为因变量(包括平均 FVC 和 FVC 变化,即 MF 和 CF),结合已有研究从土壤(砂粒、粉粒、黏粒)、气候(降水、温度)、水文(高程、坡度、坡向)、人为(人口、矿区距离)数据十个影响因素进行分析,利用最小二乘模型(OLS)对解释变量进行全局回归,在进行全局回归之前需剔除共线性强干扰因素得到植被覆盖的显著的驱动因素,如表 4-4-3 所示。

表 4-4-3　鄂尔多斯 VIF 检验结果

解释变量	砂粒 S_{san}	粉粒 S_{sil}	黏粒 C_{cla}	降水 R_{rai}	温度 T_{tem}	高程 D_{dem}	坡度 S_{slo}	坡向 A_{asp}	矿区距离 D_{dis}	人口 P_{pop}
MF(VIF)	>1 000	>1 000	>1 000	9.25	7.81	5.04	1.29	1.20	16.07	1.02
CF(VIF)	>1 000	>1 000	>1 000	3.82	7.22	5.63	1.89	1.15	2.59	1.02

由上表的 VIF 检验结果来看,由于土壤数据百分比和为 1 具有强共线性,所以砂粒、粉粒、黏粒作为解释变量不能共存,反之当缺少其中一个变量时,可以用其余两个变量代替,因此在对土壤数据进行研究时只需研究一个变量即可反映其余变量的整体分布情况,在这里保留黏粒(C_{cla})。当因变量为 MF 时,逐个筛选剔除解释变量 S_{sil}、D_{dis}、S_{san},剔除后其余解释变量 VIF<1.5。当因变量为 CF 时,逐个筛选剔除解释变量 S_{sil}、S_{san}、D_{dem},剔除后其余解释变量 VIF<3.5,

如表 4-4-4 所示。

表 4-4-4　OLS 参数估计与模型检验结果

自变量	因素	参数估计值	标准误差	t 值	P 值	VIF
MF	Constant	0.239 0	0.020 5	11.605 8	0	
	A_{asp} *	0.025 7	0.033 7	0.763 7	0.445 05	1.15
	C_{cla}	0.135 1	0.011 1	12.072 9	0	1.21
	D_{dem}	−0.304 9	0.0145 2	−20.998 1	0	1.29
	P_{pop} *	0.020 3	0.052 08	0.390 2	0.696 41	1.01
	R_{rai}	0.648 2	0.008 62	75.136 2	0	1.29
	S_{slo}	−0.188 3	0.019 14	−9.839 5	0	1.26
	T_{tem}	−0.194 4	0.012 33	−15.763 0	0	1.38
CF	Constant	0.200 3	0.017 2	11.586 3	0	
	D_{dis}	−0.171 2	0.009 0	−19.007 9	0	2.53
	A_{asp}	−0.130 6	0.027 8	−4.692 6	0.000 01	1.11
	C_{cla}	−0.050 3	0.009 3	−5.397 0	0	1.20
	S_{slo}	0.232 6	0.019 5	11.880 4	0	1.87
	P_{pop}	−0.000 1	0	−4.946 8	0	1.01
	T_{tem}	0.017 6	0.002 2	8.088 8	0	1.50
	R_{rai}	0.000 5	0.000 1	8.011 7	0	3.14

注：* 代表非显著因素。

当自变量为平均植被覆盖度(MF)时，解释变量坡向(A_{asp})、人口(P_{pop})不显著，多重共线性极弱，OLS 的残差 Moran I 为 0.23，模型误差呈弱正相关，模型回归效果稍差，Z 为 126.70，P 为 0.001，模型残差显著性较高。当自变量为植被覆盖度变化(CF)时，解释变量较为显著，矿区距离(D_{dis})和降水(R_{rai})呈弱的多重共线性，其余解释变量呈极弱的多重共线性，此时模型残差 Moran I 为 0.17，模型误差近似呈随机分布，模型为适用，Z 为 97.27，P 为 0.001，模型结果较显著。整体来看，当自变量为 MF 时，OLS 模型适应性稍差，当自变量为 CF 时，OLS 模型适应性一般，因此 OLS 这种全局的最小二乘模型在本研究中适用性不高。

除此之外，参考 Koenker(BP)统计量，两自变量 MF 和 CF 的 Koenker 值分别为 316.66 和 163.52，显著性较高，空间异质性强，因此在 OLS 模型的基础之上利用 GWR 模型对植被覆盖度影响因素进行分析，所得结果见表 4-4-5。

表 4-4-5　GWR 参数估计与模型检验结果

自变量	因素	平均值	最小值	最大值	Moran I	Z
MF	Constant	0.302 7	−2.002 2	3.427 7		
	A_{asp}	−0.229 6	−2.125 1	1.486 6	0.95	79.60
	C_{cla}	0.113 4	−0.518 5	1.779 8	0.94	78.83
	D_{dem}	−0.211 64	−5.473 6	2.235 7	0.96	80.80
	P_{pop}	17.214 0	−81.528 2	354.810 5	0.96	80.81
	R_{rai}	0.635 9	−3.730 8	2.984 2	0.94	78.81
	S_{slo}	−0.268 1	−1.843 9	1.370 5	0.95	79.89
	T_{tem}	−0.139 7	−4.323 7	2.464 7	0.95	79.86
CF	Constant	0.407 2	−2.514 8	6.432 6		
	D_{dis}	−0.392 2	−4.397 0	3.633 7	0.93	78.27
	A_{asp}	−0.157 8	−2.640 4	0.685 6	0.91	76.66
	C_{cla}	−0.063 8	−1.524 7	0.323 6	0.93	78.02
	S_{slo}	−0.013 1	−1.718 0	1.359 9	0.94	79.10
	P_{pop}	0.000 1	−0.022 3	0.025 5	0.90	75.28
	T_{tem}	−0.014 6	−0.468 4	0.312 7	0.94	78.85
	R_{rai}	0	−0.023 0	0.012 5	0.92	77.31

提取所有单元残差标准化后的结果进行空间自相关分析，所得 MF 残差 Moran I 为 0.004，Z 为 2.83，P 为 0.008；CF 残差 Moran I 为 −0.005，Z 为 −2.78，P 为 0.001，两变量的残差 Moran I 接近 0，显著性水平较高。因此利用 GWR 模型对鄂尔多斯地区植被覆盖度进行分析表现出良好的模型适用性，如表 4-4-6 所示。

表 4-4-6　OLS 模型与 GWR 模型对比

因变量	模型	带宽	残差平方	AICc	调整后 R^2
MF	GWR	154.00	12.37	−9513.13	0.89
	OLS	/	41.87	−5847.43	0.67
CF	GWR	154.00	11.10	−9 923.75	0.73
	OLS	/	29.48	−7 115.99	0.38

对比上述两个模型，GWR 模型在信息噪声较多时具有更强的自适应调节性，自变量残差平方和分别提升 29.44 和 18.38。

4.4.3 鄂尔多斯植被覆盖度驱动力分析

为了探究影响鄂尔多斯植被覆盖度变化的因素，对鄂尔多斯地区的气候、水文、人为因素做出分析，提取出各单元最显著因素，从而可以进一步探究鄂尔多斯地区植被覆盖度的空间异质格局，如图 4-4-3、表 4-4-7 所示。

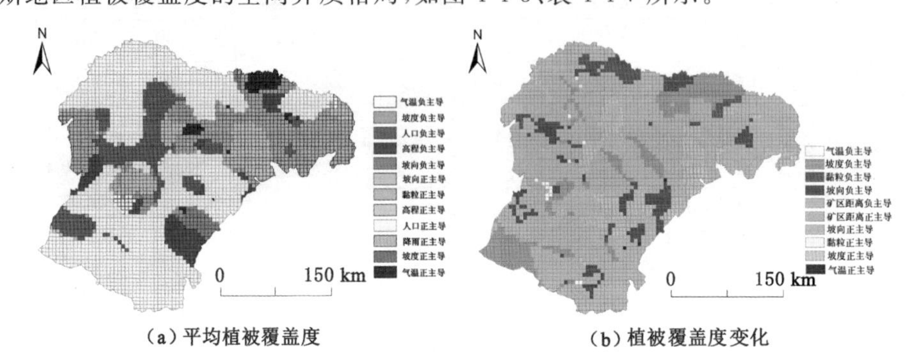

(a) 平均植被覆盖度　　(b) 植被覆盖度变化

图 4-4-3　鄂尔多斯植被覆盖度主导因素图

表 4-4-7　鄂尔多斯植被覆盖度主导因素占比

影响因素		气温	坡度	人口	高程	坡向	黏粒	降水
MF	正主导	0.021	0.001	0.514	0.077	0.004	0.000	0.180
	负主导	0.010	0.020	0.101	0.052	0.018	0.000	0.000

影响因素		气温	坡度	黏粒	坡向	矿区距离
CF	正主导	0.001	0.109	0.001	0.009	0.202
	负主导	0.004	0.111	0.026	0.070	0.467

从长时序角度分析，影响平均植被覆盖度的因素主要为降水和人口，其次为高程和气温，降水正主导区集中在东部(准格尔矿区、神东矿区以及鄂尔多斯市周边)和高海拔的西部山地地区；人口正主导区占比较大、分布较广，其中北部地区主要植被类型为沙漠和荒漠草原，除最南端的少部分耕地外，该地区植被覆盖度较低、降水较少，属于典型的半荒漠地区；东北部地区主要土壤类型为沙地，植被覆盖类型以耕地为主，受人为活动影响较大；南部为鄂托克前旗和乌审旗，植被覆盖类型较为单一，以沙地和荒漠草原两种类型为主。

从时空动态角度来看，鄂尔多斯地区的植被覆盖度变化主要受矿区距离和坡度因素的影响。鄂尔多斯东部神东和准格尔矿区附近矿区距离呈现出正主导，植被覆盖度逐渐改善，这主要得益于鄂尔多斯市区附近矿区的生态修复工程，使得该地区大面积复耕和还草；另外，矿区距离呈负主导，地区主要呈片状分布在鄂尔多斯其他地区，主要呈现出矿区距离越远植被覆盖度增长愈缓慢的分布规律。分析认为，由于矿区的覆盖影响辐射范围约几十公里，此类现象主要是区域的植被覆盖度分布的空间异质所致，东部植被覆盖度高，增长快，距离矿区近，所以矿区距离呈现出正主导的影响。而其余地区植被覆盖度低，变化缓慢，距离矿区远，所以呈现出负主导的影响。当坡度为主导因素时，正主导于植被覆盖度变化的地区地势起伏较大，多发于山地，负主导于植被覆盖度变化的地区地势起伏较平缓，多集中在高海拔平原。

4.4.4　鄂尔多斯驱动力因素相关性分析

为了逐个探究鄂尔多斯各驱动因素与植被覆盖度的相关性关系，在全局时间序列上（2000—2019 年）探究植被覆盖度变化（CF）与降水、气温和人口相关性程度和显著性强弱。

首先，针对降水、气温和人口因素，本研究对其进行了相关性分析、显著性检验和最值相关性，如图 4-4-4、图 4-4-5、图 4-4-6 所示。

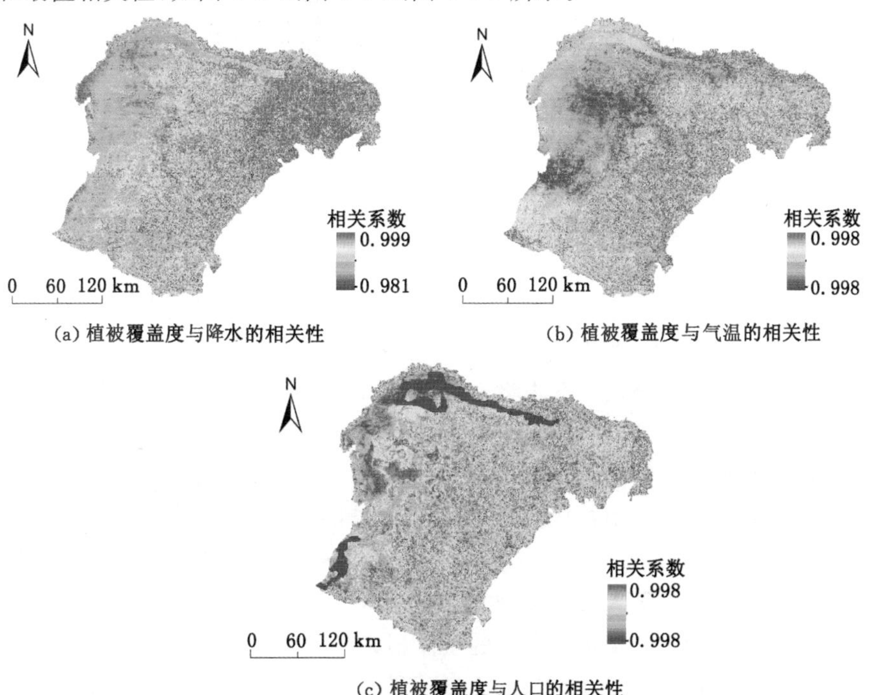

(a) 植被覆盖度与降水的相关性　　(b) 植被覆盖度与气温的相关性

(c) 植被覆盖度与人口的相关性

图 4-4-4　鄂尔多斯植被覆盖度与降水、气温、人口相关性图

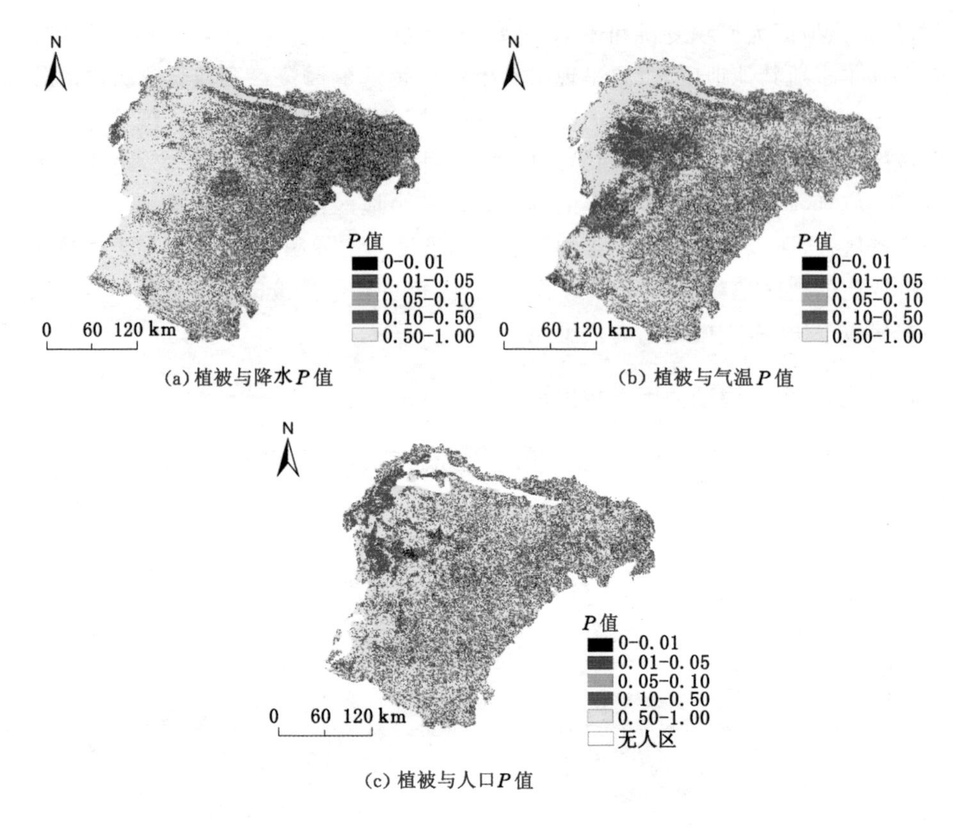

(a) 植被与降水P值

(b) 植被与气温P值

(c) 植被与人口P值

图 4-4-5 鄂尔多斯相关分析显著性图

综合降水、气温和人口因素分析，植被覆盖度与降水主要呈正相关，与温度呈负相关，与人口呈弱的负相关。其中，鄂尔多斯地区降水在空间上与植被覆盖度呈现出东部正相关、西部负相关的变化趋势，其中东部主要集中在鄂尔多斯市、准格尔旗、达拉特旗、伊金霍洛旗以及乌审旗，西部主要集中在杭锦旗、鄂托克旗和鄂托克前旗；鄂尔多斯地区气温在空间上与植被覆盖度呈现出东南部正相关、西北部负相关的变化趋势，其中东南部主要集中在准格尔旗、鄂尔多斯市、乌审旗，西北部主要集中在达拉特旗、杭锦旗、鄂托克旗和鄂托克前旗；鄂尔多斯地区人口与植被覆盖度相关性在空间上整体呈现出离散相间的分布趋势，只有西部边缘地区、北部无人区呈负相关且较为集中，其余地区聚集性较弱。

整体来看，降水与植被覆盖度的整体相关性显著性水平要高于气温和人口。其中气温在空间上聚集性较差，最不显著；降水显著性水平较高的地区主要集中在东部鄂尔多斯市、准格尔旗、达拉特旗和伊金霍洛旗；人口显著性较高区域主要集中在鄂托克旗，其余地区显著性水平较低，空间聚集性差。

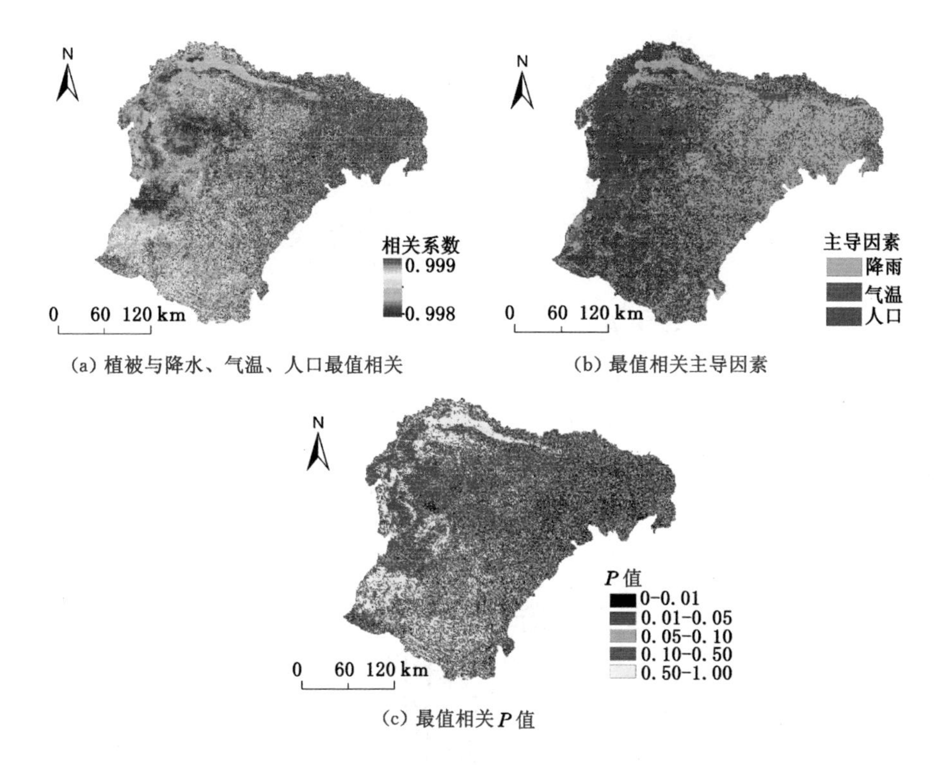

(a) 植被与降水、气温、人口最值相关

(b) 最值相关主导因素

(c) 最值相关 P 值

图 4-4-6 鄂尔多斯植被覆盖最值相关图

为了探究降水、气温、人口三个因素在空间上对植被覆盖度的主导影响，本研究在相关性的基础之上对该三个变量做最值主导分析，如图 4-4-6 所示。

综合气候因素分析，鄂尔多斯地区植被覆盖度主导因素东部以气温为主导，中部以气温为主导，西部以人口为主导。植被覆盖度主导因素显著性水平聚集性较强且东部高于西部；相关性水平分布东部呈正相关较为聚集，西部呈正负相关“斑块”分布。

4.4.5 鄂尔多斯典型矿区对植被覆盖度的影响

为了探究鄂尔多斯矿区对周边的影响，利用矿区边界对周边缓冲区进行了分析，统计出各缓冲带植被覆盖度的平均值并做折线图(缓冲区以 1 km 为起始，2 km 为步长，最大范围为 20 km)，如图 4-4-7、图 4-4-8 所示。

从整体来看，2000—2019 年准格尔矿区和神东矿区植被覆盖程度得到改善。准格尔矿区大部分植被改善显著，矿区外部地区东部、西部恢复较好，南部、北部恢复较差；矿区内部植被整体改善显著，受采矿活动影响存在局部衰减的特

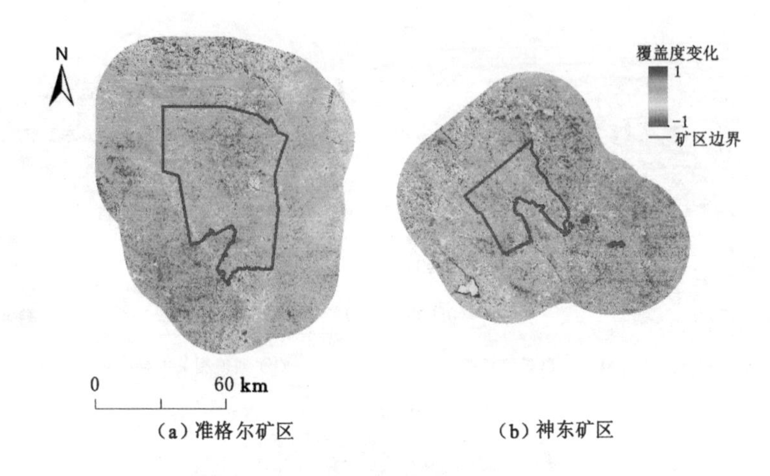

图 4-4-7　鄂尔多斯典型矿区植被覆盖度变化图

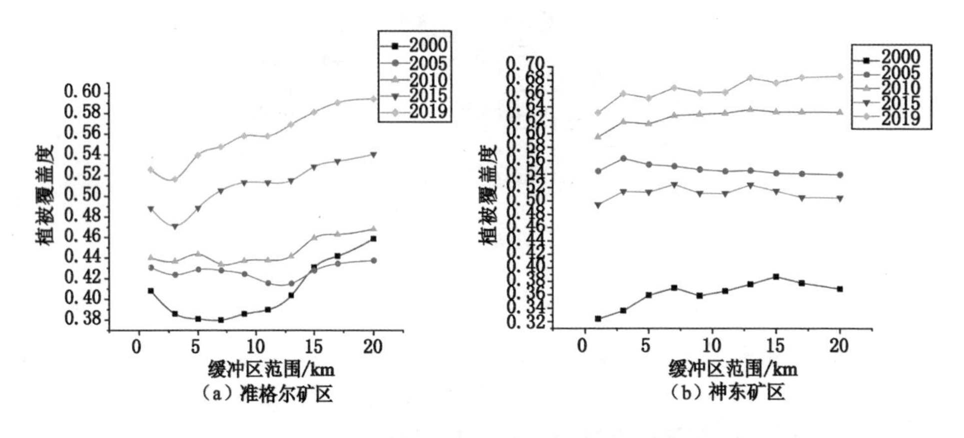

图 4-4-8　鄂尔多斯矿区缓冲区植被覆盖度折线图

征。神东矿区植被整体恢复较好,但存在矿区外部植被东部西部差异大的特点,其中矿区东部植被恢复效果明显强于矿区西部;矿区内部植被整体改善显著,但存在局部衰减的现象。

从时间序列来看,2000—2019 年准格尔矿区和神东矿区植被覆盖度逐渐增长,其中准格尔矿区在 3 km 和 13 km 缓冲区处植被覆盖度存在突变,在 3～13 km 之间植被覆盖度变化不稳定,存在上下波动的特征;神东矿区附近植被覆盖度变化平稳,略微出现上下浮动,区域特征范围不明显,该现象可能是附近城镇和人为因素的干扰所致。

4.5　锡林郭勒植被覆盖度变化及驱动因素

4.5.1　锡林郭勒植被覆盖度时空变化

为了反映锡林郭勒植被覆盖度在空间上的分布情况，本研究提取了该地区五期(2000 年、2005 年、2010 年、2015 年和 2019 年)遥感影像的植被信息，统计出锡林郭勒各个分级植被覆盖度的面积，如表 4-5-1 所示，并制作了锡林郭勒的植被覆盖度图，如图 4-5-1 所示。

表 4-5-1　锡林郭勒植被覆盖度　　单位：km^2

	低覆盖	中覆盖	高覆盖
2000 年	111 034.83	72 520.88	16 955.65
2005 年	97 639.63	78 680.54	23 659.47
2010 年	29 611.74	154 717.67	15 650.23
2015 年	145 971.89	39 635.97	14 371.77
2019 年	43 645.36	145 144.14	11 190.13

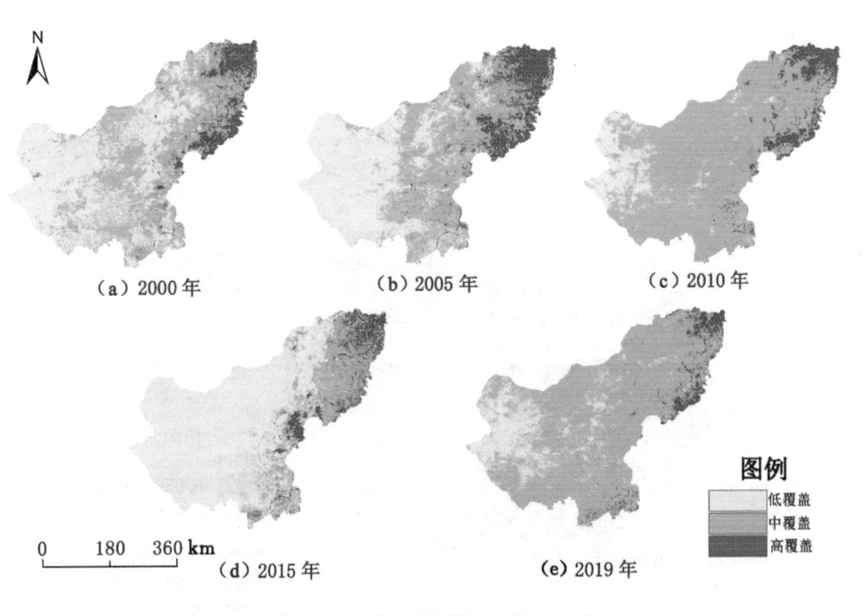

图 4-5-1　锡林郭勒植被覆盖度图

锡林郭勒植被覆盖度整体呈现出东北高西南低的趋势，植被覆盖度变化主要集中在中部地区，东部高覆盖和西部低覆盖植被状况较为稳定，中部生态较为脆弱，主要为中等覆盖度的植被，容易受其他因素的干扰。2000—2005 年锡林郭勒中部中覆盖植被较为稳定，中西部植被衰减，中东部植被增长并向东部延伸；2005—2010 年锡林郭勒植被覆盖度整体得到提升，但是东部高覆盖植被出现略微衰退，西部植被逐渐转为中覆盖植被；2010—2015 年锡林郭勒植被覆盖度整体衰退，中部衰退为低覆盖，东部高覆盖植被衰退；2015—2019 年锡林郭勒植被覆盖度大幅度提升。整体来看，锡林郭勒植被覆盖度整体增加，其中东部衰退西部增长，植被覆盖度整体向中等覆盖度转化，整体生态脆弱性增加。

如表 4-5-2 和图 4-5-2 所示，从整体来看，近 20 年锡林郭勒的植被覆盖度呈现出东部衰减中部增长趋势，其中显著增长和衰减面积各占 0.3%、0.2%，呈离散分布在锡林郭勒的北部和东部，白音华矿区植被呈衰退趋势，胜利矿区植被呈恢复状态，西部大部为沙地，生态性脆弱，植被覆盖度趋势变化不稳定，锡林郭勒整体植被覆盖度增加，西部逐渐改善，东部衰减显著。

表 4-5-2　锡林郭勒植被空间变化趋势

S_{slope}	−0.058～−0.029	−0.029～0	0～0.029	0.029～0.058
面积/km²	295.068	92 436.192	106 818.098	572.764
显著性	$P<0.05$	$P<0.1$	$P<0.1$	$P<0.05$

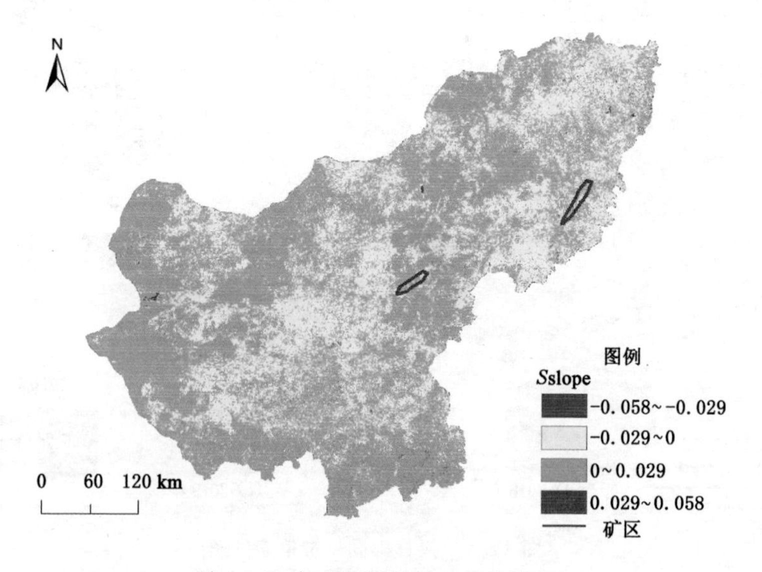

图 4-5-2　锡林郭勒植被变化趋势图

4.5.2 锡林郭勒驱动力检验

本研究以锡林郭勒植被覆盖度(FVC)为因变量(包括平均 FVC 和 FVC 变化,即 MF 和 CF),结合已有研究对土壤(砂粒、粉粒、黏粒)、气候(降水、气温)、水文(高程、坡度、坡向)、人为(人口、矿区距离)十个影响因素进行分析,利用最小二乘模型(OLS)对解释变量进行全局回归,在进行全局回归之前需剔除共线性强干扰因素得到植被覆盖的显著驱动因素,如表 4-5-3 所示。

表 4-5-3 锡林郭勒 VIF 检验结果

解释变量	砂粒 S_{san}	粉粒 S_{sil}	黏粒 C_{cla}	降水 R_{rai}	气温 T_{tem}	高程 D_{dem}	坡度 S_{slo}	坡向 A_{asp}	矿区距离 D_{dis}	人口 P_{pop}
MF(VIF)	>1 000	>1 000	>1 000	1.94	2.10	1.43	1.34	1.19	1.84	1.03
CF(VIF)	>1 000	>1 000	>1 000	2.94	1.76	2.50	1.35	1.21	2.83	1.01

由上表的 VIF 检验结果来看,由于土壤数据以百分比呈现,各组分之和为1,存在强共线性,通过控制变量对比分析,剔除解释变量最大的 VIF,当因变量为 MF 时,首先剔除 S_{sil},此时 C_{cla} 和 S_{san} 的 VIF 分别为 4.64、4.33,其余解释变量 VIF<2.2,在此基础之上剔除 C_{cla} 剔除后各变量 VIF<2.1,仅存在极弱的共线性问题;当因变量为 CF 时,首先剔除 S_{sil},此时 C_{cla} 和 S_{san} 的 VIF 分别为 4.17、4.39,其余解释变量 VIF<3.0,在此基础之上剔除 S_{san},剔除后各变量 VIF<2.7,如表 4-5-4 所示。

表 4-5-4 锡林郭勒 OLS 参数估计与模型检验结果

自变量	因素	参数估计值	标准误差	t 值	P 值	VIF
MF	Constant	0.529 33	0.008 72	60.670 11	0	
	D_{dis}	−0.017 34	0.007 94	−2.184 07	0.029 05	1.81
	A_{asp} *	0.013 97	0.024 67	0.566 46	0.571 14	1.19
	D_{dem}	−0.132 80	0.008 33	−15.926 94	0	1.34
	P_{pop}	−0.115 65	0.040 12	−2.882 60	0.003 99	1.03
	R_{rai}	0.413 47	0.008 04	51.397 84	0	1.67
	S_{san} *	0.004 49	0.008 91	0.503 66	0.614 56	1.19
	S_{slo}	0.151 47	0.025 97	5.830 78	0	1.34
	T_{tem}	−0.301 85	0.011 24	−26.831 61	0	2.09

表 4-5-4(续)

自变量	因素	参数估计值	标准误差	t 值	P 值	VIF
CF	Constant	0.067 59	0.008 53	7.917 73	0	
	D_{dis}	0.282 65	0.012 73	22.198 31	0	2.53
	A_{asp}	−0.068 11	0.033 59	−2.027 23	0.042 75	1.20
	C_{cla} *	−0.012 40	0.013 80	−0.899 14	0.368 66	1.24
	D_{dem}	−0.149 45	0.014 70	−10.166 39	0	2.27
	S_{slo}	0.074 905	0.035 22	2.126 70	0.033 54	1.33
CF	P_{pop} *	−0.000 08	0.000 33	−0.227 28	0.820 22	1.00
	R_{rai}	−0.000 82	0.000 06	−14.891 73	0	2.68
	T_{tem}	0.007 92	0.001 86	4.258 41	0.000 02	1.61

注：* 代表非显著因素。

当自变量为平均植被覆盖度(MF)时，解释变量坡向(A_{asp})、砂粒(S_{san})不显著，除解释变量气温(T_{tem})外，其余变量多重共线性极弱，OLS 的残差 Moran I 为 0.52，模型误差呈正相关，模型回归效果差，Z 为 175.01，P 为 0.001，模型残差显著性较高；当自变量为植被覆盖度变化(CF)时，解释变量黏粒(C_{cla})、人口(P_{pop})不显著，矿区距离(D_{dis})和降水(R_{rai})呈弱的多重共线性，其余解释变量呈极弱的多重共线性，此时模型残差 Moran I 为 0.26，模型误差近似呈随机分布，模型拟合效果一般，Z 为 86.66，P 为 0.001，模型结果较显著。整体来看，当自变量为 MF 时，OLS 模型效果较差，当自变量为 CF 时，OLS 模型适应性一般，因此对于 OLS 这种全局的二乘模型在本研究中适用性不高。

除此之外，参考 Koenker(BP)统计量，两自变量 MF 和 CF 的 Koenker 值分别为 316.55 和 133.42，显著性较高、空间异质性强，因此在 OLS 模型的基础之上利用 GWR 模型对植被覆盖度影响因素进行分析，所得结果如表 4-5-5 所示。

如表 4-5-6 所示，提取所有单元残差标准化后的结果进行空间自相关分析，所得 MF 残差 Moran I 为−0.001，Z 为−0.367 5，P 为 0.38；CF 残差 Moran I 为−0.011，Z 为−3.63，P 为 0.001，两变量的残差 Moran I 接近 0，自变量为 MF 时显著水平不高，但是相对于 OLS 模型 GWR 表现出更好的优越性。因此利用 GWR 模型对锡林郭勒地区植被覆盖度进行分析比较适用。

表 4-5-5 锡林郭勒 GWR 参数估计与模型检验结果

自变量	因素	平均值	最小值	最大值	Moran I	Z 值
MF	Constant	0.312 449	−6.213 56	3.197 471		
	D_{dis}	−0.095 540	−2.818 68	4.229 887	0.89	57.47
	A_{asp}	0.030 146	−0.989 62	0.775 065	0.95	61.16
	D_{dem}	0.112 372	−1.387 3	2.069 105	0.90	58.29
	P_{pop}	−0.625 810	−61.290 7	31.636 88	0.94	63.49
	R_{rai}	0.436 506	−2.761 07	8.705 953	0.88	59.91
	S_{san}	−0.008 580	−0.517 44	0.177 971	0.92	62.35
	S_{slo}	−0.021 490	−0.763 05	0.901 868	0.94	61.68
	T_{tem}	−0.167 940	−3.470 51	3.896 021	0.89	57.15
CF	Constant	0.096 174	−1.863 96	1.383 111		
	D_{dis}	0.265 84	−3.013 85	3.205 892	0.92	62.94
CF	A_{asp}	−0.054 75	−1.502 16	0.970 237	0.94	64.30
	C_{cla}	−0.023 70	−0.604 16	0.444 505	0.93	61.71
	D_{dem}	−0.294 59	−6.545 23	3.783 911	0.89	56.43
	S_{slo}	0.113 564	−0.916 24	1.188 987	0.92	62.80
	P_{pop}	−0.001 31	−0.065 88	0.054 454	0.83	56.01
	R_{rai}	−0.000 98	−0.014 21	0.027 759	0.93	65.00
	T_{tem}	0.021 002	−0.699 77	1.283 205	0.91	62.13

表 4-5-6 OLS 模型与 GWR 模型对比

因变量	模型	带宽	残差平方	AICc	调整后 R^2
MF	GWR	99.00	1.22	−9 012.44	0.97
	OLS		9.11	−5 552.37	0.81
CF	GWR	99.00	5.04	−5 978.78	0.70
	OLS		16.79	−4 250.58	0.21

对比上述两个模型，GWR 模型在信息噪声较多时，模型具有更强的自适应调节性，适应性更强，自变量残差平方和分别提升 29.44 和 18.38，AICc 优度大幅度提升，尤其当自变量为 CF 时，调整后的拟合优度提升 3 倍以上。

4.5.3 锡林郭勒植被覆盖度驱动力分析

为了探究影响锡林郭勒植被覆盖度变化的因素，本研究对鄂尔多斯地区的气候、水文、人为因素做出分析，提取出各单元最显著因素，从而可以进一步探究锡林郭勒地区植被覆盖度的空间异质格局，如图 4-5-3 和表 4-5-7 所示。

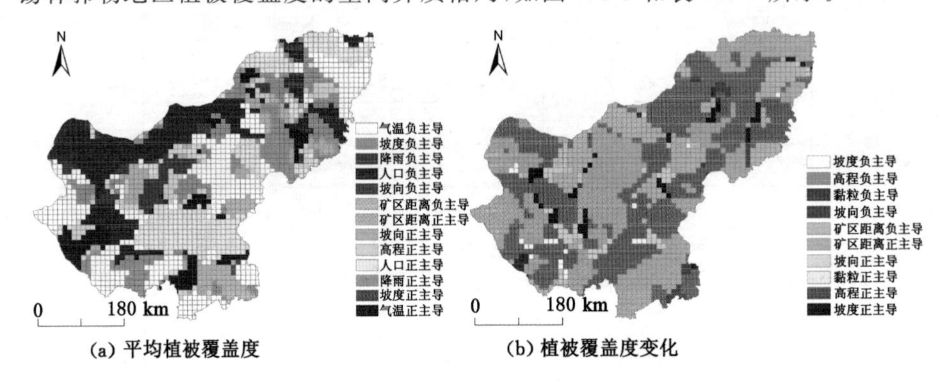

图 4-5-3　锡林郭勒植被覆盖度主导因素图

表 4-5-7　锡林郭勒植被覆盖度主导因素占比

影响因素		矿区距离	坡向	高程	人口	降水	砂粒	坡度	温度
MF	正主导	0.012	0.004	0.045	0.174	0.154	0.000	0.001	0.068
	负主导	0.061	0.001	0.000	0.205	0.039	0.000	0.002	0.233
影响因素		矿区距离	坡向	黏粒	高程	坡度	人口	降水	温度
CF	正主导	0.358	0.024	0.015	0.137	0.027	0.000	0.000	0.000
	负主导	0.126	0.014	0.007	0.282	0.010	0.000	0.000	0.000

从长时序角度分析，影响平均植被覆盖度的因素主要为降水、人口和气温，降水正主导区主要集中在东部(胜利矿区、白音华矿区附近)，其余零散分布在中部和西南部；人口正主导区占比较大、分布较广，其中禁牧区表现显著，主要分布在中部、东北部，负主导区集中分布在西部沿边境地区(自阿巴嘎旗至苏尼特左旗)，少部分分布在西乌珠穆沁旗附近；气温正主导区占比较少，负主导显著区域主要集中分布在东乌珠穆沁旗东部、锡林浩特地区和二连浩特地区。

从时空动态角度来看，锡林郭勒地区的植被覆盖度变化主要受矿区距离和高程因素的影响，东乌珠穆沁旗北部海拔较低，高程在该地区负主导平均植被覆盖度，此外在锡林郭勒西部部分区域，高程也显著负主导于平均植被覆盖度，此类情况大部分集中在海拔相对较低地区，少部分集中在中海拔区域；锡林郭勒中部白音华和胜利矿区距离相对于植被覆盖度变化呈现出负主导的影响，这表明矿区对植被覆盖度呈现出不同程度的影响，植被恢复效果不显著，矿区距离正主导的地区多发于植被覆盖度较高的东部和植被覆盖度恢复显著的地区，由此可得锡林郭勒中部和西部部分地区植被覆盖度恢复显著。从整体来看，锡林郭勒植被覆盖度空间异质性强，植被状况整体恢复显著，但是存在局部的衰减现象。

4.5.4 锡林郭勒驱动力因素相关性分析

为了逐个探究锡林郭勒各驱动因素与植被覆盖度的相关性关系，在全局时间序列上(2000—2019 年)探究植被覆盖度变化(CF)与降水、气温和人口相关性程度和显著性强弱。

首先，针对降水、温度和人口因素，本研究对其进行了相关性分析、显著性检验和最值相关性分析，如图 4-5-4、图 4-5-5、图 4-5-6 所示。

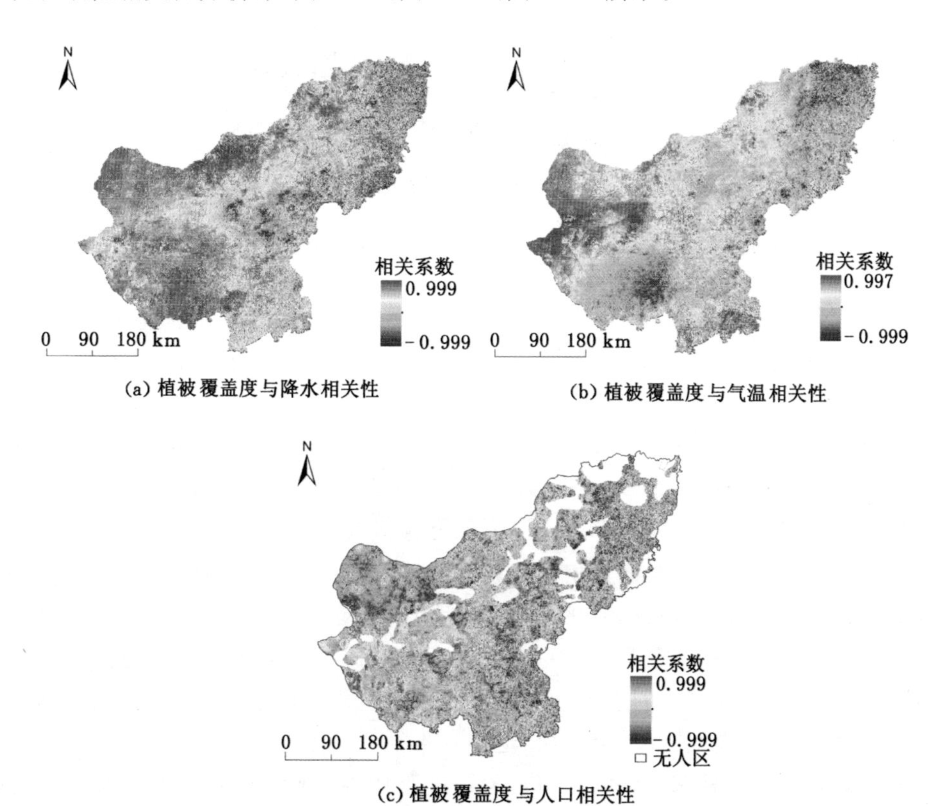

图 4-5-4 锡林郭勒植被覆盖度与降水、气温、人口的相关性图

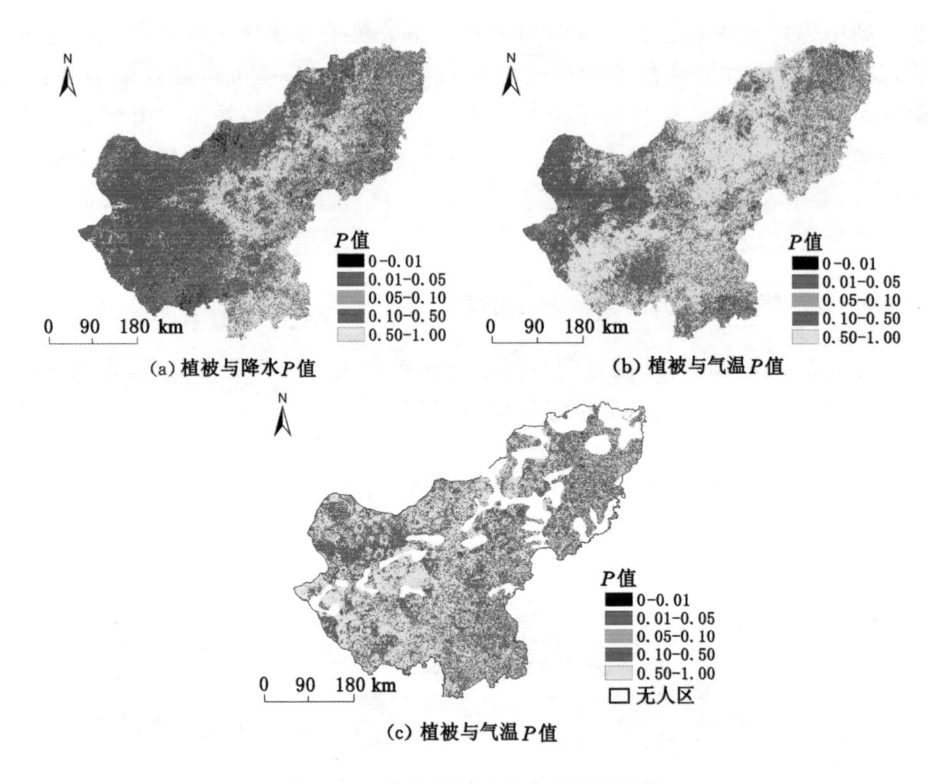

图 4-5-5 锡林郭勒相关分析显著性图

综合降水、气温和人口因素分析，植被覆盖度与降水主要呈正相关，与温度呈弱的正相关，与人口相关性不显著。其中，锡林郭勒地区降水在空间上与植被覆盖度呈现出东部、中部部分地区负相关，西部大部正相关的变化趋势。东部主要集中在东乌珠穆沁旗东部，中部集中在锡林浩特市、正蓝旗以及多伦县，西部覆盖范围较广，所涉区县包括苏尼特左旗、苏尼特右旗、阿巴嘎旗、二连浩特市、镶黄旗、正镶白旗以及太仆寺旗。锡林郭勒地区气温在空间上与植被呈现出东部、中部、北部负相关，西部正相关的趋势，其中东部主要集中在东乌珠穆沁旗，中部阿巴嘎旗东部表现显著，北部苏尼特右旗、正镶白旗、镶黄旗以及正蓝旗较为明显，西部主要集中在苏尼特左旗以及阿巴嘎旗西部。锡林郭勒地区人口与植被覆盖度相关性在空间上整体呈现出离散相间的分布趋势，空间聚集性不强，“无人区”自东北向西南呈“离散状”延伸。

整体来看，锡林郭勒降水与植被覆盖度整体相关性显著性水平要高于气温和人口。其中人口因素在空间上聚集性较差，最不显著；降水显著性水平较高的地区主要集中在北部和西南局部地区；气温显著性较高区域主要集中在西部的

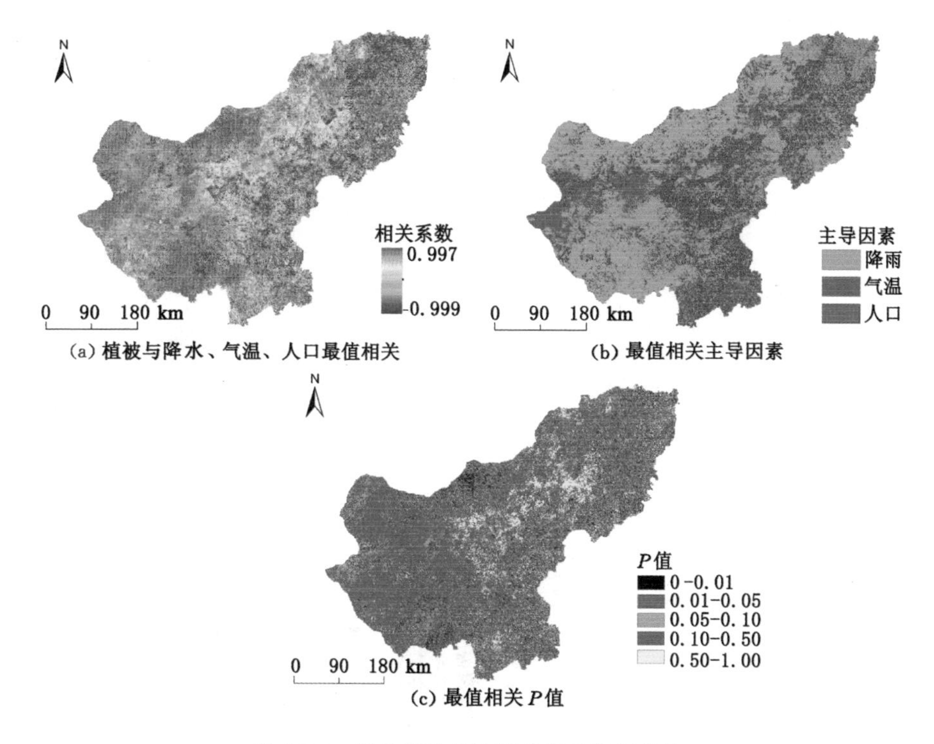

图 4-5-6 锡林郭勒植被覆盖度最值相关图

苏尼特旗和东部的东乌珠穆沁旗最东部；植被与人口相关显著性水平较低，空间聚集性差。

为了探究降水、气温、人口三个因素在空间上对植被覆盖度的主导影响，在相关性的基础之上对该三个变量做出最值主导分析，如图 4-5-6 表示。

综合气候因素分析，锡林郭勒地区植被覆盖度主导因素西北部以降水为主导，东南部以人口为主导，西部和北部部分地区以气温为主导；植被覆盖度主导因素显著性水平聚集性较强且空间异质分布明显；相关性水平分布东部呈负相关较为离散，西部呈正相关较为聚集。

4.5.5 锡林郭勒矿区对植被的影响

为了探究锡林郭勒矿区对周边的影响，利用矿区边界对周边缓冲区进行了分析，并逐步增加缓冲区距离以确定矿区对周边植被的影响范围，如图 4-5-7、图 4-5-8、表 4-5-8 所示。

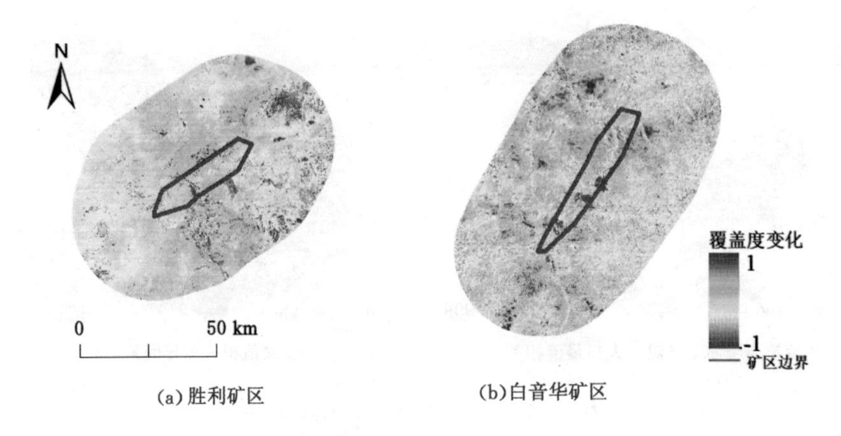

图 4-5-7 锡林郭勒矿区植被覆盖变化图

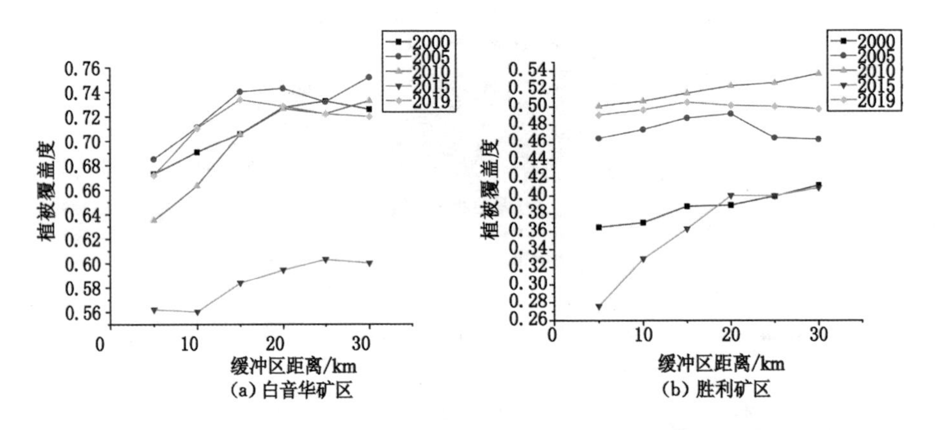

图 4-5-8 锡林郭勒矿区缓冲区折线图

表 4-5-8 白音华矿区、胜利矿区影响范围

影响程度	极显著	显著	不显著
白音华矿区	0～10 km	10～20 km	20～30 km
胜利矿区	0～10 km	10～15 km	15～30 km

综合来看,锡林郭勒矿区(白音华、胜利矿区)植被整体改善不佳,在 2000—2019 年呈先增长后衰退的趋势。相对于 2000 年,白音华矿区和胜利矿区植被略微改善,其中 2015 年受降水影响植被覆盖度整体不高。锡林郭勒矿区植被变化不显著植被覆盖度变化特征较为稳定。

整体来看,白音华矿区较胜利矿区对周边的植被影响范围更大,两矿区的显著影响范围为10 km,过渡影响范围白音华矿区和胜利矿区分别为10 km和5 km。矿区整体影响范围在20 km以内。

4.6 小结

对比OLS与GWR模型,GWR模型在局部上适应性更强,OLS处理全局共线性较差,GWR处理信息噪声的能力更强,更加适用于探究多因素对半干旱区植被的影响。

(1) 2000—2019年鄂尔多斯的植被整体得到改善,影响全局主导因素为降水、气温和人口,局部影响因素为矿区距离,植被的整体状况受降水影响较大,受气温与人口影响较弱。2000—2019年准格尔矿区和神东矿区植被覆盖度在时间序列上逐渐得到改善,在空间分布上准格尔矿区在3 km以内对植被影响显著,在3～13 km之间植被覆盖度变化不稳定,存在上下波动的特征,神东矿区附近植被覆盖度略微出现上下浮动,缓冲区范围内区域特征不明显,该现象可能受附近城镇和人为因素的干扰所致。

(2) 2000—2019年锡林郭勒的植被覆盖度整体向中等覆盖度转变,但是东部植被退化,西部植被虽得到改善但较为脆弱,扰动性较大,全局影响主导因素为降水、人口,局部影响因素为矿区距离,植被的整体状况受降水影响较强、受人口影响较弱。2000—2019年胜利矿区和白音华矿区植被覆盖度增长不显著,存在来回波动的情况,整体表现为略微衰退;空间上锡林郭勒矿区影响范围显著,白音华矿区和胜利矿区显著影响范围为10 km,过渡影响范围分别为10 km和5 km,矿区的最大影响范围不超过20 km。

(3) 典型干旱与半干旱区域的植被受降水影响显著,受气温影响较弱。尤其在典型草原和荒漠草原地区,由于生态性脆弱,植被易受旱灾和人类活动的影响,放牧活动也会对植被造成一定干扰。本研究对探究干旱半干旱生态区影响因素具有指导意义。

参考文献

[1] CHAI G Q, WANG J P, WU M Q, et al. Mapping the fractional cover of non-photosynthetic vegetation and its spatiotemporal variations in the Xilingol grassland using MODIS imagery (2000—2019)[J]. Geocarto International, 2020:1-17.

[2] 赵冰清. 半干旱黄土区大型露天煤矿植被演替规律研究[D]. 北京:中国地质

大学(北京),2019.
[3] 陈国清. 基于遥感的矿区植被恢复生态成效评估研究:以内蒙古典型露天煤矿矿群区为例[D]. 呼和浩特:内蒙古农业大学,2016.
[4] ZHOU Z Q,DING Y B,SHI H Y,et al. Analysis and prediction of vegetation dynamic changes in China:Past,present and future[J]. Ecological Indicators,2020,117:106642.
[5] MU Q Z,ZHAO M S,KIMBALL J S,et al. A remotely sensed global terrestrial drought severity index[J]. Bulletin of the American Meteorological Society,2013,94(1):83-98.
[6] 曲学斌,吴昊,越昆,等. 4 种遥感干旱指数在内蒙古东部干旱监测中的对比研究[J]. 生态与农村环境学报,2020,36(1):81-88.
[7] 胡君德,李百岁,萨楚拉,等. 2000—2012 年鄂尔多斯高原植被动态及干旱响应[J]. 测绘科学,2018,43(4):49-58.
[8] 徐爽,沈润平,杨晓月. 利用不同植被指数估算植被覆盖度的比较研究[J]. 国土资源遥感,2012,24(4):95-100.
[9] 李鹏飞,郭小平,顾清敏,等. 基于可见光植被指数的乌海市矿山排土场坡面植被覆盖信息提取研究[J]. 北京林业大学学报,2020,42(6):102-112.
[10] 陈学兄,常庆瑞,毕如田,等. 基于山地植被指数估算临县植被覆盖度[J]. 应用基础与工程科学学报,2020,28(2):310-320.
[11] 陈如如,胡中民,李胜功,等. 不同数据源归一化植被指数在中国北方草原区的应用比较[J]. 地球信息科学学报,2020,22(9):1910-1919.
[12] BULLOCK E L,WOODCOCK C E,OLOFSSON P. Monitoring tropical forest degradation using spectral unmixing and Landsat time series analysis[J]. Remote Sensing of Environment,2020,238:110968.
[13] 王光镇,王静璞,邹学勇,等. 基于像元三分模型的锡林郭勒草原光合植被和非光合植被覆盖度估算[J]. 生态学报,2017,37(17):5722-5731.
[14] 张慧,李平衡,周国模,等. 植被指数的地形效应研究进展[J]. 应用生态学报,2018,29(2):669-677.
[15] 田苗,王鹏新,孙威. 基于地表温度与植被指数特征空间反演地表参数的研究进展[J]. 地球科学进展,2010,25(7):698-705.
[16] 虞连玉,蔡焕杰,姚付启,等. 植被指数反演冬小麦植被覆盖度的适用性研究[J]. 农业机械学报,2015,46(1):231-239.
[17] 贾坤,姚云军,魏香琴,等. 植被覆盖度遥感估算研究进展[J]. 地球科学进展,2013,28(7):774-782.

[18] JANOWICZ K, GAO S, MCKENZIE G, et al. GeoAI: spatially explicit artificial intelligence techniques for geographic knowledge discovery and beyond[J]. International Journal of Geographical Information Science, 2020, 34(4): 625-636.

[19] LECUN Y, BENGIO Y, HINTON G. Deep learning[J]. Nature, 2015, 521(7553): 436-444.

[20] 符雅盛,张利华,朱志儒,等. 基于决策树-山体阴影模型的植被信息提取研究[J]. 长江流域资源与环境,2020,29(2):386-393.

[21] RODRIGUEZ-GALIANO V F, GHIMIRE B, ROGAN J, et al. An assessment of the effectiveness of a random forest classifier for land-cover classification[J]. ISPRS Journal of Photogrammetry and Remote Sensing, 2012, 67: 93-104.

[22] VERRELST J, CAMPS-VALLS G, MUÑOZ-MARÍ J, et al. Optical remote sensing and the retrieval of terrestrial vegetation bio-geophysical properties - A review[J]. ISPRS Journal of Photogrammetry and Remote Sensing, 2015, 108: 273-290.

[23] SCHMIDHUBER J. Deep learning in neural networks: an overview[J]. Neural Networks, 2015, 61: 85-117.

[24] BENGIO Y, COURVILLE A, VINCENT P. Representation learning: a review and new perspectives[J]. IEEE Transactions on Pattern Analysis and Machine Intelligence, 2013, 35(8): 1798-1828.

[25] CHEN L C, PAPANDREOU G, KOKKINOS I, et al. DeepLab: semantic image segmentation with deep convolutional nets, atrous convolution, and fully connected CRFs[J]. IEEE Transactions on Pattern Analysis and Machine Intelligence, 2018, 40(4): 834-848.

[26] 秦景秀,郝兴明,张颖,等. 气候变化和人类活动对干旱区植被生产力的影响[J]. 干旱区地理,2020,43(1):117-125.

[27] 何航,张勃,侯启,等. 1982—2015 年中国北方归一化植被指数(NDVI)变化特征及对气候变化的响应[J]. 生态与农村环境学报,2020,36(1):70-80.

[28] 刘静,温仲明,刚成诚. 黄土高原不同植被覆被类型 NDVI 对气候变化的响应[J]. 生态学报,2020,40(2):678-691.

[29] 丁玥,阿布都热合曼·哈力克,陈香月,等. 和田地区植被覆盖变化及气候因子驱动分析[J]. 生态学报,2020,40(4):1258-1268.

[30] 金凯,王飞,韩剑桥,等. 1982—2015 年中国气候变化和人类活动对植被 NDVI 变化的影响[J]. 地理学报,2020,75(5):961-974.

[31] 何全军. 基于 MODIS 数据的珠三角地区 NDVI 时空变化特征及对气象因素的响应[J]. 生态环境学报,2019,28(9):1722-1730.

[32] 王新源,连杰,杨小鹏,等. 玛曲县植被覆被变化及其对环境要素的响应[J]. 生态学报,2019,39(3):923-935.

[33] 焦珂伟,高江波,吴绍洪,等. 植被活动对气候变化的响应过程研究进展[J]. 生态学报,2018,38(6):2229-2238.

[34] 王子玉,许端阳,杨华,等. 1981—2010 年气候变化和人类活动对内蒙古地区植被动态影响的定量研究[J]. 地理科学进展,2017,36(8):1025-1032.

[35] 罗彪,刘潇,郭萍. 基于 MODIS 数据的河套灌区遥感干旱监测[J]. 中国农业大学学报,2020,25(10):44-54.

[36] 杨绘婷,徐涵秋. 基于遥感空间信息的武夷山国家级自然保护区植被覆盖度变化与生态质量评估[J]. 应用生态学报,2020,31(2):533-542.

[37] 齐蕊,王旭升,万力,等. 地下水和干旱指数对植被指数空间分布的联合影响:以鄂尔多斯高原为例[J]. 地学前缘,2017,24(2):265-273.

[38] 谢宝妮. 黄土高原近 30 年植被覆盖变化及其对气候变化的响应[D]. 杨凌:西北农林科技大学,2016.

[39] 柳文杰,曾永年,张猛. 融合时间序列环境卫星数据与物候特征的水稻种植区提取[J]. 遥感学报,2018,22(3):381-391.

[40] 包刚,包玉海,覃志豪,等. 近 10 年蒙古高原植被覆盖变化及其对气候的季节响应[J]. 地理科学,2013,33(5):613-621.

[41] 张珺,任鸿瑞. 人类活动对锡林郭勒盟草原净初级生产力的影响研究[J]. 自然资源学报,2017,32(7):1125-1133.

[42] 王计平,陈利顶,汪亚峰. 黄土高原地区景观格局演变研究综述[J]. 地理科学进展,2010(5):535-542.

[43] 任健美,尤莉,高建峰,等. 鄂尔多斯高原近 40a 气候变化研究[J]. 中国沙漠,2005,25(6):874-879.

[44] 周妍妍,朱敏翔,郭晓娟,等. 疏勒河流域气候变化和人类活动对植被 NPP 的相对影响评价[J]. 生态学报,2019,39(14):5127-5137.

[45] 额尔敦格日乐,包刚,包玉龙,等. 2001—2013 年西鄂尔多斯国家级自然保护区植被覆盖变化[J]. 水土保持研究,2016,23(1):110-116.

[46] 王丽霞,余东洋,刘招,等. 渭河流域 NDVI 与气候因子时空变化及相关性研究[J]. 水土保持研究,2019,26(2):249-254.

[47] 沈斌，房世波，余卫国. NDVI 与气候因子关系在不同时间尺度上的结果差异[J]. 遥感学报，2016，20(3)：481-490.

[48] 荣慧芳，方斌. 基于重心模型的安徽省城镇化与生态环境匹配度分析[J]. 中国土地科学，2017，31(6)：34-41.

[49] 邓晨晖，白红英，高山，等. 秦岭植被覆盖时空变化及其对气候变化与人类活动的双重响应[J]. 自然资源学报，2018，33(3)：425-438.

[50] 张圣微，张睿，刘廷玺，等. 锡林郭勒草原植被覆盖度时空动态与影响因素分析[J]. 农业机械学报，2017，48(3)：253-260.

[51] 焦全军，付安民，张肖，等. 基于 MODIS 数据的锡林郭勒草原植被覆盖变化及驱动因子分析[J]. 北京工业大学学报，2017，43(5)：659-664.

[52] 杭玉玲，包刚，包玉海，等. 2000—2010 年锡林郭勒草原植被覆盖时空变化格局及其气候响应[J]. 草地学报，2014，22(6)：1194-1204.

[53] 贾若楠，杜鑫，李强子，等. 近 15 年锡林郭勒盟植被变化时空特征及其对气候的响应[J]. 中国水土保持科学，2016，14(5)：47-56.

[54] 信忠保，许炯心，郑伟. 气候变化和人类活动对黄土高原植被覆盖变化的影响[J]. 中国科学(D 辑：地球科学)，2007，37(11)：1504-1514.

[55] 李晓光，刘华民，王立新，等. 鄂尔多斯高原植被覆盖变化及其与气候和人类活动的关系[J]. 中国农业气象，2014，35(4)：470-476.

[56] 刘斌，孙艳玲，王中良，等. 华北地区植被覆盖变化及其影响因子的相对作用分析[J]. 自然资源学报，2015，30(1)：12-23.

[57] 侯一蕾，丘宇童，李想，等. 基于选择实验法的北京市民对城市绿色空间需求分析[J]. 干旱区资源与环境，2020，34(12)：91-97.

[58] CHANDER G，MARKHAM B L，HELDER D L. Summary of current radiometric calibration coefficients for Landsat MSS，TM，ETM+，and EO-1 ALI sensors[J]. Remote Sensing of Environment，2009，113(5)：893-903.

[59] 史娜娜，肖能文，王琦，等. 锡林郭勒植被 NDVI 时空变化及其驱动力定量分析[J]. 植物生态学报，2019，43(4)：331-341.

[60] 王晓利，侯西勇. 1982—2014 年中国沿海地区归一化植被指数(NDVI)变化及其对极端气候的响应[J]. 地理研究，2019，38(4)：807-821.

[61] GLENN D M，TABB A. Evaluation of five methods to measure normalized difference vegetation index (NDVI) in apple and citrus[J]. International Journal of Fruit Science，2019，19(2)：191-210.

[62] 闫敏，李增元，陈尔学，等. 内蒙古大兴安岭根河森林保护区植被覆盖度变

化[J]. 生态学杂志,2016,35(2):508-515.
[63] 王海军,张彬,刘耀林,等. 基于重心-GTWR模型的京津冀城市群城镇扩展格局与驱动力多维解析[J]. 地理学报,2018,73(6):1076-1092.
[64] 杨斯棋,邢潇月,董卫华,等. 北京市甲型H1N1流感对气象因子的时空响应[J]. 地理学报,2018,73(3):460-473.
[65] 刘彦文,刘成武,何宗宜,等. 基于地理加权回归模型的武汉城市圈生态用地时空演变及影响因素[J]. 应用生态学报,2020,31(3):987-998.
[66] 李晶晶,闫庆武,胡苗苗. 基于地理加权回归模型的能源"金三角"地区植被时空演变及主导因素分析[J]. 生态与农村环境学报,2018,34(8):700-708.
[67] 沈杨,汪聪聪,高超,等. 基于城市化的浙江省湾区经济带碳排放时空分布特征及影响因素分析[J]. 自然资源学报,2020,35(2):329-342.

第 5 章 煤矿区水土流失空间特征及影响因素

水土流失(water and soil loss)是指风力、水力、重力、冻融等自然及人类活动综合作用引起的水土资源和土地生产力的破坏和损失[1,2]，包括土地表层侵蚀和水的损失，也称为“土壤侵蚀”。二者在概念表述上虽有不同，但实际意义相同[3]。水土流失是自然和人类活动协同作用的结果，并且已经成为当今世界资源和环境的重点问题。

我国的煤炭开采分为井工开采和露天开采两种。其中，露天开采对地表环境的破坏最为直接，破坏作用最为明显。对煤矿区而言，随着煤炭开采活动的不断深入，对土地资源的破坏日益加剧，煤矿的采、运、堆等过程使得植被遭到严重破坏，地表裸露，土壤表层松散性加大，使原地表土壤丧失了抗蚀力，造成土地劣化、贫瘠化和干旱化。这不仅使耕地急剧减少，还会造成地表水源和地下含水层水源的漏失，导致矿区水土流失[3,4]。内蒙古地区矿产资源丰富，生态环境脆弱敏感。对于鄂尔多斯与锡林郭勒煤矿区，采用修正的通用土壤流失方程(RUSLE，Revised Universal Soil Loss Equation)对研究区土壤侵蚀动态变化状况进行时空变化研究，对维持该区域生态平衡，稳定采矿生产意义重大。同时，水土流失研究是认识自然规律的迫切要求，是开展荒漠化治理的重要基础，也是改善人地关系和促进区域可持续发展的科学依据，因此对煤矿区水土流失的研究具有重要的理论和实践意义[5]。

5.1 土壤侵蚀国内外研究现状

从目前已有的研究成果来看，土壤侵蚀评价可划分为定性评价和定量评价两个方面[6,7]。20 世纪 50 年代，苏联使用传统地图制图法制作了全苏联土壤侵蚀图，20 世纪 70 年代末，国际土壤信息中心开展了全球土地退化制图研究，首次提出全球土壤侵蚀面积。我国对区域水土流失的系统研究也开始得较早。20 世纪 50 年到 80 年代，众多研究者对黄土高原进行了考察，综合考察成果编制了水土保持图、黄河中游土壤侵蚀分区图和土壤侵蚀系列图。20 世纪 60 年代，朱显谟等在已有土壤侵蚀调查资料的基础上，编制了全国土壤侵蚀类型图，且利用已有的水文观测数据编制了中国输沙模数图，为分析研究区域及全国尺度土壤侵蚀类型、区域特征提供了基础。水利部在90年代末期组织开展了全国土壤侵蚀的遥感调查和制图，基本查清并公告了我国土壤侵蚀的基本状况，这为水土流失的相关研究以及治理工作提供了较系统的数据支持。随着遥感（RS，Remote Sensing）、地理信息系统（GIS，Geographic Information System）在土壤侵蚀中的应用，区域土壤侵蚀的定量研究也得到了充分的发展。卜兆宏等[8]根据通用土壤流失方程（USLE，Universal Soil Loss Equation）的基本形式，通过实测方法取得适合我国的有关参数，在RS、GIS的支持下，开发了水土流失遥感定量快速监测方法。习静雯[9]对黄土高原三个时间段内土壤侵蚀进行详细的研究，发现沙地和沙漠区是风蚀最严重的区域，黄土丘陵沟壑区是黄土高原水蚀最严重的分区。另外，不同土地利用类型土壤侵蚀强度存在较大差异，按土壤侵蚀强度从轻到重依次为水域、城乡工矿居民用地、林地、草地、耕地和未利用土地。陈利利[10]将黄土高原窟野河流域作为研究区，对土壤侵蚀情况进行研究，结果表明1998—2011年流域轻度及以上土壤侵蚀的面积逐年减少；流域南部由于退耕还林还草工程的实施，土壤侵蚀程度降低。由于神府煤田等矿产资源的大力开发，区域内土壤侵蚀程度有所增加。王尧等[11]对乌江流域土地利用与土壤侵蚀关系进行研究，确定流域土壤侵蚀发生的主要土地利用类型是旱地、中覆盖度草地和疏林地。

5.1.1 土壤侵蚀预测模型研究进展

目前国际上一致认为对土壤侵蚀预测模型的研究始于1877年，德国土壤学家Ewald Wollny开始深入研究影响径流和土壤侵蚀的因子[12]；1917年，美国的米勒教授建立径流小区研究土壤、坡度、作物对径流和侵蚀的影响[13]；此后，由于美国农业部土壤调查专家Bennett的呼吁和推动，1929年议会通过对土壤侵蚀进行调查，并在全国范围内建立了10个试验站。Bennett由此被称为美国“水土保持之父”[14]。此后，Wischmeier和Smith[15]对美国国家水土流失资料中心所积累的全国30个州长达30年的径流小区资料和人工降水实验所获得的数据进行分析，确立了通用土壤流失方程USLE，并首次公开发表于美国农业部《农业手册(第282号)》。该方程综合考虑了影响土壤侵蚀的自然和人为因素，其提出的如标准小区的概念、多因子乘积形式等建模思想和方法，能够方便不同国家或地区根据各自的土壤侵蚀特点建立相应的模型，既简单又实用。

在之后接近半个世纪的研究中，USLE被引入许多国家和地区，学者结合当地的实际状况对其进行了修正，提出了相应的侵蚀预测模型。1997年，美国农业部自然资源保护局(NRCS)正式决定实施修正的通用土壤流失模型，即RUSLE[16]。它仍然沿用了USLE的模型结构，但扩展了侵蚀因子的含义，改进了侵蚀因子的测算方法，加入了对土壤侵蚀过程的考虑，对各因子的影响因素的反映更加全面，从而使得侵蚀因子的计算更加准确；对于降水侵蚀力因子，不仅考虑了坡面上的面蚀和细沟沟蚀，还考虑了雨击溅蚀和细沟间侵蚀；对于土壤可蚀性因子，考虑了季节变化对土壤可蚀性的影响；对于地形因子，则考虑了坡面的细沟侵蚀与细沟间侵蚀比率对土壤侵蚀的影响；扩展了植被管理因子和水土保持措施因子的含义，分别将其分为冠层郁闭度、地表盖度、根系生物量、等高耕作、带状耕作、梯田耕作和地下排水等次因子。基于此，RUSLE被广泛应用于耕地、林地、矿区等多种土地利用状况下的土壤侵蚀预报。USLE及RUSLE模型的建立及广泛应用，使准确预测、预报土壤侵蚀量，制定合理的土地利用方案，科学布设水土保持措施等成为可能[17]。

我国在20世纪20年代末开始土壤侵蚀评价研究，邱扬等[18]应用USLE模型完成了中等流域(延河)的土壤侵蚀评价研究；魏贤亮等[19]利用RUSLE模型对剑湖流域土壤侵蚀进行了定量评价；李柏延等[20]基于RUSLE模型对榆林市2001—2010年连续10年土壤侵蚀动态变化及其分布进行了分析，并对未来几年土壤侵蚀发生的主要区域进行了预测；秦伟等[21]利用RUSLE模型评估了陕西省四面窑沟流域的土壤侵蚀强度，所得结果与实际调查数据较为吻合，说明基于RUSLE模型评估黄土区小流域土壤侵蚀的方法有效、可行。

5.1.2　降雨侵蚀力因子(*R*)研究进展

降水是最重要的自然资源之一，同时也是引起土壤侵蚀的主要动力因素，而土壤侵蚀已成为世界上备受关注的环境问题之一。雨滴击溅和分离土壤颗粒以及径流冲刷和转运导致土壤流失。准确评估由降雨引起土壤侵蚀的潜在能力，即降雨侵蚀力，对定量预报土壤流失、优化水土保持等具有重要意义[22]。降水侵蚀力是指降雨引起的土壤侵蚀的潜在能力，是降雨的物理特征的函数。1958年Wischmeier和Smith等[23]利用美国35个水土保持试验站共8 250个小区降雨侵蚀资料，分析了单变量、复合变量等19个降雨变量与土壤流失的关系后，发现一次降雨总动能(E，$\mathrm{MJ \cdot hm^{-2}}$)与该次降雨最大30 min雨强($I_{30}$，$\mathrm{mm \cdot h^{-1}}$)的乘积($EI_{30}$，$\mathrm{MJ \cdot mm \cdot hm^{-2} \cdot h^{-1}}$)所构成的复合变量与土壤流失量的相关性最好，因而将其定义为降雨侵蚀力(Rainfall Erosivity)。从侵蚀动力过程看，降雨动能E主要反映了雨滴对土壤的分离作用，而最大30 min雨强I_{30}主要反映了降雨产生的径流对土壤颗粒的输移作用。

随后许多学者在世界不同地区对EI_{30}指标进行了大量的验证和比较研究，

并且根据当地降雨与土壤侵蚀关系的分析，提出了不同的指标。例如，Hudson 研究非洲的土壤侵蚀时提出的 KE＞25 指标，即雨强≥25 mm/h 的降雨总动能[24]。Foster 等利用美国的降雨资料，在增加径流因子的基础上，分析了 21 种指标后认为 EI_{30} 指标是描述降雨引起土壤侵蚀潜在能力很好的定量指标[25]。

考虑到我国地域辽阔，降雨过程有明显的地区差异。许多学者研究了针对我国的降雨侵蚀力指标。例如，我国西北黄土地区多为短历时高强度降雨，宜采用短时段雨强，如 10 min 或 30 min 最大雨强[26,27]。而南方地区则多为长历时中等强度降雨，宜采用长时段雨强，如 30 min 或 60 min 最大雨强[28,29]。东北地区宜采用 $E_{60}I_{30}$ 指标[30]。为了便于与国际间和地区间的比较，王万中等[31]通过分析全国不同地区各种降雨侵蚀力指标后指出，EI_{30} 指标基本兼顾了我国大多数地区的降雨特性，可作为计算中国降雨侵蚀力的指标。

以次降雨指标 EI_{30} 计算降雨侵蚀力方法的基础为次降雨过程资料，但由于一般很难获得长时间序列的降雨过程资料，且资料的摘录整理十分繁琐，因此一般建立降雨侵蚀力的简易算法，即利用气象站常规降雨统计资料来评估计算降雨侵蚀力。研究者们相继提出了利用地面气象站点的降雨统计资料计算侵蚀力的方法以摆脱对这种气象资料的依赖，通常将它们称为估算降雨侵蚀力的简易模型。国内的一些相关简易模型见表 5-1-1。

表 5-1-1 国内估算降雨侵蚀力的简易模型

模型	来源	公式	应用范围
次降雨模型	章文波等[32]	$R_e=0.1773\,P_rI_{10}$	中国
	郑海金等[33]	$R_e=0.2808P_r^{1.732}$	江西省德安县
	刘宝元等[34]	$R_e=0.2463\,P_rI_{30}$	北京市
日降雨模型	谢云等[35]	$R_j=0.184\sum_{j=1}^{k}(P_d\,I_{10d})$	中国
	章文波等[32]	$R_j=\alpha_1\sum_{j=1}^{k}(P_{j1})\beta_1$ $\beta_1=0.8363+\frac{18.177}{P_{d12}}+\frac{24.455}{P_{y12}}$ $\alpha_1=21.586\,\beta_1^{-7.1891}$	中国
	刘宝元等[34]	$R_d=0.2411\,P_{d2}\,I_{30d}$	北京市

表 5-1-1(续)

模型	来源	公式	应用范围
月降雨模型	黄炎和等[29]	$R_y = \sum_{j}^{12} 0.0199 P_{j1}^{1.5682}$	闽东南地区
	周伏建等[36]	$R_y = \sum_{j}^{12} -2.6398 + 0.3046 P_{j2}$	福建省
	吴素业[37]	$R_y = \sum_{j}^{12} 0.0125 P_{j2}^{1.6296}$	安徽省
年降雨模型	章文波等[32]	$R_a = \alpha_2 P_y^{\beta_2}$	中国
	徐丽等[38]	$R_a = 0.440 P_y^{1.463}$	北京市

注：本表参照文献《区域土壤侵蚀模型关键因子研究》中表3-1编制。

表中变量释义如下。R_e：次降雨侵蚀力，MJ·mm·hm^{-2}·h^{-1}；P_r：次降雨量，mm；I_{10}：次降雨的最大10 min雨强，mm·h^{-1}；I_{30}：次降雨的最大30 min雨强，mm·h^{-1}；R_j：半月降雨侵蚀力，MJ·mm·hm^{-2}·h^{-1}；P_d：≥12 mm的日降雨量，mm；I_{10d}：日降雨的最大10 min雨强，mm·h^{-1}；k：半月内的天数；j：日序号；α_1和β_1为模型参数；P_{y12}：日雨量≥12 mm的年平均雨量，mm；P_{d12}：日雨量≥12 mm的日平均降雨量，mm；R_d：日降雨侵蚀力，MJ·mm·hm^{-2}·h^{-1}；P_{d2}：日降雨量，mm；I_{30d}：日降雨的最大30 min雨强，mm·h^{-1}；P_{j1}：各月大于20 mm的月降雨量，mm；R_y：年降雨侵蚀力，MJ·mm·hm^{-2}·h^{-1}·a^{-1}；P_{j2}：第j月的降雨量，mm；R_y：年降雨侵蚀力，J·m^{-2}；R_a：多年平均降雨侵蚀力，J·mm·hm^{2}·h^{-1}·a^{-1}；P_y：年平均降雨量，mm；α_2、β_2：模型参数。

5.1.3　土壤可蚀性 K 值研究进展

影响土壤侵蚀的因素除降雨、径流、地形、地表植被和人为活动等因素外，还包括土壤本身的抗蚀抗冲能力，即土壤对侵蚀外营力的敏感性，其数值大小取决于土壤特性。土壤的抗蚀抗冲能力是定量研究土壤侵蚀的基础，国际上通常用土壤可蚀性 K 值这一指标来衡量。

Bennett于1926年首次提出土壤侵蚀程度随土壤的不同而变化，测定和比较了土壤质地、土壤结构、有机质含量和化学组成对土壤侵蚀的影响程度，发现土壤硅铁铝率(SiO_2/R_2O_3)与土壤侵蚀间存在明显相关性[39]。Cook[39]于1936年首次提出了土壤可蚀性(Erodibility)这一术语用于表达土壤侵蚀程度，提出影响土壤侵蚀的三个主要因子包括土壤可蚀性、含坡度和坡长影响的降雨侵蚀力和植被覆盖因子，开辟了土壤侵蚀预报的发展道路。1947 年 Browning 等[40]研究了土壤可蚀性以及轮作和经营管理因子对土壤侵蚀的影响，同年 Musgrave[41]综合分析了降雨、坡度、坡长、土壤可蚀性以及植被覆盖对土壤侵蚀的影响，建立了 Musgrave 方程。Olson[42]分析了大量小区观测资料，提出土壤可蚀性的计算方法，其定义为单位降雨侵蚀力在标准小区上引起的土壤流失量，单位是 $t \cdot hm^2 \cdot h \cdot hm^{-2} \cdot MJ^{-1} \cdot mm^{-1}$。美国自然条件的标准小区是指长为 22.1 m，坡度为 9%，连续保持休闲状态，并且实施顺坡上下耕作的小区。小区宽度一般不小于 1.8 m。1965 年 Wischmeier 和 Smith 提出了著名的通用土壤流失方程。土壤可蚀性 K 值是 USLE 中的一个重要参数，它是指土壤被雨滴和径流分离的难易程度[15]。

土壤性质是影响土壤侵蚀的主要因素之一，进行土壤侵蚀预报时量化土壤对侵蚀的影响必须有一个指标，总结发现基于土壤侵蚀的研究开始于小区观测的方法，演化而来的土壤可蚀性也定义为标准小区单位降雨侵蚀力产生的侵蚀量[43]。目前国内外对于标准小区的定义存在差异，国内研究土壤可蚀性采用的标准小区尺寸大小不一，土壤可蚀性 K 值没有比较的基础。张科利等[44]通过统计我国黄河流域和其他地区共二十余个站点的小区资料，发现我国小区资料的坡度在 0～39°之间，40%左右的小区坡度在 10°～20°之间，所以建议取 15°作为标准小区的坡度标准来获得最多的小区资料。孔亚平等[45]根据人工降雨试验资料和收集到的其他野外小区观测资料分析得到坡长较短时，土壤可蚀性随坡长的增加而增大，坡长大于 15 m 时，K 值变化相对趋于稳定。刘宝元等[46]研究指出我国的标准小区可选定为坡度 15°、坡长 20 m、宽 5 m 的清耕休闲地。小区每年按传统方法准备成苗床，成苗床每年春天翻耕 15～20 cm 深，并按当地习惯中耕，一般中耕 3～5 次，保持没有明显杂草生长（覆盖度小于 5%）或结皮形成普通耕作条件下的裸露直行坡观测小区为宜。

5.1.4 地形因子（*LS*）研究进展

地形因子包括坡长因子（L）与坡度因子（S），计算方法有很多，有分开计算再相乘的，也有直接计算的[47]。随着 USLE/RUSLE 模型在国内外运用研究的进一步深入，基于该模型的地形因子计算研究也得到了较大发展。国外 Wischmeier[48]、Moore[49]、Desmet[50]、Foster[51]等提出的地形因子（LS）的计算模型得到了广泛应用，国内金争平[52]、江忠善[53]、杨子生[54]、赵晓光[55]、杨勤科[56]、张宪奎[30]以及刘宝元[57]等，在国外 LS 因子计算模型的基础上进行改进，提出了适合于我国不同区域的地形因子计算的模型，其中刘宝元等提出的计算模型得到了广泛使用。

国外地形因子计算式总结见表 5-1-2。

表 5-1-2　国外部分地形因子计算式

研究者	计算公式	说明
Wischmeier、Smith[48]	$L=\left(\frac{\lambda}{22.1}\right)m_1$ $S=65.41\times(\sin\theta)^2+4.56\times\sin\theta+0.065$	m_1是坡长指数，λ 是水平投影坡长，θ 为坡度角
	$LS=\left(\frac{L}{22.0}\right)\cdot\left(\frac{S}{5.16}\right)^{1.3}$	对于坡度较陡的地区，该式也适用
Moore[49]	$L=(\alpha_3+1)\cdot\left(\frac{A_S}{22.13}\right)^{\alpha_3}\cdot\left(\frac{\sin\beta_3}{0.0896}\right)^{\eta}$	α_3、η 为系数，$\alpha_3=0.4$，$\eta=13$；A_S 为单位汇水面积，$m^2\cdot m^{-1}$；β_3 为以弧度表示的坡度
Desmet[50]	$L_{u,v}=\frac{(A_{u,v-un}+D^2)^{m_1+1}+A_{u,v-un}^{m_1+1}}{Dm_1+2\cdot x_{u,v}^{m_1}\cdot(22.13)m_1}$ $S=\begin{cases}10.8\times\sin\theta+0.03 & \tan\theta<0.09\\16.8\times\sin\theta-0.50 & \tan\theta\geq0.09\end{cases}$	$L_{u,v}$是格网(u,v)处的坡长因子；$A_{u,v-uv}$是格网(u,v)上游的汇水面积，m^2；D 是格网的大小；$x_{u,v}$为修正系数，$x_{u,v}=(\sin\alpha_{u,v}+\cos\alpha_{u,v})$，其中 $\alpha_{u,v}$为坐标(u,v)处的坡向，(°)；m_1为坡长指数

注：本表参照文献《黄土高原典型地貌区不同地形因子计算方法的差异性对比》中表 1-1 编制。

我国关于土壤侵蚀方面的定量观测起步较晚，最早始于 20 世纪 40 年代，观测者是陈永宗。然而真正意味着我国土壤侵蚀定量研究开始的并非陈永宗，而是刘善建[58,59]，他在搜集整理径流小区近十年土壤侵蚀资料的基础上，潜心研究，在 1953 年第一次提出了计算坡面土壤侵蚀量的公式。后来关于土壤侵蚀的定量研究越来越多，研究工作也慢慢地从室外的径流小区逐渐向室内的人工模拟转变，室内人工模拟的主要内容就是通过人工降雨来进行各种因素的土壤侵蚀研究。

从 20 世纪 60 年代开始，土壤侵蚀的研究工作的重点是雨水击溅侵蚀、坡面各种因素的产沙效能和侵蚀动力学的研究[60]，20 世纪 70 年代以后，关于土壤侵蚀的各种影响因子的探讨，变得更加深入具体。20 世纪 80 年代初期，通用土壤流失方程 USLE 首次引入中国[61]，虽然 USLE 模型具有普适性，但因为其公式中很多参数采用的标准都是美国的，所以不能很好地反映中国独特的地形地貌特征，于是我国学者便在此基础上进行了改进。如刘宝元等[62]在通用土壤流失方程基础上进行修改，把 USLE 模型中国化，开发出了适合国内的中国土壤流失方程(CSLE，Chinese Soil Loss Equation)。

国内部分地形因子计算式如表 5-1-3 所示。

表 5-1-3 国内部分地形因子计算式

研究者	计算公式	说明
陈克平[63]	$LS=\left(\frac{\lambda_0}{22.1}\right)^{m_0}\times(0.07+0.05S_0+0.17S_0^2)$	λ_0为平均坡长，S_0为平均坡度，m_0为常数，取值 0.1～0.3
江忠善[53,64]	$LS=\left(\frac{\lambda}{20}\right)0.4\cdot\left(\frac{\theta}{10}\right)1.3$	λ代表坡长，m；θ代表坡度，(°)
赵晓光[55]	$LS=\left(\frac{\lambda}{20}\right)0.14\cdot\left(\frac{\theta_1}{9}\right)1.2$	λ代表坡长，m；θ_1代表坡度，%
金争平[52]	$LS=\left(\frac{\lambda}{20}\right)0.3\cdot\left(\frac{\theta}{6}\right)1.6$	λ代表坡长，m；θ代表坡度，(°)
杨子生[54]	$LS=\left(\frac{L}{20}\right)0.24\cdot\left(\frac{S}{5}\right)1.32$	该公式的应用范围较窄，只适用于滇东北的山区地带，且坡度值在 5°～45°的范围内
张宪奎[30]	$LS=\left(\frac{\lambda}{20}\right)0.18\cdot\left(\frac{\theta_1}{8.75}\right)1.3$	λ是坡长，m；θ_1是以百分比表示的坡度
刘宝元[57]	$L=\left(\frac{\lambda}{22.1}\right)m;\quad m_1=\begin{cases}0.2 & \theta\leqslant 1^\circ\\ 0.3 & 1^\circ<\theta\leqslant 3^\circ\\ 0.4 & 3^\circ<\theta\leqslant 5^\circ\\ 0.5 & \theta\geqslant 5^\circ\end{cases}$ $S=\begin{cases}10.8\sin\theta+0.03 & \theta<5^\circ\\ 16.8\sin\theta-0.5 & 5^\circ\leqslant\theta<10^\circ\\ 21.91\sin\theta-0.96 & \theta\geqslant 10^\circ\end{cases}$	S为坡度因子；θ为坡度值，(°)；L为坡长因子；λ为坡长，m；22.1 代表实验小区的标准坡长；m_1为坡长指数，随坡度的变化而变化

注：本表参照文献《黄土高原典型地貌区不同地形因子计算方法的差异性对比》中表 1-2 编制。

基于 USLE/RUSLE 模型的地形因子的计算是有区域特点的，在实际的侵蚀分析计算中，如何选择地形因子的计算式关系到计算的精确与否，应根据地域差异，选择适合该地区的计算公式。

5.1.5 地表植被覆盖因子(*C*)研究进展

美国学者 G. W. Musgrave[41] 最早用有植被覆盖地的土壤流失量与相同条件下无植被覆盖地的土壤流失量之比来表征植被的防蚀作用。其取值范围为 0 到 1 之间，当无植被覆盖时，防蚀作用为 0；当植被覆盖度达最大时，防蚀作用为 1。植被作为抑制土壤侵蚀的因素，以植被类型和植被覆盖度对土壤侵蚀的影响最大。

植被覆盖度是众多土壤侵蚀模型中的一个重要参数[47]，是当今研究植被与水土流失关系中用得最多的一个参数，也是控制土壤侵蚀的关键因素[65]，其测量准确与否对土壤侵蚀的预报精度有较大的影响。已有研究多以遥感归一化植被指数(NDVI,Normalized Difference Vegetation Index)、土地利用图为基础数据来获取植被覆盖因子,用于区域水土流失评价[66-69]。遥感监测法在大中尺度区域估算植被覆盖度具有一定的优势,目前备受关注[70]。应用遥感数据提取植被覆盖度的方法有经验模型法、植被指数法及混合像元分解法[70,71],其中利用植被指数(常用的植被指数为NDVI)近似估算植被覆盖度的方法较为实用。

5.1.6 水土保持措施因子(PE)研究进展

水土保持措施主要通过调整水流形态、斜坡坡度和表面汇流方向,减少径流量、降低径流速率等,以达到减轻土壤侵蚀的效果。在USLE/RUSLE方程的6个因子中,PE因子被普遍认为是最不确定的因子。PE因子无量纲,取值范围为0~1:因子值越小越接近0,表明水土保持措施效果越好;因子值越大越接近1,表明水土保持措施效果越差,不采取水土保持措施的PE值为1[72]。刘宝元等[62]认为RUSLE中PE因子值的确定主要来自两种途径:一种是通过小区和小流域试验资料分析,另一种是通过土壤侵蚀理论模型计算。利用小区和小流域试验资料确定PE因子值,其本质就是依据PE因子的定义获取小区试验数据和小流域观测资料,确定在实施特定水土保持措施前后顺坡耕作的土壤流失量,进而计算出准确的PE因子值。符素华等[73]利用北京密云水库20个坡面径流小区的实测资料,分析出了研究区内不同水土保持措施的PE因子值。陆建忠等[74]将鄱阳湖流域的土地利用类型和坡度进行叠置分析,确定该流域的PE因子值。Fu等[75]认为在大尺度流域范围内,小尺寸的水土保持措施如等高耕作、梯田等不能在流域土地利用类型图上反映出来,因此对于大尺度流域范围内的PE因子值可以使用经验方程来确定。WENER通过假设PE因子与地形特征具有相互关联性,建立了PE因子与坡度之间的线性关系,公式为$PE=0.2+0.03S$,其中S为坡度[76]。目前,该经验公式已应用于我国陕西延河流域[77]、陕北洛河流域[78],以及长江中游丹江口库区[79]的PE因子值估算。根据经验方程进行PE因子值的估算,操作简单、使用快捷,能够快速将PE因子进行量化。

5.2 研究内容与数据处理

5.2.1 研究内容

本章根据目前国内外区域尺度土壤侵蚀模型的研究进展,以我国内蒙古鄂尔多斯市和锡林郭勒盟煤矿区为研究对象,以气象数据、高程数据、土地利用景观类型数据、土壤类型数据和遥感影像数据为数据源估算土壤侵蚀模数，为研究内蒙古煤矿开采区水土流失的规律奠定基础。主要内容包括：

(1) 选取合适的土壤侵蚀预测模型，根据源数据选取各个因子的计算公式，对原始数据进行处理，得到各个因子的栅格图像，各因子相乘获得 RUSLE 模型结果图。参照中国水利部制定的《土壤侵蚀分类分级标准》[80]，将土壤侵蚀强度分为 6 个等级，得到土壤侵蚀强度等级图和各侵蚀等级面积统计图，对两市/盟的水土流失时空动态变化进行分析。

(2) 根据各个因子叠加的土壤侵蚀数据，分析各因子对土壤侵蚀的影响力，并由 2000 年、2005 年、2010 年、2015 年和 2019 年五年的土壤侵蚀变化，分析水土流失年变化趋势及原因，对内蒙古鄂尔多斯市和锡林郭勒盟煤矿区开采及植被恢复提供数据基础。

本章主要致力于对研究区域进行土壤侵蚀模型的计算与分析。利用降水量数据、土壤类型数据、遥感影像数据和土地利用景观类型数据分别计算降雨侵蚀力因子、土壤可蚀性因子、地表植被覆盖度因子、地形因子和水土保持措施因子，利用 RUSLE 模型计算土壤侵蚀量，分析研究区域内土壤侵蚀的时空变化，揭示研究区域水土流失的主要影响因素。本章的研究技术路线如图 5-2-1 所示。

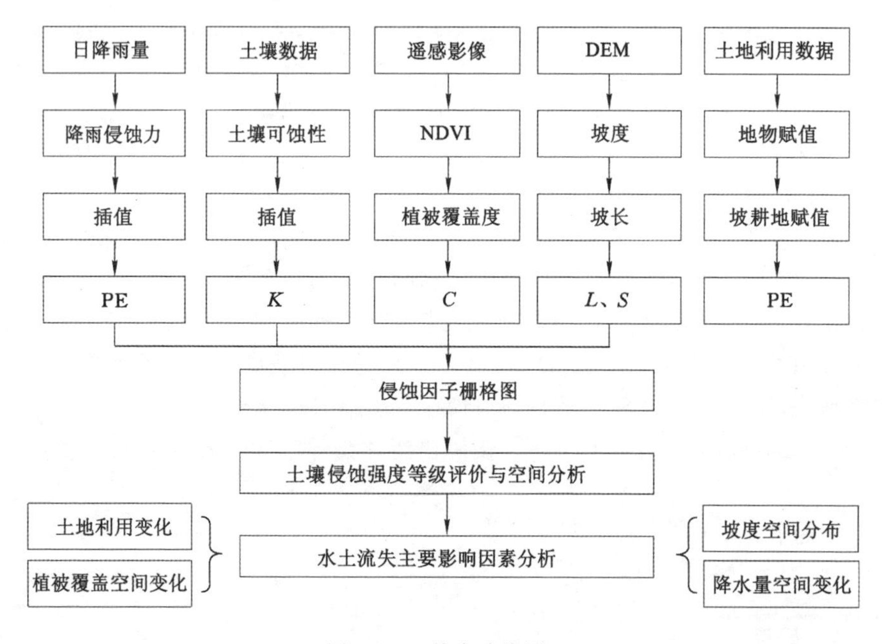

图 5-2-1 技术路线图

5.2.2 数据来源

本章所选取的数据包括内蒙古自治区行政区划、土地利用、降水、土壤质地和数字高程模型(DEM)数据。土壤数据来源有二:一是西部重点矿区 1∶100 万土壤采样点数据(2000),二是中国科学院资源环境科学与数据中心提供的全国范围土壤砂粒、粉粒和黏粒的百分比含量数据;DEM 数据来自 ASTER GDEM 2013 年数据;降水数据来源于中国气象数据网中国地面气候资料日值数据集(V3.0),选取研究区域及相邻区域 54 个气象站点 2000—2019 年的日降水数据;土地利用景观类型数据包括 2000 年、2005 年、2010 年、2015 年和 2019 年五个年份的数据,在中国科学院资源环境科学与数据中心 30 m 分辨率的土地利用数据的基础上,由遥感影像数据经过监督分类结合目视解译得到,遥感影像数据为地理空间数据云(http://www.gscloud.cn/)下载的 Landsat5 TM 和美国地质调查局官方网站(https://earthexplorer.usgs.gov/)上下载的 Landsat8 OLI 在鄂尔多斯市和锡林郭勒盟两处的影像,将土地利用景观类型数据划分为耕地、植被、水域、城镇用地、工矿用地及其他用地,借助 ArcGIS 软件,将文中数据转换为统一的投影 CGCS_2000,栅格数据分辨率统一为 30 m×30 m。

5.2.3 数据处理

5.2.3.1 气象数据处理

降水量数据选自 2000—2019 年研究区域相邻省市的气象站,共计 54 个站点。使用式(5-3-2)至式(5-3-4)计算后,通过克里金插值生成降雨侵蚀力因子 30 m 栅格图像,得到降雨侵蚀力因子(R)。

5.2.3.2 地形数据处理

利用数字高程数据拼接生成研究区 DEM,并利用 ArcGIS10.5 软件中表面分析模块提取坡度数据,采用非累积流量 NCSL(Non-Cumulative Slope Length)基于 DEM 提取坡长数据,将之代入式(5-3-5)至式(5-3-8)计算得到坡长因子(L)与坡度因子(S)。

5.2.3.3 土壤数据处理

利用 1∶100 万土壤采样点数据(2000),通过克里金插值生成研究区土壤有机碳分布图,对由中国科学院资源环境科学与数据中心提供的全国范围土壤砂粒、粉粒和黏粒的百分比含量数据进行投影坐标转换、裁剪,获得范围一致的栅格数据。对有机碳数据进行同样操作,在同一坐标及投影下转换、裁剪。将数据代入式(5-3-9)、式(5-3-10)计算得到土壤侵蚀力因子(K)。

5.2.3.4 植被覆盖数据处理

对遥感影像进行辐射定标、大气校正、影像镶嵌以及掩膜提取等操作，由像元二分模型即式(5-3-12)得到植被覆盖度数据，然后根据式(5-3-11)得到地表植被覆盖因子(C)。

5.2.3.5 土地利用景观类型数据处理

在中国科学院资源环境科学与数据中心土地利用数据的基础上，由 Landsat 影像监督分类得到，利用 ENVI5.3 软件与 Arcgis10.5 软件进行人机交互解译得到 30 m 分辨率土地利用景观类型数据。将土地利用景观类型数据分为耕地、植被、水域、城镇用地、工矿用地及其他用地六个类型，对每类地物进行重分类赋值，得到水土保持措施因子(PE)。

5.3 研究方法

采用 RUSLE 模型进行矿区土壤侵蚀量的估算，其公式如下：

$$\mathrm{ASE} = R \times K \times L \times S \times C \times \mathrm{PE} \tag{5-3-1}$$

式中：ASE 为年土壤侵蚀量，$\mathrm{t \cdot hm^{-2} \cdot a^{-1}}$；$R$ 为降雨侵蚀力因子，$\mathrm{MJ \cdot mm \cdot hm^{-2} \cdot h^{-1} \cdot a^{-1}}$；$K$ 为土壤可蚀性因子，$\mathrm{t \cdot hm^{2} \cdot h \cdot MJ^{-1} \cdot mm^{-1} \cdot hm^{-2}}$；$L$ 为坡长因子；S 为坡度因子，(°)；C 为地表植被覆盖因子；PE 为水土保持措施因子。

5.3.1 降雨侵蚀力因子(*R*)

雨滴击溅分离土壤颗粒以及径流冲刷和搬运是引起土壤侵蚀的主要动力。用 RUSLE 预报土壤流失量时，大多用 EI_{30}[19] 作为降雨侵蚀力指标。利用 EI_{30} 可以解释土壤流失量变化的 70.2%～89.2%。该方法一般都需要降雨过程资料，资料的获取难度大。章文波和付金生[81] 利用全国 71 个气象站点的降雨数据，分别比较了采用年、月、日降雨资料等估算降雨侵蚀力的精度，发现日雨量计算多年平均降雨侵蚀力的精度最高，并建立了基于日雨量估算降雨侵蚀力的简易算法模型及其参数估计方法。在全国尺度，模型的决定系数平均为 0.718，估算多年平均降雨侵蚀力的相对误差平均为 4.2%。公式如下：

$$M_i = \alpha_5 \sum_{j=1}^{k} (PD_j)^{\beta_5} \tag{5-3-2}$$

式中，M_i 为第 i 个半月时段的降雨侵蚀力值；α_5、β_5 为模型参数；k 为该半月时段内的天数；PD_j 为半月时段内第 j 天的日雨量，要求日雨量≥12 mm，否则以 0 计算，日雨量 12 mm 与中国侵蚀性降雨标准对应。

参数 α_5 和 β_5 反映了区域降雨特征，如下式：

$$\beta_5 = 0.8363 + \frac{18.144}{P_{d12}} + \frac{24.455}{P_{y12}} \tag{5-3-3}$$

$$\alpha_5 = 21.586\beta_5^{-7.1891} \tag{5-3-4}$$

式中，P_{d12} 为日雨量≥12 mm 的日平均雨量；P_{y12} 为日雨量≥12 mm 的年平均雨量。

由于少于一定数量的降雨不会引起土壤侵蚀，因此在统计降雨资料时，存在一个侵蚀性降雨标准。在对黄土高原的多年研究中，建立了相应的侵蚀性降雨量标准为日雨量大于 12 mm，这也是本节的标准。本节利用章文波和付今生[81]提出的日雨量估算方法计算降雨侵蚀力因子(R)。以内蒙古西乌珠穆沁旗气象站点为例，计算结果见表 5-3-1，为研究 2000 年、2005 年、2010 年、2015 年和 2019 年的 R 因子，对降雨侵蚀力 M 值进行平均，得出五个年份的 R 因子值。其余 53 个站点处理方法与之相同。

表 5-3-1　西乌珠穆沁旗降雨侵蚀力 *M* 值

	≥12 mm 的平均降雨量/mm	α	β	降雨侵蚀力 $M/(\mathrm{MJ\cdot mm\cdot hm^{-2}\cdot h^{-1}\cdot a^{-1}})$	降雨侵蚀力因子 $R/(\mathrm{MJ\cdot mm\cdot hm^{-2}\cdot h^{-1}\cdot a^{-1}})$
2000 年	15.88	0.08	2.17	170.74	241.53(2000—2003)
2001 年	19.06	0.16	1.98	302.73	/
2002 年	15.08	0.07	2.23	121.55	/
2003 年	17.56	0.12	2.06	371.09	/
2004 年	22.21	0.27	1.84	581.54	/
2005 年	19.29	0.17	1.94	410.78	295.91(2004—2007)
2006 年	17.65	0.12	2.05	91.69	/
2007 年	15.50	0.08	2.19	99.61	/
2008 年	19.06	0.16	1.98	548.63	/
2009 年	14.80	0.06	2.25	79.32	/
2010 年	23.59	0.32	1.79	699.37	551.93(2008—2011)
2011 年	25.97	0.43	1.72	880.39	/
2012 年	21.60	0.25	1.86	1 049.90	/
2013 年	15.65	0.08	2.18	262.43	/
2014 年	20.61	0.21	1.90	485.52	/
2015 年	15.33	0.07	2.21	90.19	472.01(2012—2015)

表 5-3-1(续)

	≥12 mm 的平均降雨量/mm	α	β	降雨侵蚀力 M/(MJ·mm·hm^{-2}·h^{-1}·a^{-1})	降雨侵蚀力因子 R/(MJ·mm·hm^{-2}·h^{-1}·a^{-1})
2016 年	17.16	0.11	2.08	347.12	/
2017 年	19.88	0.19	1.94	325.80	/
2018 年	38.54	1.20	1.49	2 947.04	/
2019 年	16.13	0.09	2.15	340.87	990.21(2016—2019)

5.3.2 坡长、坡度因子(*LS*)

坡长和坡度因子通常被称为地形因子(*LS*),反映了区域地形地貌特征对土壤侵蚀造成的影响。本章采用在黄土高原地区具有较好适用性的 Foster 等[16,82,83]建立的坡长因子和坡度因子的计算方法,计算公式为:

$$L = \left(\frac{\lambda}{22.13}\right)^m \tag{5-3-5}$$

$$\beta = (\sin\theta/0.0896)/[3(\sin\theta)^{0.8} + 0.56] \tag{5-3-6}$$

$$m = \beta/(1+\beta) \tag{5-3-7}$$

$$S = \begin{cases} 10.8\sin\theta + 0.03 & \theta < 5.1428^\circ \\ 16.8\sin\theta - 0.5 & 5.1428^\circ \leqslant \theta < 14.0362^\circ \\ 21.91\sin\theta - 0.96 & \theta \geqslant 14.0362^\circ \end{cases} \tag{5-3-8}$$

式中:λ 为坡长;m 为坡长指数;θ 为在 DEM 中提取的坡度;L 为坡长因子;S 为坡度因子。

5.3.3 土壤可蚀性因子(*K*)

土壤可蚀性因子(*K*)是反映土壤性能和土壤被蚀难易程度的指标。使用在黄土高原地区具有较好适用性的 WILLAMS 等基于侵蚀力/生产力影响模型 EPIC(Erosion-Productivity Impact Calculator)发展的 K 值估算方法进行计算,公式如下:

$$K_{\mathrm{EPIC}} = \left\{0.2 + 0.3\mathrm{e}^{\left[-0.0256S_a\left(1-\frac{S_i}{100}\right)\right]}\right\} \times \left(\frac{S_i}{\mathrm{CL}_i + S_i}\right)^{0.3} \times \left[1.0 - \frac{0.25\mathrm{OCC}}{\mathrm{OCC} + \mathrm{e}^{(3.72-2.95\mathrm{OCC})}}\right] \times \left[1.0 - \frac{0.7}{S_n + \mathrm{e}^{(-5.51+22.9S_n)}}\right] \tag{5-3-9}$$

式中：S_a为砂粒(0.1～2 mm)含量，%；S_i为粉粒(0.002～0.1 mm)含量，%；CL_i为黏粒(<0.002 mm)含量，%；OCC 为有机碳含量，%；$S_n = 1 - S_a/100$。依据 EPIC 模型计算出的可蚀性值与实测值具有良好的线性关系，可通过修正转换公式对 K_{EPIC}进行修订，以用于我国的土壤可蚀性估算[84]。修订公式为：

$$K = 0.1317\ K_{EPIC} \tag{5-3-10}$$

5.3.4 地表植被覆盖因子(C)

地表植被覆盖因子(C)反映了植被等地表覆盖对土壤的保护作用，植被覆盖度因子是指在其他条件相同的情况下，植被覆盖的土壤流失量与裸土的土壤流失量之间的比值，值在 0～1 之间[85]。本章采用蔡崇法等[67]建立的植被覆盖度与植被覆盖因子(C)之间的关系来估算 C 值，计算公式为：

$$C=\begin{cases}1 & 0\leqslant \mathrm{FVC}\leqslant 0.1\% \\ 0.6508-0.3436\lg \mathrm{FVC} & 0.1\%\leqslant \mathrm{FVC}\leqslant 78.3\% \\ 0 & \mathrm{FVC}\geqslant 78.3\%\end{cases} \tag{5-3-11}$$

$$\mathrm{FVC}=\frac{\mathrm{NDVI}-\mathrm{NDVI_{soil}}}{\mathrm{NDVI_{veg}}-\mathrm{NDVI_{soil}}} \tag{5-3-12}$$

式中：FVC 为植被覆盖度，%；C 为地表植被覆盖因子；$NDVI_{soil}$、$NDVI_{veg}$是利用 ENVI5.3 统计所获得的累计像元值 5%处及 95%处，分别称之为裸土值和植被完全覆盖值。

5.3.5 水土保持措施因子(PE)

水土保持措施因子(PE)是土壤侵蚀模型中的抑制因子。RUSLE 将 PE 因子定义为人为干预进行保护的土地的土壤侵蚀量与顺坡种植土地的土壤流失量的比值[86]，PE 因子值介于 0～1 之间。当 PE 因子值为 0 时表示采取水土保持措施后不发生土壤侵蚀，当 PE 因子值为 1 时表示未采取水土保持措施[87]。水土保持措施通过采取一定的耕作方式或改变小地形、拦蓄地表径流、增加降水下渗，充分利用光热资源改善农产牧产条件，以达到保持水土及土壤肥力从而提高农业生产力的目的。鄂尔多斯与锡林郭勒矿区的耕地主要为旱地和部分水浇地，草地主要为天然牧草地及部分人工牧草地，根据鄂尔多斯与锡林郭勒矿区的土地利用现状，参照坡度信息及结合前人的研究成果[88-90]，针对不同的土地利用景观类型确定修正后的 PE 因子值(见表 5-3-2 与表 5-3-3)，未采取水土保持措施的地区 PE 值为 1，水土无侵蚀风险区如水域 PE 值为 0，其他坡耕地一律用坡度值换算出 PE 值，获得水土保持措施因子(PE)分布图。

表 5-3-2　土地利用景观类型 PE 值

土地利用景观类型	水域	植被	城镇用地	工矿用地	其他用地
PE 值	0	0.8	0.1	1	1

表 5-3-3　坡耕地坡度值与 PE 值换算关系

坡度/(°)	1～2	3～5	6～8	9～12	13～16	17～20	>20
PE 值	0.4	0.5	0.5	0.6	0.7	0.8	1.0

5.4　水土流失特征及影响因素分析

本章研究区为中国内蒙古自治区的鄂尔多斯市和锡林郭勒盟，从两个研究区域和四个矿区两个层面进行水土流失特征及影响因素分析。

5.4.1　区域土壤侵蚀等级评价与空间分析

5.4.1.1　鄂尔多斯

根据《土壤侵蚀分类分级标准》(SL 190—2007)[80]，内蒙古自治区鄂尔多斯市属于西北黄土高原区，该类型侵蚀区的容许土壤流失量为 1 000 $t \cdot km^{-2} \cdot a^{-1}$。图 5-4-1 所示为鄂尔多斯区域土壤侵蚀强度空间分布图。应用 Arcgis 10.5 的空间分析功能，按照修订后的土壤侵蚀模型 RUSLE 计算研究区域 2000 年、

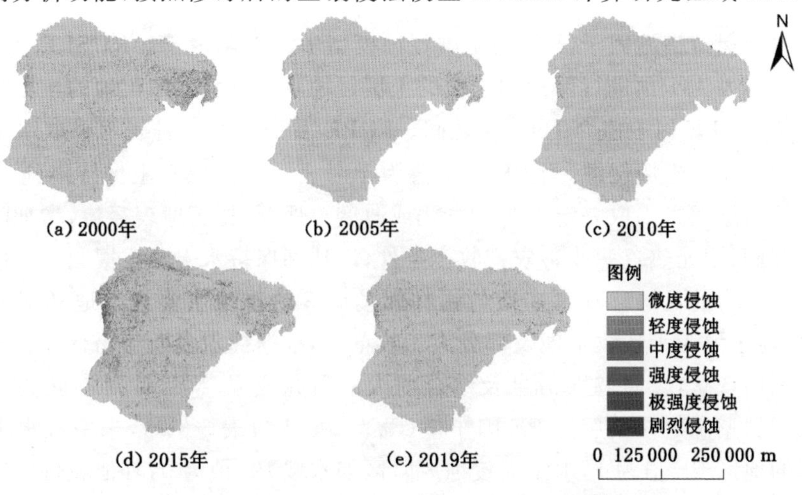

图 5-4-1　鄂尔多斯区域土壤侵蚀强度空间分布图

2005 年、2010 年、2015 年和 2019 年土壤侵蚀情况，并将土壤侵蚀计算结果分为微度、轻度、中度、强烈、极强烈、剧烈 6 级。

从平均土壤侵蚀量来看，20 年来鄂尔多斯的土壤侵蚀情况得到了明显好转，区域平均土壤侵蚀量从 2000 年的 300.78 $t \cdot km^{-2} \cdot a^{-1}$、2005 年的 175.74 $t \cdot km^{-2} \cdot a^{-1}$ 降为 2010 年的 134.07 $t \cdot km^{-2} \cdot a^{-1}$，平均土壤侵蚀量逐年下降，随着矿区面积的增加，2015 年平均土壤侵蚀量为 458.79 $t \cdot km^{-2} \cdot a^{-1}$，2019 年平均土壤侵蚀量降为 237.43 $t \cdot km^{-2} \cdot a^{-1}$。

表 5-4-1 与图 5-4-2 显示了鄂尔多斯各个等级土壤侵蚀面积比例的变化。由表 5-4-1 中数据可以看出，鄂尔多斯市在研究年限内的土壤侵蚀情况以微度和轻度侵蚀为主，两者面积之和占到总面积的 95%以上，中度侵蚀等级及以上等级面积占比较小，平均土壤侵蚀量均在土壤流失的容许范围之内，水土保持能力良好。

表 5-4-1　鄂尔多斯区域各级土壤侵蚀强度面积占比统计　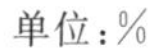
单位:%

	微度	轻度	中度	强度	极强度	剧烈
2000 年	94.885 5	4.273 1	0.710 3	0.090 5	0.030 3	0.010 2
2005 年	98.415 0	1.428 6	0.133 8	0.015 3	0.005 8	0.001 5
2010 年	99.407 6	0.544 9	0.037 1	0.006 6	0.003 3	0.000 5
2015 年	88.983 9	8.982 5	1.643 5	0.293 3	0.090 7	0.006 2
2019 年	96.789 3	2.897 9	0.272 3	0.031 2	0.008 3	0.000 9

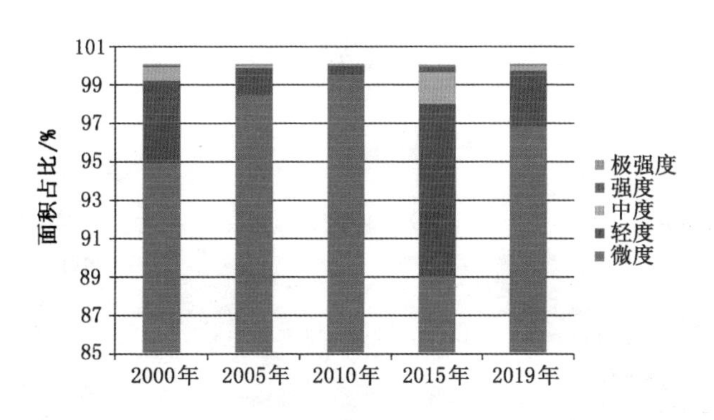

图 5-4-2　鄂尔多斯区域土壤侵蚀强度分级结果

鄂尔多斯区域土壤侵蚀的具体情况如下：2000 年土壤侵蚀以微度侵蚀为主，面积占到 94.885 5%，其次是轻度侵蚀和中度侵蚀，面积占比分别为 4.273 1%和 0.710 3%，强度、极强度和剧烈侵蚀所占面积较小，分别为

0.090 5%、0.030 3%和0.010 2%；2005年，土壤侵蚀程度较2000年有所降低，微度侵蚀面积占比为98.415 0%，之后是轻度侵蚀，面积占比为1.428 6%，中度、强度、极强度和剧烈侵蚀面积占比分别为0.133 8%、0.015 3%、0.005 8%和0.001 5%；2010年的土壤侵蚀情况为研究年限中的最优，微度侵蚀面积占比达到99.407 6%，其他等级的侵蚀面积之和占比不足1%。2000—2010年，鄂尔多斯土壤侵蚀等级结构发生了很大变化，同时平均侵蚀量等级有所下降，表明土壤侵蚀得到了有效控制。2015年随着政府推进煤炭开采，加上雨季的推迟，植被覆盖度的大幅度降低，土壤侵蚀变得严重，微度侵蚀面积占比减少至88.983 9%，轻度、中度、强度、极强度和剧烈侵蚀面积占比分别为8.982 5%、1.643 5%、0.293 3%、0.090 7%和0.006 2%。由于当地加大了对矿区周边植被恢复的重视力度，2019年土壤侵蚀情况好转，微度侵蚀面积占比为96.789 3%，较2015年增加7.805 4%，轻度侵蚀面积占比为2.897 9%，中度、强度、极强度和剧烈侵蚀面积占比分别降低为0.272 3%、0.031 2%、0.008 3%、0.000 9%。

5.4.1.2 锡林郭勒盟

根据《土壤侵蚀分类分级标准》(SL 190—2007)[80]，内蒙古自治区锡林郭勒盟属于北方土石山区，该类型侵蚀区的容许土壤流失量为200 $t \cdot km^{-2} \cdot a^{-1}$。图5-4-3为锡林郭勒盟区域土壤侵蚀强度空间分布图。应用Arcgis10.5的空间分析功能，按照修订后的土壤侵蚀模型RUSLE计算研究区域2000年、2005

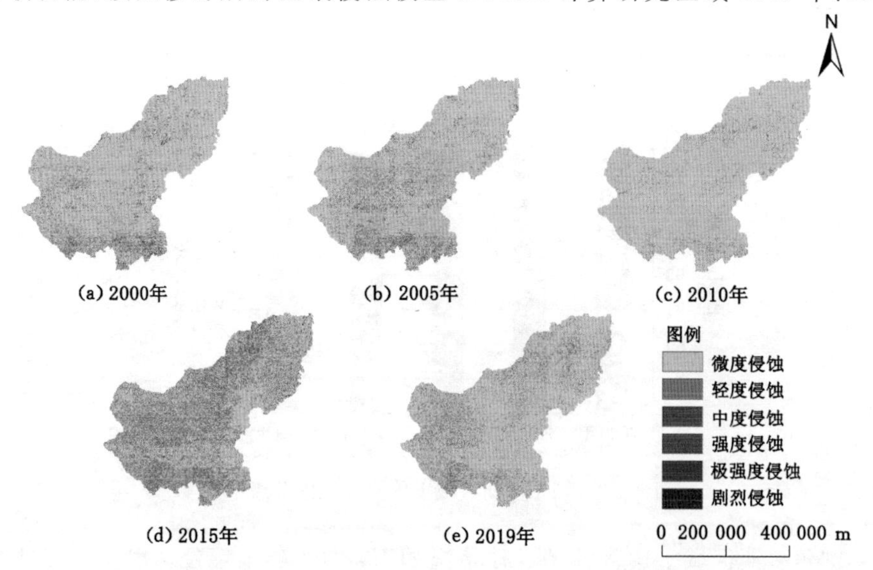

图5-4-3 锡林郭勒盟区域土壤侵蚀强度空间分布图

年、2010 年、2015 年和 2019 年土壤侵蚀情况，并将土壤侵蚀计算结果分为微度、轻度、中度、强烈、极强烈、剧烈 6 级。

从平均土壤侵蚀量来看，20 年来锡林郭勒的土壤侵蚀情况得到了明显好转，情况同鄂尔多斯区域类似，2000 年、2005 年和 2010 年平均土壤侵蚀量呈减少趋势，分别为 128.67 $t \cdot km^{-2} \cdot a^{-1}$、128.11 $t \cdot km^{-2} \cdot a^{-1}$和 27.66 $t \cdot km^{-2} \cdot a^{-1}$，2015 年与 2019 年平均土壤侵蚀量也呈减少趋势，平均土壤侵蚀量分别为 279.78 $t \cdot km^{-2} \cdot a^{-1}$、115.62 $t \cdot km^{-2} \cdot a^{-1}$。

表 5-4-2 与图 5-4-4 显示了锡林郭勒盟各个等级的土壤侵蚀面积比例变化。锡林郭勒平均土壤侵蚀量除 2015 年其余年份均在土壤流失的容许范围之内，属于微度侵蚀，2015 年平均土壤侵蚀等级为轻度。由表 5-4-3 可知 2000 年、2005 年、2010 年、2015 年以及 2019 年土壤侵蚀均以微度侵蚀为主。其中，2000 年微度侵蚀面积占比为 85.847 8%，轻度侵蚀和中度侵蚀面积占比排第二位和第三位，分别为 13.867 3%和 0.195 9%，强度、极强度和剧烈侵蚀面积占比相对于前三种强度量级较小，分别为 0.048 9%、0.030 5%、0.009 7%；2005 年，土壤侵蚀程度较 2000 年稍微升高，微度侵蚀面积占比为 84.948 5%，之后是占比为 14.786 2%的轻度侵蚀，中度、强度、极强度和剧烈侵蚀面积占比分别为 0.193 2%、0.043 7%、0.023 2%和 0.005 2%；相比之下 2010 年土壤侵蚀状况有所好转，微度侵蚀面积占比为 95.768 1%，轻度侵蚀面积占比为 4.229 0%，中度侵蚀面积占比为 0.002 3%，强度侵蚀面积占比为 0.000 4%，极强度侵蚀面积占比为 0.000 2%，剧烈侵蚀面积占比接近 0；2015 年土壤侵蚀状况有所恶化，微度侵蚀面积占比仅为 58.712 2%，位居第二位的轻度侵蚀面积占比为 40.754 4%，其余依次为中度、强度、极强度和剧烈侵蚀面积，其侵蚀面积占比分别为 0.325 3%、0.078 0%、0.070 5%、0.059 5%。2019 年数据显示，微度侵蚀面积占 84.092 5%，占比最大，其次为轻度侵蚀面积，占 15.895 4%，中度侵蚀面积占 0.010 4%，其余依次为占 0.001 3%的强度侵蚀、占 0.000 3%的极强度侵蚀和占比近似为 0 的剧烈侵蚀。

表 5-4-2　锡林郭勒区域各级土壤侵蚀强度的面积占比统计　　单位:%

	微度	轻度	中度	强度	极强度	剧烈
2000 年	85.847 8	13.867 3	0.195 9	0.048 9	0.030 5	0.009 7
2005 年	84.948 5	14.786 2	0.193 2	0.043 7	0.023 2	0.005 2
2010 年	95.768 1	4.229 0	0.002 3	0.000 4	0.000 2	0
2015 年	58.712 2	40.754 4	0.325 3	0.078 0	0.070 5	0.059 5
2019 年	84.092 5	15.895 4	0.010 4	0.001 3	0.000 3	0

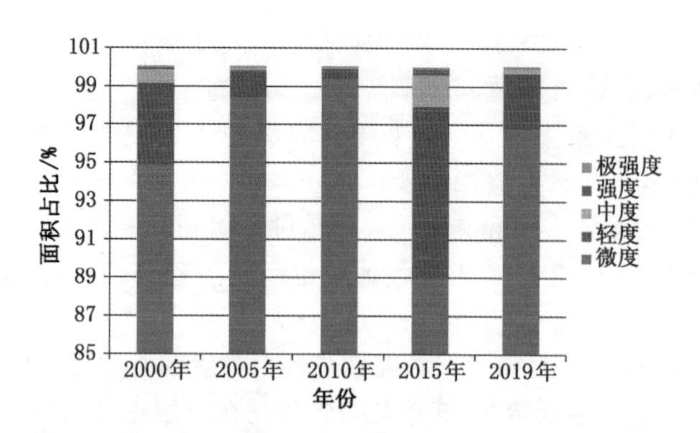

图 5-4-4 锡林郭勒盟区域土壤侵蚀强度分级结果

5.4.2 矿区土壤侵蚀等级评价与空间分析

5.4.2.1 神东矿区

根据《土壤侵蚀分类分级标准》(SL 190—2007)[80]，神东矿区地处鄂尔多斯市，容许土壤流失量与鄂尔多斯一致，为 1 000 $t \cdot km^{-2} \cdot a^{-1}$，根据 RUSLE 模型计算研究区域 2000 年、2005 年、2010 年、2015 年和 2019 年土壤侵蚀情况，并将土壤侵蚀计算结果分为微度、轻度、中度、强度、极强度、剧烈 6 级，得到 2000 年、2005 年、2010 年、2015 年和 2019 年神东矿区 20 km 缓冲区范围内的土壤侵蚀强度空间分布图(图 5-4-5)。

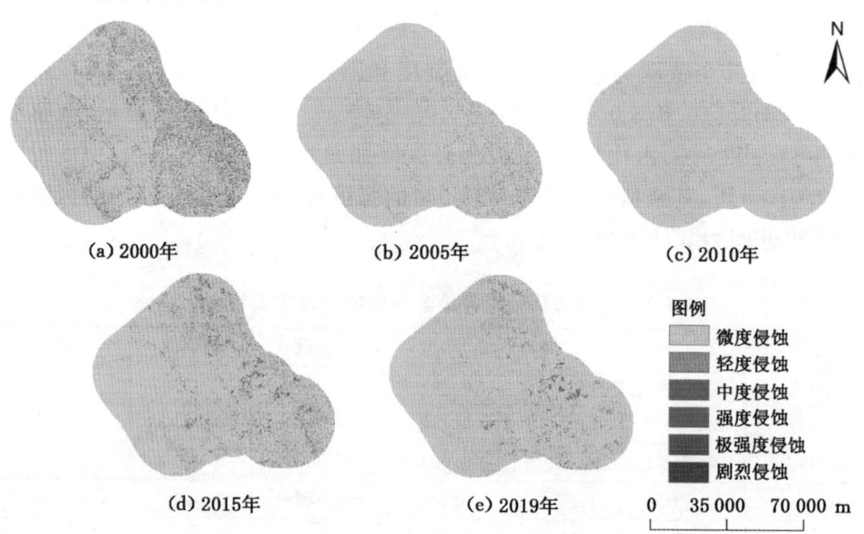

图 5-4-5 神东矿区土壤侵蚀强度空间分布图

从神东矿区平均土壤侵蚀量来看，20 年来神东矿区的土壤侵蚀情况可以分为两个阶段，第一阶段为 2000 年至 2010 年的下降期，平均土壤侵蚀量从 2000 年的 549.42 $t \cdot km^{-2} \cdot a^{-1}$、2005 年的 196.75 $t \cdot km^{-2} \cdot a^{-1}$ 降为 2010 年的 95.86 $t \cdot km^{-2} \cdot a^{-1}$，矿区的水土保持措施起到了至关重要的作用；第二阶段为 2015 年至 2019 年的下降期，2015 年平均土壤侵蚀量为 400.93 $t \cdot km^{-2} \cdot a^{-1}$，2019 年平均土壤侵蚀量降为 206.34 $t \cdot km^{-2} \cdot a^{-1}$。造成 2010 年至 2015 年平均土壤侵蚀量增加的原因有二：一为 2015 年滞后两个月的雨季，造成矿区内植被覆盖度降低，水土流失加重；二为矿区面积的增加。总体上看，神东矿区的水土流失情况向着好的方向发展，说明矿区对生态恢复非常注重，也取得了好的效果。

表 5-4-3 与图 5-4-6 显示了神东矿区各个等级的土壤侵蚀面积比例变化。2000—2019 年平均土壤侵蚀量均属于微度侵蚀，表明矿区水土保持情况比较乐观。

表 5-4-3　神东矿区各级土壤侵蚀强度面积占比统计　　单位：%

	微度	轻度	中度	强度	极强度	剧烈
2000 年	84.570 1	12.078 4	2.772 7	0.341 0	0.175 1	0.062 7
2005 年	96.768 7	3.080 8	0.144 9	0.004 5	0.001 0	0.000 1
2010 年	99.483 1	0.494 9	0.020 4	0.000 9	0.000 6	0
2015 年	90.327 6	7.822 7	1.455 1	0.287 4	0.095 7	0.011 5
2019 年	95.642 2	3.198 0	0.864 7	0.221 7	0.067 1	0.006 3

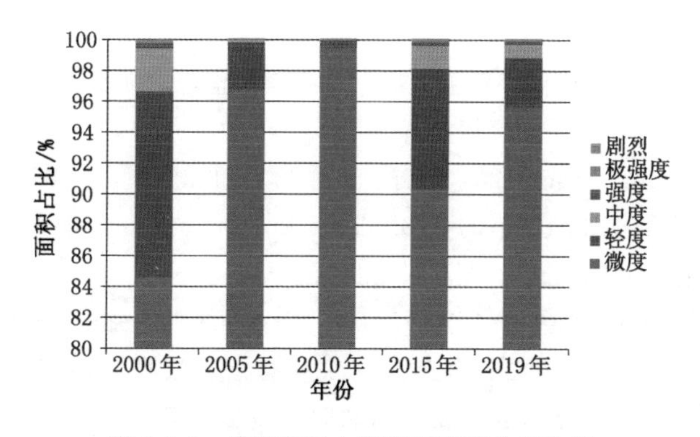

图 5-4-6　神东矿区土壤侵蚀强度分级结果

由表 5-4-3 可知，在 2000 年的数据中，微度侵蚀面积占比为 84.570 1%，轻度侵蚀面积占比为 12.078 4%，中度侵蚀面积占比位居第三名，为 2.772 7%，其余的强度、极强度和剧烈侵蚀面积占比较小，分别为 0.341 0%、0.175 1%、0.062 7%；2005 年土壤侵蚀程度较 2000 年有较大幅度的降低，微度侵蚀面积占比增加至 96.768 7%，轻度侵蚀面积占比为 3.080 8%，中度、强度、极强度和剧烈侵蚀面积分别位列其后，其侵蚀面积占比分别为0.144 9%、0.004 5%、0.001 0%、0.000 1%；2010 年的土壤侵蚀程度仍有所下降，微度侵蚀面积占比增加至 99.483 1%，轻度侵蚀面积占比为 0.494 9%，中度侵蚀面积位居其后，占比为 0.020 4%，而强度侵蚀面积占比为 0.000 9%，极强度侵蚀面积占比为 0.000 6%，剧烈侵蚀面积占比近似为 0。2015 年土壤侵蚀程度相较于 2005 年和 2010 年有较大幅度的升高，微度侵蚀面积占比为 90.327 6%，轻度侵蚀面积为 7.822 7%，中度侵蚀面积占比为 1.455 1%，而强度侵蚀面积、极强度侵蚀面积和剧烈侵蚀面积，占比分别为 0.287 4%、0.095 7%、0.011 5%。2019 年数据显示，比重最高的是微度侵蚀，面积占比 95.642 2%，轻度侵蚀面积占 3.198 0%，其余依次为中度侵蚀面积，占 0.864 7%，强度侵蚀面积占 0.221 7%，极强度侵蚀面积占 0.067 1%，剧烈侵蚀面积占 0.006 3%。

5.4.2.2 准格尔矿区

根据《土壤侵蚀分类分级标准》(SL 190—2007)[80]，准格尔矿区邻近胜利矿区，该地区的容许土壤流失量为 1 000 $t \cdot km^{-2} \cdot a^{-1}$，土壤侵蚀强度分级标准与鄂尔多斯市一致。按照修订后的土壤侵蚀模型 RUSLE 计算研究区域 2000 年、2005 年、2010 年、2015 年和 2019 年土壤侵蚀情况，并将土壤侵蚀计算结果分为微度、轻度、中度、强度、极强度、剧烈 6 级，得到 2000 年、2005 年、2010 年、2015 年和 2019 年准格尔矿区 20 km 缓冲区范围内的土壤侵蚀强度空间分布图(图 5-4-7)。

从准格尔矿区平均土壤侵蚀量来看，20 年来准格尔矿区的土壤侵蚀情况得到了明显好转，矿区平均土壤侵蚀量从 2000 年的 812.96 $t \cdot km^{-2} \cdot a^{-1}$、2005 年的 549.07 $t \cdot km^{-2} \cdot a^{-1}$、2010 年的 593.23 $t \cdot km^{-2} \cdot a^{-1}$、2015 年的 528.24 $t \cdot km^{-2} \cdot a^{-1}$下降为 2019 年的 510.82 $t \cdot km^{-2} \cdot a^{-1}$。数据整体呈现逐年下降趋势，说明水土保持措施有效且保持良好。

表 5-4-4 与图 5-4-8 显示了准格尔矿区各个等级的土壤侵蚀面积比例变化。在所研究年限中准格尔矿区平均土壤侵蚀量均属于微度侵蚀，表明矿区水土保持情况比较乐观，矿区的生态恢复举措及时且有效。

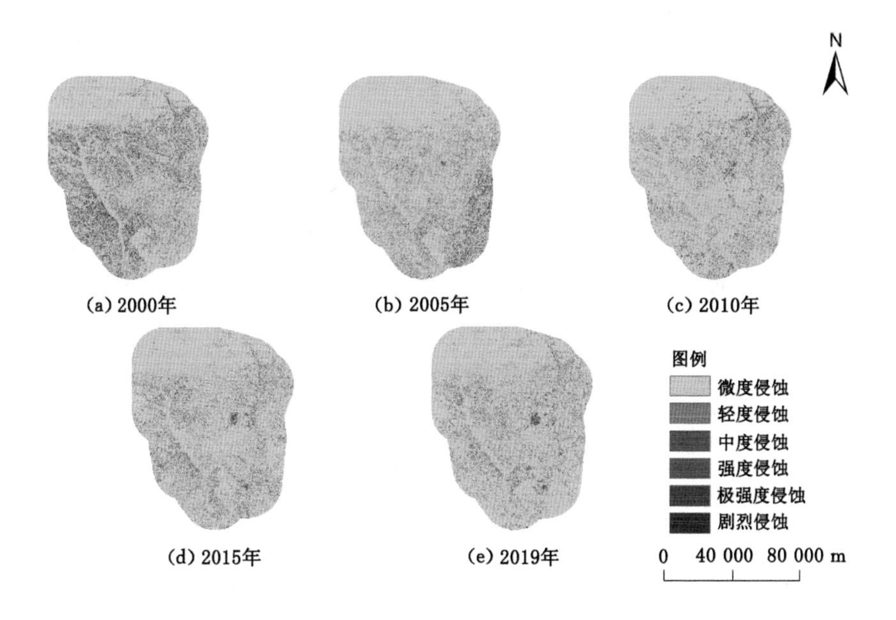

图 5-4-7 准格尔矿区土壤侵蚀强度空间分布图

表 5-4-4 准格尔矿区各级土壤侵蚀强度面积占比统计 单位:%

	微度	轻度	中度	强度	极强度	剧烈
2000 年	76.293 6	17.158 4	5.099 7	0.840 6	0.395 2	0.212 5
2005 年	83.546 8	13.986 5	2.247 8	0.179 9	0.025 5	0.013 5
2010 年	86.754 0	10.485 0	1.492 5	0.436 3	0.522 1	0.310 2
2015 年	84.583 9	12.771 8	2.310 3	0.251 7	0.064 8	0.017 5
2019 年	85.816 6	11.534 5	2.210 9	0.309 8	0.104 0	0.024 2

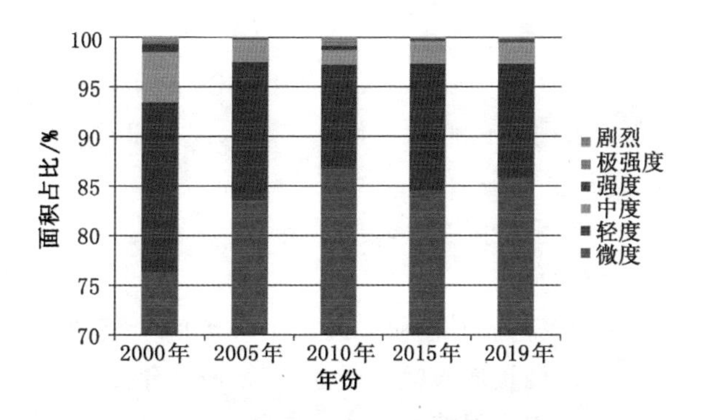

图 5-4-8 准格尔矿区土壤侵蚀强度分级结果

2000 年土壤侵蚀强度以微度为主，其面积占比为 76.293 6%，轻度侵蚀面积占比为 17.158 4%，位居第二，中度侵蚀面积和强度侵蚀面积占比分别为 5.099 7%和 0.840 6%，极强度侵蚀面积和剧烈侵蚀面积较小，分别为 0.395 2%、0.212 5%；2005 年的土壤侵蚀程度较 2000 年有所降低，微度侵蚀面积占比为 83.546 8%，其次依次为轻度、中度、强度、极强度和剧烈侵蚀面积，占比分别为 13.986 5%、2.247 8%、0.179 9%、0.025 5%、0.013 5%。2010 年相较于 2005 年土壤侵蚀程度略有升高，但升高的部分为较高侵蚀程度的面积。其中微度侵蚀面积占比为 86.754 0%，轻度侵蚀面积占比为 10.485 0%，中度侵蚀面积占比为 1.492 5%，剩下的依次是强度侵蚀面积、极强度侵蚀面积和剧烈侵蚀面积，占比分别为 0.436 3%、0.522 1%、0.310 2%；2015 年土壤侵蚀程度有所升高，排名前三位的分别为微度侵蚀面积、轻度侵蚀面积和中度侵蚀面积，占比分别为 84.583 9%、12.771 8%、2.310 3%，其次为强度侵蚀面积（占比为 0.251 7%）、极强度侵蚀面积（占比为 0.064 8%）、剧烈侵蚀面积（占比为 0.017 5%）；2019 年土壤侵蚀程度相较于 2015 年有小幅度的下降，其中微度侵蚀面积占 85.816 6%，轻度侵蚀面积占 11.534 5%，中度侵蚀面积占 2.210 9%，强度侵蚀面积占 0.309 8%，极强度侵蚀面积占 0.104 0%，剧烈侵蚀面积占 0.024 2%。

5.4.2.3 胜利矿区

根据《土壤侵蚀分类分级标准》(SL 190—2007)[80]，胜利矿区地处锡林郭勒盟内，容许土壤流失量与土壤侵蚀强度分级标准均与锡林郭勒盟一致。运用 RUSLE 模型计算研究区域 2000 年、2005 年、2010 年、2015 年和 2019 年土壤侵蚀情况，并将土壤侵蚀计算结果分为微度、轻度、中度、强度、极强度、剧烈 6 级，得到 2000 年、2005 年、2010 年、2015 年和 2019 年胜利矿区 20 km 缓冲区范围内的土壤侵蚀强度空间分布图(图 5-4-9)。

从胜利矿区平均土壤侵蚀量来看，20 年来胜利矿区的土壤侵蚀情况与神东矿区情况类似，矿区 2000 年平均土壤侵蚀量为 128.67 $t \cdot km^{-2} \cdot a^{-1}$，2005 年平均土壤侵蚀量为 121.30 $t \cdot km^{-2} \cdot a^{-1}$，2010 年平均土壤侵蚀量为 65.59 $t \cdot km^{-2} \cdot a^{-1}$，为研究年限内的最低值。伴随着雨季的延迟与采矿区域面积的增加，2015 年平均土壤侵蚀量增加至 340.55 $t \cdot km^{-2} \cdot a^{-1}$，2019 年土壤侵蚀情况有所好转，平均土壤侵蚀量降为 84.92 $t \cdot km^{-2} \cdot a^{-1}$。从总体上看胜利矿区水土保持措施是有效性的。

表 5-4-5 与图 5-4-10 显示了胜利矿区各个等级的土壤侵蚀面积比例变化。除了 2015 年平均土壤侵蚀量属于轻度侵蚀，其余研究年限中平均土壤侵蚀量均属于微度侵蚀，表明矿区水土保持举措比较有效。

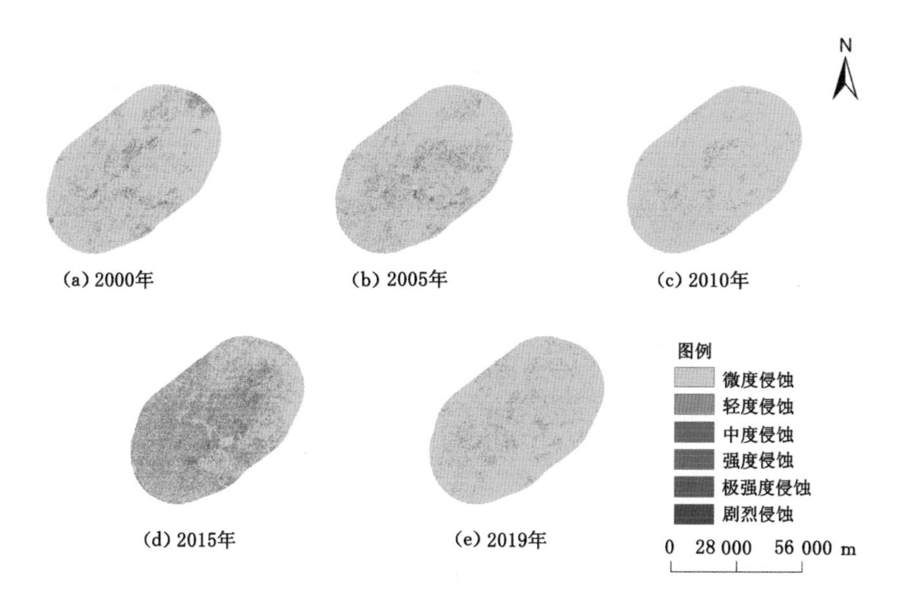

图 5-4-9　胜利矿区土壤侵蚀强度空间分布图

表 5-4-5　胜利矿区各级土壤侵蚀强度面积占比统计　　单位：%

	微度	轻度	中度	强度	极强度	剧烈
2000 年	87.359 2	12.294 5	0.269 4	0.065 9	0.010 9	0
2005 年	85.525 6	14.280 9	0.121 5	0.046 1	0.022 8	0.003 1
2010 年	95.570 3	4.429 7	0.000 1	0	0	0
2015 年	51.497 6	47.469 7	0.814 4	0.148 2	0.060 0	0.010 0
2019 年	91.810 8	8.188 8	0.000 4	0	0	0

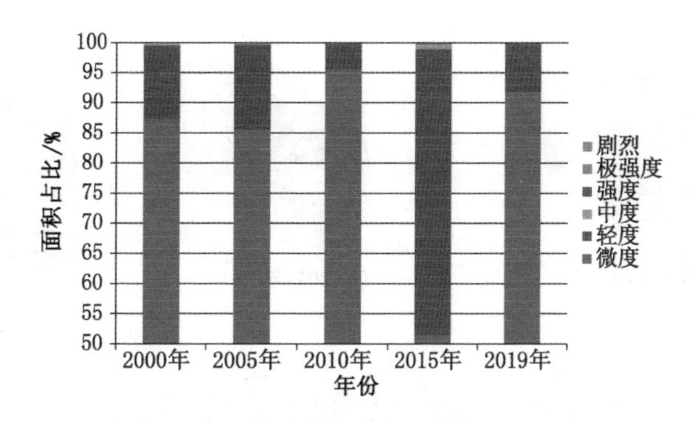

图 5-4-10　胜利矿区土壤侵蚀强度分级结果

2000 年、2005 年、2010 年、2015 年以及 2019 年土壤侵蚀强度均以微度侵蚀为主，面积占比分别达到 87.359 2%、85.525 6%、95.570 3%、51.497 6%、91.810 8%。同样的，各个年份的轻度侵蚀面积均位居第二位，其占比分别为 12.294 5%、14.280 9%、4.429 7%、47.469 7%、8.188 8%。排在各个年份第三位的均为中度侵蚀面积，占比分别为 0.269 4%、0.121 5%、0.000 1%、0.814 4%、0.000 4%。其中 2000 年位列后三位的分别为占比0.065 9%的强度侵蚀面积、0.010 9%的极强度侵蚀面积与占比为 0 的剧烈侵蚀面积。2005 年位列后三位的分别为占比 0.046 1%的强度侵蚀面积、0.022 8%的极强度侵蚀面积和占比为 0.003 1%的剧烈侵蚀面积。2015 年位列后三位的分别为占比 0.148 2%的强度侵蚀面积、0.060 0%的极强度侵蚀面积和占比为0.010 0%的剧烈侵蚀面积。而 2010 年和 2019 年的土壤侵蚀均没有后三种强度等级。

5.4.2.4 白音华矿区

根据《土壤侵蚀分类分级标准》(SL 190—2007)[80]，白音华矿区位于锡林郭勒盟内，容许土壤流失量为 200 $t \cdot km^{-2} \cdot a^{-1}$，结合 RUSLE 模型计算研究区域 2000 年、2005 年、2010 年、2015 年和 2019 年土壤侵蚀情况，并将土壤侵蚀计算结果分为微度、轻度、中度、强度、极强度、剧烈 6 级，得到 2000 年、2005 年、2010 年、2015 年和 2019 年白音华矿区 20 km 缓冲区范围内的土壤侵蚀强度空间分布图(图 5-4-11)。

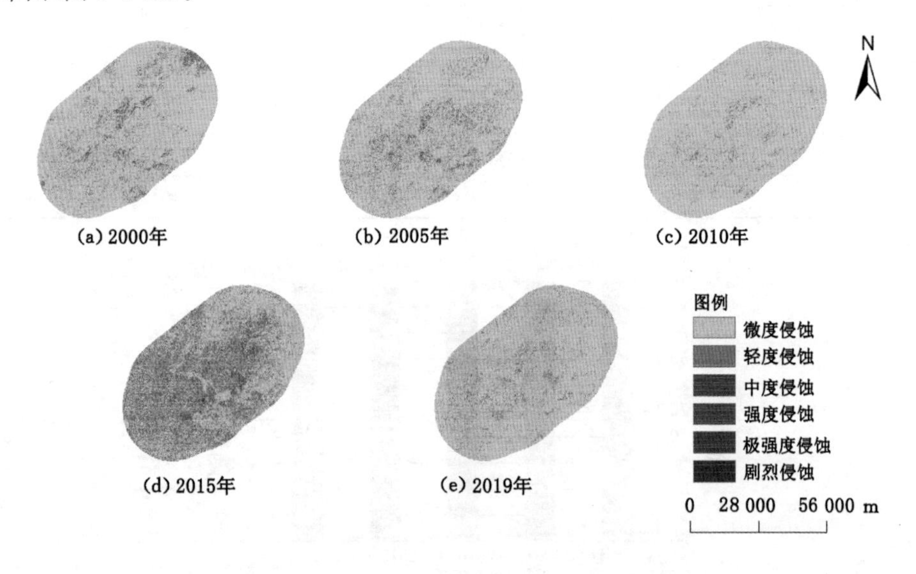

图 5-4-11 白音华矿区土壤侵蚀强度空间分布图

从平均土壤侵蚀量来看，2000—2019年来白音华矿区的土壤侵蚀情况总体上呈三阶段：第一阶段为2000—2005年，随着采矿技术的提升，矿区面积逐步增加，矿区平均土壤侵蚀量从2000年的70.28 $t \cdot km^{-2} \cdot a^{-1}$增加至2005年的146.20 $t \cdot km^{-2} \cdot a^{-1}$；第二阶段为2005—2010年，平均土壤侵蚀量呈下降趋势，2010年降至74.49 $t \cdot km^{-2} \cdot a^{-1}$；第三阶段为2015—2019年，2015年雨季滞后导致植被减少，水土流失加剧，2015年平均土壤侵蚀量为327.79 $t \cdot km^{-2} \cdot a^{-1}$，随着人们对矿区的生态修复关注度的提高，至2019年平均土壤侵蚀量降为88.91 $t \cdot km^{-2} \cdot a^{-1}$。

表5-4-6与图5-4-12显示了白音华矿区各个等级的土壤侵蚀面积比例变化。除2015年外其余年份平均土壤侵蚀量均在土壤流失的容许范围即200 $t \cdot km^{-2} \cdot a^{-1}$之内，属于微度侵蚀，2015年平均土壤侵蚀量属于轻度侵蚀。

表5-4-6　白音华矿区各级土壤侵蚀强度面积占比统计　　单位：%

	微度	轻度	中度	强度	极强度	剧烈
2000年	91.950 4	7.957 1	0.071 2	0.012 2	0.008 2	0.000 9
2005年	89.034 4	9.807 5	0.778 7	0.222 7	0.132 4	0.024 2
2010年	91.343 8	8.642 0	0.011 9	0.001 6	0.000 5	0.000 1
2015年	67.055 8	31.728 6	0.401 3	0.201 5	0.299 1	0.313 7
2019年	89.140 3	10.775 6	0.071 5	0.009 1	0.003 2	0.000 3

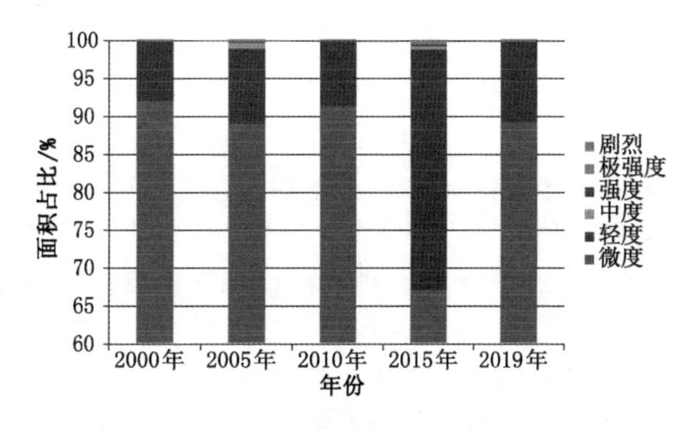

图5-4-12　白音华矿区土壤侵蚀强度分级结果

其中2000年土壤侵蚀以微度侵蚀为主，面积占比为91.950 4%，轻度侵蚀面积占比为7.957 1%，中度侵蚀面积占比为0.071 2%，强度侵蚀面积占比为0.012 2%，极强度侵蚀面积占比为0.008 2%，剧烈侵蚀面积占比为0.000 9%。

2005 年的土壤侵蚀程度较 2000 年有所升高，微度侵蚀面积占比为 89.034 4%，其次依次为轻度、中度、强度、极强度和剧烈侵蚀，面积占比分别为 9.807 5%、0.778 7%、0.222 7%、0.132 4%、0.024 2%。2010 年土壤侵蚀以微度侵蚀为主，面积占比为 91.343 8%，轻度侵蚀面积占比为 8.642 0%，中度侵蚀面积占比为 0.011 9%，强度侵蚀面积占比为 0.001 6%，极强度侵蚀面积占比为0.000 5%，剧烈侵蚀面积占比为 0.000 1%。2015 年土壤侵蚀状况恶化，其中微度侵蚀面积占比仅为 67.055 8%，轻度侵蚀面积位居第二位，占比为 31.728 6%，中度侵蚀面积占比为 0.401 3%，而剧烈侵蚀面积位居第四，占比为 0.313 7%，强度侵蚀面积占比为 0.201 5%，极强度侵蚀面积占比为 0.299 1%。2019 年土壤侵蚀状况如下：面积占比为 89.140 3%的微度侵蚀，面积占比为 10.775 6%的轻度侵蚀，面积占比为 0.071 5%的中度侵蚀，面积占比为 0.009 1%的强度侵蚀，面积占比为 0.003 2%的极强度侵蚀，面积占比为 0.000 3%的剧烈侵蚀。

5.5 水土流失主要影响因素分析

本章研究区为中国内蒙古自治区的鄂尔多斯和锡林郭勒，从两个研究区域和四个矿区两个层面进行水土流失主要影响因素分析。

5.5.1 鄂尔多斯

5.5.1.1 土地利用变化的影响

鄂尔多斯土地利用景观类型的空间分布变化见图 5-5-1，鄂尔多斯不同土地利用景观类型面积占比与变化如表 5-5-1 所示。

鄂尔多斯土地利用景观类型主要由耕地、植被、城镇用地、工矿用地、其他用地和水域构成。由表 5-5-1 可以看出，鄂尔多斯的土地利用景观类型中植被和其他用地分别占据第一位与第二位，面积平均占比为 60%以上与 20%以上，其余土地利用景观类型面积所占比例较少。分析 2000—2019 年的土地利用景观类型变化，可以明显观察出，除水域与植被的面积变动较小外，其余土地利用景观类型的面积都发生了较大的变化，耕地、工矿用地、城镇用地的面积基本上逐年增加，其他用地的面积基本上呈现逐年较少的趋势。这主要是人为因素驱动的结果，经济的发展与人口的增加导致土地利用格局的变化。

结合 2000 年、2005 年、2010 年、2015 年与 2019 年五年的土壤侵蚀量与土地利用景观类型数据，统计出鄂尔多斯各土地利用景观类型的平均土壤侵蚀量（表 5-5-2）。

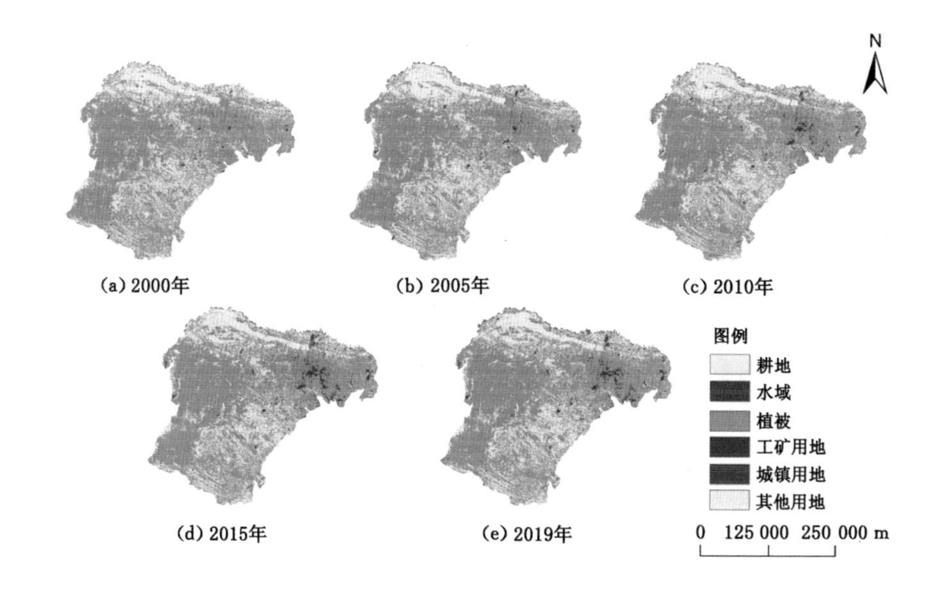

图 5-5-1　鄂尔多斯土地利用景观类型空间分布图

表 5-5-1　鄂尔多斯不同土地利用景观类型面积占比　　单位：%

	2000 年	2005 年	2010 年	2015 年	2019 年
耕地	3.868 5	3.940 1	4.040 0	5.122 9	5.115 6
水域	1.238 7	1.481 4	1.340 9	1.235 0	1.515 7
工矿用地	0.044 6	0.149 3	0.548 9	0.951 3	0.840 9
城镇用地	0.257 7	0.440 9	0.556 1	0.614 8	0.648 2
植被	65.450 1	64.141 9	66.295 0	65.839 5	65.678 7
其他用地	29.140 4	29.846 3	27.219 2	26.236 5	26.200 9

表 5-5-2　鄂尔多斯各土地利用景观类型的平均土壤侵蚀量

单位：$t \cdot km^{-2} \cdot a^{-1}$

	2000 年	2005 年	2010 年	2015 年	2019 年
耕地	75.292 5	86.613 8	57.816 2	95.315 0	43.692 4
水域	37.357 2	12.012 6	9.342 4	28.503 8	19.413 3
工矿用地	926.793 9	492.898 3	359.511 1	1 127.545 1	992.684 5
城镇用地	39.374 9	18.781 5	16.022 5	45.301 3	32.075 3
植被	296.490 4	183.815 1	122.671 1	443.333 7	222.135 9
其他用地	352.806 9	178.983 5	177.148 6	574.167 3	307.011 2

结果表明，除水域外，水土保持功能从最好到最差的土地利用景观类型依次为：城镇用地＞耕地＞植被＞其他用地＞工矿用地。如表5-5-2所示，除2015年，其余年份各土地利用景观类型的土壤侵蚀量均低于土壤流失的容许量1 000 $t \cdot km^{-2} \cdot a^{-1}$，属于微度侵蚀等级，2015年工矿用地的平均土壤侵蚀量为1 127.545 1 $t \cdot km^{-2} \cdot a^{-1}$，属于轻度侵蚀。对比之下，工矿用地与其他用地的土壤侵蚀较为严重。

5.5.1.2　坡度空间分布的影响

坡度反映地表斜面相对于水平面的倾斜程度，是地表形态的重要指标之一。坡度的大小制约着土壤侵蚀的强弱，决定着水土保持措施的布设方式。在内蒙古鄂尔多斯地区，地面坡度是重要的地形定量指标。参考张珊珊等的研究[91]，将坡度划分为6个等级：0～5°、5°～8°、8°～15°、15°～25°、25°～35°和35°～90°。

将坡度分级结果通过ArcGIS空间叠加得到不同坡度下土壤侵蚀的数量及空间分布特征（图5-5-2），对地形结构进行分析（图5-5-3）。

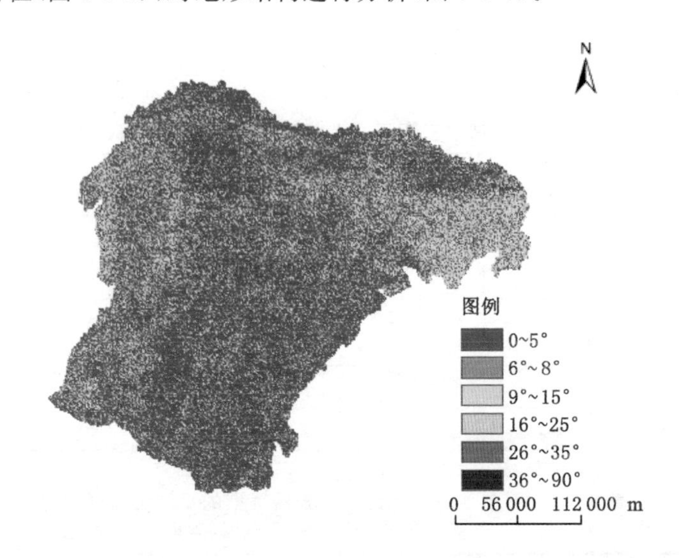

图5-5-2　鄂尔多斯坡度分带

从图5-5-2、图5-5-3中可看出，鄂尔多斯58.48%的面积集中在0～5°的缓坡中，分布于区域中部的大部分地区；占总面积23.12%的地区为5°～8°的较缓坡地，坡度大于8°的陡坡地面积占比为18.40%，其中8°～15°的较陡坡面积达到了总面积的15.26%，陡坡坡度位于15°～25°之间的面积达到了总面积的2.76%，坡度大于25°的面积所占比例较小，仅为0.38%，集中分布在乌海市，零星分布于鄂尔多斯东南部。总体上，鄂尔多斯的地形以小于8°的缓坡为主，有

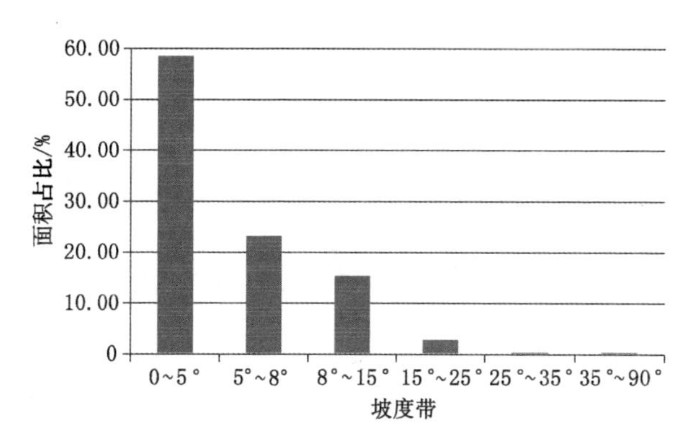

图 5-5-3 鄂尔多斯各坡度带面积占比统计图

一定数量>15°的陡坡。

在 ArcGIS 中将 2000 年、2005 年、2010 年、2015 年和 2019 年五年的土壤侵蚀图与坡度图叠加，分坡度带统计平均土壤侵蚀量(图 5-5-4)。2015 年各个坡度带的平均土壤侵蚀量均处于较高水平，35°～90°的平均土壤侵蚀量达到峰值，属于强度侵蚀，占侵蚀总量的 1.07%；8°～15°的较陡坡平均土壤侵蚀量平均达到 925.192 3 t·km^{-2}·a^{-1}，属微度侵蚀，占比为 30.78%。2010 年 15～25°的平均土壤侵蚀量为 2000 年的 30.11%，占比达到 9.35%，侵蚀级别下降到微度侵蚀；25°以上的坡度区间平均土壤侵蚀量为 2000 年的 44.29%，侵蚀级别也下降到轻度侵蚀。20 年来，除 2015 年情况特殊，各坡度带下的平均土壤侵蚀量呈下降趋势，侵蚀级别有所降低，较陡坡所占比例下降，陡坡的水土保持功能有所提高。

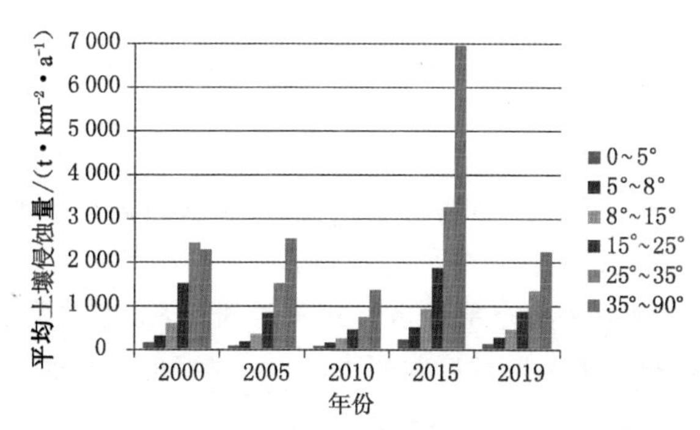

图 5-5-4 鄂尔多斯各坡度带平均土壤侵蚀量

5.5.1.3 植被覆盖度空间变化的影响

鄂尔多斯植被覆盖度的空间分布变化见图 5-5-5，鄂尔多斯各植被覆盖度等级面积占比与变化如表 5-5-3 表示。

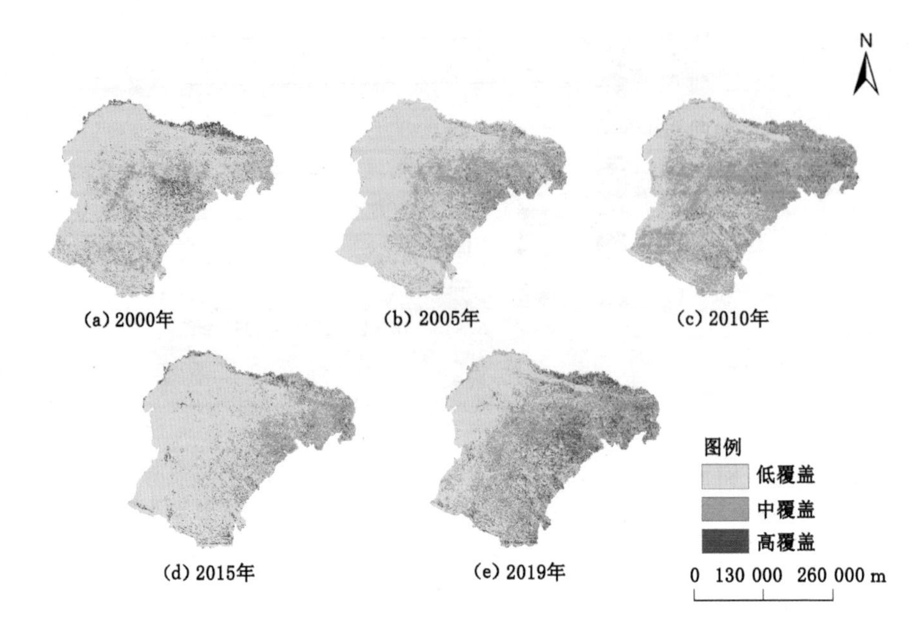

图 5-5-5 鄂尔多斯植被覆盖度空间分布图

表 5-5-3 鄂尔多斯各植被覆盖度等级面积占比 单位:%

	2000 年	2005 年	2010 年	2015 年	2019 年
低覆盖	74.630 9	69.800 3	43.198 7	76.783 1	46.535 2
中覆盖	20.860 0	28.166 0	53.651 0	19.994 9	45.006 7
高覆盖	4.509 1	2.033 7	3.150 3	3.222 0	8.458 1

将鄂尔多斯植被覆盖度以 0～0.4、0.4～0.8、0.8～1 的分类标准分为低覆盖、中覆盖和高覆盖，由图 5-5-5 可以看出，鄂尔多斯植被覆盖度基本上呈由西至东方向增加趋势，低覆盖区域主要分布于鄂尔多斯西部，高覆盖区域主要分布于鄂尔多斯北部黄河沿岸与东部地区。随着时间增长，植被覆盖度逐渐增大，2015 年由于雨季滞后，植被覆盖度大幅度降低。表 5-5-3 显示了各个植被覆盖度等级面积占比，可以明显观察出，除 2015 年，鄂尔多斯 20 年以来，植被覆盖情况明显好转，说明鄂尔多斯对荒漠草原的治理很有成效。

统计鄂尔多斯 2000 年、2005 年、2010 年、2015 年和 2019 年的植被覆盖度均值与平均土壤侵蚀量，对比图见图 5-5-6，从中观察得出，植被覆盖度均值与平均土壤侵蚀量呈明显负相关，植被覆盖度低的年份平均土壤侵蚀量大，植被覆盖度高的年份平均土壤侵蚀量小，植被覆盖度是影响土壤侵蚀强度的主要因子。

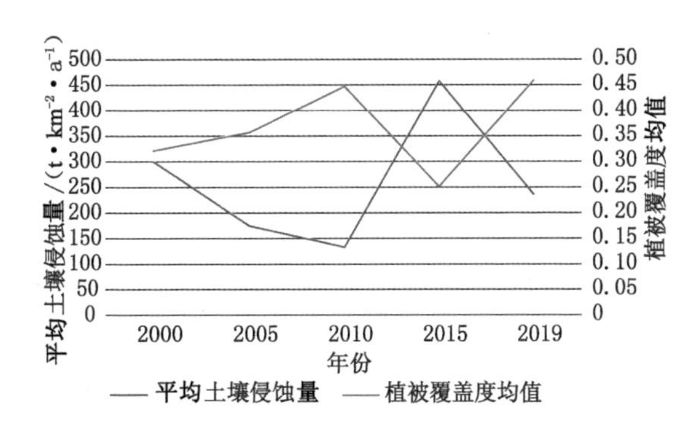

图 5-5-6　鄂尔多斯植被覆盖度均值与平均土壤侵蚀量折线图

根据以上对鄂尔多斯影响土壤侵蚀的三个主要因素的分析，可以发现鄂尔多斯的水土流失变化受土地利用景观类型与植被覆盖度变化主导。

5.5.2　锡林郭勒

5.5.2.1　土地利用变化的影响

锡林郭勒土地利用景观类型的空间分布变化见图 5-5-7，锡林郭勒不同土地利用景观类型面积占比与变化如表 5-5-4 所示。

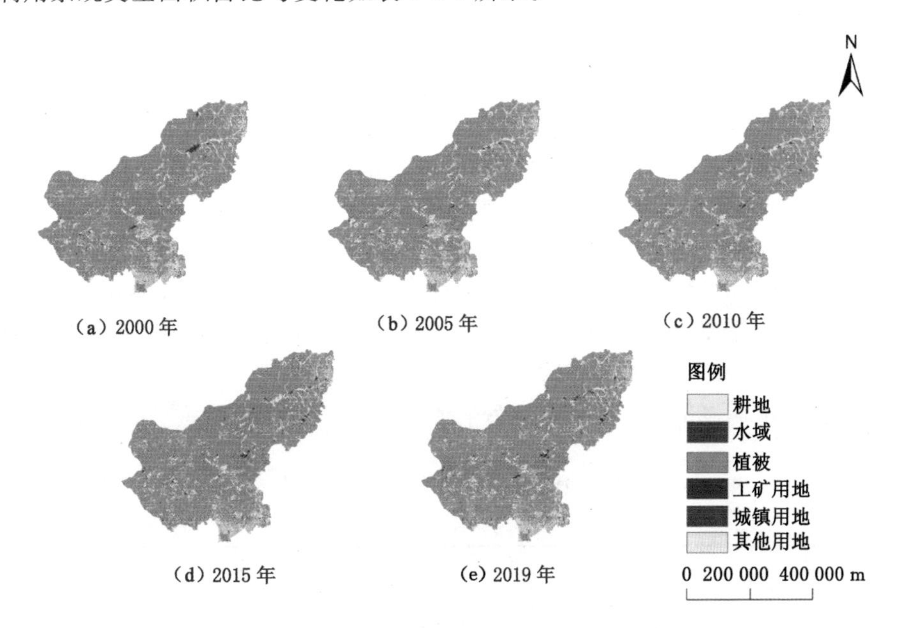

图 5-5-7　锡林郭勒土地利用景观类型空间分布图

锡林郭勒土地利用景观类型主要由耕地、植被、城镇用地、工矿用地、其他用地和水域构成。由表5-5-4可以看出,锡林郭勒的土地利用景观类型中面积所占比例最大的两种类型为植被和其他用地,两者面积之和占整个区域面积的90%以上,其余土地利用景观类型面积所占比例较少,其中耕地居第三位,其次是水域、城镇用地和工矿用地。分析2000—2019年的土地利用景观类型变化,可以明显观察出:水域面积上下波动较大,植被的面积变动较小,基本呈现上升趋势,工矿用地、城镇用地的面积基本上逐年增加,其他用地的面积基本上呈现逐年减少的趋势。这主要是由于人类生产活动以及经济发展与人口增加导致土地利用格局发生变化。

表5-5-4　锡林郭勒不同土地利用景观类型面积占比　　单位:%

	2000年	2005年	2010年	2015年	2019年
耕地	2.874 4	2.890 0	2.900 6	2.786 4	2.783 6
水域	0.847 9	0.560 9	0.621 0	0.590 8	0.617 4
工矿用地	0.006 6	0.019 0	0.095 9	0.274 8	0.273 1
城镇用地	0.235 3	0.258 4	0.293 3	0.311 5	0.321 9
植被	85.454 4	84.721 8	85.675 9	85.730 2	85.802 9
其他用地	10.581 6	11.549 9	10.413 3	10.306 4	10.201 0

结合2000年、2005年、2010年、2015年与2019年五年的土壤侵蚀量与土地利用景观类型数据,统计出锡林郭勒每种土地利用景观类型的平均土壤侵蚀量(表5-5-5)。结果表明,除水域外,水土保持功能从最好到最差的排列依次为:城镇用地>耕地>植被>其他用地>工矿用地。如表5-5-5所示,研究的五年间,工矿用地的年平均土壤侵蚀量大于土壤流失的容许量200 $t \cdot km^{-2} \cdot a^{-1}$,属于轻度侵蚀等级,其余土地利用景观类型除2015年特殊情况外,都属于微度侵蚀。对比之下,工矿用地与其他用地的土壤侵蚀较为严重,相关部门应加强对这类土地利用景观类型区域的关注与治理。

表5-5-5　锡林郭勒各土地利用景观类型的平均土壤侵蚀量

单位:$t \cdot km^{-2} \cdot a^{-1}$

	2000年	2005年	2010年	2015年	2019年
耕地	159.468 1	192.851 1	44.201 2	157.255 4	81.697 5
水域	10.626 1	12.514 8	5.050 2	27.566 0	10.293 0
工矿用地	477.352 8	539.707 2	179.703 7	779.767 2	332.511 7

表 5-5-5(续)

	2000 年	2005 年	2010 年	2015 年	2019 年
城镇用地	29.550 6	23.869 6	10.922 6	52.702 4	20.501 8
植被	122.591 5	121.743 2	56.901 9	280.186 3	113.717 9
其他用地	180.802 8	165.892 6	70.972 0	317.450 5	144.427 0

5.5.2.2　坡度空间分布的影响

坡度是地表形态的重要指标之一。在内蒙古锡林郭勒，地面坡度是重要的地形定量指标。按照前人的研究，将坡度划分为 6 个等级：0～5°、5°～8°、8°～15°、15°～25°、25°～35°和 35°～90°。

将坡度分级结果通过 ArcGIS 空间叠加得到不同坡度下土壤侵蚀的数量及空间分布特征(图 5-5-8)，对地形结构进行分析(图 5-5-9)。从图 5-5-8、图 5-5-9 中可看出，锡林郭勒 49.62%的面积集中在 0°～5°的缓坡中，分布于区域中部及北部的大部分地区；占总面积 25.82%的地区为 5°～8°的较缓坡地，坡度为 8°～15°的较陡坡地面积占比为 20.89%，坡度位于 15°～25°之间的面积达到了总面积的 3.42%，坡度大于 25°的面积所占比例较小，仅为 0.25%，零星分布于锡林郭勒的南部以及东南部地区。总体上，锡林郭勒的地形以小于 15°的较缓坡为主。

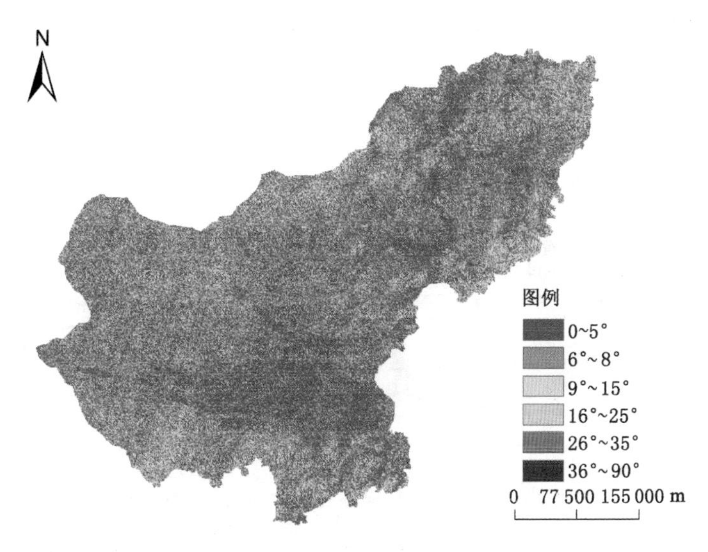

图 5-5-8　锡林郭勒坡度分带

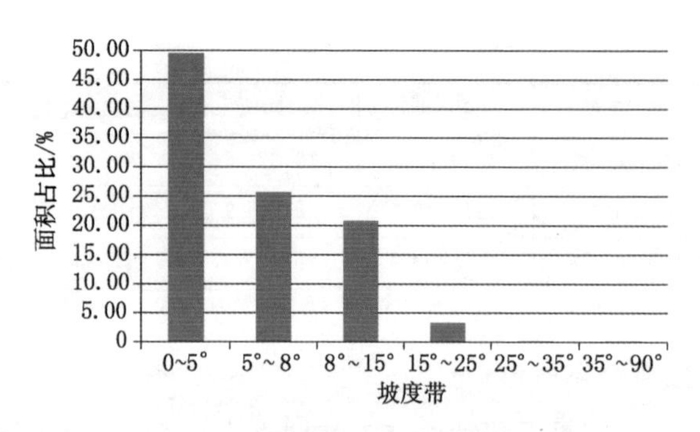

图 5-5-9　锡林郭勒各坡度带面积占比统计图

在 ArcGIS 中将 2000 年、2005 年、2010 年、2015 年和 2019 年五年的土壤侵蚀图与坡度图叠加，分坡度带统计平均土壤侵蚀量(图 5-5-10)。2015 年各个坡度带的平均土壤侵蚀量均处于较高水平，35°～90°坡度带平均土壤侵蚀量达到最大值 4 698.7733 $t \cdot km^{-2} \cdot a^{-1}$，属于中度侵蚀，占比为 0.28%；25°～35°的陡坡平均土壤侵蚀量为 2 986.978 5 $t \cdot km^{-2} \cdot a^{-1}$，属中度侵蚀，占比为 2.45%。基于此可以分析得到，陡坡虽然平均土壤侵蚀量较大，占比却很小，锡林郭勒陡坡水土流失情况较为良好。2000 年平均土壤侵蚀量占比最大的坡度区间为 8°～15°，达到了 36.41%，综合统计研究年限内 8°～15°坡度区间的平均土壤侵蚀量占比，基本位于第一位，由此可见坡度位于 8°～15°的地区水土流失情况较为严峻。20 年来，除 2015 年情况特殊，各坡度带下的平均土壤侵蚀量呈下降趋势，侵蚀级别有所降低，较缓坡土壤侵蚀量虽然仍占据主导，但所占比例下降，较缓坡的水土保持功能有所提高。

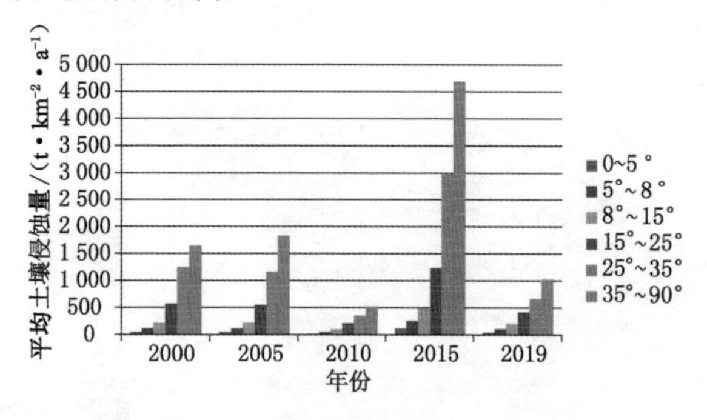

图 5-5-10　锡林郭勒各坡度带土壤侵蚀量

5.5.2.3　植被覆盖空间变化的影响

锡林郭勒植被覆盖度的空间分布变化见图 5-5-11，锡林郭勒植被覆盖度分级面积分布与变化如表 5-5-6 所示。

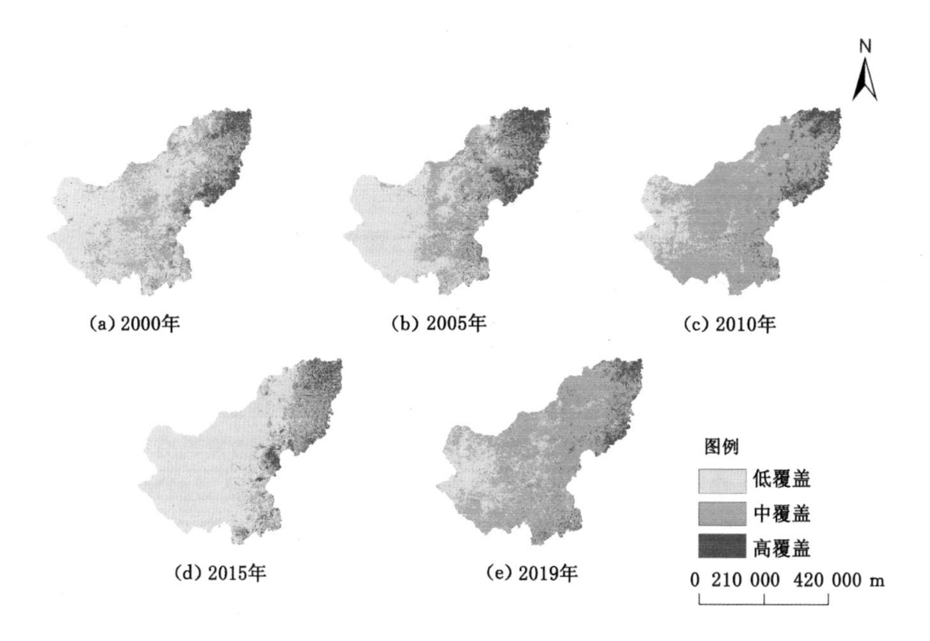

图 5-5-11　锡林郭勒植被覆盖度空间分布图

表 5-5-6　锡林郭勒各植被覆盖度等级面积占比　　单位：%

	2000 年	2005 年	2010 年	2015 年	2019 年
低覆盖	55.475 6	48.823 6	14.806 4	72.992 2	21.824 8
中覆盖	36.111 2	39.344 5	77.366 3	19.820 6	72.579 0
高覆盖	8.413 2	11.831 9	7.827 3	7.187 2	5.596 2

将锡林郭勒植被覆盖度以 0～0.4、0.4～0.8、0.8～1 的分类标准分为低覆盖、中覆盖和高覆盖，由图 5-5-11 可以看出，锡林郭勒植被覆盖度情况在 2000—2010 年逐年好转，2015 年由于雨季的滞后，植被覆盖度大幅度降低，2015—2019 年植被覆盖度情况好转。锡林郭勒植被覆盖度基本上按照由西至东方向增加，低覆盖区域主要分布于锡林郭勒西部地区，高覆盖区域主要分布于锡林郭勒的东部地区。表 5-5-6 显示了各植被覆盖度等级面积占比，可以明显观察得出，2000—2010 年低覆盖面积逐年减少，中覆盖面积逐年增加，2015—2019 年变化与之相同，这表明锡林郭勒在研究的年限内植被得到了很好的治理，当地采取的植被恢复措施及时且有效。

统计锡林郭勒 2000 年、2005 年、2010 年、2015 年和 2019 年植被覆盖度均值与平均土壤侵蚀量，对比图见图 5-5-12。通过观察可以得出，植被覆盖度是影

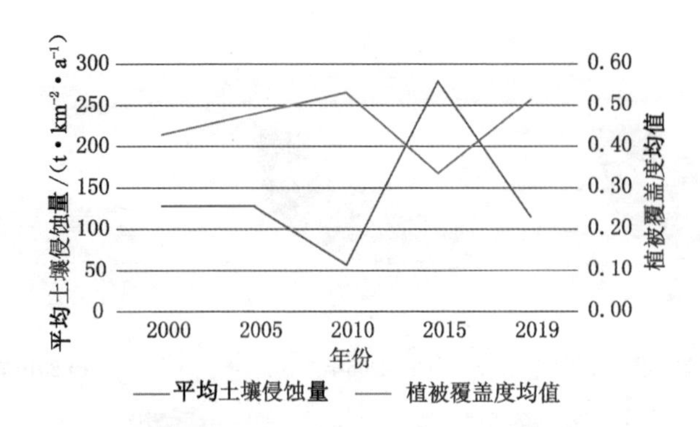

图 5-5-12　锡林郭勒植被覆盖度均值与平均土壤侵蚀量呈均值折线图

响土壤侵蚀的主要因子，植被覆盖度均值与平均土壤侵蚀量呈负相关，2000—2010 年，植被覆盖度均值逐年增加，平均土壤侵蚀量逐年降低，2015 年，由于植被覆盖度的降低，平均土壤侵蚀量增加，2015—2019 年的趋势也呈现相反情况。

根据以上对锡林郭勒影响土壤侵蚀的三个主要因素分析，可以发现锡林郭勒的水土流失变化主要受土地利用景观类型与植被覆盖度变化影响。

5.5.3　神东矿区

5.5.3.1　土地利用变化的影响

神东矿区土地利用景观类型的空间分布变化见图 5-5-13，神东矿区土地利用景观类型面积占比与变化如表 5-5-7 所示。

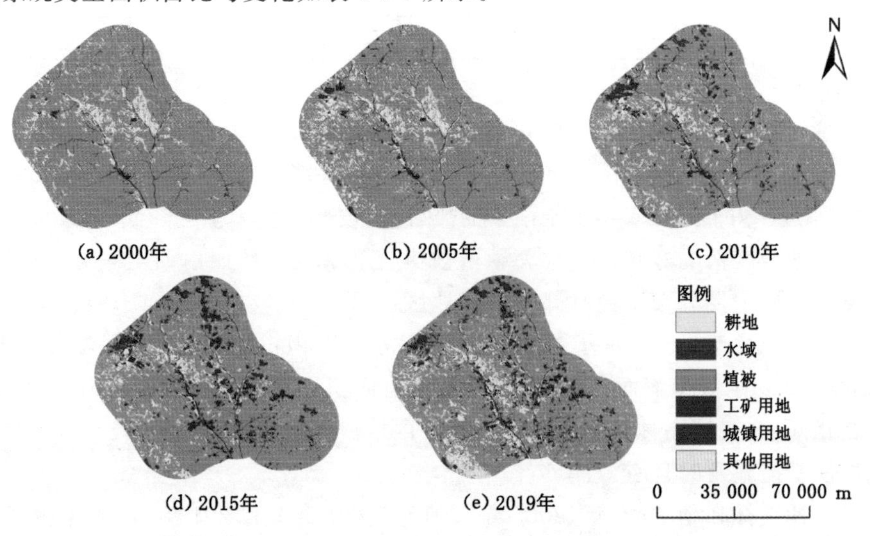

图 5-5-13　神东矿区土地利用景观类型空间分布图

神东矿区土地利用景观类型主要由耕地、植被、城镇用地、工矿用地、其他用地和水域构成。观察表 5-5-7 可以看出，神东矿区的土地利用景观类型中植被面积所占比例最大，平均可占整个区域面积的 80%以上，其余土地利用景观类型所占比例较少。分析 2000—2019 年的土地利用景观类型变化，可以明显观察出，除水域面积变动较小外，其余土地利用景观类型的面积都发生了较大的变化，耕地、工矿用地、城镇用地面积都有所增加，其中城市面积扩张速度明显低于工矿用地所占面积的增长速度，其他用地和植被的面积基本上呈现逐年减少的趋势。这主要是社会经济发展驱动的结果，人口的快速增长，矿区面积增长较快，导致土地利用格局的变化。

表 5-5-7　神东矿区不同土地利用景观类型面积占比　　单位：%

	2000 年	2005 年	2010 年	2015 年	2019 年
耕地	2.169 1	5.586 5	4.752 3	4.224 1	5.172 2
水域	2.652 7	2.612 3	2.670 3	2.360 0	2.850 8
工矿用地	0.376 7	1.051 0	3.532 3	7.205 0	6.375 2
城镇用地	0.161 0	0.401 6	0.979 8	1.153 1	1.237 9
植被	86.939 8	83.905 8	82.950 4	80.246 7	75.906 0
其他用地	7.700 6	6.442 8	5.114 8	4.811 0	8.458 0

结合 2000 年、2005 年、2010 年、2015 年与 2019 年五年的平均土壤侵蚀量与土地利用景观类型数据，统计出神东矿区每种土地利用景观类型的平均土壤侵蚀量(表5-5-8)。结果表明，除水域外，水土保持功能从最好到最差的排列依次为：城镇用地＞耕地＞植被＞其他用地＞工矿用地。如表 5-5-8 所示，可以明显观察出 2000—2010 年各土地利用景观类型的平均土壤侵蚀量都有所降低，2015 年各土地利用景观类型下的平均土壤侵蚀量均有所上升，2019 年较 2015 年又有所降低，得益于矿区面积的减少。对比之下，工矿用地与其他用地土壤侵蚀较为严重，是水土流失较为严重的土地利用景观类型。

表 5-5-8　神东矿区各土地利用景观类型的平均土壤侵蚀量

单位：$t \cdot km^{-2} \cdot a^{-1}$

	2000 年	2005 年	2010 年	2015 年	2019 年
耕地	213.805 0	95.788 0	54.900 6	172.330 0	60.732 4
水域	15.480 0	7.438 8	3.401 6	12.058 1	6.060 9
工矿用地	666.178 1	209.251 8	286.765 9	1 221.378 6	1171.167 2

表 5-5-8(续)

	2000 年	2005 年	2010 年	2015 年	2019 年
城镇用地	104.251 1	17.010 0	16.946 7	51.625 8	36.818 7
植被	570.879 1	210.518 5	91.703 2	357.252 8	133.191 2
其他用地	589.126 6	190.928 6	132.895 4	376.032 5	317.242 5

5.5.3.2 坡度空间分布的影响

坡度是地表形态的重要指标之一。在内蒙古神东矿区,地面坡度是重要的地形定量指标。按照前人的研究,将坡度划分为 6 个等级:0～5°、5°～8°、8°～15°、15°～25°、25°～35°和 35°～90°。

将坡度分级结果通过 ArcGIS 空间叠加得到不同坡度下土壤侵蚀量及空间分布特征(图 5-5-14),对地形结构进行分析(图 5-5-15)。从图 5-5-14、图 5-5-15 中可看出,神东矿区面积占比最大的坡度为 0°～5°的缓坡,占比为 39.73%,分布于矿区西部的大部分地区;面积占比第二位的坡度为 8°～15°的较陡坡地,面积占比为 26.61%;第三位为占总面积 21.77%的 5°～8°的较缓坡地;坡度位于 15°～25°之间的面积达到了总面积的 10.41%;坡度大于 25°的面积所占比例较小,仅为 1.48%,零星分布于神东矿区的东南地区。总体上,神东矿区的地形以小于 15°的较缓坡为主。

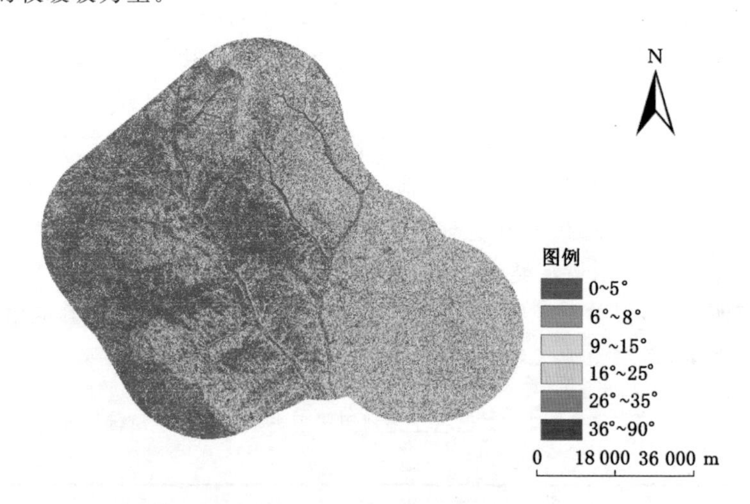

图 5-5-14 神东矿区坡度分带

在 ArcGIS 中将 2000 年、2005 年、2010 年、2015 年和 2019 年五年的土壤侵蚀图与坡度图叠加,分坡度带统计平均土壤侵蚀量(图 5-5-16)。2000 年陡坡的

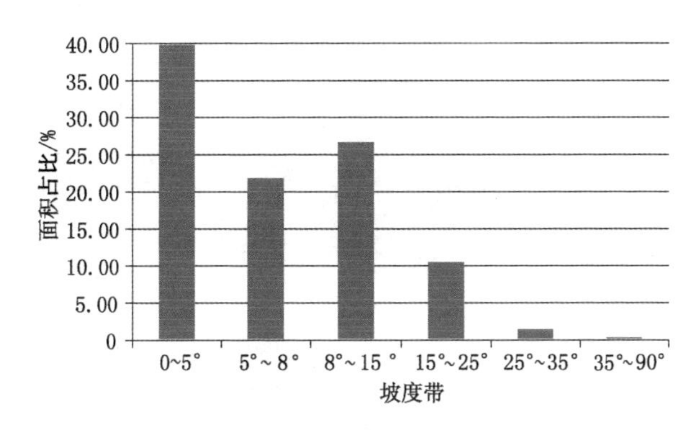

图 5-5-15　神东矿区各坡度带面积占比统计图

平均土壤侵蚀量处于较高水平，这主要是 2000 年的耕地面积较小与未利用土地面积较大的原因，35°～90°坡度区间的平均土壤侵蚀量达到峰值3 692.266 3 $t \cdot km^{-2} \cdot a^{-1}$，属于中度侵蚀，占比为 0.80%。研究的 20 年间，2000—2010 年各坡度带下的平均土壤侵蚀量明显下降，2015—2019 年的平均土壤侵蚀量也呈下降趋势，统计各坡度带平均土壤侵蚀量占比，结果表明，8°～15°为水土流失的主导坡度带，2000—2019 年分别占比为 36.39%、36.97%、36.64%、37.30%和 37.11%，均为第一位。整体来看，神东矿区的土壤侵蚀情况有所好转，较缓坡的水土保持能力有所提高。

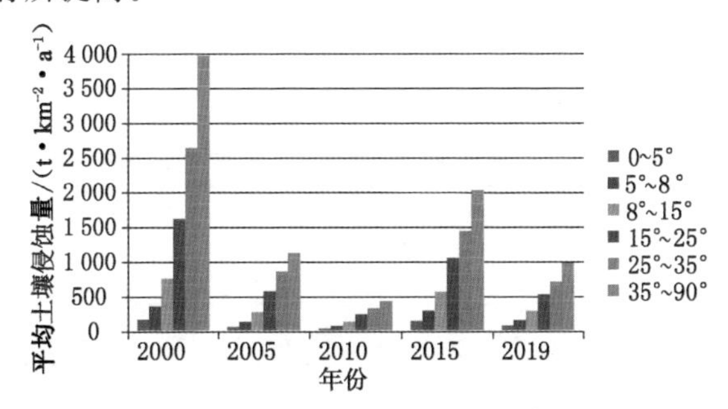

图 5-5-16　神东矿区各坡度带土壤侵蚀量

5.5.3.3　植被覆盖空间变化的影响

神东矿区植被覆盖度的空间分布变化见图 5-5-17，神东矿区植被覆盖度分级面积分布与变化见表 5-5-9。

将神东矿区植被覆盖度以 0～0.4、0.4～0.8、0.8～1 的分类标准分为低覆盖、中覆盖和高覆盖，由图 5-5-17 可以看出，神东矿区植被覆盖度呈现出由中北部向其余方向发散式增加的趋势，低覆盖区域主要分布于神东矿区北部、中部及

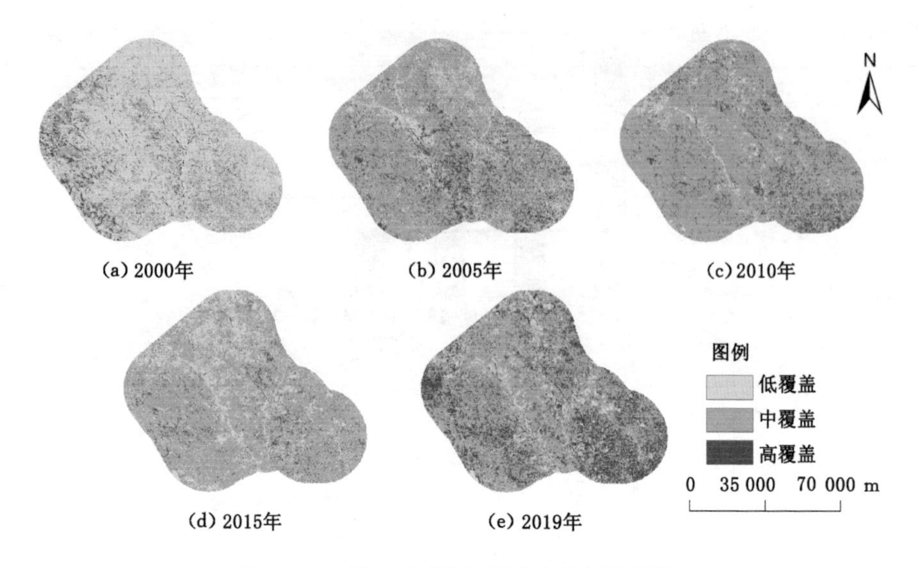

图 5-5-17 神东矿区植被覆盖度空间分布图

河流沿岸地区，高覆盖区域主要分布于神东矿区西部与东南部地区，随着时间增长，植被覆盖度逐渐增大，2015 年由于雨季滞后，植被覆盖度大幅度降低。表 5-5-9显示了各个植被覆盖度等级下的面积占比，可以观察出，除 2015 年情况较为特殊，神东矿区 20 年以来，高覆盖区域面积基本上呈现逐年增加趋势，矿区的生态修复效果良好。

表 5-5-9 神东矿区各植被覆盖度等级面积占比 单位：%

	2000 年	2005 年	2010 年	2015 年	2019 年
低覆盖	66.957 1	16.769 8	5.773 1	22.900 4	10.176 0
中覆盖	28.409 6	73.125 0	84.897 3	73.092 4	66.733 5
高覆盖	4.633 2	10.105 2	9.329 6	4.007 2	23.090 5

统计神东矿区 2000 年、2005 年、2010 年、2015 年和 2019 年的植被覆盖度均值与土壤侵蚀强度均值，对比图见图 5-5-18，观察得出，植被覆盖度均值在 2000—2010 年逐年上升，土壤侵蚀强度均值在 2000—2010 年逐年下降，2015 年植被覆盖度均值降低，2015 年土壤侵蚀强度均值升高，总体上，植被覆盖度情况与土壤侵蚀强度情况基本呈现负相关，植被覆盖度是影响土壤侵蚀强度的主要因子。

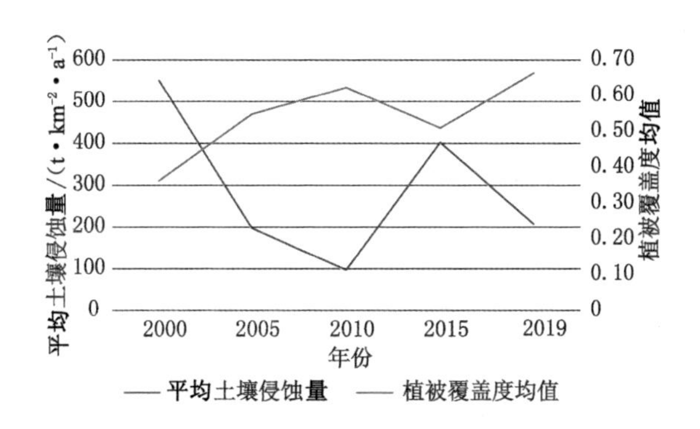

图 5-5-18　神东矿区植被覆盖度均值与平均土壤侵蚀量均值折线图

5.5.3.4　降雨量空间变化的影响

本章所选择的 54 个气象站点中，内蒙古东胜气象站距离神东矿区最近，故选取该站点进行降雨量影响分析。基于内蒙古东胜气象站 2000—2019 年的逐日降雨数据，进一步分析神东矿区侵蚀性降雨量与土壤侵蚀强度的关系。从图 5-5-19 可以看出，20 年来矿区内的侵蚀性降雨量略有升高，总体上呈现围绕平均值上下波动的状态。选取的五个年份中，全年平均侵蚀性降雨量 2005 年最小，2019 年最大。土壤侵蚀量基本下降，并没有随着侵蚀性降雨量变化趋势而波动，说明侵蚀性降雨量变化对土壤侵蚀量的减小趋势造成的影响较小。降雨量的增加导致植被覆盖度增加，植被覆盖度的增加增强了土壤抗蚀性，增强了矿区抵御降雨侵蚀的能力，从而减少了土壤侵蚀。当地采取的水土保持综合治理措施促进了植被覆盖度的增加，从而减少了水土流失。

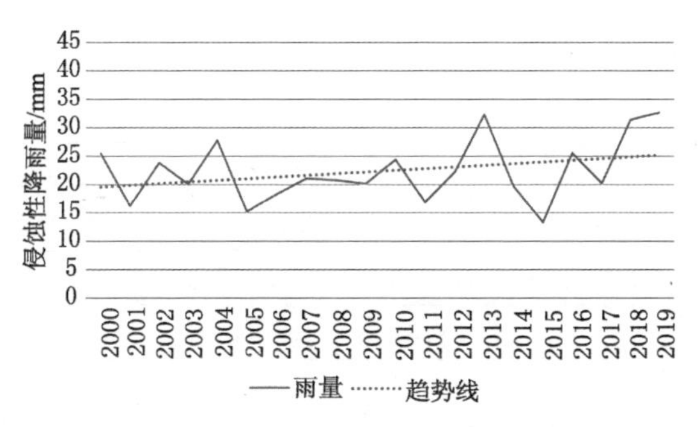

图 5-5-19　内蒙古东胜≥12 mm 降雨年际变化图

根据以上对神东矿区影响土壤侵蚀的四个主要因素分析，发现神东矿区的水土流失变化主要受土地利用景观类型与植被覆盖度变化影响。

5.5.4 准格尔矿区

5.5.4.1 土地利用变化的影响

准格尔矿区土地利用景观类型的空间分布变化见图 5-5-20,准格尔矿区土地利用景观类型面积分布与变化如表 5-5-10 所示。

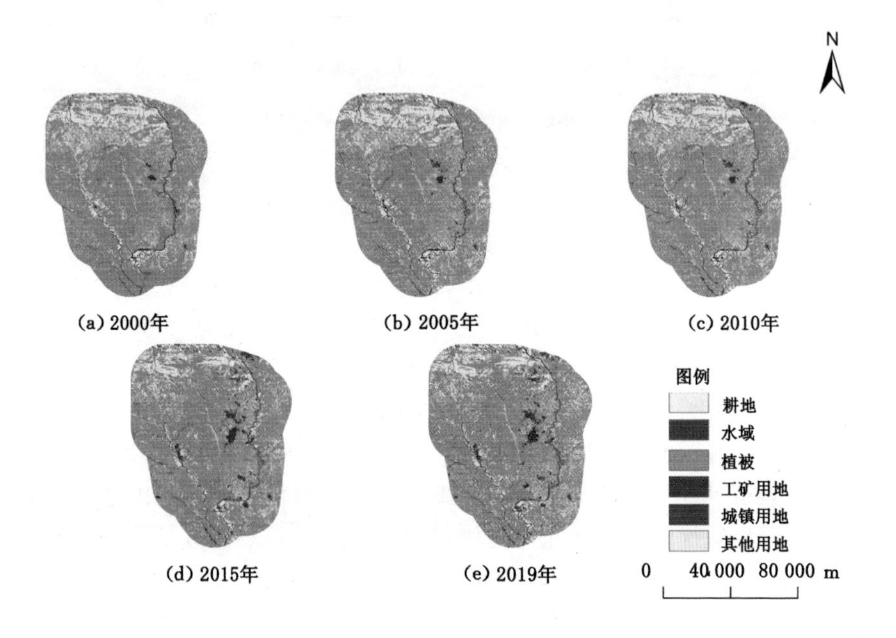

图 5-5-20 准格尔矿区土地利用景观类型空间分布图

表 5-5-10 准格尔矿区不同土地利用景观类型面积占比 单位:%

	2000 年	2005 年	2010 年	2015 年	2019 年
耕地	9.177 3	10.717 3	10.343 3	10.057 7	11.089 6
水域	2.445 6	2.695 2	2.668 4	2.540 7	2.723 5
工矿用地	0.147 6	0.410 9	0.491 4	1.651 8	1.612 5
城镇用地	0.332 5	0.474 1	0.525 1	0.685 7	0.797 1
植被	76.916 9	74.867 3	75.377 0	78.630 3	76.718 4
其他用地	10.980 1	10.835 2	10.594 8	6.433 7	7.058 9

准格尔矿区土地利用景观类型主要由耕地、植被、城镇用地、工矿用地、其他用地和水域构成。由表 5-5-10 可以看出,准格尔矿区土地利用景观类型中植被和其他用地面积所占比例最大,两者之和约占整个区域面积的 80%以上,其余

土地利用景观类型所占比例较少。分析2000—2019年的土地利用景观类型变化，可以明显观察出，水域与植被的面积占比变化不显著，其他用地面积基本呈下降趋势，耕地、工矿用地与城镇用地面积基本呈增长趋势。值得一提的是，2019年工矿用地面积占比较2015年有所下降，矿区的土地利用格局发生了明显的变化。

结合2000年、2005年、2010年、2015年与2019年五年的平均土壤侵蚀量与土地利用景观类型数据，统计出准格尔矿区每种土地利用景观类型的平均土壤侵蚀量(表5-5-11)。结果表明，除水域外，水土保持功能从最好到最差的排列依次为：城镇用地＞耕地＞植被＞其他用地＞工矿用地。如表5-5-11所示，五年间工矿用地的年平均土壤侵蚀强度达到轻度等级，对比之下，工矿用地的土壤侵蚀较为严重，由于植被面积的增加，土壤侵蚀强度逐年下降，矿区所采用的水土保持措施效果良好，植被涵养水分能力得到提升，有效地减少了水土流失。

表5-5-11 准格尔矿区各土地利用景观类型的平均土壤侵蚀量

单位：$t \cdot km^{-2} \cdot a^{-1}$

	2000年	2005年	2010年	2015年	2019年
耕地	341.996 4	455.667 1	333.261 7	417.365 7	273.265 6
水域	97.219 5	64.787 0	67.464 3	100.149 8	77.412 6
工矿用地	1 914.811 3	953.380 0	1 254.824 7	1 627.633 5	2 210.760 3
城镇用地	78.569 2	61.240 0	68.251 3	73.571 3	87.322 3
植被	918.916 5	611.205 0	668.601 3	539.969 5	519.762 3
其他用地	631.232 3	338.554 4	438.646 2	493.572 5	613.799 4

5.5.4.2 坡度空间分布的影响

坡度是反映地表形态的重要指标之一。在内蒙古准格尔矿区，地面坡度是重要的地形定量指标。按照前人的研究，将坡度划分为6个等级：0～5°、5°～8°、8°～15°、15°～25°、25°～35°和35°～90°。

将坡度分级结果通过ArcGIS空间叠加得到不同坡度下的土壤侵蚀量及空间分布特征(图5-5-21)，对地形结构进行分析(图5-5-22)。从图5-5-21、图5-5-22中可看出，准格尔矿区坡度为8°～15°的较陡坡地面积占比为32.13%，居第一位，矿区地势较陡；面积占比居第二、三、四位的分别为0°～5°、5°～8°和15°～25°坡度带，占比分别为26.38%、19.38%和18.06%，坡度大于25°的坡度带面积所占比例较小，仅为4.05%，零星分布于准格尔矿区的东部以及西南部地区。总体上，准格尔矿区的地形以＜25°的缓坡与陡坡为主。

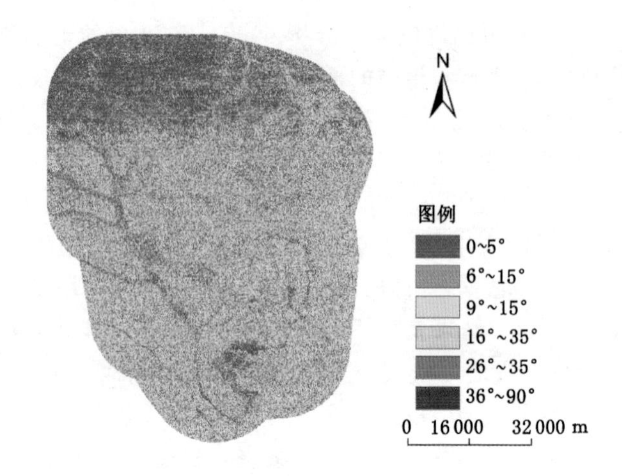

图 5-5-21 准格尔矿区坡度分带

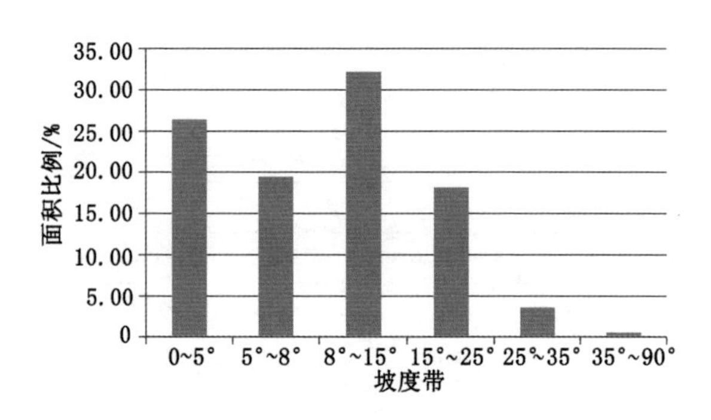

图 5-5-22 准格尔矿区各坡度带面积占比统计图

在 ArcGIS 中将 2000 年、2005 年、2010 年、2015 年和 2019 年五年的土壤侵蚀图与坡度图叠加,分坡度带统计平均土壤侵蚀量(图 5-5-23)。准格尔矿区 20

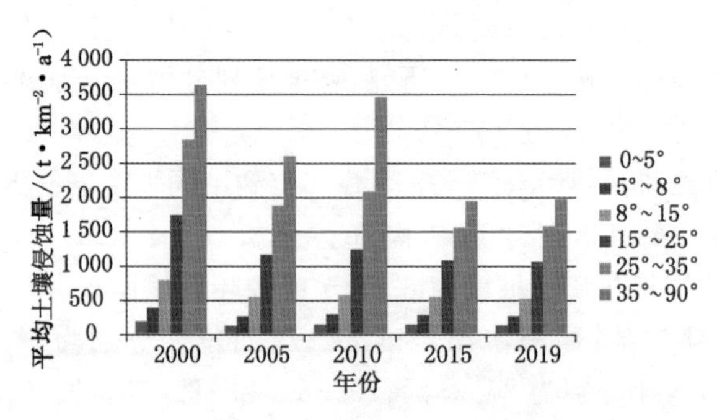

图 5-5-23 准格尔矿区各坡度带平均土壤侵蚀量

年来，各坡度带下的平均土壤侵蚀量基本上呈下降趋势，侵蚀级别有所降低，坡度大于 25°的陡坡平均土壤侵蚀量虽然仍占据主导，但所占比例基本上下降，陡坡的水土保持措施效果有所成效。在统计各个坡度带平均土壤侵蚀量占侵蚀总量的比例时，发现处于前两位的为 15°～25°与 8°～15°两个坡度带。以 2010 年为例，15°～25°与 8°～15°坡度区间平均土壤侵蚀量分别为 1 233.515 6 $t \cdot km^{-2} \cdot a^{-1}$、575.914 0 $t \cdot km^{-2} \cdot a^{-1}$，分别占侵蚀总量的比例为 37.86%、31.41%。准格尔矿区水土流失情况以较陡坡较为严峻。

5.5.4.3　植被覆盖空间变化的影响

准格尔矿区植被覆盖度的空间分布变化见图 5-5-24，准格尔矿区植被覆盖度分级面积分布与变化如表 5-5-12 所示。

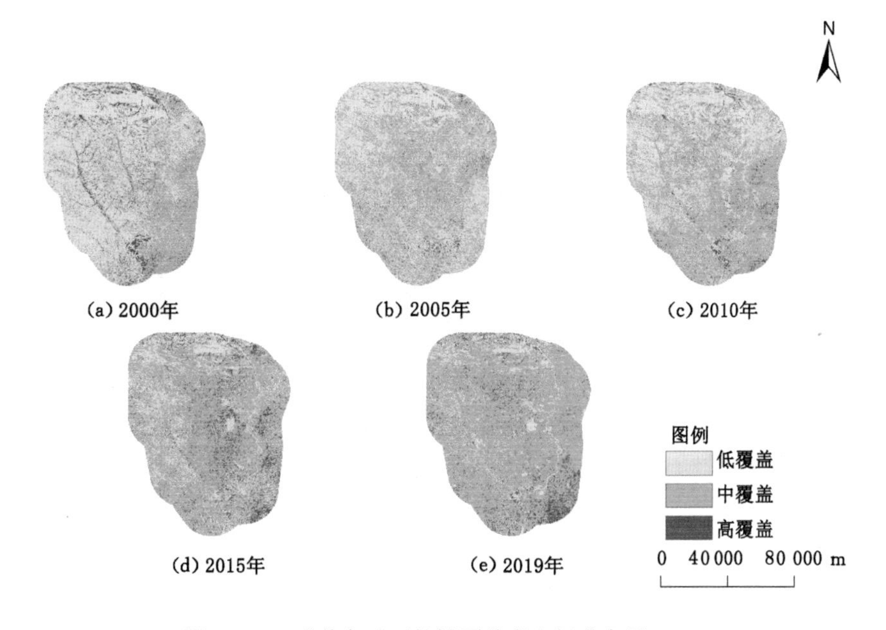

图 5-5-24　准格尔矿区植被覆盖度空间分布图

将准格尔矿区植被覆盖度以 0～0.4、0.4～0.8、0.8～1 的分类标准分为低覆盖、中覆盖和高覆盖，由图 5-5-24 可以看出，准格尔矿区植被覆盖度基本上呈现出由西北向东南方向增加趋势，低覆盖区域主要分布于准格尔矿区西部与北部的小部分地区，高覆盖区域主要分布于准格尔矿区东南部地区，随着时间增长，植被覆盖度逐渐增大。表 5-5-12 显示了各个植被覆盖度等级下的面积占比，可以明显观察出准格尔矿区中覆盖区域面积逐年增加，低覆盖区域面积逐年减少，植被覆盖情况明显变好，表明准格尔矿区 20 年以来的生态修复治理措施非常有成效。

表 5-5-12　准格尔矿区各植被覆盖度等级面积占比　　单位:%

	2000 年	2005 年	2010 年	2015 年	2019 年
低覆盖	52.054 5	44.725 7	38.014 1	21.510 2	13.080 7
中覆盖	42.711 4	53.578 7	59.422 5	72.123 9	81.147 1
高覆盖	5.234 1	1.695 5	2.563 5	6.365 9	5.772 2

统计准格尔矿区 2000 年、2005 年、2010 年、2015 年和 2019 年的植被覆盖度均值与平均土壤侵蚀量,对比图见图 5-5-25,可以看出,研究年限内,准格尔矿区的植被覆盖度均值逐年上升,平均土壤侵蚀量基本上呈现出逐年减少的趋势,植被覆盖度均值与平均土壤侵蚀量呈明显负相关,植被覆盖度是影响土壤侵蚀强度的主要因子。

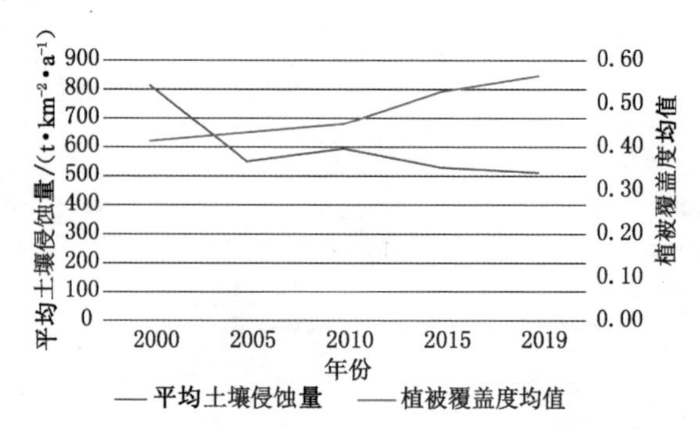

图 5-5-25　准格尔矿区植被覆盖度均值与平均土壤侵蚀量值折线图

5.5.4.4　降雨量空间变化的影响

本章所选择的 54 个气象站点中,山西河曲气象站距离准格尔矿区最近,故选取该站点进行降雨量影响分析。基于山西河曲气象站 2000—2019 年的逐日降雨数据,进一步分析准格尔矿区侵蚀性降雨与土壤侵蚀的关系。从图 5-5-26 观察得到,20 年来矿区内的降雨量略有降低,但是趋势不显著,总体上呈现围绕平均值上下波动的状态。选取的五个年份中,全年平均侵蚀性降雨量 2015 年为最小值,2010 年到达峰值。土壤侵蚀量基本下降,与侵蚀性降雨变化趋势相一致,说明侵蚀性降雨变化对土壤侵蚀量的减小趋势造成一定影响。一方面,降雨的减少会导致植被覆盖水平降低,植被覆盖度的减小减弱了土壤抗蚀性,从而增加土壤侵蚀的风险,另一方面,侵蚀性降雨量的降低减弱了矿区的水土流失。20 年以来,准格尔矿区的水土流失情况有所好转,得益于矿区对生态恢复进行的一

系列重要举措，矿区的水土保持能力得到提升。

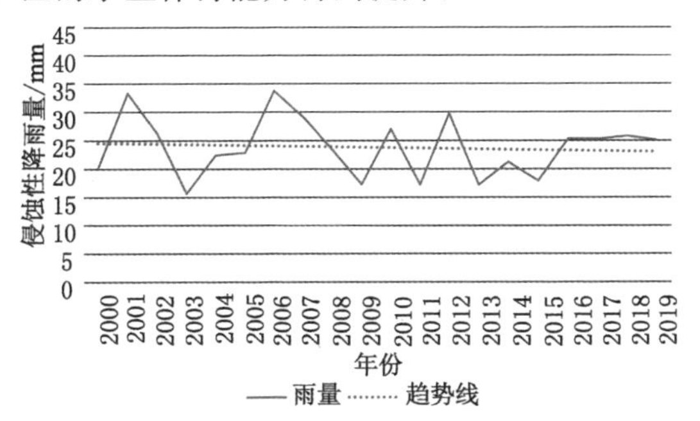

图 5-5-26　山西河曲≥12 mm 降雨年际变化图

根据以上对准格尔矿区影响土壤侵蚀的四个主要因素分析，可以发现准格尔矿区的水土流失变化主要受土地利用景观类型与植被覆盖度变化影响。

5.5.5　胜利矿区

5.5.5.1　土地利用变化的影响

胜利矿区土地利用景观类型的空间分布变化见图 5-5-27，胜利矿区土地利用景观类型面积分布与变化如表 5-5-13 所示。

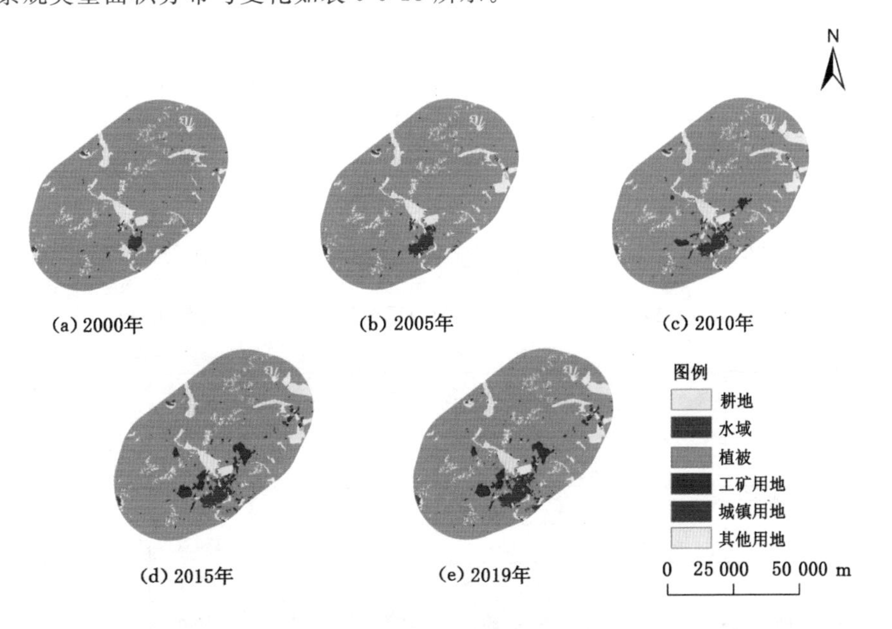

图 5-5-27　胜利矿区土地利用景观类型空间分布图

表 5-5-13 胜利矿区不同土地利用景观类型面积占比 单位:%

	2000 年	2005 年	2010 年	2015 年	2019 年
耕地	1.346 0	2.198 9	3.419 1	3.239 3	3.259 5
水域	0.214 3	0.327 2	0.408 9	0.362 3	0.501 4
工矿用地	0.095 0	0.243 8	1.166 8	3.207 8	2.721 2
城镇用地	0.996 5	1.679 4	1.866 1	2.267 0	2.392 3
植被	90.537 1	89.224 0	86.887 6	84.703 0	84.921 5
其他用地	6.811 1	6.326 8	6.251 6	6.220 6	6.204 2

胜利矿区土地利用景观类型主要由耕地、植被、城镇用地、工矿用地、其他用地和水域构成。由表 5-5-13 可以看出,胜利矿区的土地利用景观类型中植被和其他用地面积所占比例最大,两者之和约占整个区域面积的 90%以上,其余土地利用景观类型所占比例较少。分析 2000—2019 年的土地利用景观类型变化,可以观察出,水域的面积呈现波动状态,植被和其他用地的面积基本上呈现出逐年减少的趋势,耕地面积基本呈增加趋势,城镇用地的面积在研究年限间处于持续上升的状态,工矿用地面积在 2000—2015 年间持续增加,增长速度较快,2019 年出现了下降但总面积依然大于城镇用地面积。

结合 2000 年、2005 年、2010 年、2015 年与 2019 年五年的土壤侵蚀数量与土地利用景观类型数据,统计出每种土地利用景观类型的平均土壤侵蚀量(表 5-5-14)。结果表明,除水域外,水土保持功能从最好到最差的排列依次为:城镇用地>耕地>植被>其他用地>工矿用地。如表 5-5-14 所示,对比之下,工矿用地与其他用地的土壤侵蚀较为严重,五年间,工矿用地的平均土壤侵蚀量呈现先增长后下降、再增长再下降的变化趋势,而其他土地利用景观类型的平均土壤侵蚀强度,除 2015 年以外,呈现明显下降趋势,矿区的水土保持能力有所提升。

表 5-5-14 胜利矿区各土地利用景观类型的平均土壤侵蚀量

单位:$t \cdot km^{-2} \cdot a^{-1}$

	2000 年	2005 年	2010 年	2015 年	2019 年
耕地	59.311 9	65.532 0	29.744 0	56.422 6	41.194 4
水域	13.867 0	13.966 0	3.982 6	31.303 6	8.554 5
工矿用地	926.316 0	1 597.648 9	135.851 2	1 179.236 0	159.483 6
城镇用地	36.223 4	35.531 8	18.198 4	122.850 3	17.169 4
植被	117.279 0	112.852 8	64.411 8	312.587 1	83.819 9
其他用地	299.755 9	231.172 5	106.669 8	534.218 6	122.509 1

5.5.5.2 坡度空间分布的影响

坡度是反映地表形态的重要指标之一。在内蒙古胜利矿区，地面坡度是重要的地形定量指标。按照前人的研究，将坡度划分为6个等级：0～5°、5°～8°、8°～15°、15°～25°、25°～35°和35°～90°。

将坡度分级结果通过ArcGIS空间叠加得到不同坡度下的土壤侵蚀量及空间分布特征(图5-5-28)，对地形结构进行分析(图5-5-29)。从图5-5-28、图5-5-29中可看出，胜利矿区与锡林郭勒地形情况较为一致，随着坡度的增加其面积占比减少。胜利矿区47.51%的面积集中在0°～5°的缓坡中，平均分布于矿区的大部分地区；占总面积27.22%的地区为5°～8°的较缓坡地，坡度为8°～15°的较陡坡地面积占比为22.02%，以上三个等级的坡度面积占矿区总面积的90%以上，坡度大于15°的面积所占比例较小，仅为3.26%，零星分布于胜利矿区的中部以及东南部地区。总体上，胜利矿区的地形以小于15°的较缓坡为主。

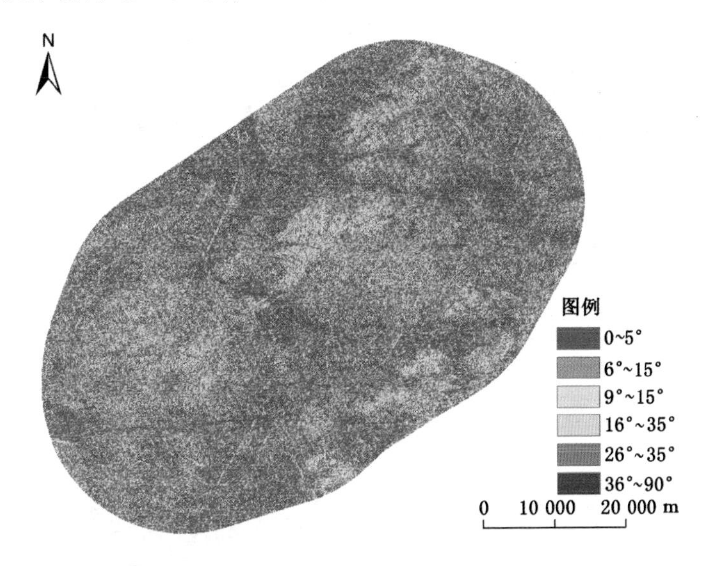

图5-5-28 胜利矿区坡度分带

在ArcGIS中将2000年、2005年、2010年、2015年和2019年五年的土壤侵蚀图与坡度图叠加，分坡度带统计平均土壤侵蚀量(图5-5-30)。2015年的35°～90°的坡度区间平均土壤侵蚀量为最大值8 725.107 0 $t \cdot km^{-2} \cdot a^{-1}$，为极强度侵蚀等级，占比为0.14%，由此可见，陡坡土壤侵蚀量虽然占据峰值，但占侵蚀总量比例极小，对矿区的整体水土流失情况影响较小。研究的20年以来，除2015年情况特殊，各坡度带下的平均土壤侵蚀量基本呈下降趋势，2005年的35°～90°陡坡平均土壤侵蚀量达到5 932.814 0 $t \cdot km^{-2} \cdot a^{-1}$，不跟随总的下降

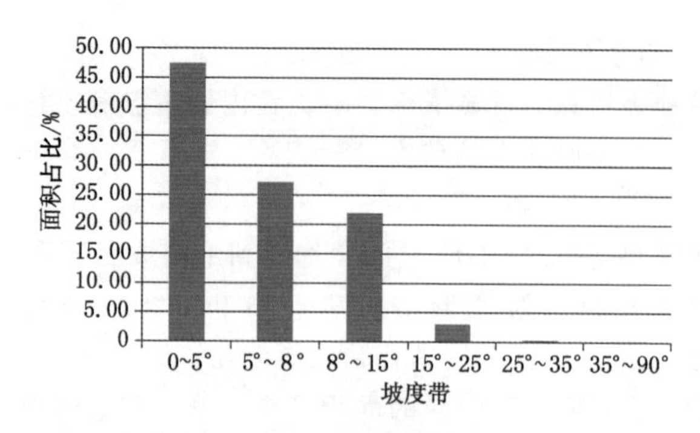

图 5-5-29 胜利矿区各坡度带面积占比统计图

趋势,平均土壤侵蚀量有所增加,占侵蚀总量的 0.27%,其他坡度带平均土壤侵蚀量有所减少,缓坡的水土保持功能有所提高。

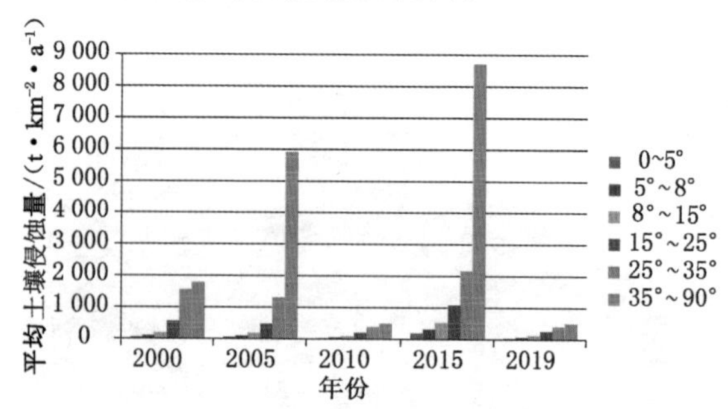

图 5-5-30 胜利矿区各坡度带平均土壤侵蚀量

5.5.5.3 植被覆盖空间变化的影响

胜利矿区植被覆盖度的空间分布变化见图 5-5-31,胜利矿区植被覆盖度分级面积分布与变化如表 5-5-15 所示。

将胜利矿区植被覆盖度以 0~0.4、0.4~0.8、0.8~1 的分类标准分为低覆盖、中覆盖和高覆盖,由图 5-5-31 可以看出,胜利矿区植被覆盖度基本上以由西南至东北的方向增加,低覆盖区域主要分布于胜利矿区西部与中南部地区,高覆盖区域主要分布于胜利矿区西部与北部地区。20 年以来胜利矿区植被覆盖度情况分为两个阶段,2000—2010 年逐年增加,2015—2019 年大幅度增加,2015 年由于雨季的滞后,植被覆盖度大幅度降低。表 5-5-15 显示了胜利矿区各个植被覆盖度等级下的面积占比,可以明显观察出两阶段的差异,2000—2010 年低覆盖面积逐年减少,中覆盖面积逐年增加,2015—2019 年同样如此,植被覆盖情况明显好转,这表明胜利矿区对于生态环境的重视程度比较可观,矿区的生态修复成效显著。

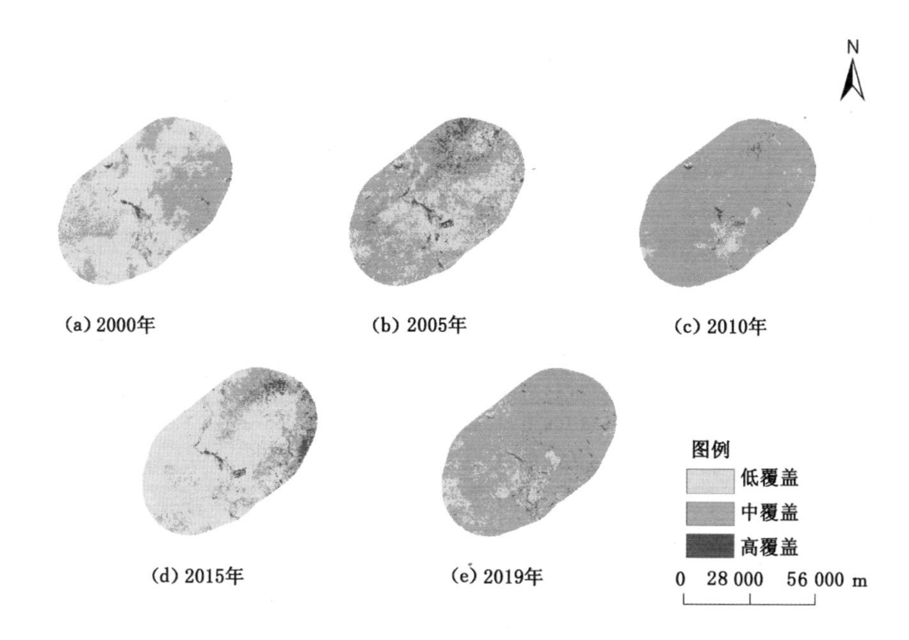

图 5-5-31 胜利矿区植被覆盖度空间分布图

表 5-5-15 胜利矿区各植被覆盖度等级面积占比 单位：%

	2000 年	2005 年	2010 年	2015 年	2019 年
低覆盖	62.234 7	32.959 0	4.417 1	73.094 1	9.948 0
中覆盖	36.861 4	62.009 2	94.761 2	22.685 2	88.643 8
高覆盖	0.903 8	5.031 8	0.821 7	4.220 6	1.408 2

统计胜利矿区 2000 年、2005 年、2010 年、2015 年和 2019 年的植被覆盖度均值与平均土壤侵蚀量，对比图见图 5-5-32，可以明显看出，植被覆盖度均值与平均土壤侵蚀量呈负相关，植被覆盖度均值于 2000—2010 年间、2015—2019 年间呈上升趋势，平均土壤侵蚀量于 2000—2010 年间、2015—2019 年间呈下降趋势，植被覆盖度的上升增加了土壤保持水分的能力，有效减少了水土流失。植被覆盖度是影响土壤侵蚀强度的主要因子。

5.5.5.4 降雨量空间变化的影响

本章所选择的 54 个气象站点中，内蒙古锡林浩特气象站距离胜利矿区最近，故选取该站点进行降雨量影响分析。基于内蒙古锡林浩特气象站 2000—2019 年的逐日降雨数据，进一步分析胜利矿区侵蚀性降雨与土壤侵蚀的关系。从图 5-5-33 可以看出，20 年来矿区内的降雨量略有降低，但是趋势不明显，总体

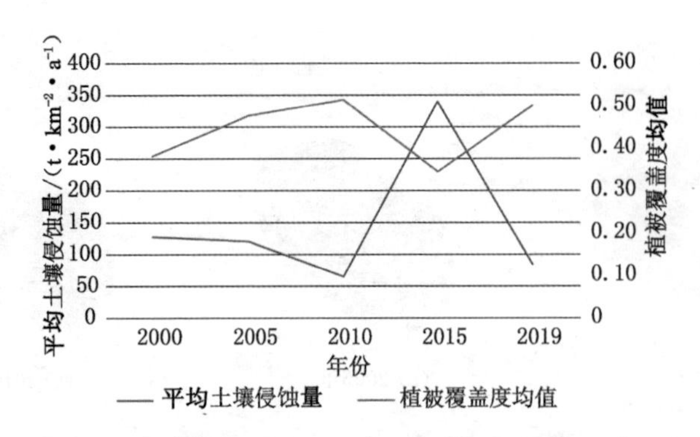

图 5-5-32　胜利矿区植被覆盖度均值与平均土壤侵蚀量折线图

上呈现围绕平均值上下波动的状态。选取的五个年份中，全年平均侵蚀性降雨量2005年最小，2000年最大。在研究年限中，土壤侵蚀量呈基本下降的趋势，与侵蚀性降雨量变化趋势基本一致，说明侵蚀性降雨量变化对土壤侵蚀量的减小趋势造成一定影响，但影响比较微弱。降雨量对土壤侵蚀的影响可以从两个方面分析，一方面，侵蚀性降雨量减少使得水土流失程度降低，从而降低了土壤侵蚀强度。另一方面，降雨量的减少降低了矿区的植被覆盖度，植被覆盖度的增加增强了土壤涵养水分的能力，增加了土壤抗蚀性。总的来说，研究年限内降雨量波动不大，对土壤侵蚀的影响比较小。

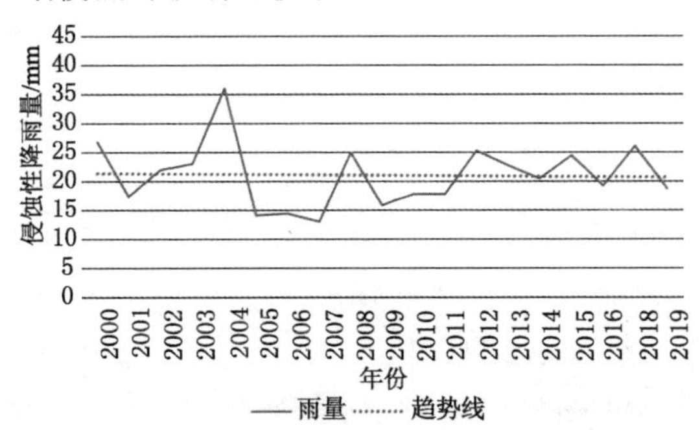

图 5-5-33　内蒙古锡林浩特≥12 mm 降雨年际变化图

根据以上对胜利矿区影响土壤侵蚀的四个主要因素的分析，可以发现胜利矿区的水土流失变化主要受土地利用景观类型与植被覆盖度变化影响。

5.5.6　白音华矿区

5.5.6.1　土地利用变化的影响

白音华矿区土地利用景观类型的空间分布变化见图 5-5-34，白音华矿区土地利用景观类型面积分布与变化如表5-5-15所示。

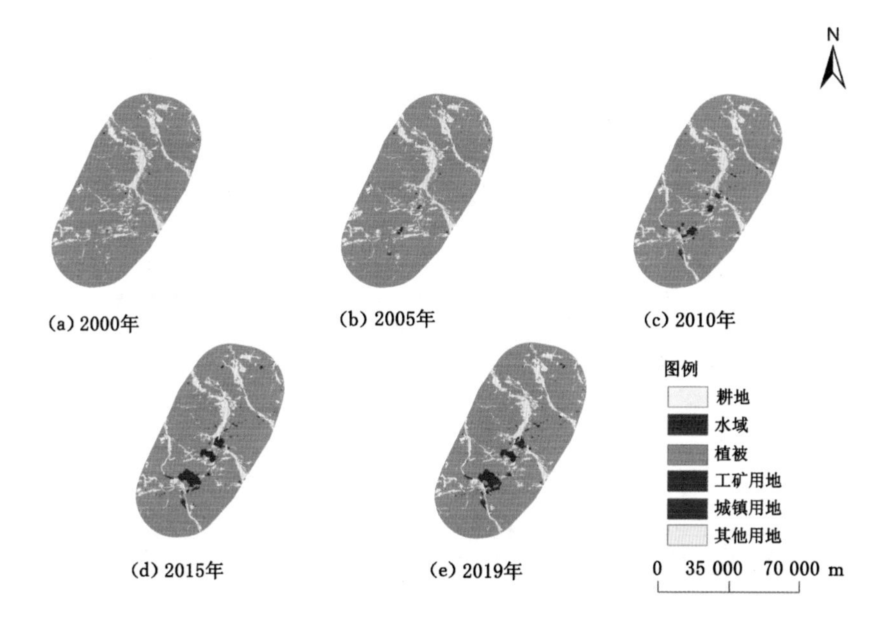

图5-5-34　白音华矿区土地利用景观类型空间分布图

表5-5-15　白音华矿区不同土地利用景观类型面积占比　　单位：%

	2000年	2005年	2010年	2015年	2019年
耕地	0.253 7	0.249 3	0.250 4	0.249 8	0.250 5
水域	0.075 6	0.083 2	0.113 4	0.153 6	0.163 9
工矿用地	0.014 7	0.196 8	0.930 7	2.768 8	2.714 3
城镇用地	0.067 5	0.071 9	0.223 5	0.242 6	0.258 2
植被	87.210 9	86.924 0	85.783 0	84.362 7	84.335 4
其他用地	12.377 5	12.474 8	12.698 9	12.222 6	12.277 6

白音华矿区土地利用景观类型主要由耕地、植被、城镇用地、工矿用地、其他用地和水域构成。由表5-5-15可以看出，白音华矿区的土地利用景观类型中植被面积所占比例最大，平均达80%以上。分析2000—2019年的土地利用景观类型变化，可以看出，耕地与其他用地的面积变化不显著，水域面积逐年增加，植被面积逐年下降，工矿用地与城镇用地面积明显增加，工矿用地面积增长速度明显高于城镇用地，其中2015—2019年工矿用地面积有所减少，但总面积仍大于城镇用地。土地利用格局的变化主要是由于社会经济发展与人口数量的增加。

结合 2000 年、2005 年、2010 年、2015 年与 2019 年五年的平均土壤侵蚀量与土地利用景观类型数据，统计出白音华矿区每种土地利用景观类型的平均土壤侵蚀量(表 5-5-16)。结果表明，除水域外，水土保持功能从最好到最差的排列依次为：城镇用地＞耕地＞植被＞其他用地＞工矿用地。如表 5-5-16 所示，工矿用地的土壤侵蚀强度变化趋势与工矿用地面积变化趋势相一致，2019 年矿区面积占比的减少，有效减少了矿区的水土流失。对比之下，工矿用地与其他用地的土壤侵蚀较为严重。

表 5-5-16　白音华矿区各土地利用景观类型的平均土壤侵蚀量

单位：$t \cdot km^{-2} \cdot a^{-1}$

	2000 年	2005 年	2010 年	2015 年	2019 年
耕地	35.129 5	61.532 8	37.764 4	81.409 4	49.885 4
水域	83.257 1	62.755 8	35.378 4	76.127 0	82.979 1
工矿用地	172.361 2	197.144 4	219.770 7	506.024 4	451.144 3
城镇用地	11.097 0	15.430 5	17.863 1	42.410 0	29.686 9
植被	71.575 3	152.863 9	76.697 7	347.879 7	78.653 0
其他用地	61.962 3	101.487 5	51.014 6	162.560 3	81.401 9

5.5.6.2　坡度空间分布的影响

坡度是反映地表形态的重要指标之一。在内蒙古白音华矿区，地面坡度是重要的地形定量指标。按照前人的研究，将坡度划分为 6 个等级：0～5°、5°～8°、8°～15°、15°～25°、25°～35°和 35°～90°。将坡度分级结果通过 ArcGIS 空间叠加得到不同坡度下平均土壤侵蚀量及空间分布特征(图 5-5-35)，对地形结构进行分析(图 5-5-36)。

从图 5-5-35、图 5-5-36 中可看出，白音华矿区与胜利矿区的情况相像，矿区将近一半的面积为 0°～5°的缓坡，具体占比为 46.75%，分布于矿区中部及北部的大部分地区；第二位为占总面积 25.09%的 5°～8°的较缓坡地，坡度为 8°～15°的较陡坡地面积占比为 21.95%，居第三位；坡度位于 15°～25°之间的面积占总面积的 5.57%，坡度大于 25°的面积所占比例极小，仅为 0.65%，零星分布于白音华矿区的南部、西部及东北部地区。总体上，白音华矿区的地形以小于 15°的较缓坡为主，占比达 90%以上。

在 ArcGIS 中将 2000 年、2005 年、2010 年、2015 年和 2019 年五年的土壤侵蚀图与坡度图叠加，分坡度带统计平均土壤侵蚀量(图 5-5-37)。2015 年各个坡度带的平均土壤侵蚀量均处于较高水平，这是由于 2015 年的植被覆盖度较低，

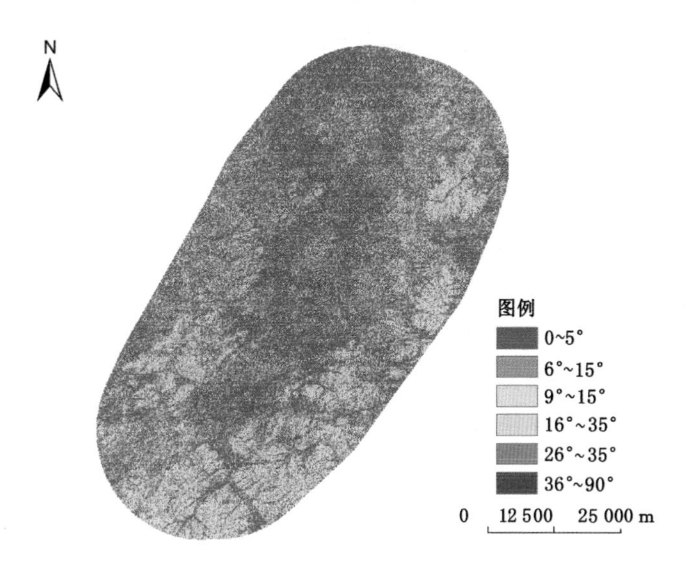

图 5-5-35　白音华矿区坡度分带

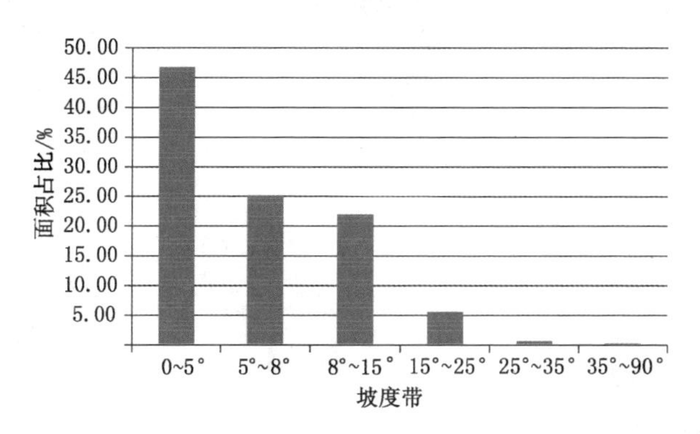

图 5-5-36　白音华矿区各坡度带面积占比统计图

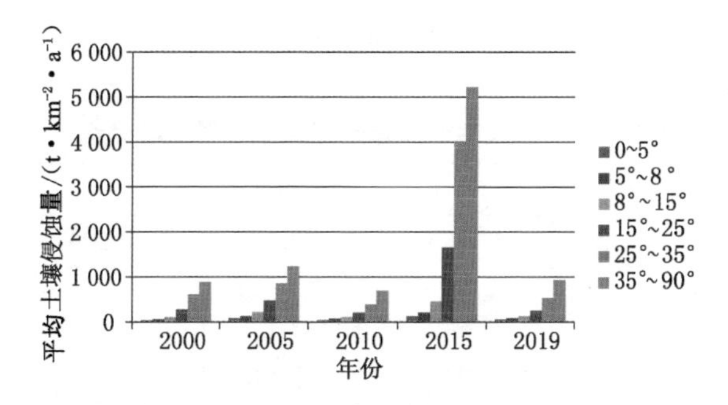

图 5-5-37　白音华矿区各坡度带平均土壤侵蚀量

导致2015年的水土流失较为严重。2010年的土壤侵蚀情况为20年来的最佳，其中，0～5°坡度区间的平均土壤侵蚀量为692.747 2 t·km^{-2}·a^{-1}，侵蚀等级为微度，占侵蚀总量的0.34%；坡度为8°～15°的平均土壤侵蚀量为108.012 8 t·km^{-2}·a^{-1}，属于微度侵蚀，占侵蚀总量的31.80%，是水土流失最严重的坡度区间。研究年限的20年以来，除2015年，土壤侵蚀量基本上呈现逐年下降趋势，这与矿区所积极采取的水土保持措施息息相关，矿区的陡坡侵蚀量所占比例下降，主要侵蚀坡度区间为8°～15°。

5.5.6.3 植被覆盖空间变化的影响

白音华矿区植被覆盖度的空间分布变化见图5-5-38，白音华矿区植被覆盖度分级面积分布与变化如表5-5-17所示。

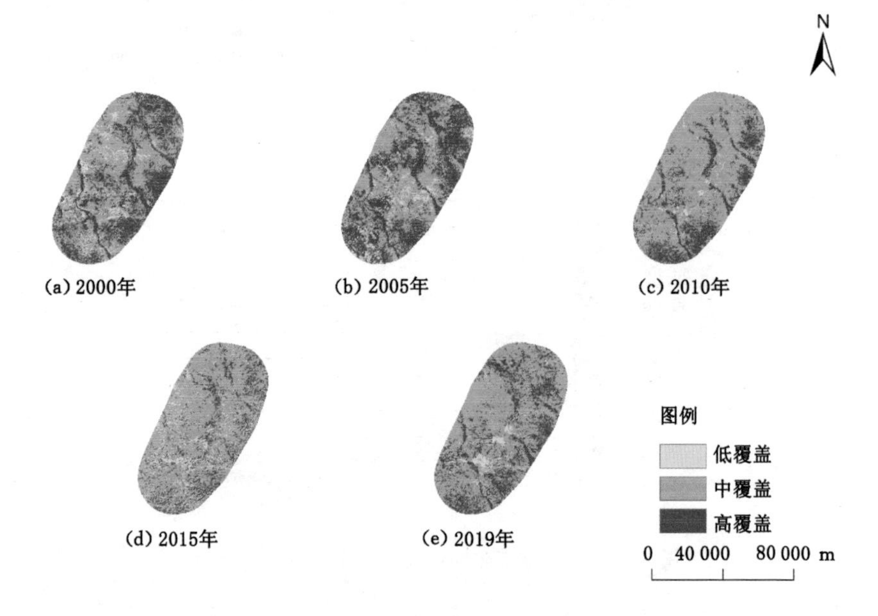

图5-5-38 白音华矿区植被覆盖度空间分布图

表5-5-17 白音华矿区各植被覆盖度等级面积占比 单位：%

	2000年	2005年	2010年	2015年	2019年
低覆盖	7.463 5	6.196 8	1.860 8	9.679 6	3.699 3
中覆盖	58.533 6	54.147 5	76.040 0	74.715 5	71.207 4
高覆盖	34.002 8	39.655 7	22.099 2	15.604 9	25.093 3

将白音华矿区植被覆盖度以0～0.4、0.4～0.8、0.8～1的分类标准分为低

覆盖、中覆盖和高覆盖，由图5-5-38可以看出，白音华矿区植被覆盖情况良好，低覆盖区域面积较小，零星分布于白音华矿区中部与南部地区，高覆盖区域主要分布于白音华矿区北部与西南部地区。随着时间增长，矿区植被覆盖情况整体上呈变好趋势，2015年由于雨季滞后，植被覆盖度大幅度降低。表5-5-17显示了各个植被覆盖度等级面积占比，可以明显观察出，低覆盖区域面积基本呈减少趋势，中覆盖区域面积基本上呈增长趋势，由此可见白音华矿区20年以来的水土保持措施实施较为良好，植被覆盖情况明显好转。

统计白音华矿区2000年、2005年、2010年、2015年和2019年的植被覆盖度均值与土壤侵蚀强度均值，对比图见图5-5-39，观察可得出植被覆盖度均值与土壤侵蚀强度均值基本呈负相关的结论，趋势比较明显的为2015年份，植被覆盖度降低，土壤侵蚀强度增高，可见植被覆盖度是影响土壤侵蚀强度的主要因子。

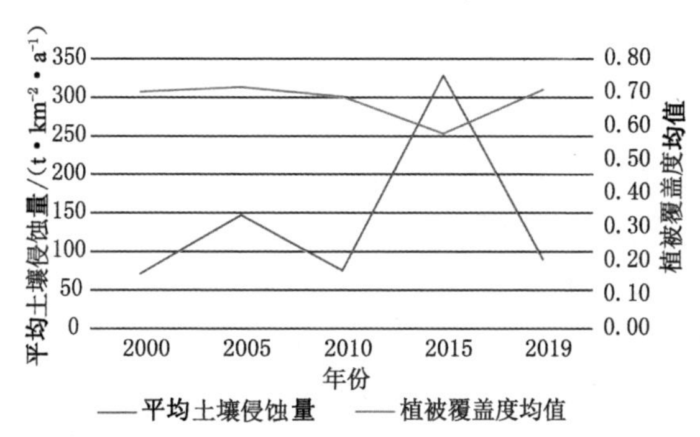

图5-5-39 白音华矿区植被覆盖度均值与平均土壤侵蚀量折线图

5.5.6.4 降雨量空间变化的影响

本章所选择的54个气象站点中，内蒙古西乌珠穆沁旗气象站距离白音华矿区最近，故选取该站点进行降雨量影响分析。基于内蒙古西乌珠穆沁旗气象站2000—2019年的逐日降雨数据，进一步分析白音华矿区侵蚀性降雨量与土壤侵蚀的关系。从图5-5-40看出，20年来矿区内的降雨量略有升高，但是趋势不显著，总体上呈现围绕平均值上下波动的状态。选取的五个年份中，全年平均侵蚀性降雨量2019年最小，2010年最大。土壤侵蚀量基本下降，并没有随着侵蚀性降雨量变化趋势而波动，说明侵蚀性降雨量变化对土壤侵蚀量的减小趋势造成的影响较小。植被覆盖度的增加增强了土壤抗蚀性，增强了立地抵御降雨侵蚀的能力，从而减轻土壤侵蚀。高植被覆盖度能够削弱雨水的侵蚀作用，使土壤保持功能得到提高。矿区采取的水土保持综合治理措施促进了植被覆盖度的增加。

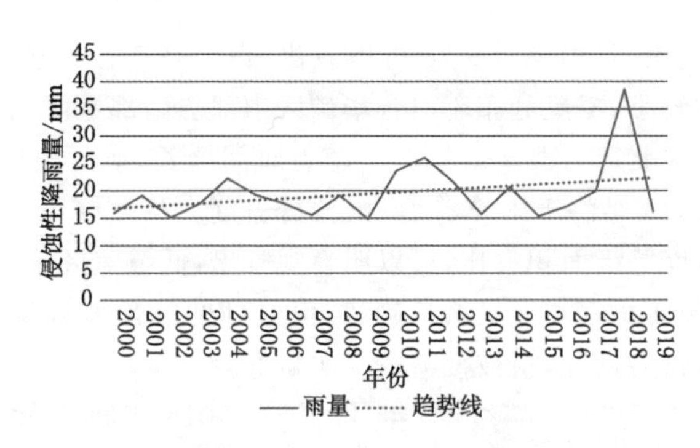

图 5-5-40 内蒙古西乌珠穆沁旗≥12 mm 降雨年际变化图

根据以上对白音华矿区影响土壤侵蚀的四个主要因素分析，可以发现白音华矿区的水土流失变化主要受土地利用景观类型与植被覆盖度变化影响。

5.6 小结

(1) 两个区域和四个矿区的土壤侵蚀都以微度侵蚀为主，轻度侵蚀为辅，且二者面积之和占据总面积的 90%以上，表明水土保持较好。

(2) 2000 年、2005 年、2010 年、2015 年和 2019 年五年研究时间内，土壤侵蚀强度大致的规律为：2000 年至 2010 年逐年下降，2010 年达到最低值，2015 年至 2019 年也呈下降趋势，但 2015 年的土壤侵蚀量为五年研究期间的最大值。原因为 2015 年雨季的滞后和矿区面积的增加。整体来说，研究区域内对矿区的生态修复举措是有效的，整体水土流失情况朝着好的方向发展。

(3) 由大面积的草地和未利用土地，少量的城镇用地和工矿用地构成的土地利用格局，是研究区域 20 年来水土流失的重要原因。土壤侵蚀强度较高地区与土地利用景观类型中的其他用地、城镇用地、工矿用地分布较为一致，表明该三类土地利用景观类型水土流失风险较大，相关部门应该加大对这类地区的关注与治理程度。

(4) 除准格尔矿区地形地势较陡之外，其余研究区域地形均以<15°的较缓坡为主，随着坡度的增加，平均土壤侵蚀量增加，而陡坡侵蚀占土壤侵蚀总量的比例较小。准格尔矿区以 8°～25°坡度区间的水土流失情况较为严峻，对其余研究区域而言，8°～15°坡度带的土壤侵蚀较为严重。

(5) 平均土壤侵蚀量与植被覆盖度呈负相关，植被覆盖度因子是影响水土流失的关键因子。

(6) 降雨侵蚀力因子、土壤可蚀性因子对土壤侵蚀量的影响较小，主要影响因子为植被覆盖度因子、水土保持措施因子与地形因子。为减少水土流失，相关部门应主要从这几个因子考虑制定相关治理措施与政策。

参考文献

[1] 李纯利，李瑞凤，姜蕊云.水土流失的危害及其防治[J].水利科技与经济，2001，7(3)：139-140.

[2] 倪含斌.煤炭资源开发过程中矿区水土流失动态模拟研究[D].杭州：浙江大学，2009.

[3] 陈学兄.基于遥感与 GIS 的中国水土流失定量评价[D].杨凌：西北农林科技大学，2013.

[4] 尹璐，闫庆武，卞正富.基于 RUSLE 模型的六盘水市土壤侵蚀评价[J].生态与农村环境学报，2016，32(3)：389-396.

[5] 苏日娜.鄂尔多斯黄土丘陵区水土流失土壤养分损失研究：以圪针墕村为例[D].呼和浩特：内蒙古师范大学，2016.

[6] 汪邦稳，杨勤科，刘志红，等.基于 DEM 和 GIS 的修正通用土壤流失方程地形因子值的提取[J].中国水土保持科学，2007，5(2)：18-23.

[7] 王春梅.坡度尺度效应与转换及其对土壤侵蚀评价影响研究[D].北京：中国科学院研究生院(教育部水土保持与生态环境研究中心)，2012.

[8] 卜兆宏，唐万龙，席承藩，等.水土流失定量遥感方法应用与研究的新进展[J].世界科技研究与发展，2000，22(S1)：64-67.

[9] 刁静雯.黄土高原土地利用变化对土壤侵蚀影响研究[D].北京：中国科学院大学(中国科学院遥感与数字地球研究所)，2017.

[10] 陈利利.窟野河流域土地利用变化、侵蚀响应及因素贡献分析[D].杨凌：西北农林科技大学，2015.

[11] 王尧，蔡运龙，潘懋.贵州省乌江流域土地利用与土壤侵蚀关系研究[J].水土保持研究，2013，20(3)：11-18.

[12] MEYER L D. Evaluation of the universal soil loss equation[J]. Journal of Soil and Water Conservation，1984，39：99-104.

[13] 中国大百科全书总编辑委员会.中国大百科全书：水利[M].北京：中国大百科全书出版社，1992.

[14] 谢云，林燕，张岩.通用土壤流失方程的发展与应用[J].地理科学进展，2003，22(3)：179-187.

[15] SMITH D D，WISCHMEIER W H. Predicting rainfall-erosion losses

from cropland east of the Rocky Mountains: guide for selection of practices for soil and water conservation[M]. Washington, D. C. : Agricultural Research Service, 1965.

[16] RENARD K G, FOSTER G R, WEESIES G A, et al. Predicting soil erosion by water: a guide to conservation planning with the Revised Universal Soil Loss Equation (RUSLE)[R]. [S. l. : s. n.], 1997.

[17] 冯精金. 区域土壤侵蚀模型关键因子研究[D]. 北京:北京林业大学,2019.

[18] 邱扬,傅伯杰,王军,等. 土壤水分时空变异及其与环境因子的关系[J]. 生态学杂志,2007,26(1):100-107.

[19] 魏贤亮,颜雄,龙晓敏,等. 基于 RUSLE 模型的剑湖流域土壤侵蚀定量评价[J]. 山东农业科学,2017,49(1):103-106.

[20] 李柏延,任志远,易浪. 2001—2010 年榆林市土壤侵蚀动态变化趋势[J]. 干旱区研究,2015,32(5):918-925.

[21] 秦伟,朱清科,张岩. 基于 GIS 和 RUSLE 的黄土高原小流域土壤侵蚀评估[J]. 农业工程学报,2009,25(8):157-163.

[22] 陈浩. 黄土高原退耕还林前后流域土壤侵蚀时空变化及驱动因素研究[D]. 杨凌:西北农林科技大学,2019.

[23] WISCHMEIER W H, SMITH D D. Rainfall energy and its relationship to soil loss[J]. Eos, Transactions American Geophysical Union, 1958, 39(2): 285-291.

[24] SALAKO F, GHUMAN B, LAL R. Rainfall erosivity in south-central Nigeria[J]. Soil Technology, 1995, 7(4): 279-290.

[25] JABBAR M I. Application of GIS to estimate soil erosion using RUSLE [J]. Geo-spatial Information Science, 2003, 6(1): 34-38.

[26] 王万忠. 黄土地区降雨侵蚀力 R 指标的研究[J]. 中国水土保持, 1987 (12):36-40.

[27] 贾志军, 王小平, 李俊义. 晋西黄土丘陵沟壑区降雨侵蚀力指标 R 值的确定[J]. 中国水土保持, 1987(6):20-22.

[28] 吴素业. 安徽大别山区降雨侵蚀力指标的研究[J]. 中国水土保持, 1992 (2):36-37.

[29] 黄炎和, 卢程隆, 郑添发, 等. 闽东南降雨侵蚀力指标 R 值的研究[J]. 水土保持学报, 1992(4):1-5.

[30] 张宪奎,许靖华,卢秀琴,等. 黑龙江省土壤流失方程的研究[J]. 水土保持通报,1992,12(4):1-9.

[31] 王万中，焦菊英，郝小品，等. 中国降雨侵蚀力R值的计算与分布(Ⅰ)[J]. 水土保持学报，1995(4):5-18.

[32] 章文波，谢云，刘宝元. 用雨量和雨强计算次降雨侵蚀力[J]. 地理研究，2002,21(3):384-390.

[33] 郑海金，杨洁，左长清，等. 红壤坡地侵蚀性降雨及降雨动能分析[J]. 水土保持研究，2009,16(3):30-33.

[34] 刘宝元，毕小刚，符素华，等. 北京土壤流失方程[M]. 北京：科学出版社，2010.

[35] 谢云，刘宝元，章文波. 侵蚀性降雨标准研究[J]. 水土保持学报，2000,14(4):6-11.

[36] 周伏建，陈明华，林福兴，等. 福建省降雨侵蚀力指标的初步探讨[J]. 福建水土保持，1989,1(2):58-60.

[37] 吴素业. 安徽大别山区降雨侵蚀力简化算法与时空分布规律[J]. 中国水土保持，1994(4):12-13.

[38] 徐丽，谢云，符素华，等. 北京地区降雨侵蚀力简易计算方法研究[J]. 水土保持研究，2007,14(6):398-402.

[39] COOK H L. The nature and controlling variables of the water erosion process[J]. Soil Science Society of America Journal,1937,1(C):487-494.

[40] BROWNING G M,PARISH C L,GLASS J. A method for determining the use and limitations of rotation and conservation practices in the control of soil erosion in Iowa1[J]. Agronomy Journal,1947,39(1):65-73.

[41] MUSGRAVE G W. The quantitatitve evaluation of factors in water erosion:a first approximation[J]. Journal of Soil and Water Conservation,1947,2(3):133-138.

[42] OLSON T C,WISCHMEIER W H. Soil-erodibility evaluations for soils on the runoff and erosion stations[J]. Soil Science Society of America Journal,1963,27(5):590-592.

[43] 冯克义. 我国土壤可蚀性K值研究[J]. 水利水电技术，2019,50(增刊):225-228.

[44] 张科利，彭文英，杨红丽. 中国土壤可蚀性值及其估算[J]. 土壤学报，2007,44(1):7-13.

[45] 孔亚平，张科利，杨红丽. 土壤可蚀性模拟研究中的坡长选定问题[J]. 地理科学，2005,25(3):3374-3378.

[46] 刘宝元，张科利，焦菊英. 土壤可蚀性及其在侵蚀预报中的应用[J]. 自然资

源学报,1999,14(4):345-350.

[47] 梁倍瑜.黄土高原典型地貌区不同地形因子计算方法的差异性对比[D].南充:西华师范大学,2018.

[48] WISCHMEIER W H,SMISH D D. Predicting rainfall erosion losses: A guide to conservation planning with Universal Soil Loss Equation(USLE)[M]. Washington, USA: Department of Agriculture, 1978.

[49] MOORE I D,WILSON J P. Length-slope factors for the revised universal soil loss equation:simplified method of estimation[J]. Journal of Soil and Water Conservation,1992,47(5):423-428.

[50] DESMET P J J,GOVERS G. A GIS procedure for automatically calculating the USLE LS factor on topographically complex landscape units[J]. Journal of Soil and Water Conservation,1996,51(5):427-433.

[51] FOSTER G R,MCCOOL C K,RENARD K G,et al. Conversion of the Universal Soil Loss Equation to SI Metric Units[J]. Journal of Soil and Water Conservation, 1981,36(6):355-359.

[52] 金争平,赵焕勋,和泰,等.皇甫川区小流域土壤侵蚀量预报方程研究[J].水土保持学报,1991,5(1):8-18.

[53] 江忠善,郑粉莉.坡面水蚀预报模型研究[J].水土保持学报,2004,18(1):66-69.

[54] 杨子生.滇东北山区坡耕地土壤侵蚀的地形因子[J].山地学报,1999,17(Z1):16-18.

[55] ZHAO X G,SONG S J,GUAN Y Y. Analysis of runoff and soil loss on the gentle fallow slope land in gully region loess plateau[C]//2010 International Conference on E-Product E-Service and E-Entertainment. November 7-9,2010,Henan,China. IEEE,2010:1-4.

[56] 杨勤科,郭伟玲,张宏鸣,等.基于DEM的流域坡度坡长因子计算方法研究初报[J].水土保持通报,2010,30(2):203-206.

[57] LIU B Y,NEARING M A,SHI P J,et al. Slope length effects on soil loss for steep slopes[J]. Soil Science Society of America Journal,2000,64(5):1759-1763.

[58] 陈永宗.黄土高原沟道流域产沙过程的初步分析[J].地理研究,1983,2(1):35-47.

[59] 刘善建.天水水土流失测验的初步分析[J].科学通报,1953(12):59-65.

[60] 曾凌云.基于RUSLE模型的喀斯特地区土壤侵蚀研究:以贵州红枫湖流

域为例[D]. 北京:北京大学,2008.
[61] 郭学尧. 模拟降雨条件下石灰岩区土壤水土流失的研究[D]. 保定:河北农业大学,2012.
[62] 刘宝元,谢云,张科利. 土壤侵蚀预报模型[M]. 北京:中国科学技术出版社,2001.
[63] 陈克平,宁大同. 基于 GIS 非点源污染模型的地形因子分析[J]. 北京师范大学学报(自然科学版),1997,33(2):281-284.
[64] 江忠善,郑粉莉,武敏. 中国坡面水蚀预报模型研究[J]. 泥沙研究,2005(4):1-6.
[65] JIAO J Y,ZOU H Y,JIA Y F,et al. Research progress on the effects of soil erosion on vegetation[J]. Acta Ecologica Sinica,2009,29(2):85-91.
[66] 卜兆宏,赵宏夫,刘绍清,等. 用于土壤流失量遥感监测的植被因子算式的初步研究[J]. 遥感技术与应用,1993,8(4):16-22.
[67] 蔡崇法,丁树文,史志华,等. 应用 USLE 模型与地理信息系统 IDRISI 预测小流域土壤侵蚀量的研究[J]. 水土保持学报,2000,14(2):19-24.
[68] 刘志红. 基于遥感与 GIS 的全国水蚀区水土流失评价[D]. 中国科学院水利部水土保持研究所,中国科学院教育部水土保持与生态环境研究中心,2007.
[69] 马志尊. 应用卫星影象估算通用土壤流失方程各因子值方法的探讨[J]. 中国水土保持,1989(3):26-29.
[70] 顾祝军,曾志远. 遥感植被盖度研究[J]. 水土保持研究,2005,12(2):18-21.
[71] 牛宝茹,刘俊蓉,王政伟. 干旱半干旱地区植被覆盖度遥感信息提取研究[J]. 武汉大学学报·信息科学版,2005,30(1):27-30.
[72] 黄杰,姚志宏,查少翔,等. USLE/RUSLE 中水土保持措施因子研究进展[J]. 中国水土保持,2020(3):37-39.
[73] 符素华,吴敬东,段淑怀,等. 北京密云石匣小流域水土保持措施对土壤侵蚀的影响研究[J]. 水土保持学报,2001,15(2):21-24.
[74] 陆建忠,陈晓玲,李辉,等. 基于 GIS/RS 和 USLE 鄱阳湖流域土壤侵蚀变化[J]. 农业工程学报,2011,27(2):337-344.
[75] FU B J,ZHAO W W,CHEN L D,et al. Assessment of soil erosion at large watershed scale using RUSLE and GIS:a case study in the Loess Plateau of China[J]. Land Degradation & Development,2005,16(1):73-85.
[76] 黄杰,姚志宏,查少翔,等. USLE/RUSLE 中水土保持措施因子研究进展

[J]. 中国水土保持,2020(3):37-39.

[77] 汪邦稳,杨勤科,刘志红,等. 延河流域退耕前后土壤侵蚀强度的变化[J]. 中国水土保持科学,2007,5(4):27-33.

[78] 王涛. 基于 RUSLE 模型的土壤侵蚀影响因素定量评估:以陕北洛河流域为例[J]. 环境科学与技术,2018,41(8):170-177.

[79] 章影,廖畅,姜庆虎,等. 丹江口库区土壤侵蚀对土地利用变化的响应[J]. 水土保持通报,2017,37(1):104-111.

[80] 中华人民共和国水利部. 土壤侵蚀分类分级标准:SL 190—2007[S]. 北京:中国水利水电出版社,2008.

[81] 章文波,付金生. 不同类型雨量资料估算降雨侵蚀力[J]. 资源科学,2003,25(1):35-41.

[82] MCCOOL D K,BROWN L C,FOSTER G R,et al. Revised slope steepness factor for the universal soil loss equation[J]. Transactions of the ASAE,1987,30(5):1387-1396.

[83] LIU B Y,NEARING M A,RISSE L M. Slope gradient effects on soil loss for steep slopes[J]. Transactions of the ASAE,1994,37(6):1835-1840.

[84] WILLIAMS J R. The erosion-productivity impact calculator(EPIC) model:a case history[J]. Philosophical Transactions of the Royal Society of London Series B:Biological Sciences,1990,329(1255):421-428.

[85] 陈龙,谢高地,裴厦,等. 澜沧江流域生态系统土壤保持功能及其空间分布[J]. 应用生态学报,2012,23(8):2249-2256.

[86] 江青龙,谢永生,张应龙,等. 京津水源区小流域土壤侵蚀及其空间分异[J]. 水土保持通报,2011,31(1):249-255.

[87] 邓辉,何政伟,陈晔,等. 基于 GIS 和 RUSLE 模型的山地环境水土流失空间特征定量分析:以四川泸定县为例[J]. 地球与环境,2013,41(6):669-679.

[88] 尹璐. 扎赉诺尔矿区土地利用格局及其土地退化演变分析[D]. 徐州:中国矿业大学,2016.

[89] 周平,蒙吉军. 鄂尔多斯市 1988—2000 年土壤水力侵蚀与土地利用时空变化关系[J]. 自然资源学报,2009,24(10):1706-1717.

[90] 黄婷,于德永,乔建民,等. 内蒙古锡林郭勒盟景观格局变化对土壤保持能力的影响[J]. 资源科学,2018,40(6):1256-1266.

[91] 张珊珊,周忠发,孙小涛,等. 基于坡度等级的喀斯特山区石漠化与水土流失相关性研究:以贵州省盘县为例[J]. 水土保持学报,2017,31(2):79-86.

第 6 章　煤矿区大气环境污染研究

煤炭在我国作为主要能源之一，在国家发展中发挥了至关重要的作用。然而长期传统的生产经营方式必然会引起诸多环境污染和生态破坏问题，并且也是影响我国全方位可持续发展的综合性约束因素。同时煤矿开采过程中产生的 CO、SO_2、CO_2 等废气，会引起空气污染，对人们的生产生活等产生不可避免的影响。本研究将以 $PM_{2.5}$ 为例来说明煤矿区空气的变化。根据国家生态环境部定期发布的重点区域和 74 个城市空气质量状况，$PM_{2.5}$ 已成为多数城市的主要污染物之一[1]。大量研究证明，长期暴露在 $PM_{2.5}$ 污染的环境中不利于人体健康，极端情况下甚至会引发人群呼吸系统、心血管系统、神经系统、免疫系统等多个系统的疾病。此外，大气中高浓度的悬浮颗粒物污染也将引发许多潜在的环境问题，例如，大气能见度降低，植物物种生长发育迟缓或死亡，气候变化等[2]。

鄂尔多斯和锡林郭勒作为重要的能源生产基地，经济增长依赖煤炭、焦煤、冶金、电力、化工等行业，统计资料显示，内蒙古现保有煤储量居全国第二。内蒙古煤炭生产的主要区域为鄂尔多斯市、锡林郭勒和呼伦贝尔市，其生产量占生产总量的 80%以上。由于长期受传统工业经济发展理念的制约，内蒙古煤炭产业发展走的是一条高开采、高消耗、高排放、高污染和低技术、低效率、低利润“四高三低”的粗放式经营道路，给可持续发展带来了严峻挑战，如资源利用方式粗放，浪费严重；产业结构不合理，产品附加值低；生态破坏严重，外部不良经济突出等。这些已成为内蒙古煤炭产业实现可持续发展的障碍[3]。空气污染问题不仅会影响到经济发展，同时也会对当地的生态环境和居民的身体健康产生负面的影响。

基于上述问题和研究背景，本章的研究目的就是针对 $PM_{2.5}$ 的质量浓度进行回归分析，通过大量空气质量监测站点的历史监测数据得出 $PM_{2.5}$ 在大气中的演变规律，从而对过去很长一段时间内空气中的 $PM_{2.5}$ 质量浓度进行分析。本章中主要的研究时间段为 2000—2019 年，具体研究 2000 年、2005 年、2010 年、2015 年、2019 年这五年的 $PM_{2.5}$ 质量浓度的变化，并综合分析研究区域的 $PM_{2.5}$ 浓度的时空变化特征。此次研究结果不仅可以为鄂尔多斯地区和锡林郭勒地区大气污染状况评估提供数据基础，而且有利于从侧面验证大气污染治理进行到了何种程度以及环保政策实施的效果，以期为研究区域的大气治理提供一定的科学依据和切实可行的政策建议。

6.1 国内外相关研究进展

6.1.1 空气质量预测研究现状

大气污染问题近年来已发展成热点问题，伴随着雾霾等重污染天气的频频出现，以及人们环保意识与健康意识的增强，$PM_{2.5}$浓度已成为人们日常关注的重要点之一。本节将简要介绍目前国内外常用的预测 $PM_{2.5}$浓度的主要方法。

目前，已有多种算法模型被成功应用到空气质量预测上，并且取得了较好的效果。这些预测方法大致可以分为三种：基于统计模型的预测方法、基于物理化学机理模型的预测方法以及基于机器学习的预测方法[4]。

预测就是根据过去和现在的情况估计未来，预测未来。统计预测属于预测方法研究范畴，即如何利用科学的统计方法对事物的未来发展进行定量推测。基于统计预测的预测方法根据统计学原理，对污染物浓度与气象参数或气溶胶光学厚度（AOD）进行分析，找出这些元素之间的联系，并依据联系建立污染物浓度预测模型。邵琦等[5]为获取城市尺度空间连续准确的 $PM_{2.5}$浓度，以北京市为研究区，充分考虑气溶胶光学厚度和气象因素的影响，利用 2017 年中分辨率成像光谱仪（MODIS）3 km 气溶胶光学厚度（AOD）产品和 ECMWF-ERA5 气象再分析资料，结合空气质量监测站点的 $PM_{2.5}$数据，分别基于随机森林、多元线性回归、支持向量机和神经网络方法反演近地面的 $PM_{2.5}$浓度。Huang 等[6]对长沙市 $PM_{2.5}$浓度与其他污染物浓度之间的关系进行了分析，并建立了多元线性回归模型，成功预测了 $PM_{2.5}$浓度。Lv 等[7]考虑到 $PM_{2.5}$与预测因子之间存在非线性关系，构建非线性回归模型并预测了北京、南京和广州的 $PM_{2.5}$浓度，取得了较好的效果。Chelani 等[8]使用中分辨率成像光谱仪（MODIS）在印度马哈拉施特拉邦的五个城市获得的气溶胶光学厚度（AOD）用于估算 2016 年 1 月至 2017 年 5 月期间的地面 $PM_{2.5}$浓度，建立了将多元线性回归（MLR）和 MLR 残差相结合的组合模型，以获得估计值。袁兴明等[9]利用 2015 年 2 月 18 日和 2 月 20 日两天的 MODIS/Terra AOD 产品，研究了山东地区 AOD 与 $PM_{2.5}$的线性相关模型，并对该区域 $PM_{2.5}$浓度进行了监测。付宏臣等[10]利用地理加权回归模型估算了 2016 年新疆地区 $PM_{2.5}$与 PM_{10}的月均浓度，在此基础上对区域尺度的 $PM_{2.5}$与 PM_{10}浓度特征进行分析。薛岩松等[11]通过对 PM_{10}浓度与 MODIS 气溶胶光学厚度进行相关分析，结合湿度订正和垂直订正建立了 MODIS 气溶胶光学厚度与地面 PM_{10} 浓度的线性回归模型，并用该模型对杭州的 PM_{10} 浓度进行了反演。李慧娟等[12]利用 2016 年 MODIS 3 km 分辨率 AOD 日产品、PM_{10} 质量浓度以及相关气象数据，开展了北疆地区 AOD 与 PM_{10} 质量浓度的相关性分析，基于垂直订正后的 AOD 和湿度订正后的 PM_{10} 建立两者之间的最优拟合模型，并利用新建的线性模型反演了北疆地区 PM_{10} 质量浓度，反演得到的 PM_{10} 质量浓度与经过湿度订正后的 PM_{10} 呈显著正相关。

基于物理化学机理模型的预测方法，是通过对大气污染物的物理化学过程进行模拟仿真，从而实现对未来大气污染物浓度的预测。最常用的模型为 WRF-Chem 与 CMAQ，这两个模型通过模拟污染源排放、大气物理/化学过程以及区域交通量来提升预测精度[13,14]。WRF-Chem 模式是由美国国家海洋和大气管理局（NOAA）预报系统实验室开发的新一代的气象模式和化学模式在线完全耦合的区域空气质量模式，CMAQ 模式是美国国家环境保护局研制的第三代空气质量预报和评估系统。但是这两个模型的准确性严重依赖于需要不断更新的排放源清单，且该清单获取难度较大。此外，预测地点的地理特点的复杂性以及污染物大气过程的复杂性都使该预测模型的实现变得复杂[4]。

采用机器学习进行预测是利用特定的学习算法发现存在于空气污染物浓度、气象参数以及其他相关联的历史数据之间的规律，机器学习方便了空气质量的预测。近年来，大数据发展迅速，许多行业都运用机器学习来分析海量的数据，这给机器学习提供了丰富的学习样本，从而促进了机器学习理论与应用的发展。截至目前，很多学者都开始运用机器学习算法来对空气污染物浓度进行预测。由于人工神经网络模型结合有效的训练算法可以检测到预测变量与响应变量间复杂的潜在非线性关系，该模型成为当前的主流。Elbayoumi 等[15]对比了多元线性回归和前馈反向神经网络在预测不同季节室内通风环境中空气质量时的性能。Asadollahfardi 等[16]将 PM_{10}、CO、SO_2 等污染物作为输入，利用人工神经网络和马尔科夫链进行建模，对每个小时的 $PM_{2.5}$ 浓度进行了仿真。Grivas 等[17]利用神经网络来预测 PM_{10} 浓度，并在仿真实验中使用遗传算法来选择优化最佳的输入特征，结果与多元线性回归模型相比效果要更好。Mok 等[18]利用 BP 神经网络预测了澳门的短期 SO_2 浓度，实验结果表明，在学习数据量有限的情况下，BP 神经网络依然取得了较好的精度。除了神经网络，为了能及时、准确地估算出 $PM_{2.5}$ 浓度及污染等级，康俊锋等[19]分别构建了 K 最邻近（KNN）模型、BP 神经网络（BPNN）模型、支持向量机回归（SVR）模型、高斯过程回归（GPR）模型、XGBoost 模型和随机森林（RF）模型 6 个 $PM_{2.5}$ 浓度预测模型，选取江西省赣州市为实验区域，采用 2017—2018 年的逐小时气象站观测数据、

$PM_{2.5}$浓度数据和 Merra-2 气象再分析数据开展 $PM_{2.5}$ 预测实验。谢永华等[20]为建立快速精确的 $PM_{2.5}$浓度预测模型，提出利用支持向量机回归方法来建立 $PM_{2.5}$浓度预测模型，选取各大气污染物浓度以及各气象因素进行训练，同时对训练好的数据进行交叉验证，取得最优参数和最佳预测特征时间跨度，建立了最优 $PM_{2.5}$浓度的预测模型。朱亚杰等[21,22]利用支持向量机的方法也成功对 $PM_{2.5}$浓度进行了 3 天内的实时预测。

6.1.2 随机森林算法研究进展

随机森林(RF)模型是由 Breiman 和 Cutler 在 2001 年提出的一种基于分类树的算法[21]。它通过对大量分类树的汇总提高了模型的预测精度，是取代神经网络等传统机器学习方法的新的模型。随机森林的运算速度很快，在处理大数据时表现优异。随机森林不需要顾虑一般回归分析面临的多元共线性的问题，不用做变量选择。现有的随机森林软件包给出了所有变量的重要性。另外，随机森林便于计算变量的非线性作用，而且可以体现变量间的交互作用[21]。

随机森林可以用于分类和回归。当因变量 Y 是分类变量时，是分类；当因变量 Y 是连续变量时，是回归。自变量 X 可以是多个连续变量和多个分类变量的混合[21]。随机森林近年来发展迅速，因为它高效和简便的特点，它在各行各业中得到越来越广泛的应用。

在医学方面，李长胜等[23]为实现阿尔茨海默症(AD)的医学影像分类，辅助医生对患者的病情进行准确判断，其中采用随机森林算法对被试不同脑区之间的功能连接进行重要性度量及特征选择，实验结果显示，利用随机森林算法可以对功能连接特征进行有效分析，同时得到 AD 发病过程的异常脑区，基于随机森林和支持向量机(SVM)建立的分类模型对 AD、轻度认知障碍的识别具有较好的效果，分类准确率可达 90.68%。武晓岩等[24]给出一种新的随机森林算法，它能在建模过程中自动对变量进行筛选，建立"最优"判断模型，应用随机森林算法逐步判别方法对结肠癌、前列腺癌、白血病三种基因表达数据进行分析，结果表明随机森林算法进行逐步判别分析的效果明显，能有效地将有作用的变量保留在模型中，提高模型的判别效果。

在遥感估算方面，杨北萍等[25]为寻求高效的水稻产量估算方法，以 2017 年长春市九台和德惠地区的采样点为样本，以遥感数据和气象数据为特征变量，通过对产量与特征变量间的相关性分析、特征变量之间的主成分分析和袋外数据(out-of-bag，OOB)变量的重要性分析对特征变量进行选择，以选择后的特征变量为输入变量建立水稻产量估算的随机森林回归(RFR)模型，结果表明 RFR 模型的水稻产量估算精度明显优于作为对比的多元逐步回归模型。方馨蕊等[26]

基于泥沙站点监测数据和 MODIS 卫星遥感反射率数据，通过构建随机森林非参数回归预测模型，对三峡工程坝下游宜昌至城陵矶河段在建坝前后 14 年间(2002—2015 年)各月的悬浮泥沙浓度进行遥感估算。研究表明基于随机森林的悬浮泥沙浓度估算模型表现较好，模型预测值与实测值间相关性好、预测精度高，优于其他模型(线性回归、支持向量机、人工神经网络模型)。由明明等[27]以西北地区典型经济作物油菜为研究对象，利用 SVC-1024i 型便携式光谱仪和 SPAD-502 型叶绿素含量测定仪测定了油菜不同生育期的叶片光谱反射率和 SPAD 值。通过分析油菜原始光谱及 10 种光谱指数与 SPAD 值的相关关系，基于光谱指数构建了不同生育期油菜叶片 SPAD 值随机森林回归(RF)估算模型，并利用独立样本对所建模型进行验证，同时结合传统的一元线性回归模型和多元逐步回归模型与其进行比较。结果表明基于光谱指数构建的随机森林回归模型在油菜各个生育期及全生育期建模和预测结果明显优于同期的传统回归模型，是本次研究中油菜叶片 SPAD 值的最优估算模型。

在遥感影像变化检测方面，刘霞等[28]提出了随机森林的遥感影像变化检测算法，利用熵率法对遥感影像进行超像素分割，获取最优分割结果；构建了基于随机森林的遥感影像变化检测模型，以所提取的 Gabor 特征和光谱特征作为模型输入进行训练和预测，并将有决策树的投票作为最终的变化检测结果。试验结果表明，其所构建的随机森林变化检测模型在漏检率和虚检率上明显低于其他算法，且总体正确率高，在算法时间上也明显优于其他算法。

在金融方面，江萍萍等[29]利用 Python 网络爬虫收集“网贷之家”官方网站的公开数据，并运用随机森林模型对平台的风险进行预测，同时测算平台各风险因素的重要程度。研究发现，P2P 平台风险识别准确率达到 92.15%。刘亦凡[30]采用随机森林理论对债券违约风险模型进行设计，将债券违约风险转化为更为直观的二分类问题，通过对模型设置、参数优化选择来获得表现优异的模型。研究表明，随机森林算法在进行预测时有较高的准确性与识别能力，且不易出现过度拟合的状况，因此适用于对违约风险进行预测与评价。艾钰[31]通过沪深 300 指数的交易数据，挖掘并筛选出影响指数价格走势的特征，针对金融数据的特点，以随机森林模型(RF)为基础，结合遗传算法(Genetic Algorithm，GA)建立 GA-B-RF 模型，构建出它们的内在联系，预测沪深 300 指数未来单日的走势类型，并进一步地利用五分钟数据，对未来五分钟的走势进行预测。刘思蒙[32]通过分类模型，结合 LC 数据，构建了借款人违约行为模型，从而研究借款人在网络借贷平台中存在的违约行为的影响因素。在对模型进行比较和分析的过程中，发现了随机森林算法在处理不平衡数据的分类预测时的优越性，同时总结出了借款人违约行为的影响因素，对网络借贷平台的审核提出建议，并为信贷数据的分类研究提供了新的思路。李杰[33]将机器学习方法与传统多因子选股模型相结合,构建了基于随机森林算法的多因子选股模型,通过随机森林算法对个股进行分类从而筛选出具有投资价值的股票,进而构造有效的投资组合。对比分析非动态学习模型,他构建的动态学习模型体现出其时效性,在一定程度上能反映市场的变化。

在房地产评估方面,黄蓉[34]借鉴国外房地产评估经验,引入随机森林方法进行学区房的研究,建立学区二手房价格评估模型,并和传统特征的价格方法进行对比研究,分析得出随机森林方法用于学区房评估的可行性、适用性和准确性。杭琦[35]建立基于随机森林的空气质量评价模型,实验结果表明随机森林算法的评价效果最好,可以准确有效地对城市的空气质量进行评价。

6.2 研究内容及数据处理

6.2.1 研究内容

针对2019年内蒙古鄂尔多斯和锡林郭勒两个地区的$PM_{2.5}$污染问题,为了实现对这两个地区以及其下属的四个矿区的长期$PM_{2.5}$浓度的分析,本节基于内蒙古的空气质量地面监测站点$PM_{2.5}$数据,结合气溶胶光学厚度(AOD)、气象数据、DEM数据、人口空间分布数据等,利用随机森林算法构建近地面$PM_{2.5}$浓度与多因素之间的关系模型,获得2000—2019年的$PM_{2.5}$浓度,并利用该数据对此地区$PM_{2.5}$质量浓度的时空模式进行分析。本研究的主要技术路线如下:

(1) $PM_{2.5}$数据预处理。

(2) $PM_{2.5}$数据与气象数据、AOD数据、DEM数据等进行匹配。

(3) 相关性分析。选取AOD数据、气象数据、DEM数据、人口空间分布数据,NDVI数据以格网为单位提取数据,对数据进行前期处理后,通过双变量相关性分析探讨各类数据与$PM_{2.5}$浓度数据之间的相关关系。

(4) 建立随机森林模型估计$PM_{2.5}$浓度并进行精度评定。利用匹配的格网数据建立随机森林回归模型对$PM_{2.5}$浓度进行估算,利用真实的地面$PM_{2.5}$监测数据对模型估计的$PM_{2.5}$浓度进行精度评价。

(5) 鄂尔多斯和锡林郭勒地区长期$PM_{2.5}$浓度分析。基于随机森林模型反演得到锡林郭勒和鄂尔多斯地区的长时间序列的$PM_{2.5}$浓度,对其时空演化模式进行分析。技术路线示意图见图6-2-1。

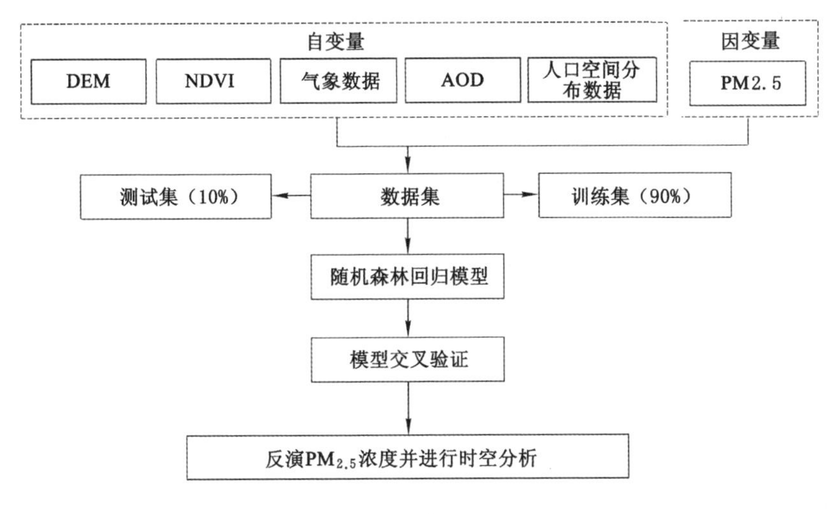

图 6-2-1　技术路线图

6.2.2　数据来源

根据对已有研究的梳理，本研究选取 2000 年、2005 年、2010 年、2015 年和 2019 年这五年降水量、年均气温、海拔高度（DEM）和归一化植被指数（NDVI）作为自然因子预测自变量，选取气溶胶光学厚度（AOD）和人口空间分布作为社会经济预测自变量，利用这些自变量来预测各年 $PM_{2.5}$的质量浓度。

6.2.2.1　卫星遥感数据

大气气溶胶是由大气介质和混合于其中的固体或液体颗粒物所组成的体系[36]。按照这一定义，大气颗粒物以空气为载体所形成的分散体系即为大气气溶胶，大气颗粒物包含在大气气溶胶当中，理论上二者的某些理化特性应具备一定的相关性，这是通过气溶胶研究大气颗粒物的理论基础。最常用于表征气溶胶属性的定量数据是气溶胶光学厚度（AOD），其定义为从大气底面到大气顶层的垂直气柱内气溶胶消光系数的积分，被广泛用于描述气溶胶对光的衰减作用[37]。

地基遥感监测气溶胶方法虽然有较高的精度，但是它只能得到监测点上的数据，很难获得大面积连续的数据。为了更好地研究大气气溶胶对人类及生态系统的各种影响，需要一种可大范围进行监测的方法，而卫星遥感技术的日新月异正好为大气气溶胶监测提供了便利。中分辨率成像光谱仪（MODIS）传感器提供了目前为止最好的从太空对大气气溶胶进行监测的结果[38]。

MODIS 覆盖了从紫外线到红外线范围内的不同波段，同时具有广阔的覆盖空间和每日两次的重访频率，是目前对地遥感观测研究中常用的卫星传感器之一。数据可以提供大范围的气溶胶光学厚度反演产品，能够反映气溶胶的光学特性和时空趋势变化，产品可靠性也已经被各国科研人员用不同方法验证。其在大气遥感观测工作中具有广泛的应用价值[37]。

Terra 和 Aqua 都是太阳同步极地轨道卫星，两颗卫星均搭载了传感器，这对实时对地观测、土地利用研究、自然灾害与生态环境监测以及进行全球气候变化的综合性研究等都有非常前要的实用价值[37]。两颗卫星的技术参数见表6-2-1。

表 6-2-1　Terra 和 Aqua 太阳同步极地轨道卫星参数

卫星	Terra(EOS AM-1)	Aqua(EOS PM-1)
卫星轨道	极地太阳同步轨道	极地太阳同步轨道
通过赤道时刻(UTC)	10:30	13:30
中频	8 212.500 0 MHz	8 160 MHz
带宽	26.250 0 MHz	30 MHz
数据解调方式	QQPSK	SQPSK
天线极化	RHCP	RHCP
数据速率	13.125 0 Mb/s	15 Mb/s
数据大小	12 bits	12 bits
MODIS 传感器空间分辨率	250 m(1～2 波段) 500 m(3～7 波段) 1 000 m(8～36 波段)	250 m(1～2 波段) 500 m(3～7 波段) 1 000 m(8～36 波段)

注：本表参照文献[39]中表 2.1 编制。

MODIS 传感器包含 36 个波段，频谱覆盖了波长 0.4 μm 至 14.3 μm 的频率域；谱带宽度根据不同波段设置包含 10 nm 至 35 nm 不等，具有较高的辐射分辨率；数据的空间分辨率包括 250 m、500 m 和 1 000 m 三个空间尺度，扫描幅宽为 2 330 km。MODIS 传感器可以同时提供陆地植被、土壤、海洋水色、浮游生物、大气气溶胶、云、温度、湿度、臭氧等特征数据产品，具有数据量大、覆盖全面、更新速度快、产品质量好、可对比性高等特点，为地表覆盖变化、生产力研究、短期气候预测、自然灾害监测、长期气候变化研究、大气臭氧监测等提供可靠的数据。目前，MODIS 数据产品已成为对地观测研究当中应用最广泛的数据源之一[37]。

本研究所使用的 AOD 产品是目前使用最为广泛的 MODIS 中的 AOD 产

品。MODIS传感器搭载在美国国家航空航天局的地球观测系统(Earth Observing System,EOS)的Terra和Aqua卫星上。其中Terra为上午星,Aqua为下午星。

本研究所使用的AOD数据下载自https://neo.sci.gsfc.nasa.gov/,该产品的反演采用深蓝算法和暗像元算法融合的方式。产品的空间分辨率为0.1°×0.1°,时间分辨率为月均数据[39],时间跨度从2019年1月至2019年12月,共包含12幅图像。例如,2019年8月全球AOD见图6-2-2。

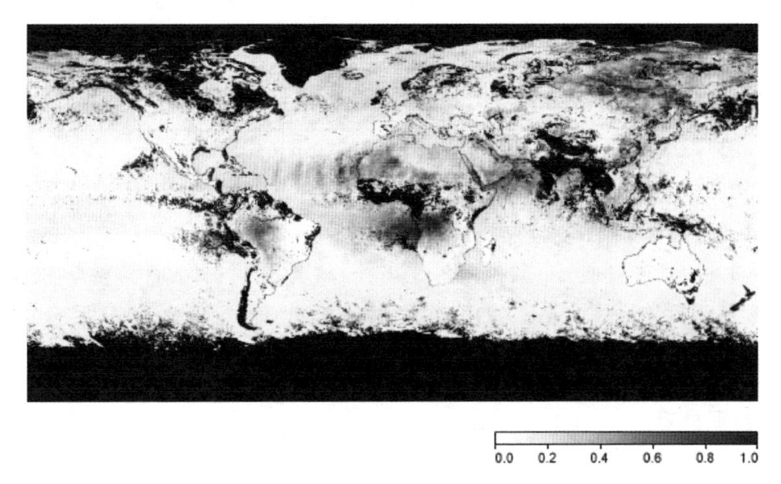

图6-2-2　2019年8月全球AOD示意图

注:图片来自https://neo.sci.gsfc.nasa.gov/

在此处显示的地图中,深褐色区域的像素表示高浓度的气溶胶,而棕褐色区域的像素表示较低的气溶胶浓度,浅黄色区域的像素表示很少或没有气溶胶。黑色区域则表示是传感器无法进行测量的位置。

6.2.2.2　气象数据

气象数据选用的是我国1 km分辨率逐月降水量数据集(1901—2017年)和1 km分辨率逐月平均气温数据集(1901—2017年),来自https://data.tpdc.ac.cn/。该数据集空间分辨率为0.008 3°(约1 km),时间为1901.1～2017.12,其中降水单位为0.1 mm,温度单位为℃[40]。

6.2.2.3　空气质量数据

该数据下载自中国环境监测总站的城市空气质量实时发布平台https://quotsoft.net/air/#archive。数据集共包含内蒙古地区44个监测站,数据的时间范围为2015年1月1日～2015年12月31日,表6-2-2详细列出了所用的站点基本信息。源数据是每小时观测值和部分指标的24小时滑动均值,本研究采用的是最后一个观测时刻的 24 小时滑动均值作为日均值,年均值在日均值的基础上求均值获取。

经描述性统计,数据集的最大值为 59.90 $\mu g/m^3$,最小值为 16.92 $\mu g/m^3$。利用 SPSS19 中的非参数检验模块(K-S 检验)对 $PM_{2.5}$ 浓度观测值进行检验,数据属于正态分布,检验结果见表 6-2-2。

表 6-2-2 单样本柯尔莫戈洛夫-斯米诺夫检验

参数	样本数	正态参数[a,b]		最极端差值			检验	显著性
		平均值	标准偏差	绝对	正	负		
$PM_{2.5}$	44.00	41.36	10.38	0.13	0.06	0.13	0.13	0.05[c]

注:a. 检验分布为正态分布。b. 根据数据计算。c. 里利氏显著性修正。

6.2.2.4 其他数据

NDVI 和人口空间分布数据均来自中国科学院资源环境与科学数据中心,空间分辨率为 1 km×1 km。DEM 数据来自地理国情监测云平台(http://www.dsac.cn/)全国 30 m 分市县 DEM 数据。

6.2.3 数据处理

6.2.3.1 空气质量数据缺失值的处理

由于存在机器故障、质控检修、传输不稳定等客观原因,数据在在线接收时难免会存在一定数量的缺失值,缺失值的存在将导致一些分析方法无法应用,因此,为了提高数据质量,需要对缺失值进行处理。处理缺失值的方法一般包括以下几个方面。

(1) 将含有缺失值的记录删除。该方法最为简单,同时可以保证数据的真实性,当缺失记录在数据集中所占的比例非常小时这种处理方法较为合理。该方法的另一个策略是,不把所有包含缺失值的记录都删除,只是删除某些缺失值个数较多的记录。例如,如果某条记录的缺失属性个数超过总属性数的 20%,可以考虑删除该条记录。

(2) 人工补全缺失值。某些情况下,可以通过人工查找日志等方式填补缺失值。但在数据量较大的情况下,该方法费时费力,一般不采用。

(3) 使用全局常量填补缺失值。将所有缺失值填补为一个全局常量,如"MISSING",在分类模型中可以当成一个属性值使用,尽管该方法一定程度上可以反映数据集的规律,但并不十分可靠。

(4) 使用缺失属性的中心度量填补缺失值。一般使用反映中心趋势的值填补，对称分布的数据使用均值填补，倾斜分布的数据使用中位数填补。例如，使用CO质量浓度的均值填补缺失的CO数据。

(5) 使用同类样本的中心度量填补缺失值。与直接使用缺失属性即含有缺失值的列的中心度量不同的是，该方法考虑了同类数据之间的相关性，也就是通过一个第三方属性对参与计算中心度量的记录进行了约束。例如，按照空气质量等级对数据集分类，使用空气质量等级相同情况下的CO质量浓度的均值或中位数填补其缺失值。

(6) 推测缺失部分最可能的值。一般使用数据挖掘的方法，如决策树、贝叶斯、神经网络等，通过属性间的关系，推测归纳填补缺失值。该方法通过使用大部分已有的数据信息预测小部分缺失值，更大概率保留了各属性之间的内在相互联系。

方法(1)和方法(2)属于无偏处理，方法(3)～(6)会使数据有偏，因为填补的数据可能不正确[2]。

为使研究结果保持有效性，对文中使用的空气质量浓度数据进行预处理，如下所示：

(1) 原始数据时间分辨率为1 h，剔除数据中质量浓度大于1 000 $\mu g/m^3$、小于0的数据。

(2) 以日为单位，计算标准差，剔除大于三倍标准差的数据；计算日均值时，空气质量特征当天的缺失值采用最近时段的观测值进行填充。

(3) 计算年均值时，若监测站点一年内监测数据不足180日，则该监测点年均值记为无效并剔除。

(4) 计算季均值时，以3、4、5月为春季，6、7、8月为夏季，9、10、11月为秋季，12、1和2月为冬季。若监测站点一个季度内监测数据不足45日，则该监测点季度均值记为无效并剔除。

(5) 计算月均值时，若监测点一个月内监测数据不足15日，则该监测点月均值记为无效并剔除[41]。

计算内蒙古44个空气质量地面监测站的$PM_{2.5}$等数据的日均浓度，从而继续计算各个站点在不同季节和每月的平均浓度，最后计算出年均浓度。

6.2.3.2 AOD数据缺失值的处理

首先对获取到的2000—2019年的AOD月均栅格数据进行投影变换和裁剪，从而得到研究区内的AOD数据。对于缺失数据的处理，将ArcGIS中缺失值255设定为nodata值，然后利用邻域分析功能。本研究采用的是块统计，邻域类型为圆形，统计类型为MEAN。最后采用邻域统计后的栅格数据，替换原始AOD栅格数据中的空值。

6.2.3.3 数据匹配

首先，将所有栅格数据统一投影至 China-Gauss-Kruger 投影，并重采样至 10 km。其次，将 2015 年 $PM_{2.5}$年均浓度栅格数据转点，利用 ArcGIS 提取解释变量栅格相应位置处的像元值，实现 $PM_{2.5}$ 年均浓度和所有解释变量数据的空间匹配，鄂尔多斯地区共计 871 条匹配数据，锡林郭勒地区共计 2 006 条数据。去除掉所有因子的异常值和缺失值，鄂尔多斯地区和锡林郭勒地区参加构建与随机森林模型优化的数据分别有 834 条、1 646 条。

6.3 研究方法

6.3.1 随机森林算法

由于随机森林算法准确性高，方法简便，还可以通过设置参数预防过拟合造成的不必要的麻烦，并且随机森林算法明显优于支持向量机、神经网络等其他算法。因此，鉴于上述优点，本研究采用随机森林算法对 $PM_{2.5}$的质量浓度进行回归分析。

6.3.1.1 随机森林算法的定义

随机森林模型是集成学习算法中最具有代表性的算法之一，是由若干个相互独立的决策树组合而成的。并且在随机森林生成过程中，各个决策树采用随机选择样本和随机选择特征的方法，得到多个局部领域学习的弱分类器，从而组合成为一个全局的强分类器。随机森林中各个决策树之间存在多异性，当测试样本时，每个决策树的结果取多数类或者平均值，成为随机森林的最终结果。

随机森林是一个由多个树型分类器$\{h(x,\beta_k),k=1,2,\cdots,n\}$组成的集成学习算法，其中元分类器 $h(x,\beta_k)$是用上一节当中的某种分裂属性选择算法完成生长并且没有剪枝的决策树；x 为输入，β_k 是独立同分布的随机向量，决定每个决策树的成长过程。当采用随机森林模型解决分类问题时，最后的结果采用每个决策树结果的众数决定；当采用随机森林模型解决回归问题时，最后的结果为每个决策树结果的平均值。

假设原始数据集 D 中有 M 个特征，则随机森林的算法流程如下：

(1) 从原始数据集 D 当中利用 Bagging 的思想有放回地重采样产生 n 个与原始数据集同样样本容量大小的训练子集$\{D_1,D_2,\cdots,D_n\}$。

(2) 在构建每棵决策树时，选择训练子集中的某一个作为这棵决策树的训练集，且从全部特征中随机选择 $m(m<M)$个特征，并基于这 m 个特征选择最佳分裂方式用于决策树结点的分裂，不断继续这个过程直至达到某个预先设置的

条件为止。本研究中每棵树都不剪枝，让每棵决策树都完全生长。

（3）将上一步当中生成的 n 棵完全生长的决策树组合起来形成随机森林。

（4）当测试样本输入随机森林模型时，随机森林模型输出的结果为简单多数投票决定或取平均值。算法框架图如图 6-3-1 所示。

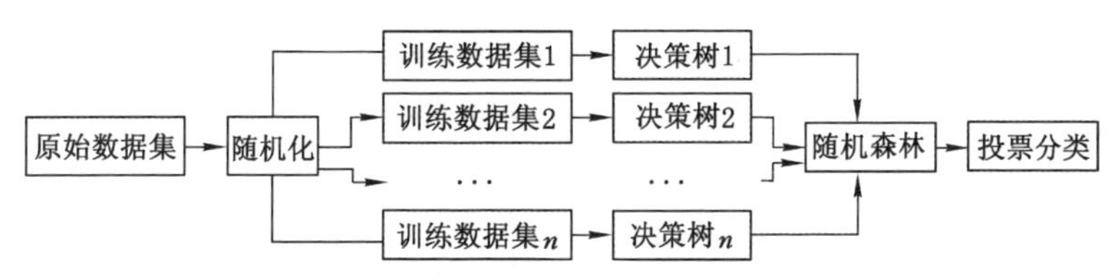

图 6-3-1　随机森林算法框架图

注：本图参照文献[4]中图 3-3 绘制。

6.3.1.2　随机森林算法的特点

随机森林具有很多优点，如对噪声和异常值具有很高的容忍度、不易陷入过拟合、算法易实现、效率高等。上述优点得益于“双随机”思想的引入以及组合投票和取均值原则，即以下三个方面：

（1）特征的随机性。随机森林算法中每一棵决策树的生成是从总特征当中随机选取一定数量的特征作为分裂特征，也就是每一棵决策树随机选到的特征并不一样，这使得特征空间具有很大的多样性，保证了每棵决策树生成过程中相互存在差异性，从而降低了决策树之间的相关性。

（2）训练集的随机性。随机森林算法通过 Bagging 思想有放回地随机抽取相同数量的训练样本子集，导致训练样本子集各不相同。这使得各个决策树训练样本之间存在差异性，也提高了决策树之间的差异性。

（3）组合投票原则和取均值原则。随机森林算法的输出结果并不是仅仅依靠于一棵决策树，而是取决于所有决策树的结果，只有随机森林中大多数决策树的结果出现错误，随机森林才会得出错误结果，因此很好地避免了单棵决策树容易造成的局部最优解以及过拟合问题，可以产生较高的分类准确率。此外，随机森林算法对数据集的适应能力也比较强，既能处理连续型数据，也可以处理离散型数据；随机森林可以估计特征的重要性，可以用于高维数据降维以及特征选择等方面；随机森林还具有天生的并行性，可提高运行效率[4]。

6.3.2　袋外数据(OOB)及其作用

根据 6.3.1 节中介绍的，在使用 bagging 思想随机抽取样本子集时，D 中每个样本没有被抽中的概率 Z 为：

$$Z=(1-\frac{1}{E})^{E} \tag{6-3-1}$$

式(6-3-1)中，E 为样本数，Z 代表样本没有被抽中的概率。

当 $E\to\infty$ 时：

$$Z=(1-\frac{1}{E})E\approx\frac{1}{e}\approx 0.368 \tag{6-3-2}$$

式(6-3-2)表明，在每次抽取训练样本时，约有 36.8%的数据并未被抽取，没有被抽取的数据即为袋外数据(Out-Of-Bag)，用 OOB 表示。OOB 数据的作用主要有两个：① 估计模型的泛化能力；② 进行特征评价和选择。

6.3.2.1 泛化误差

泛化能力是一种用来形容训练模型性能的指标，是指算法从训练数据中学习到的规则能够适用于新数据的能力，或者说是对未知数据的预测能力。而泛化误差大小是度量模型泛化能力强弱的一个指标，也是判断模型好坏的重要指标。

假设从独立同分布的随机向量(X,Y)中抽取训练集，训练集之间各自独立。则均方泛化误差为：

$$E_{XY}\ (Y-h(X))^{2} \tag{6-3-3}$$

当决策子树 dmt 足够多时，根据强大数定律，并结合 $h_{\mathrm{dmt}}(X)=h(X,\theta_{\mathrm{dmt}})$，可知，当 dmt→∞时，均方泛化误差收敛于：

$$E_{XY}(Y-\overline{h}(X,\theta_{t}))^{2}\rightarrow E_{X,Y}(Y-E_{\theta}h(X,\theta))^{2}=PE_{\mathrm{c}}^{*} \tag{6-3-4}$$

式(6-3-4)中，θ_{dmt}代表第 dmt 棵决策子树的随机变量，E_{θ}代表数学期望。式(6-3-4)右边即为随机森林的泛化误差 PE_{c}^{*}。从中可以看出，随机森林中决策子树 dmt 增加的过程中，其误差会逐步收敛，从而避免了过拟合，但最终会趋于一个稳定值。

每一棵回归决策子树的平均泛化误差定义为：

$$PE_{\mathrm{c}}^{*}=E_{\theta}E_{X,Y}(Y-h(X,\theta))^{2} \tag{6-3-5}$$

假设对于所有的随机变量，决策子树都是无偏的，即 $EY=E_{X}(X,\theta)$，则有：

$$PE_{\mathrm{c}}^{*}=\overline{\rho}PE_{\mathrm{c}}^{*} \tag{6-3-6}$$

式(6-3-6)中，$\overline{\rho}$代表残差 $Y-h(X,\theta)$和 $Y-h(X,\theta')$的相关系数，其中 θ 和 θ' 相互独立。

6.3.2.2 袋外数据估计

袋外数据(OOB)没有用来训练模型，故可以用于验证模型。在构建每一棵抉择子树形成基预测模型之后，可以利用约 36.8%的袋外数据 g_{i} 作为输入，从而估计出每个个体模型袋外数据误差 $E_{g_{i}}$，再综合全部 $E_{g_{i}}$ 即可得到整个模型的泛化误差，即袋外数据估计。则模型的袋外数据误差 E_{oob} 为：

$$E_{oob} = \frac{1}{N}\sum_{i=1}^{N} E_{g_i} \tag{6-3-7}$$

Breiman 已经证明式(6-3-7)是测试数据的一个无偏估计[42]。

6.3.3 模型精度评价方法

对模型进行精度评价可反映模型的拟合效果及误差。回归方法是对已给出的数据求得最优值，在新数据集上不一定有很好的表现。交叉验证(CV)是一种精度评价方法，它将大部分原始数据作为训练样本，剩余的样本作为验证集。先由训练集进行训练获得回归方程，然后利用验证集对所得模型进行检验，评价模型效果的性能。该方法可以做到模型的偏差和方差的平衡[39]。本研究采用的就是交叉验证方法，预留 10%的监测站点作为验证集。通过判断验证集的模拟结果和实际观测值之间的接近程度，来反映模型的模拟精度。

本研究采用的评价指标包括决定系数(DC^2)、均方差(Standard Deviation)、绝对差以及模型的解释度。其中，DC^2 表示模型的拟合效果。

$$DC^2 = 1 - \frac{\sum_{i=1}^{E} (q_i - \hat{q_i})^2}{\sum_{i=1}^{E} (q_i - \overline{q_i})^2} \tag{6-3-8}$$

式中，q_i 为实际观测值；$\hat{q_i}$ 为模型的预测值；$\overline{q_i}$ 为观测值的平均值；E 为预测样本数。

均方差即标准差，用来反映变异程度。当两组观察值在单位相同、均数相近的情况下，标准差越大，说明观察值间的变异程度越大，即观察值围绕均数的分布较离散，均数的代表性较差。反之，标准差越小，表明观察值间的变异较小，观察值围绕均数的分布较密集，均数的代表性较好[43]。

绝对差是统计学中的基本概念之一，是两个同类数值之差，用以反映同类事物某一数量特征绝对差距的大小。绝对差的本意是两个绝对数之差，例如两个人之间的身高、体重之差，两个地区之间的生产总值、人口总数之差，等等。但这是狭义上的理解。

广义上看，两个同类平均数之差(例如平均亩产之差、平均身高之差、平均薪酬之差等)、两个同类强度相对数之差(例如人口空间分布之差、人均粮食产量之差、人均 GDP 之差等)，也属于绝对差，因为它们也都有计量单位，也都反映绝对差距的大小。再广义一点，两个同类无名数之差也可以被理解为绝对差，例如某地区 GDP 增长速度为 8%，另一地区 GDP 增长速度为 6%，我们就可以说两者相差 2 个百分点，即绝对差为 2%[44]。

在建立模型后,我们会想知道这个模型对于因变量的解释程度,即解释度。因此,本研究结合这 4 个指标可较全面地评价这次所得到的随机森林算法模型。

6.3.4 克里金插值

克里金(Kriging)插值又称为空间自协方差最佳插值,是以法国工程师 D. G. Krige的名字命名的一种空间局部最优内插方法,是地统计学的重要研究方法之一。它基于结构分析及变异函数理论对一定距离内的区域化变量进行最优无偏估计,认为在有限区域内网格点属性间的相关性与距离变化相关,如果可以对这种变化进行拟合,那么此范围之内的样点可形成拟合式,用于未知属性值的插值预测。对网格点属性间相关性进行拟合是以描述区域化变量的结构特性和随机性的变异函数为数学基础,拟合时常用球形模型和指数模型两种变异函数模型。此插值方法可同时得到预测结果和预测误差,可较好地对预测结果产生的不确定性进行评估。克里金方法是一种光滑的内插方法,数据点越多内插结果越可信[45]。

克里金插值方法主要包括简单克里金、普通克里金、协同克里金等,在地统计中,克里金方法要求所有数据值基本要具有相同的变异性,对数据分布也有一定要求,如数据的正态性分布等,可通过正态 QQ-Plot 分布图对数据分布进行检验[46]。

6.3.5 标准差椭圆分析

标准差椭圆分析作为一种空间统计方法,可以通过空间分布椭圆的基本参数来显示点集的空间分散情况。标准差椭圆的空间范围表示样本点分布的主体区域。长轴所指的方向是点分布的最大扩散方向,短轴指向最小扩散方向。中心点表现了样本点空间分布的相对位置。方位角是长轴在垂直方向上顺时针所成的角度,表示点集发展的主趋势方向。计算标准差各项参数的计算公式如下:

$$\mathrm{SDE}_x = \sqrt{\frac{\sum_{i=1}^{n} (x_i - \overline{X})^2}{n}} \tag{6-3-9}$$

$$\mathrm{SDE}_y = \sqrt{\frac{\sum_{i=1}^{n} (y_i - \overline{Y})^2}{n}} \tag{6-3-10}$$

其中(x_i, y_i)是点 i 的坐标,$(\overline{X}, \overline{Y})$是所有点的算术平均中心,$n$ 为点数。SDE_x代表椭圆 X 轴的方差,SDE_y代表椭圆 Y 轴的方差。

$$\tan \gamma = (L_1 + L_2) / L_3 \tag{6-3-11}$$

$$L_1 = \left(\sum_{i=1}^{n} \tilde{x}_i^2 - \sum_{i=1}^{n} \tilde{y}_i^2\right) \tag{6-3-12}$$

$$L_2 = \sqrt{\left(\sum_{i=1}^{n} \tilde{x}_i^2 - \sum_{i=1}^{n} \tilde{y}_i^2\right)^2 + 4\left(\sum_{i=1}^{n} \tilde{x}_i \tilde{y}_i\right)^2} \tag{6-3-13}$$

$$L_3 = 2\sum_{i=1}^{n} \tilde{x}_i \tilde{y}_i \tag{6-3-14}$$

其中$\tilde{x}_i$和$\tilde{y}_i$是平均中心和xy坐标的差，γ为以X轴为准，正北方为0度，顺时针旋转的角度。

最后确定X、Y轴的长度。σ_x代表X轴的长度，σ_y代表Y轴的长度。确定X轴和Y轴长度公式如下：

$$\sigma_x = \sqrt{2}\sqrt{\frac{\sum_{i=1}^{n} (\tilde{x}_i \cos\gamma - \tilde{y}_i \sin\gamma)^2}{n}} \tag{6-3-15}$$

$$\sigma_y = \sqrt{2}\sqrt{\frac{\sum_{i=1}^{n} (\tilde{x}_i \sin\gamma + \tilde{y}_i \cos\gamma)^2}{n}} \tag{6-3-16}$$

1个标准差椭圆面包含了约68%的样本点，2个标准差椭圆面包含了约95%的样本点，3个标准差椭圆面则包含约99%的样本点。标准差越大，椭圆包含的样本点越多，但也为分析样本的方向和分布带来了一定干扰；标准差越小，椭圆包含的样本点越少，但选取的样本更具有代表性，能够更有效地表现样本的空间分布特征。

6.3.6 皮尔逊相关分析原理

皮尔逊相关系数，又称Pearson相关系数，计算公式如下：

$$\text{Pearson} = \frac{\sum XY - \frac{\sum X \sum Y}{N}}{\sqrt{\left[\sum X^2 - \frac{(\sum X)^2}{N}\right]\left[\sum Y^2 - \frac{(\sum Y)^2}{N}\right]}} \tag{6-3-17}$$

其中变量X是所有点的x坐标的集合，变量Y是所有点的y坐标集合，N表示点的总个数。

它是协方差与两变量标准差乘积的比值，是没有量纲的、标准化的协方差。

线性变化不会影响Pearson相关系数的结果。所以对横坐标或者纵坐标进行单位的变化不会改变Pearson的值。这样不同单位的数据其Pearson值也具有可比性[47]。

Pearson 相关系数本质上是一种线性相关系数，需要满足以下条件：① 两变量均是由测量得到的连续变量；② 两变量均来自正态分布，或接近正态的单峰对称分布的总体；③ 变量必须是成对的数据；④ 两变量间为线性关系。

相关系数的绝对值越大，相关性越强，相关系数越接近于 1 或 −1，相关度越强，相关系数越接近于 0，相关度越弱。通常情况下通过表 6-3-1 判断变量的相关强度[48]。

表 6-3-1　Pearson 相关系数和相关强度

相关系数	关联强度
0.8～1.0	极强相关
0.6～0.8	强相关
0.4～0.6	中等程度相关
0.2～0.4	弱相关
0.0～0.2	极弱相关或无相关

注：本表参照文献[49]中表 4 编制。

本研究借助此分析方法衡量 $PM_{2.5}$ 浓度与其他因子之间的线性相关关系。

6.4　相关性分析结果

6.4.1　鄂尔多斯地区 $PM_{2.5}$ 浓度与自变量因子的相关性分析

对 $PM_{2.5}$、AOD、降水量、温度、高程、归一化植被指数（NDVI）、人口空间分布数据作散点图，任意两个因子的散点图可以在行列交叉处找到，主对角线为各个因子的核密度曲线。

研究得出以下结论：

(1) 从相关性的强弱上看，$PM_{2.5}$ 与高程之间的相关性较强，两者间有比较明显的线性相关趋势，$PM_{2.5}$ 与温度和 AOD 的相关性次之，与降水量、NDVI 和人口空间分布之间的相关性较弱。

(2) 从相关性的方向上看，$PM_{2.5}$ 与高程、降水量之间均呈现出负相关的趋势，$PM_{2.5}$ 与 AOD、温度、人口空间分布、NDVI 之间均呈现正相关的趋势。

(3) 从核密度曲线看，$PM_{2.5}$ 的质量浓度主要集中在较低水平，发生较高浓度污染的概率不大。

为了进一步定量地分析各因子之间的相关关系，计算获得他们之间的相关系数矩阵，见表 6-4-1 相关系数矩阵。

表 6-4-1　鄂尔多斯地区各因子相关系数矩阵

	$PM_{2.5}$	P_{pop}	N_{ndvi}	$E_{elevation}$	T_{temp}	R_{rain}	AOD
$PM_{2.5}$	1.00	0.18	0.23	−0.84	0.63	−0.25	0.58
P_{pop}	0.18	1.00	0.13	−0.09	0.03	0.05	0.18
M_{ndvi}	0.23	0.13	1.00	−0.18	0.21	0.46	0.25
$E_{elevation}$	−0.84	−0.09	−0.18	1.00	−0.63	0.22	−0.49
T_{temp}	0.63	0.03	0.21	−0.63	1.00	0.22	0.28
R_{rain}	−0.25	0.05	0.46	0.22	0.21	1.00	−0.14
AOD	0.58	0.18	0.25	−0.49	0.28	−0.14	1.00

注：$PM_{2.5}$代表 $PM_{2.5}$浓度，P_{pop}代表人口空间分布，N_{ndvi}代表归一化植被指数，$E_{elevation}$代表高程，T_{temp}代表温度，R_{rain}代表降水量，AOD 代表气溶胶光学厚度。

同时，根据表 6-4-1 所示相关系数矩阵绘制各因子之间相关系数绝对值的热力图，如图 6-4-1 所示。

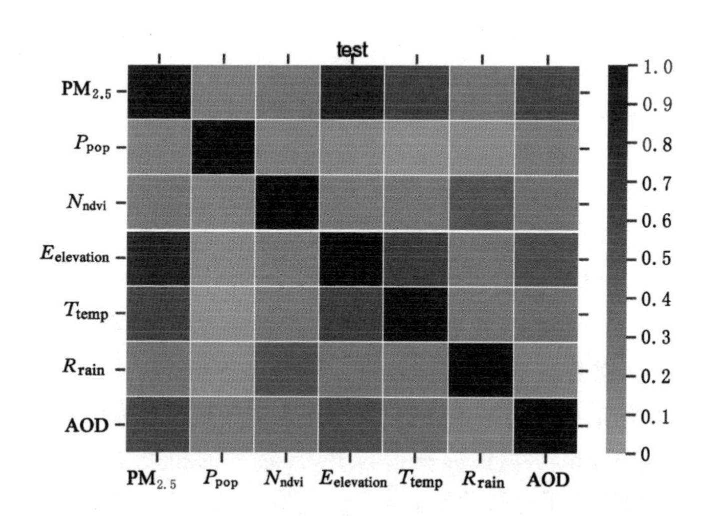

图 6-4-1　鄂尔多斯地区各因子之间相关系数绝对值的热力图

注：$PM_{2.5}$代表 $PM_{2.5}$浓度，P_{pop}代表人口空间分布，N_{ndvi}代表归一化植被指数，$E_{elevation}$代表高程，T_{temp}代表温度，R_{rain}代表降水量，AOD 代表气溶胶光学厚度。

图 6-4-1 中方块的颜色越深说明两属性之间的相关性越强。从图 6-4-1 和表 6-4-1 中发现，$PM_{2.5}$与 AOD 之间相关系数的符号均为正，说明 $PM_{2.5}$的质量浓度会随着气溶胶光学厚度的增加而增加。此外，$PM_{2.5}$与高程的相关性最强，

其 Pearson 相关系数为 0.84，其次是温度和 AOD，其 Pearson 相关系数为 0.63 和 0.58。

图 6-4-2 中指标重要性是根据随机森林算法中的 feature_importance() 函数评估每一种特征对于机器学习训练的模型的重要性而得到的。从图 6-4-2 中也可以看出，高程重要性最强，温度和 AOD 重要性次之，降水量、N_{ndvi}、人口空间分布重要性依次减弱。

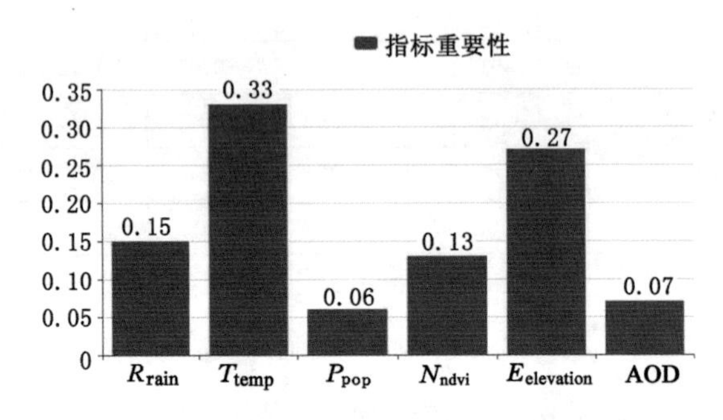

图 6-4-2　鄂尔多斯地区指标重要性

注：P_{pop}代表人口空间分布，N_{ndvi}代表归一化植被指数，$E_{elevation}$代表高程，T_{temp}代表温度，R_{rain}代表降水量，AOD 代表气溶胶光学厚度。

AOD 是指整层气溶胶的消光系数在垂直方向上的积分，表示的是气溶胶对光的衰减作用。$PM_{2.5}$是气溶胶的重要组成部分，其浓度与 AOD 存在某种关系。由表 6-4-1 可知 AOD 与 $PM_{2.5}$浓度的相关系数为 0.58，通过 0.01 水平的显著性检验，因此，可以选择使用 AOD 这个自变量对 $PM_{2.5}$浓度进行反演。在统计模型中，引入 AOD 数据可以增强模型效果[39]。

地形对 $PM_{2.5}$浓度也有较明显的影响，例如三面环山，类似于簸箕状的地形，容易形成静风逆温的不利条件，使得大气污染物难以扩散[49]。由于具体的地形类型与 $PM_{2.5}$浓度的关系难以寻找，本研究选择高程指标与 $PM_{2.5}$浓度进行相关分析。经 Python 软件计算，高程与 $PM_{2.5}$浓度的相关系数分别为－0.84，在 0.01 的置信度水平下通过检验。

气象条件对于 $PM_{2.5}$浓度的变化有很大的贡献。温度、降水量与 $PM_{2.5}$浓度的相关性均在 0.01 的显著性水平下通过检验，温度与 $PM_{2.5}$浓度的相关系数为 0.63，从物理上分析，温度对空气中颗粒物浓度的影响有两方面：一方面，随着温度逐渐升高，混合层高度会提升，使大气在竖直方向上扩散。若混合层高度越高，稀释地表污染物的空气需求就越大，导致 $PM_{2.5}$浓度降低。另一方面，温度与土壤扬尘、交通及工业排放呈正相关。温度越高，越利于土壤颗粒扬入空气，同时尾气排放物也更容易进入空气，导致 $PM_{2.5}$ 浓度增加[50]。虽然本章研究的是天气因素对 $PM_{2.5}$ 浓度的影响，但是交通工业污染物早已渗透到空气中，是天气影响不容忽视的方面。

人口空间分布数据与 $PM_{2.5}$ 浓度的相关系数为 0.18，相关性并不是很显著。人类活动是空气污染的主要原因，但并非是指人口增长，这是一个综合性的人类活动，包括能源消耗量、汽车数量等因素都会造成空气质量下降[39]，因此单纯将人口空间分布与空气污染划等号是不准确的，后续需要寻找更具代表性的社会经济数据来表示人类活动强度。

6.4.2　锡林郭勒地区 $PM_{2.5}$ 浓度与自变量因子的相关性分析

对 $PM_{2.5}$ 浓度、AOD、降水量、温度、高程、N_{ndvi}、人口空间分布作散点图可以得出以下结论：

(1) 从相关性的强弱上看，$PM_{2.5}$ 浓度与温度和归一化植被指数之间的相关性较强，两者间有比较明显的线性相关趋势，$PM_{2.5}$ 浓度与 AOD 的相关性次之，与降水量、高程和人口空间分布之间的相关性较弱。

(2) 从相关性的方向上看，$PM_{2.5}$ 浓度与高程、归一化植被指数、降水量之间均呈现出负相关的趋势，与 AOD、温度、人口空间分布之间均呈现正相关的趋势。

(3) 从核密度曲线看，$PM_{2.5}$ 浓度主要集中在较低水平，发生较高浓度污染的概率不大。

为了进一步定量地分析各因子之间的相关关系，计算获得它们之间的相关系数矩阵，见表 6-4-2。

表 6-4-2　锡林郭勒地区各因子相关系数矩阵

	$PM_{2.5}$	R_{rain}	T_{temp}	P_{pop}	N_{ndvi}	$E_{elevation}$	AOD
$PM_{2.5}$	1.00	−0.27	0.58	0.08	−0.53	−0.25	0.42
R_{rain}	−0.27	1.00	−0.37	0.09	0.74	0.37	−0.32
T_{temp}	0.58	−0.37	1.00	0.02	−0.55	0.27	0.47
P_{pop}	0.08	0.09	0.02	1.00	0.01	0.05	−0.02
N_{ndvi}	−0.53	0.74	−0.55	0.01	1.00	0.08	−0.26
$E_{elevation}$	−0.25	0.37	0.27	0.05	0.08	1.00	−0.18
AOD	0.42	−0.32	0.47	−0.02	−0.26	−0.18	1.00

注：$PM_{2.5}$ 代表 $PM_{2.5}$ 浓度，P_{pop} 代表人口空间分布，N_{ndvi} 代表归一化植被指数，$E_{elevation}$ 代表高程，T_{temp} 代表温度，R_{rain} 代表降水量，AOD 代表气溶胶光学厚度。

同时,根据表 6-4-2 所示相关系数矩阵绘制各因子之间相关系数绝对值的热力图,见图 6-4-3。

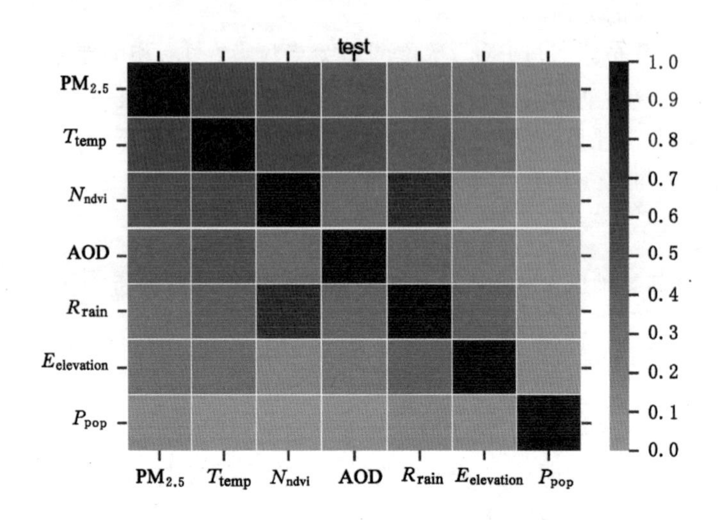

图 6-4-3 锡林郭勒地区各因子之间相关系数绝对值的热力图

注:$PM_{2.5}$代表 $PM_{2.5}$浓度,P_{pop}代表人口空间分布,N_{ndvi}代表归一化植被指数,$E_{elevation}$代表高程,T_{temp}代表温度,R_{rain}代表降水量,AOD 代表气溶胶光学厚度。

图 6-4-3 中方块的颜色越深代表两属性之间的相关性越强。从图 6-4-5 和表 6-4-2 中可以注意到,$PM_{2.5}$浓度与降水量之间相关系数的符号均为负,说明 $PM_{2.5}$浓度会随着降水量的增加而减少。已有研究表明降水对大气颗粒物不同组分的去除效果虽略有不同,但总体上对颗粒物的去除作用显著[51]。Amato 等通过研究降水对道路降尘的影响发现,欧洲南部及中部地区可吸入颗粒物的日均质量浓度数值近似是恒定的,然而降水却可以使颗粒物质量浓度急剧下降,甚至可以降至零值[52]。对于剩余自变量的解释同鄂尔多斯地区 $PM_{2.5}$浓度与自变量因子的相关性分析。

在图 6-4-4 锡林郭勒地区指标重要性评价中,温度和高程重要性最强,降水量和归一化植被指数重要性次之,AOD、人口空间分布重要性最弱。

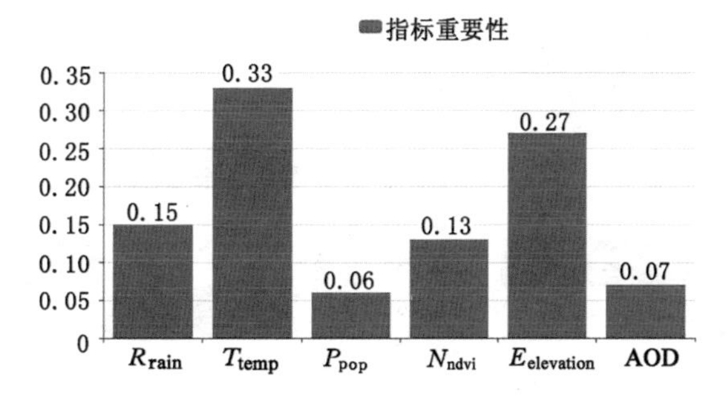

图 6-4-4　锡林郭勒地区指标重要性

注：P_{pop}代表人口空间分布，N_{ndvi}代表归一化植被指数，$E_{elevation}$代表高程，T_{temp}代表温度，R_{rain}代表降水量，AOD 代表气溶胶光学厚度。

6.5　随机森林模型回归结果

6.5.1　随机森林模型构建与优化

通过 Anaconda3 进行随机森林模型的构建与优化，采用的主要模块为 Scikit-Learn（机器学习）模块。将相关分析选出的目标因子作为模型的特征，栅格转点的 $PM_{2.5}$浓度作为监督值，进行随机森林算法的训练。本章使用交叉检验进行误差的估计，以测试该模型的有效性。利用随机抽样选取 10%的监测站点作为测试数据，其余监测站点为训练数据。利用 Scikit-Learn 模块中的 RandomForestRegressor 函数进行算法的训练，进而实现随机森林模型的构建和优化。计算过程中需要考虑的参数有：随机森林算法中的回归树数量“n_estimators”以及每次建立回归树选入的自变量数量“max_features”“max_depth”等。其中 max_features 的值使用系统默认设置（变量数的开方）。

在随机森林算法中，需要对“n_estimators”和“max_depth”两个重要参数不断进行调整，从而选取最优参数，这两个参数主要决定着随机森林模型所用回归树的数量和规模。对于本研究所用到的数据，“n_estimators”值分别从 200 到 2 000以相等间隔取 10 个整数进行测试，“max_depth”分别从 10 到 100 以相等间隔取 10 个整数进行测试。参数测试结果见图 6-5-1。经过这两个优化参数的各种组合尝试以及模型交叉验证结果的比较，最终得到鄂尔多斯地区两个数据集的“n_estimators”和“max_depth”的最优值均为 400 和 70，锡林郭勒地区两个数据集的“n_estimators”和“max_depth”的最优值均为 600 和 70。

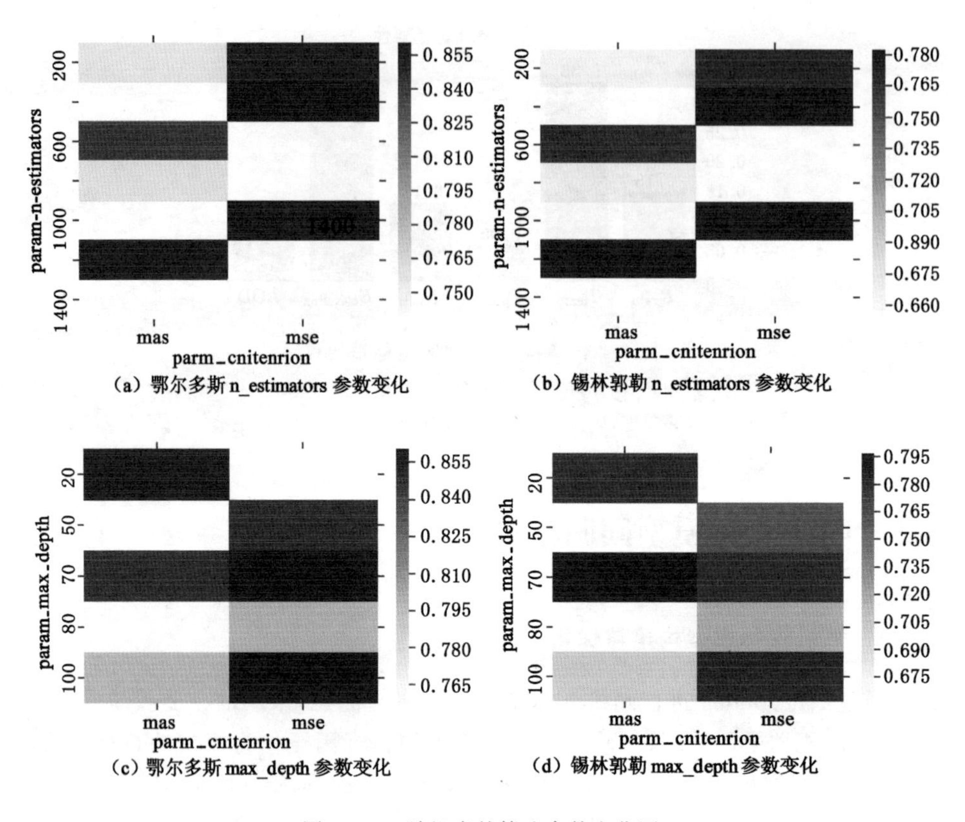

图 6-5-1　随机森林算法参数变化图

注:param_criterion 代表参数标准,param_n_estimators 代表

不同参数所对应的回归树的数量,mas 代表平均绝对误差,mse 代表均方误差。

6.5.2　模型精度分析

由表 6-5-1 可以看出,无论是训练集还是测试集,鄂尔多斯地区的随机森林模型的确定性系数 R^2 均达到 85%以上,由表 6-5-2 可以看出,锡林郭勒地区的训练集和测试集确定性系数 R^2 均达到 82%以上,这说明模型具备良好的学习能力与泛化能力;就误差而言,鄂尔多斯地区的训练集和验证集上的均方差分别为 0.64 和 1.80,锡林郭勒地区的训练集和验证集上的均方差分别为 0.74 和 2.20,在可接受的范围内。

此外,随机森林算法模型在测试集上的各项指标均未远远超过训练集上的各项指标,说明此次构建和优化的两个随机森林模型并没有表现为在最终模型中训练集上效果好,在测试集上效果差的现象,这显然不是我们想要的结果。也就是说这两个随机森林模型没有出现过拟合的现象,模型泛化性能较好,能够有

效地预测 $PM_{2.5}$的浓度。

表 6-5-1 鄂尔多斯地区随机森林模型精度

决策树模型评估——训练集	决策树模型评估——测试集
训练 DC^2:0.969 7	验证 DC^2:0.887 7
均方差:0.638 9	均方差:1.795 7
绝对差:0.593 9	绝对差:1.059 0
解释度:0.969 7	解释度:0.887 7

表 6-5-2 锡林郭勒地区随机森林模型精度

决策树模型评估——训练集	决策树模型评估——测试集
训练 DC^2:0.938 2	验证 DC^2: 0.821 8
均方差:0.737 9	均方差:2.204 0
绝对差:0.592 5	绝对差:1.063 5
解释度:0.938 3	解释度:0.821 9

6.5.3 鄂尔多斯地区年均 $PM_{2.5}$浓度长时间序列结果

根据随机森林算法反演的鄂尔多斯地区 2000 年、2005 年、2010 年、2015 年和 2019 年 $PM_{2.5}$浓度如图 6-5-2 所示。

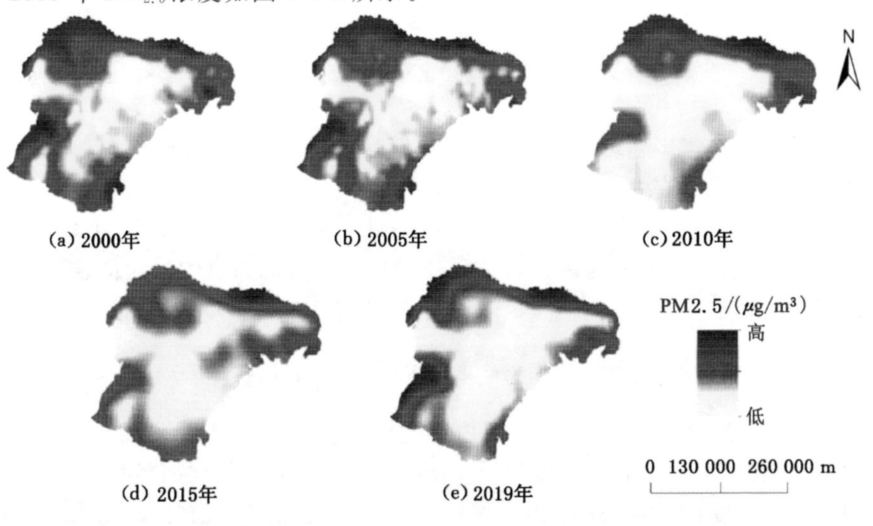

图 6-5-2 鄂尔多斯地区 $PM_{2.5}$浓度年平均变化图

由栅格数据的图层属性可以得到这 5 年的 $PM_{2.5}$ 浓度的均值分别为 19.76 μg/m^3、19.59 μg/m^3、24.68 μg/m^3、19.93 μg/m^3、18.27 μg/m^3，年平均增长率分别为－0.17%、5.20%、－3.85%、－2.27%。从空间角度来看(图 6-5-2)，2000—2019 年期间，鄂尔多斯地区的 $PM_{2.5}$ 污染空间上呈现从中心区域向四周各个方向逐渐上升的趋势。$PM_{2.5}$ 浓度较低的是东胜区、康巴什区、伊金霍洛旗；其次是鄂托克旗、鄂托克前旗的东北和东南地区；最高的是杭锦旗的北部、达拉特旗的北部、准格尔旗的东南地区、鄂托克旗和鄂托克前旗的西部地区以及乌审旗的东南地区。

鄂尔多斯地区年均 $PM_{2.5}$ 浓度变化曲线见图 6-5-3。2000 年以来鄂尔多斯地区的 $PM_{2.5}$ 年均浓度呈略微夸张状的倒"N"形分布，于 2010 年达至峰值。2013 年中国发布了《大气污染防治行动计划》，开始实施严格的污染控制措施，$PM_{2.5}$ 浓度随之迅速降低[53]。从时间角度来看(图 6-5-3)，2000—2005 年鄂尔多斯地区 $PM_{2.5}$ 浓度呈下降趋势；2005—2010 年鄂尔多斯地区 $PM_{2.5}$ 浓度值呈增长趋势；2010—2019 年鄂尔多斯地区 $PM_{2.5}$ 浓度呈虽有波动但逐渐下降的趋势，与 $PM_{2.5}$ 实测数据的观测趋势保持一致。

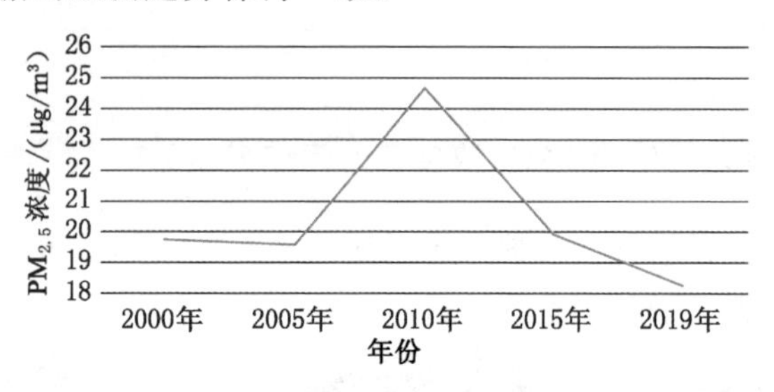

图 6-5-3　鄂尔多斯地区年均 $PM_{2.5}$ 浓度变化曲线

为了反映鄂尔多斯地区 $PM_{2.5}$ 浓度污染等级，本章根据鄂尔多斯地区 $PM_{2.5}$ 浓度数据按照 $PM_{2.5}$ 浓度等级标准进行分析，可以发现 2000 年、2005 年、2015 年、2019 年鄂尔多斯地区 $PM_{2.5}$ 污染状况均处于良好水平，仅 2010 年达拉特旗的北部、准格尔旗的东南地区、鄂托克前旗的最西部、杭锦旗的最西部、鄂托克旗的西南地区处于中度污染水平，足以说明 2010 年 $PM_{2.5}$ 浓度较其他年份高。

6.5.4　锡林郭勒地区年均 $PM_{2.5}$ 浓度长时间序列结果

利用随机森林算法进行反演，可以得到锡林郭勒地区 2000 年、2005 年、2010 年、2015 年和 2019 年 $PM_{2.5}$ 浓度(图 6-5-4)，从栅格数据的图层属性可以得知这 5 年的 $PM_{2.5}$ 浓度的均值分别为 9.93 μg/m^3、9.49 μg/m^3、10.25 μg/m^3、9.33 μg/m^3、12.38 μg/m^3，年平均增长率分别为－0.89%、1.60%、－1.80%、6.54%。

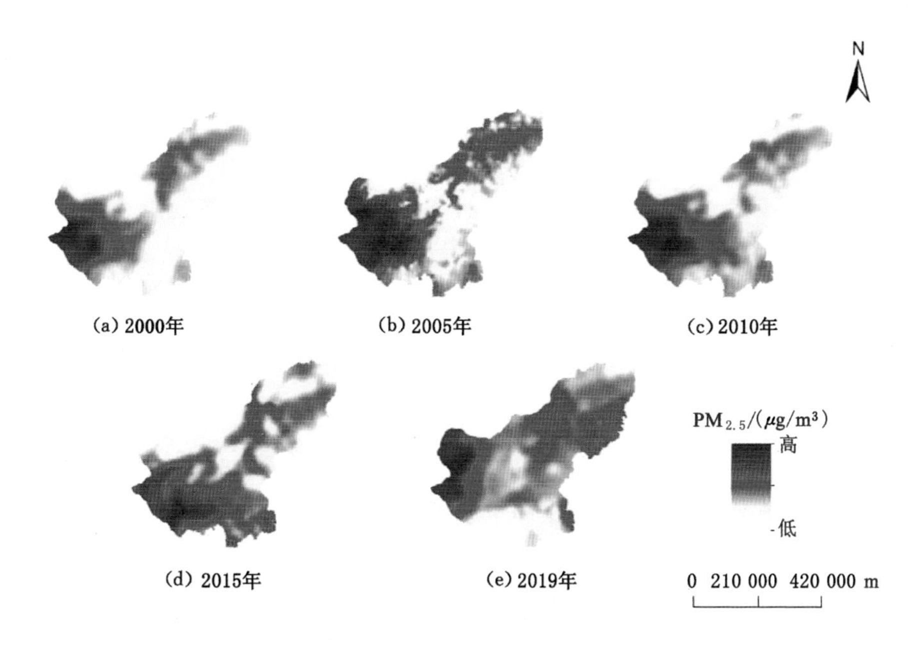

图 6-5-4　锡林郭勒地区 $PM_{2.5}$ 浓度年均变化图

从空间角度来看(图 6-5-4)，2000—2015 年期间锡林郭勒的 $PM_{2.5}$ 污染空间上呈现从东北向西南方向线性增加的趋势。$PM_{2.5}$ 浓度较低的是阿巴嘎旗、锡林浩特市、西乌珠穆沁旗，但 2019 年西乌珠穆沁旗中心区域的 $PM_{2.5}$ 浓度与其他年份相比较高；其次是镶黄旗、正镶白旗、太仆寺旗、正蓝旗、多伦县、东乌珠穆沁旗的东部、苏尼特左旗的东部地区和苏尼特右旗的东部地区；最高的是二连浩特市、苏尼特左旗的西部地区和苏尼特右旗的西部地区。

锡林郭勒地区 $PM_{2.5}$ 年均浓度时间变化趋势见图 6-5-5，2000 年以来鄂尔多斯地区的 $PM_{2.5}$ 年均浓度呈略微波动的正“W”形分布。从时间角度来看(图 6-5-5)，2000—2005 年锡林郭勒地区 $PM_{2.5}$ 浓度呈下降趋势；2005—2010 年锡林郭勒地区 $PM_{2.5}$ 浓度呈增长趋势；2010—2019 年锡林郭勒地区 $PM_{2.5}$ 浓度呈虽有小幅度下降但逐渐上升的趋势。

6.5.5　鄂尔多斯地区和锡林郭勒地区标准差椭圆分析

参照已有文献[54]，本研究选择 1 个标准差椭圆面，利用 ArcGIS10.2 的方向分布(标准差椭圆)工具创建标准差椭圆。为体现 $PM_{2.5}$ 浓度的时空分布特点，按照数据特征对分析年份的数据做标准差椭圆，选择 $PM_{2.5}$ 浓度作为权重字段，以此方法来评价其时空分布特征。通过比较这些椭圆随时间推移的变化，可以

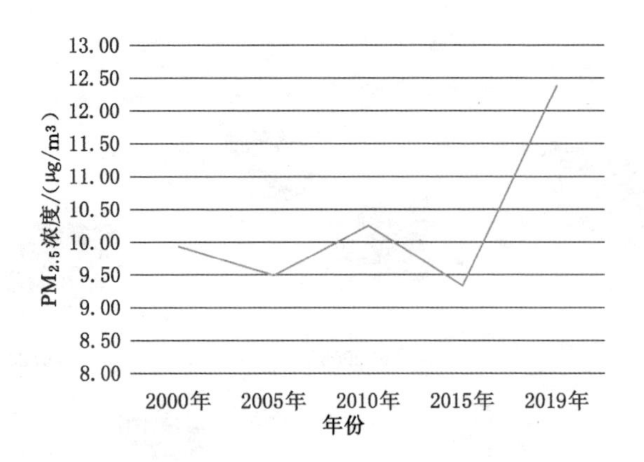

图 6-5-5　2000—2019 年锡林郭勒地区年均 $PM_{2.5}$ 浓度变化曲线

形象地跟踪研究区域 $PM_{2.5}$ 污染的年际变化，揭示 $PM_{2.5}$ 污染空间动态过程的总体特征。

基于标准差椭圆分析，图 6-5-6 揭示了鄂尔多斯和锡林郭勒 $PM_{2.5}$ 年均浓度的时空格局演变趋势，表 6-5-3 是对鄂尔多斯进行标准差椭圆分析后的具体结果参数。从图 6-5-6 来看，鄂尔多斯 $PM_{2.5}$ 浓度的标准差椭圆中心分布在鄂托克旗和杭锦旗的交界处，数据分布沿着标准差椭圆的长半轴方向，说明 $PM_{2.5}$ 年均数据分布的方向性并不是十分明显，椭圆中心格局变化不明显。根据表 6-5-3 计算可得，2005—2015 年椭圆中心一直向东北方向移动，2015 年的椭圆中心较 2005 年的椭圆中心沿 X 轴已经向东北方向移动了 7.15 km，沿 Y 轴方向已经移动了 0.47 km。随后 2015—2019 年，鄂尔多斯地区的椭圆中心又回到原来的方向。标准差椭圆的主轴长大致随时间呈上下波动，但整体趋势未变，从 2000 年

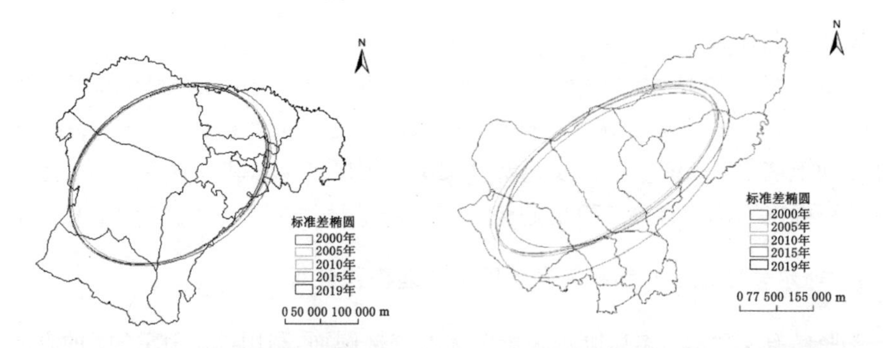

（a）鄂尔多斯 $PM_{2.5}$ 平均浓度标准差椭圆分析　　（b）锡林郭勒 $PM_{2.5}$ 平均浓度标准差椭圆分析

图 6-5-6　$PM_{2.5}$ 浓度的标准差椭圆分析

的 108.91 km 增长到 2019 年的 107.77 km。除 2010 年外，标准差椭圆的次轴长大致呈倒"U"形分布，2015 年最大为 110.08 km，2010 年最小为 197.27 km。结合主、次轴长的年际变化，发现 2010 年鄂尔多斯的 $PM_{2.5}$ 污染的方向性最弱，2015 年 $PM_{2.5}$ 污染的方向性最强。从标准差椭圆的方位角中，可以识别出 $PM_{2.5}$ 污染空间格局变化的方向，2000—2019 年方位角沿正北方向顺时针旋转呈明显的上升趋势，表明东北方向对鄂尔多斯的 $PM_{2.5}$ 污染格局变化的影响增大。

表 6-5-3　鄂尔多斯地区 $PM_{2.5}$ 浓度的标准差椭圆参数

年份	周长 /km	面积 /km^2	中心点 X 坐标 /km	中心点 Y 坐标 /km	X 轴长 /km	Y 轴长 /km	方向角 /(°)
2000	815.90	51 054.63	19 290.13	4 372.94	108.91	149.23	57.12
2005	821.80	51 767.41	19 291.08	4 371.82	109.53	150.45	57.38
2010	810.57	50 223.52	19 295.35	4 372.05	107.27	149.04	59.26
2015	840.25	53 753.89	19 298.23	4 372.29	110.08	155.44	59.86
2019	814.51	50 708.83	19 291.62	4 371.17	107.77	149.79	59.61

由表 6-5-4 可知，锡林郭勒地区 $PM_{2.5}$ 浓度的标准差椭圆中心分布在阿巴嘎旗东南地区，数据分布沿着标准差椭圆的长半轴方向，$PM_{2.5}$ 年均浓度数据分布的方向性十分明显，椭圆中心格局除 2015 年变动较大之外均不明显。除 2015 年外，2000—2019 年椭圆中心呈向东北方向转移的趋势，其中 2015 年 $PM_{2.5}$ 浓度的标准差椭圆中心向东南方向转移，2015 年的椭圆中心较 2005 年的椭圆中心沿 X 轴方向分解来看已经向东南方向移动了 15.79 km，沿 Y 轴方向已经移动了 33.98 km。随后 2015—2019 年，锡林郭勒地区的椭圆中心又回到原来的位置。2019 年的椭圆中心较 2005 年的椭圆中心沿 X 轴方向分解来看已经向东北方向移动了 31.44 km，沿 Y 轴方向已经移动了 9.37 km。标准差椭圆的主轴长大致随时间呈增加的趋势，从 2000 年的 117 303.3 m 增长到 2019 年的 125.43 km。除 2010 年外，标准差椭圆的次轴长的变化趋势大致呈倒"U"形分布，2015 年最大为 277.04 km，2019 年最小为 264.15 km。结合主、次轴长的年际变化，发现 2005 年锡林郭勒地区的 $PM_{2.5}$ 污染的方向性最弱，2015 年 $PM_{2.5}$ 污染的方向性最强。从锡林郭勒地区的标准差椭圆的方位角中可以看出 2000—2019 年方位角沿正北方向顺时针旋转呈明显的先下降后上升的趋势，表明东南方向对锡林郭勒的 $PM_{2.5}$ 污染格局变化的影响增大。

表 6-5-4　锡林郭勒 $PM_{2.5}$ 浓度的标准差椭圆参数

年份	周长/km	面积/km²	中心点 X 方向坐标/km	中心点 Y 方向坐标/km	X 轴长/km	Y 轴长/km	方向角/(°)
2000	1 262.72	99 313.92	20 343.59	4 903.18	117.30	269.53	58.07
2005	1 279.24	101 455.36	20 335.90	4 905.28	118.07	273.56	58.43
2010	1 255.84	99 990.01	20 339.64	4 897.70	119.62	266.11	58.04
2015	1 330.49	116 556.60	20 351.69	4 871.31	133.93	277.04	55.60
2019	1 262.97	104 078.44	20 367.35	4 914.65	125.43	264.15	59.62

6.6　矿区年均 $PM_{2.5}$ 浓度长时间序列结果

对四个矿区的数据采用上述的数据处理方法，再次利用随机森林回归模型进行回归分析，得到四个矿区的年均 $PM_{2.5}$ 浓度长时间序列结果如下。

6.6.1　神东矿区

由图 6-5-7 和栅格图层的图层属性可以得知神东矿区这 5 年的 $PM_{2.5}$ 浓度的均值分别为 13.95 μg/m³、22.29 μg/m³、28.37 μg/m³、21.23 μg/m³、21.32 μg/m³，年平均增长率分别为 0.12%、0.05%、−0.05%、0.001%。

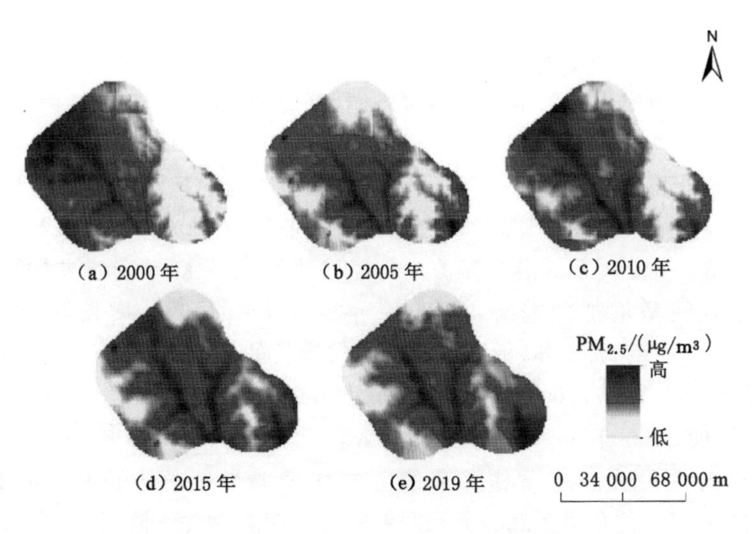

图 6-5-7　神东矿区 2000—2019 年 $PM_{2.5}$ 浓度年平均变化图

基于上文构建的随机森林模型，利用神东矿区研究年份的AOD数据、气象要素数据、DEM数据、人口空间分布数据、NDVI数据，反演得到每年的$PM_{2.5}$年均浓度。从图6-5-7可以看出，2000年、2005年、2010年、2015年、2019年这5年的$PM_{2.5}$年均浓度空间分布大致相同，高值区主要位于鄂尔多斯的康巴什区及其周边地区、沿乌兰木伦河和窟野河水域流向分布的区域以及陕西省榆林市府谷县的中间区域。神东矿区$PM_{2.5}$年均浓度空间差异不大，分布格局按照年份对比并无太大变化。低值区主要位于鄂尔多斯市东胜区的东部地区、准格尔旗的西南地区以及陕西省榆林市府谷县的西北地区。低值区的空间分布差异显著，分布格局按照年份对比具有明显变化。陕西省榆林市府谷县的西北地区的$PM_{2.5}$年均浓度由边缘向中心逐渐升高，低值区域不断减少。

从整体来看，神东矿区的$PM_{2.5}$年均浓度的空间分布呈现出西北部、中部、西南部较高，东北部和东南部较低的特点，高值区、低值区的分界线大致与DEM分布相一致。中部和西北部地势较为平坦，人口、工业生产、交通较为密集，污染气体排放较多，空气流动性差，污染物不易扩散，$PM_{2.5}$年均浓度较高。这些地区属于采矿区域，污染气体排放严重，形成$PM_{2.5}$高浓度区域。东北部和东南部较低，虽然也属于采矿区域，但是该地区植被覆盖率高，人口稀疏，地表较为空旷，空气流动性好，污染物虽然进行大量排放但是扩散较快，所以$PM_{2.5}$年均浓度较低。

6.6.2 准格尔矿区

由图6-5-8和栅格图层的图层属性可以得知准格尔矿区这5年的$PM_{2.5}$质量浓度的均值分别为12.98 $\mu g/m^3$、27.02 $\mu g/m^3$、30.52 $\mu g/m^3$、24.14 $\mu g/m^3$、23.30 $\mu g/m^3$，年平均增长率分别为0.22%、0.03%、−0.04%、−0.009%。

基于上文构建的随机森林模型，利用准格尔矿区研究年份的AOD数据、气象要素数据、DEM数据、人口空间分布数据、NDVI数据，反演得到每年的$PM_{2.5}$年均浓度。从图6-5-8可以看出，2000年、2005年、2010年、2015年、2019年这5年的$PM_{2.5}$年均浓度空间分布大致相同，高值区主要位于陕西省榆林市府谷县和山西省忻州市河曲县的交界处。准格尔矿区$PM_{2.5}$年均浓度高值区空间差异不大，分布格局按照年份对比并无太大变化。低值区主要位于鄂尔多斯市准格尔旗的中部地区、呼和浩特市的清水县和山西省忻州市偏关县的西部地区。低值区的空间分布差异显著，其分布格局2019年较2000年具有明显变化，山西省忻州市偏关县的西部地区$PM_{2.5}$年均浓度由边缘向中心逐渐降低，低值区域不断增加。准格尔矿区内其他地区的$PM_{2.5}$年均浓度均介于高值区和低值区之间。

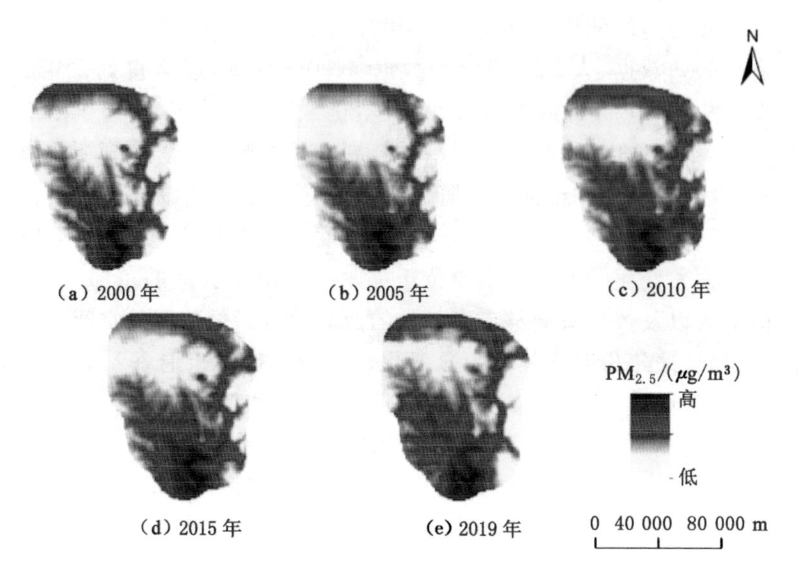

图 6-5-8 准格尔矿区 2000—2019 年 $PM_{2.5}$浓度年平均变化图

从整体来看，准格尔矿区的 $PM_{2.5}$年均浓度的空间分布呈现出中部和南部较高，北部较低的特点，高值区、低值区的分布大致与 DEM 分布相一致。中部和南部地势较为平坦，人类活动较为密集，路网密度较高，工业生产排放污染气体较多，空气流动性较差造成污染物不易扩散，所以 $PM_{2.5}$年均浓度较高。矿区北部地区植被覆盖率较高，人口稀疏，人类参与社会活动较少，污染物虽然在排放但是扩散较快，所以 $PM_{2.5}$年均浓度较低。

6.6.3 白音华矿区

由图 6-5-9 和栅格图层的图层属性可以得知白音华矿区这 5 年的 $PM_{2.5}$浓度的均值分别为 7.05 μg/m³、5.39 μg/m³、8.51 μg/m³、9.69 μg/m³、10.93 μg/m³，年平均增长率分别为－0.05％、0.12％、0.03％、0.03％。

基于上文构建的随机森林模型，利用白音华矿区研究年份的 AOD 数据、气象要素数据、DEM 数据、人口空间分布数据、NDVI 数据，反演得到每年的 $PM_{2.5}$年均浓度。从图 6-5-9 可以看出，2000 年、2005 年、2010 年、2015 年、2019 年这 5 年的 $PM_{2.5}$年均浓度空间分布大致相同，高值区主要位于白音华矿区的北部地区。矿区 $PM_{2.5}$年均浓度高值区空间差异较大，其分布格局 2019 年较其他年份相比高值区域增加。低值区主要位于矿区的南部。从整体来看，神东矿区的 $PM_{2.5}$年均浓度的空间分布呈现出西北部较高，南部较低的特点，高值区、低值区的分布大致与 DEM 分布相一致。从 $PM_{2.5}$年均浓度的数值来看，白音华

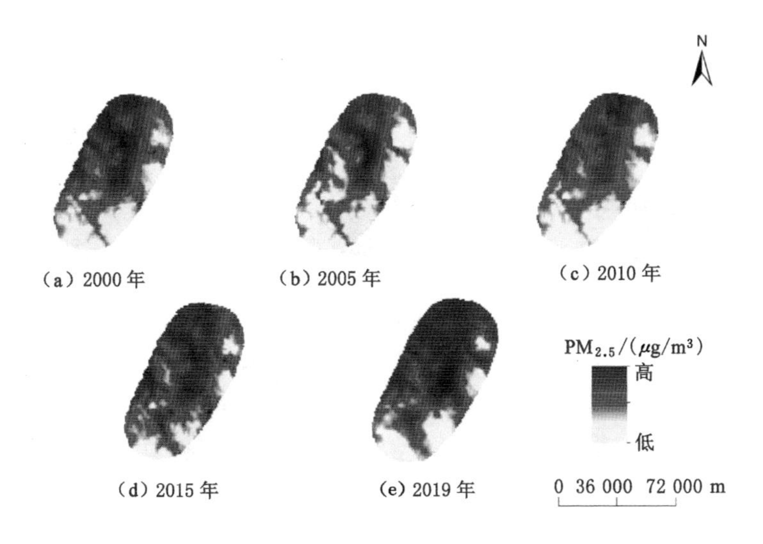

图 6-5-9　白音华矿区 2000—2019 年 $PM_{2.5}$浓度年平均变化图

矿区 2000—2019 年空气质量达到优的级别。

6.6.4　胜利矿区

由图 6-5-10 和栅格图层的图层属性可以得知胜利矿区这 5 年的 $PM_{2.5}$浓度的均值分别为 4.11 μg/m³、3.55 μg/m³、5.56 μg/m³、7.84 μg/m³、7.24 μg/m³，年平均增长率分别为－0.03％、0.11％、0.08％、－0.02％。

基于上文构建的随机森林模型，利用胜利矿区研究年份的 AOD 数据、气象要素数据、DEM 数据、人口空间分布数据、NDVI 数据，反演得到每年的年均 $PM_{2.5}$浓度。从图 6-5-10 可以看出，2000 年、2005 年、2010 年、2015 年、2019 年这 5 年的 $PM_{2.5}$年均浓度空间分布大致相同，高值区主要位于矿区南部中央的位置。中值区位于矿区的西北部和南部地区。低值区主要位于矿区的东部和西部地区。$PM_{2.5}$年均浓度空间分布差异显著，分布格局按照年份对比具有明显变化，2019 年 $PM_{2.5}$年均浓度较其他年份相比整体呈下降趋势，低值区域不断增加。

从整体来看，胜利矿区的 $PM_{2.5}$年均浓度的空间分布呈现出中部较高，西部和东部较低的特点。中部地势平坦，人口大多聚集在中部偏南的位置，由于工业生产污染气体排放量大，且交通较为密集，故 $PM_{2.5}$年均浓度较高。其他地区虽然也属于采矿区域但是该地区人口稀疏，地表较为空旷，空气流动性好，污染物扩散较快，所以 $PM_{2.5}$年均浓度较低。

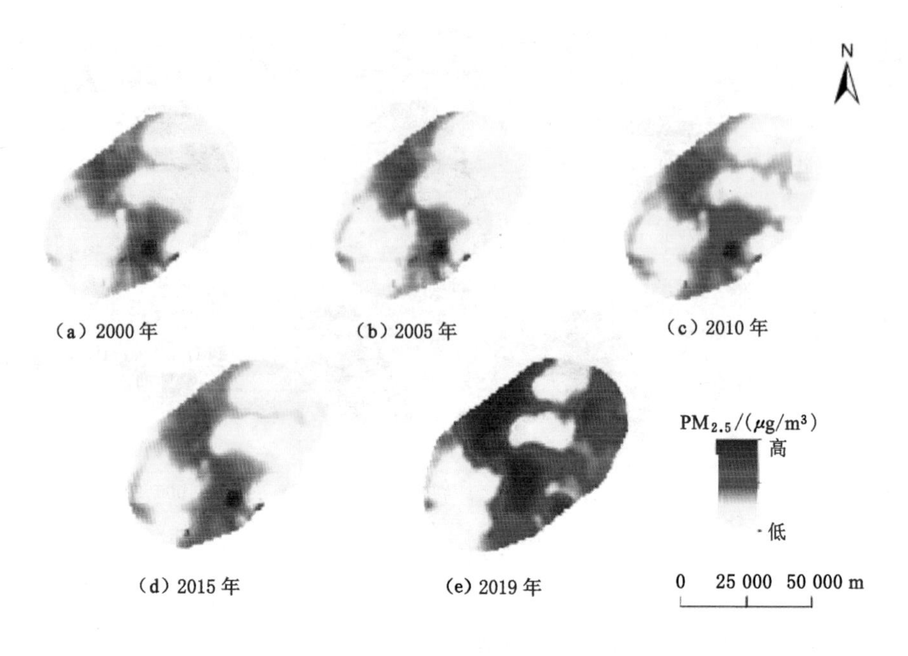

图 6-5-10 胜利矿区 2000—2019 年 $PM_{2.5}$ 浓度年平均变化图

6.7 小结

(1) 从时间角度来看,2000—2005 年鄂尔多斯地区 $PM_{2.5}$ 浓度呈下降趋势;2005—2010 年鄂尔多斯地区 $PM_{2.5}$ 浓度呈增长趋势;2010—2019 年鄂尔多斯地区 $PM_{2.5}$ 浓度呈虽有波动但逐渐下降的趋势,与 $PM_{2.5}$ 实测数据的观测趋势保持一致。从空间角度来看,2000—2019 年期间,鄂尔多斯地区的 $PM_{2.5}$ 污染空间上呈现从中心区域向四周各个方向逐渐上升的趋势。$PM_{2.5}$ 浓度较低的区域是东胜区、康巴什区、伊金霍洛旗;其次是鄂托克旗、鄂托克前旗的东北和东南地区;最高的是杭锦旗的北部、达拉特旗的北部、准格尔旗的东南地区、鄂托克旗和鄂托克前旗的西部地区以及乌审旗的东南地区。

(2) 从时间角度来看,2000—2005 年锡林郭勒地区 $PM_{2.5}$ 浓度呈下降趋势;2005—2010 年锡林郭勒地区 $PM_{2.5}$ 浓度呈增长趋势;2010—2019 年锡林郭勒地区 $PM_{2.5}$ 浓度呈虽有小幅度下降但逐渐上升的趋势。从空间角度来看,2000—2015 年间锡林郭勒的 $PM_{2.5}$ 污染空间上呈现从东北向西南方向线性增加的趋势。$PM_{2.5}$ 浓度较低的区域是阿巴嘎旗、锡林浩特市、西乌珠穆沁旗,但 2019 年西乌珠穆沁旗中心区域的 $PM_{2.5}$ 浓度与其他年份相比较高;其次是镶黄旗、正镶白旗、太仆寺旗、正蓝旗、多伦县、东乌珠穆沁旗的东部、苏尼特左旗的东地区和苏尼特右旗的东部地区;$PM_{2.5}$浓度最高的区域是二连浩特市、苏尼特左旗的西部地区和苏尼特右旗的西部地区。

(3) 神东矿区2000年、2005年、2010年、2015年、2019年这5年的$PM_{2.5}$年均浓度空间分布大致相同,高值区主要位于鄂尔多斯的康巴什区及其周边地区、沿乌兰木伦河和窟野河水域流向分布的区域以及陕西省榆林市府谷县的中间区域。低值区主要位于鄂尔多斯市东胜区的东部地区、准格尔旗的西南地区以及陕西省榆林市府谷县的西北地区。低值区的空间分布差异显著,分布格局按照年份对比具有明显变化。陕西省榆林市府谷县的西北地区的$PM_{2.5}$年均浓度由边缘向中心逐渐升高,低值区域不断减少。从整体来看,神东矿区的$PM_{2.5}$年均浓度的空间分布呈现出西北部、中部、西南部较高,东北部和东南部较低的特点。

(4) 准格尔矿区2000年、2005年、2010年、2015年、2019年这5年的$PM_{2.5}$年均浓度空间分布大致相同,高值区主要位于陕西省榆林市府谷县和山西省忻州市河曲县的交界处。低值区主要位于鄂尔多斯市准格尔旗的中部地区、呼和浩特市的清水县和山西省忻州市偏关县的西部地区。低值区的空间分布差异显著,其分布格局2019年较2000年具有明显变化,山西省忻州市偏关县的西部地区$PM_{2.5}$年均浓度由边缘向中心逐渐降低,低值区域不断增加。准格尔矿区内其他地区的$PM_{2.5}$年均浓度均介于高值区和低值区之间。从整体来看,准格尔矿区的$PM_{2.5}$年均浓度的空间分布呈现出中部和南部较高、北部较低的特点。

(5) 白音华矿区2000年、2005年、2010年、2015年、2019年这5年的$PM_{2.5}$年均浓度空间分布大致相同,高值区主要位于白音华矿区的北部地区。矿区$PM_{2.5}$年均浓度高值区空间差异较大,其分布格局2019年高值区域较其他年份增加。低值区主要位于矿区的南部。从整体来看,神东矿区的$PM_{2.5}$年均浓度的空间分布呈现出西北部较高、南部较低的特点。

(6) 胜利矿区2000年、2005年、2010年、2015年、2019年这5年的$PM_{2.5}$年均浓度空间分布大致相同,高值区主要位于矿区南部中央的位置。中值区位于矿区的西北部和南部地区。低值区主要位于矿区的东部和西部地区。$PM_{2.5}$年均浓度空间分布差异显著,分布格局按照年份对比具有明显变化,2019年$PM_{2.5}$年均浓度较其他年份整体呈下降趋势,低值区域不断增加。从整体来看,胜利矿区的$PM_{2.5}$年均浓度的空间分布呈现出中部较高、西部和东部较低的特点。

参考文献

[1] 李同文,孙越乔,杨晨雪,等.融合卫星遥感与地面测站的区域 $PM_{2.5}$ 反演[J].测绘地理信息,2015,40(3):6-9.

[2] 王雨晨.基于随机森林的上海市 $PM_{2.5}$ 质量浓度预测研究[D].上海:华东师范大学,2017.

[3] 德勒格日玛.浅析内蒙古煤炭产业的优势和发展[J].北方经济,2008(8):44-45.

[4] 任才溶.基于并行随机森林的城市 $PM_{2.5}$ 浓度预测[D].太原:太原理工大学,2018.

[5] 邵琦,陈云浩,李京.基于卫星遥感和气象再分析资料的北京市 $PM_{2.5}$ 浓度反演研究[J].地理与地理信息科学,2018,34(3):32-38.

[6] HUANG R X,CHUN L H. Seasonal variation characteristics and forecasting model of $PM_{2.5}$ in Changsha,central City in China[J]. Journal of Environmental & Analytical Toxicology,2017,7(1):429

[7] LV B,COBOURN W G,BAI Y Q. Development of nonlinear empirical models to forecast daily $PM_{2.5}$ and ozone levels in three large Chinese cities[J]. Atmospheric Environment,2016,147:209-223.

[8] CHELANI A B. Estimating $PM_{2.5}$ concentration from satellite derived aerosol optical depth and meteorological variables using a combination model[J]. Atmospheric Pollution Research,2019,10(3):847-857.

[9] 袁兴明,邢立鹏,靳合波,等.基于 MODIS AOD 的山东地区 $PM_{2.5}$ 反演[J].测绘与空间地理信息,2018,41(11):88-90.

[10] 付宏臣,孙艳玲,陈莉,等.基于 AOD 数据与 GWR 模型的 2016 年新疆地区 $PM_{2.5}$ 和 PM_{10} 时空分布特征[J].环境科学学报,2020,40(1):27-35.

[11] 薛岩松,俞乐,徐鹏炜.利用 MODIS 气溶胶产品反演 PM_{10} 质量浓度:以杭州为例[J].遥感信息,2014,29(1):74-77.

[12] 李慧娟,胡列群,李帅.北疆地区 MODIS 3 km 气溶胶光学厚度与 PM_{10} 质量浓度的相关性分析[J].环境科学学报,2018,38(3):1109-1116.

[13] LI R,ZHANG M G,CHEN L F,et al. CMAQ simulation of atmospheric CO_2 concentration in East Asia:Comparison with GOSAT observations and ground measurements[J]. Atmospheric Environment,2017,160:176-185.

[14] ZHOU G Q,XU J M,XIE Y,et al. Numerical air quality forecasting over Eastern China:an operational application of WRF-Chem[J]. Atmospheric Environment,2017,153:94-108.

[15] ELBAYOUMI M,RAMLI N A,FITRI MD YUSOF N F. Development and comparison of regression models and feedforward backpropagation neural network models to predict seasonal indoor $PM_{2.5-10}$ and $PM_{2.5}$ concentrations in naturally ventilated schools[J]. Atmospheric Pollution Research,2015,6(6):1013-1023.

[16] ASADOLLAHFARDI G,ZANGOOEI H,ARIA S H. Predicting $PM_{2.5}$ concentrations using artificial neural networks and Markov chain,a case study Karaj City[J]. Asian Journal of Atmospheric Environment,2016,10(2):67-79.

[17] GRIVAS G,CHALOULAKOU A. Artificial neural network models for prediction of PM_{10} hourly concentrations,in the Greater Area of Athens,Greece[J]. Atmospheric Environment,2006,40(7):1216-1229.

[18] MOK K M,TAM S C. Short-term prediction of SO_2 concentration in Macau with artificial neural networks[J]. Energy and Buildings,1998,28(3):279-286.

[19] 康俊锋,黄烈星,张春艳,等. 多机器学习模型下逐小时 $PM_{2.5}$ 预测及对比分析[J]. 中国环境科学,2020,40(5):1895-1905.

[20] 谢永华,张鸣敏,杨乐,等. 基于支持向量机回归的城市 $PM_{2.5}$ 浓度预测[J]. 计算机工程与设计,2015,36(11):3106-3111.

[21] 朱亚杰,李琦,侯俊雄,等. 基于支持向量回归的 $PM_{2.5}$ 浓度实时预报[J]. 测绘科学,2016,41(1):12-17.

[22] 李欣海. 随机森林模型在分类与回归分析中的应用[J]. 应用昆虫学报,2013,50(4):1190-1197.

[23] 李长胜,王瑜,肖洪兵,等. 基于随机森林算法的阿尔茨海默症医学影像分类[J]. 中国医学物理学杂志,2020,37(8):1005-1009.

[24] 武晓岩,闫晓光,李康. 基因表达数据的随机森林逐步判别分析方法[J]. 中国卫生统计,2007,24(2):151-154.

[25] 杨北萍,陈圣波,于海洋,等. 基于随机森林回归方法的水稻产量遥感估算[J]. 中国农业大学学报,2020,25(6):26-34.

[26] 方馨蕊,温兆飞,陈吉龙,等. 随机森林回归模型的悬浮泥沙浓度遥感估算[J]. 遥感学报,2019,23(4):756-772.

[27] 由明明,常庆瑞,田明璐,等.基于随机森林回归的油菜叶片 SPAD 值遥感估算[J].干旱地区农业研究,2019,37(1):74-81.

[28] 刘霞,郭亚男.基于随机森林的遥感影像变化检测[J].测绘通报,2020(5):16-20.

[29] 江萍萍,郑瑞坤.基于随机森林的非正规金融风险因素识别:以 P2P 为例[J].湖北工业大学学报,2020,35(4):110-114.

[30] 刘亦凡.基于随机森林算法的债券违约风险预警模型设计研究[D].南昌:江西财经大学,2020.

[31] 艾钰.基于随机森林优化的沪深 300 指数走势预测研究[D].济南:山东大学,2020.

[32] 刘思蒙.基于决策树与随机森林的个人网络贷款违约行为研究[D].北京:中国地质大学(北京),2020.

[33] 李杰.基于随机森林算法的多因子选股模型研究[D].哈尔滨:哈尔滨工业大学,2019.

[34] 黄蓉.随机森林模型在学区房评估中的应用研究:以渝中区为例[D].重庆:重庆理工大学,2020.

[35] 杭琦.随机森林算法在城市空气质量评价中的应用研究[D].上海:上海第二工业大学,2019.

[36] 毛节泰,张军华,王美华.中国大气气溶胶研究综述[J].气象学报,2002,60(5):625-634.

[37] 谢意.大气细颗粒物($PM_{2.5}$)质量浓度的遥感估算模型研究:以南京仙林为例[D].南京:南京师范大学,2013.

[38] 张磊.2001～2015 年广东地区气溶胶光学厚度变化趋势及其影响因素[D].南京:南京大学,2016.

[39] 赵佳楠.基于随机森林的长江三角洲 $PM_{2.5}$ 浓度空间模拟及暴露风险评估[D].上海:华东师范大学,2018.

[40] 彭守璋.中国 1 km 分辨率逐月降水量数据集(1901—2017)[R].国家青藏高原科学数据中心,2020.

[41] 马芳芳.中国 PM_1 浓度特征及其与卫星气溶胶光学厚度的相关性分析[D].徐州:中国矿业大学,2020.

[42] 杜续.基于随机森林的 $PM_{2.5}$ 浓度预测模型研究[D].西安:西安邮电大学,2018.

[43] 佚名.关于均数与偏差[J].创新创业理论研究与实践,2020,3(23):183.

[44] 李金昌.绝对差的意义[J].中国统计,2019(9):28-30.

[45] 孙英君,王劲峰,柏延臣.地统计学方法进展研究[J].地球科学进展,2004,19(2):268-274.

[46] 李丽娟.基于卫星遥感的京津冀地区 $PM_{2.5}$ 反演研究[D].北京:中国地质大学(北京),2017.

[47] 张宇镭,党琰,贺平安.利用 Pearson 相关系数定量分析生物亲缘关系[J].计算机工程与应用,2005,41(33):79-82.

[48] 张建勇,高冉,胡骏,等.灰色关联度和 Pearson 相关系数的应用比较[J].赤峰学院学报(自然科学版),2014,30(21):1-2.

[49] 车瑞俊,刘大锰,袁杨森.北京冬季大气颗粒物污染水平和影响因素研究[J].中国科学院研究生院学报,2007,24(5):556-563.

[50] 蒋雷敏,李佶.天气因数对 $PM_{2.5}$ 浓度的影响[J].科技视界,2014(29):125.

[51] 胡敏,张静,吴志军.北京降水化学组成特征及其对大气颗粒物的去除作用[J].中国科学 (B辑 化学),2005,35(2):169-176.

[52] AMATO F,SCHAAP M,DENIER VAN DER GON H A C,et al. Effect of rain events on the mobility of road dust load in two Dutch and Spanish roads[J]. Atmospheric Environment,2012,62:352-358.

[53] XUE T,LIU J,ZHANG Q,et al. Rapid improvement of $PM_{2.5}$ pollution and associated health benefits in China during 2013—2017[J]. Science China Earth Sciences,2019,62(12):1847-1856.

[54] 孟郁洁,王松旺,苏健婷,等.北京市高速公路周边社区空间分布及健康风险研究[J].环境与健康杂志,2018,35(12):1055-1058.

第7章　生态累积效应评价

明确煤炭资源开发的生态累积效应程度，对于减缓煤炭资源开发对矿区生态环境的损害，促进矿区可持续发展具有非常重要的意义。本章在分析矿区发展与生态环境交互关系的基础上，提出了煤矿区生态环境累积效应评价指标选择的原则，探讨了生态累积效应的评价方法和评价模型，并根据前几章计算的生态累积效应评价指标对研究区的生态累积效应进行计算分析。

7.1　生态累积效应评价指标体系

指标体系是评价概念框架模型思想的延伸，其建立过程是概念框架模型的具体化，其评价结果是掌握区域生态环境系统状况的重要依据，是生态环境服务功能对矿区经济、社会等可持续发展安全性保障程度的表征。建立合适的评价指标体系，对于准确把握矿区生态环境系统的现状及演变趋势，制定生态环境保护政策，合理选择资源开发速度和规模，降低或减缓累积效应等具有重要意义[1]。

7.1.1　选择原则

煤矿区生态累积效应分析和评价指标选择的原则可以概括为以下几条：

(1) 体现生态环境可持续发展原则

可持续发展指标描述的是目前或未来状态与参照点之间的“距离”，参照点可视为生态系统的“阈值”或目标值。传统的生态环境评价指标多描述开发活动所造成的环境状况的现状变化，是简单的状态指标，只反映了开发活动对环境的压力与环境状况的变化，难以体现开发活动在区域一定时间范围内对生态环境的影响程度，没有较好地反映开发活动对环境可持续性的影响。基于可持续发展原则所建立的指标体系，可对开发活动的环境效应通过环境容量或环境承载力进行分析评价，在这个基础上可进一步进行开发活动累积效应的评估[2]。

(2) 整体性原则

生态完整性的判定是生态环境累积影响分析的基础，也是累积效应评价的基本要求。煤炭资源分阶段多步骤开发必然会影响区域生态系统的完整性，导致区域的生产能力和稳定状况发生改变。累积效应分析要求从系统的整体出发，指标体系的选择只有在坚持整体性原则的基础上，才能真正反映区域生态环境系统的发展与变动。

(3) 动态性原则

累积效应具有时间滞后效应，某些影响可能要经过一段时间的累积才以某种效应的形式体现出来。因此，累积效应指标要注重反映区域生态系统在煤炭开发等人类活动干扰下的变化趋势，要能够反映可能存在或可预见的累积效应。当然，为了体现过去的活动对现在、将来的影响，指标应尽量选择已有历史数据的那些指标，充分利用历史数据。

(4) 便于因果分析原则

累积影响分析的目的是除了获得累积影响信息之外，更为重要的是分析环境状况变化和所承受各种压力之间的因果关系，确定造成累积影响的主要原因，据此制定有效的对策措施。因此，指标体系不仅能反映环境状况和环境所受压力的情况，而且还应具有人类社会响应的指标。

(5) 体现自然环境和社会环境的动态预测特性原则

累积影响评价是在对累积影响源(开发活动、人口增长等)、环境因子变化预测等的基础上，将煤炭资源开发活动对生态要素产生的影响(包括自然和社会影响)和改变状况，从总体上进行分析和评价，以便为比较和选择方案提供科学的参考依据，充分体现所影响的自然环境和社会环境的动态预测特性是环境可持续发展的必要和充分条件。

(6) 体现指标体系的独立性、综合性及简易性原则

矿区发展所带来的生态效应涉及经济、社会和环境等多个方面，需要较多的指标进行客观描述。需要注意的是，虽然指标体系可以帮助确定关键问题并能指明系统的总体趋势，但选择的指标应符合客观情况，尽量独立且含义明确，同时为了克服指标体系中指标数目过多所带来的缺陷，应对部分指标进行整合。

(7) 数据可获取性原则

定量评价能否进行以及结果准确与否，很大程度上取决于评价数据的获取及质量。因此评价指标选择应该考虑在当前的社会经济及科技发展水平下，有能力获取的指标。

(8) 生态服务性原则

煤炭资源开发等人类活动对生态环境系统的影响，归根结底是对生态环境系统服务功能的破坏。不管指标体系针对的是生态系统组成、结构还是其他，其

评价本质只有一个:指标体系能否充分发挥其生态服务功能[3]。

(9) 空间性原则

累积效应分析扩大了分析的时空范围,对于区域分析来说,生态要素的空间结构、空间分异等空间特征是必须考虑的内容。因此,在累积效应分析中对具有空间型的点、线或面状特性的指标,应该有所表达,而且需要关注其空间分异的特点。

7.1.2 指标体系构建

从前文分析可知,影响矿区生态环境系统的因子有很多,煤炭资源开发所造成的生态环境效应也非常复杂。但区域发展是离不开生态环境系统的支撑能力的,它需要生态环境提供各种各样满足资源开发和经济社会发展等活动的各项服务。因此生态环境服务功能自然成为评估区域生态环境质量状况的核心。生态环境系统的服务功能不仅反映了生态环境系统本身的质量状况和安全程度,而且它和人类各种活动对生态环境的影响、生态环境系统管理的优劣、人类活动和社会需要的程度是密切相关的。因此,生态环境核心评估指标应选择能表征矿区生态环境系统服务功能的特征变量来建立指标体系,利用这些指标的变化来反映煤炭资源开发所带来的生态累积效应,通过对它的分析和评价能够为矿区生态环境质量综合评价提供更为准确的信息。

因此,基于上文提到的指标选取的原则,结合研究区的特点,以生态系统服务于矿区生产、生活的要求为核心,从为矿区生态环境质量综合评价提供生态累积效应信息的角度,参考相关领域专家的研究成果[4-6],选择了景观格局干扰累积指数、植被退化累积指数、水土流失累积指数和空气污染累积指数作为研究区生态累积效应的指示因子(表 7-1-1),其他因子如边界扩展、土地塌陷和水环境效应等有待进一步深入研究。

表 7-1-1 矿区生态累积效应指示因子

生态效应	指示因子	指示意义	构成因子
景观演变效应	景观格局干扰累积指数	由破碎度、分离度、优势度构成的复合指标,反映了区域景观格局受各种干扰影响的程度	破碎度
			分离度
			优势度
植被盖度效应	植被退化累积指数	反映植被覆盖情况的变化	植被指数
土地环境效应	水土流失累积指数	反映土地利用变化等带来的土壤侵蚀强度变化	地表植被覆盖因子
			降雨侵蚀力因子

表 7-1-1(续)

生态效应	指示因子	指示意义	构成因子
土地环境效应	水土流失累积指数	反映土地利用变化等带来的土壤侵蚀强度变化	土壤可蚀性因子
			坡长因子
			坡度因子
			水土保持措施因子
空气质量效应	空气污染累积指数	反映区域的空气质量变化情况	污染物浓度

7.2　生态累积效应评价模型

评价是人类社会一项经常性的、非常重要的认识活动，多指按照预定目的，通过确定研究对象的属性并将这种属性转变为可客观定量的数值或主观效用的行为。综合评价是指人们根据研究目的，选择合适的评价形式，利用一定的评价方法，将所选择的多个属性信息转换为能表征研究对象总体特征的信息。它对被评价对象做出全局性、多角度和整体性的分析，是对被评价事物的发展水平或趋势的抽象程度的描述，这种描述具有整体性和全面性，是决策的基础性工作，具有实际社会经济含义[3]。基于生态累积效应原理对矿区生态环境累积效应进行分析，建立合理的分析模型，从而为矿区生态环境质量综合评价提供参考。

7.2.1　矿区生态累积效应评价的特点

(1) 评价的动态性

矿区生态环境系统是一个大型、复杂和动态的系统。影响生态环境的各因子处在不断的变化之中，生态环境因子对生态环境系统影响的贡献度也因时而变，从而决定了矿区生态环境累积效应评价应该具有动态性。这使得仅仅关注于某个项目较短时间的、静态的评价模式难以反映生态环境质量随时间变化的情况，也难以满足矿区生态环境适应性管理的要求。

(2) 生态系统因子累积响应的非线性

环境累积效应强调不同开发活动的相互作用及其时空分布对生态环境系统的影响。生态系统各因子及其整体对开发活动的响应不是一种简单的线性关系，而是一种“协同”“阈值”和“复合”的非线性关系，这造成了评价过程中指标因子贡献度(权重)的非线性变化的特点[2]。因此应在了解生态系统整体以及各因子发展变化情况的基础上，根据评估指标度量值随时间或时段变化特点选择合适的方法动态确定评价目标的权重。

(3) 累积效应分析的不确定性

累积效应分析中的不确定性主要由以下方面所产生:① 累积影响的多样性和非线性特征(阈值效应、协同效应及时空滞后作用等)使得准确预测、评价累积影响非常困难。② 时空范围的扩大造成需要收集的数据量大大增加,这在实际工作中往往难以得到满足。③ 累积影响评价需要在生态系统层次上进行,分析对整个生态系统的累积影响,而目前对多样化的生态系统的认识尚不够深入。④ 预测模型本身所存在的误差以及误差的传递。⑤ 自然环境在不受人为活动影响的情况下亦处在不断变化之中,这种固有变化性也会在累积影响评价中引入不确定性[7]。

7.2.2 矿区生态累积效应分析与评价模型

综合评价是指在相关技术支持下,通过一定的数据模型将多个评价指标值"合成"为一个整体性评价指标的过程,主要包括指标体系构建、权重确定和评价模型建立等步骤。评价指标选择前文已有叙述,对于综合评价模型,人们经过长期的理论研究和方法探索,已经形成了多种模型,且其已广泛应用于各个领域中,如层次分析、模糊评价、多级模糊综合评价和灰色关联优势度分析模型等,每一种模型都有一定的适用范围和限制条件[3]。在实际应用中,可以根据评价目的和研究要求去选择和借鉴合适的评价模型。

因此根据生态环境因子对煤炭资源开发的响应特性,从累积效应分析过程中出现的非线性、动态性和不确定性等特点入手,在此基础上建立矿区生态累积效应分析和评价模型。

干旱半干旱矿区生态累积效应的表征模型选取景观格局干扰累积、植被退化累积、水土流失累积和空气污染累积四个方面构建生态累积效应指数(E_{ECEI})来表征这种因煤炭资源开发活动而造成的矿区生态累积损失,其概念模型为:

$$E_{\mathrm{ECEI}} = E_{\mathrm{CLDI}} + E_{\mathrm{CVDI}} + E_{\mathrm{CWSLI}} + E_{\mathrm{CAPI}} \tag{7-2-1}$$

式中,E_{ECEI}为生态累积效应指数,E_{CLDI}为景观格局干扰累积指数,E_{CVDI}为植被退化累积指数,E_{CWSLI}是水土流失累积指数模型,E_{CAPI}为空气污染累积指数。

(1) 景观格局干扰累积指数模型

煤矿区的生态环境对外界影响的响应能力不仅和景观类型组成有关,而且和景观格局结构有着密不可分的关系。为了评价煤矿区的开采活动对当地景观格局带来的累积影响,参考相关研究[8],选取破碎度、分离度和优势度 3 个指标来表征干旱半干旱草原矿区景观格局受各种干扰影响的程度,其表达式为:

$$E_{\mathrm{LDI},it} = cC_{it} + sS_{it} + dD_{it} \tag{7-2-2}$$

式中,$E_{\mathrm{LDI},it}$为景观类型 i 在 t 年的景观格局干扰指数,C_{it}、S_{it}和 D_{it}分别为标准

化过的景观类型 i 在 t 年的破碎度指数、分离度指数和优势度指数，c、s、d 分别为三者的权重，且 $c+s+d=1$，借鉴相关研究，对 c、s 和 d 分别赋予 0.5、0.3 和 0.2 的权值。

采用差分分析法构建景观格局干扰累积指数(E_{CLDI})，其表达式为：

$$E_{\mathrm{CLDI},it} = \frac{E_{\mathrm{LDI},it} - E_{\mathrm{LDI},i0}}{E_{\mathrm{LDI},i0}} \tag{7-2-3}$$

式中，$E_{\mathrm{CLDI},it}$ 表示景观格局干扰累积指数；$E_{\mathrm{LDI},it}$ 为景观类型 i 在 t 年的景观格局干扰指数，$E_{\mathrm{LDI},i0}$ 为景观类型 i 在起始年份的景观格局干扰指数；$E_{\mathrm{CLDI},it}>0$，表示景观格局受到外界的负面影响增强；$E_{\mathrm{CLDI},it}<0$，表示景观格局受到外界的负面影响减弱。

(2) 植被退化累积指数模型

采用趋势线法构建植被退化累积指数，表示干旱半干旱草原矿区煤炭开采对当地的植被覆盖带来的累积影响。其表达式为：

$$E_{\mathrm{CVDI},t} = (n-1)\frac{n \cdot \sum_{t=1}^{n} t \cdot E_{\mathrm{NVDI},t} - \sum_{t=1}^{n} t \cdot \sum_{t=1}^{n} E_{\mathrm{NDVI},t}}{\left(\sum_{t=1}^{n} t\right)^2 - n \cdot \sum_{t=1}^{n} t^2} \tag{7-2-4}$$

式中，$E_{\mathrm{CVDI},t}$ 表示植被退化累积指数；t 表示研究期；$E_{\mathrm{NDVI},t}$ 表示植被指数平均值；n 代表时间。$E_{\mathrm{CVDI},t}>0$，表示 $E_{\mathrm{NDVI},t}$ 在研究期内呈下降趋势；$E_{\mathrm{CVDI},t}<0$，表示 $E_{\mathrm{NDVI},t}$ 在研究期内呈上升趋势。

(3) 水土流失累积指数模型

利用 RUSLE 模型来评价干旱半干旱草原矿区的水土流失情况。RUSLE 模型是目前国内外应用广泛的土壤侵蚀预测模型之一[9,10]，它不仅弥补了实地观测在大尺度应用上的局限性，而且在不同尺度的模拟中取得了较好的效果，其表达式为：

$$\mathrm{ASE} = \mathrm{RE} \times K \times L \times S \times C \times \mathrm{PE} \tag{7-2-5}$$

式中，ASE 为年土壤侵蚀量；RE 为降雨侵蚀力因子；K 为土壤可蚀性因子；L 为坡长因子；S 为坡度因子；C 为地表植被覆盖度因子；PE 为水土保持措施因子。

通过差分分析法获得水土流失累积指数(E_{CWSLI})，其表达式为：

$$E_{\mathrm{CWSLI},t} = \frac{\mathrm{ASE_t} - \mathrm{ASE_0}}{\mathrm{ASE_0}} \tag{7-2-6}$$

式中，$E_{\mathrm{CWSLI},t}$ 代表 t 时期研究区的水土流失累积指数，$\mathrm{ASE_t}$ 代表 t 时期的水土流失指数。

(4) 空气污染累积指数模型

本研究选取可吸入颗粒物 $\mathrm{PM}_{2.5}$ 的浓度作为衡量干旱半干旱草原矿区空气污染的指标，构建空气污染累积指数，公式如下：

$$E_{CAPI,t}=\frac{PM_t-PM_0}{PM_0} \tag{7-2-7}$$

式中，$E_{CAPI,t}$表示t时期研究区空气污染累积指数，PM_t代表t时期的污染物的浓度。

7.3 研究区域生态累积效应指数分析

根据前文所确定的生态累积效应评价指标与评价模型，将前几章运算得到的景观格局干扰累积、植被退化累积、水土流失累积和空气污染累积代入生态累积效应评价模型中进行计算分析，分别对鄂尔多斯、锡林郭勒两个区域，以及神东矿区、准格尔矿区、胜利矿区、白音华矿区4个矿区的20 m缓冲区的2000—2019年的生态累积效应进行分析评价，从而得到矿区开采对周边生态环境的影响，进而保证矿区开采的生态环境安全，降低煤炭资源开发的生态风险。

7.3.1 区域生态累积效应

根据选取的生态累积效应评价指标与模型，将前面几章计算得到的景观干扰累积、植被退化累积、水土流失累积以及空气污染累积归一化后代到生态累积效应评价模型中进行计算，得到鄂尔多斯与锡林郭勒的生态累积风险指数，并按照自然断裂点法将区域的生态累积风险分为低风险、较低风险、中风险、较高风险以及高风险5类，从而得到区域的生态累积风险分布图。

7.3.1.1 鄂尔多斯生态累积效应

将鄂尔多斯的2000—2010年以及2000—2019年的生态累积风险指数统一分辨率后，归一化为−1到1，并根据生态累积效应评价模型进行计算与分级，得到鄂尔多斯地区2000—2010年以及2000—2019年的生态累积风险分布图，分别如图7-3-1(a)以及图7-3-1(b)所示。

从图中可以看出2000—2010年鄂尔多斯地区的生态累积高风险地区与较高风险地区主要分布在区域的中心位置，而四周的高风险地区的分布则比较松散破碎，整体呈现一种“中心聚集、四处开花”的形态，并且西北方向和东南方向分布有较大片状的低风险地区以及较低风险地区，中风险地区则主要围绕着高风险与较高风险地区零星分布。

相较于2000—2019年的生态累积风险分布，2000—2019年的生态累积风险分布则呈现出不一样的形态。2000—2019年鄂尔多斯地区除了中心区域依旧有较大范围的高风险与较高风险地区之外，四周分布的高风险与较高风险地区面积都有所增长，并且中心区域的高风险与较高风险地区面积明显减小，从而

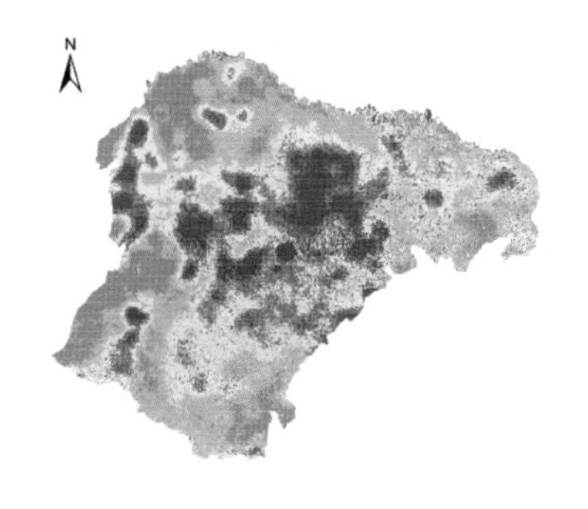

(a) 2000 — 2010年

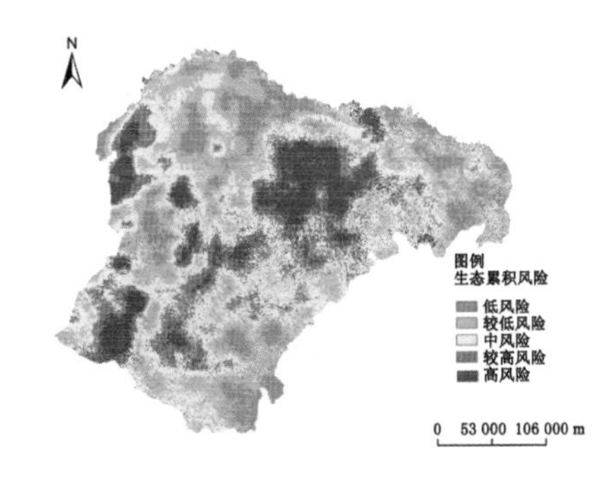

(b) 2000 — 2019年

图 7-3-1　鄂尔多斯生态累积风险分布

表现出异于单中心聚集多中心分布的分布形态。同时低风险与较低风险地区的分布形态相较于 2000—2010 年显得更加破碎,原有的低风险与较低风险分布区域变为了高风险地区以及中风险地区。而中风险地区则不再局限于高风险与较高风险地区附近,例如区域的西北方向出现了单独分布的中风险地区,其面积明显增长。

对鄂尔多斯不同生态累积风险区域所占面积进行计算后,鄂尔多斯 2000—2010 年以及 2000—2019 年各生态累积风险等级面积占比情况如表 7-3-1 所示。可以看出,相较于 2000—2010 年,鄂尔多斯 2000—2019 年的生态累积风险有所上升,低风险与较高风险面积占比下降,较低风险、中风险以及高风险区域面积占比上升,这与前面从图 7-3-1 得到的结果相符合。

表 7-3-1　鄂尔多斯不同生态累积风险区域面积占比　　单位:%

时间段	生态累积风险等级面积占比				
	低	较低	中	较高	高
2000—2010 年	14.339 2	26.870 4	27.602 4	21.505 8	9.682 2
2000—2019 年	12.991 3	27.328 2	29.561 4	19.670 0	10.449 1

总体而言,鄂尔多斯地区 2000—2019 年的生态累积效应风险高于 2000—2010 年的,主要表现为低风险与较低风险地区的面积减少以及中风险地区的面积增长,但局部而言,部分高风险与较高风险地区生态累积风险降低,其转变为中风险地区乃至低风险与较低风险地区。

7.3.1.2　锡林郭勒生态累积效应

根据之前章节计算得到的 2000—2010 年以及 2000—2019 年的四种生态累

积效应评价指标，通过生态累积效应评价模型进行计算分析，将计算结果进行自然断裂点分成5级之后得到2000—2010年以及2000—2019年的锡林郭勒地区生态累积风险分布图，如图7-3-2(a)以及图7-3-2(b)所示。

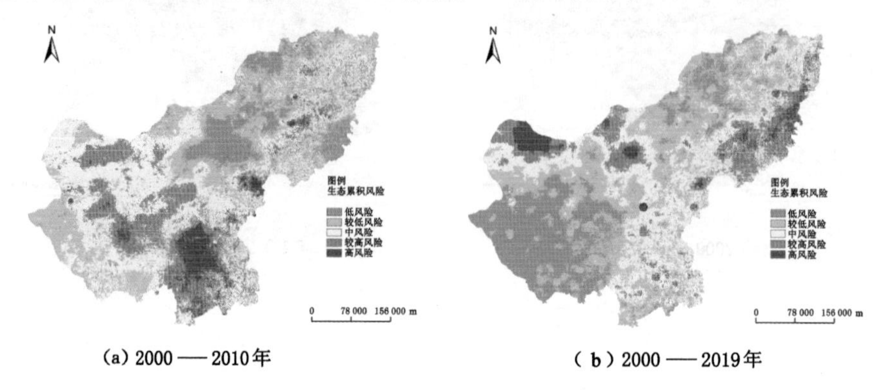

图7-3-2 锡林郭勒生态累积风险分布

通过图7-3-2可以很明显地看出2000—2010年鄂尔多斯地区生态累积高风险与较高风险地区主要位于锡林郭勒的西侧，由南方向西北方向延伸，并且在区域的东北方向也有一定的延伸，不过东北部的较高风险与高风险地区面积不大且较为破碎。从空间格局角度来看，2000—2010年的锡林郭勒地区的高风险与较高风险地区呈现一种"√"的分布形态。而低风险与较低风险地区分布则较为破碎，除了中心偏上的位置有小范围低风险与较低风险地区聚集之外，其他都零散分布，中风险地区则在高风险与较高风险地区外围大量分布，尤其是在区域西北角，大量的中风险地区聚集成片。

与2000—2010年比较，2000—2019年的生态累积风险区域分布变化较大。高风险与较高风险地区面积整体大幅度减小，2000—2010年分布在区域西部的高风险与较高风险地区急剧萎缩，只在南部和西北部有少量分布，取而代之的是低风险与较低风险地区，不过西北部的高风险与较高风险地区面积有所增长，整体而言高风险与较高风险地区的分布形态由"√"转变为"Y"。中风险地区面积也大幅度减小，只在高风险与较高风险地区周围零星可见。与之相对的则是低风险与较低风险地区面积显著增长，特别是区域的西部出现了大面积较低风险与低风险地区。

对分级的生态累积风险面积进行计算后，可以得到锡林郭勒2000—2010年以及2000—2019年各生态累积风险等级面积占比，如表7-3-2所示。可以看到，与2000—2010年相比，2000—2019年锡林郭勒的生态累积风险大幅降低，低风险与较低风险区域面积占比均大幅提高，而中风险、较高风险与高风险区域面积占比均呈下降趋势，这与图 7-3-2 的观测结果完全相符。

表 7-3-2　锡林郭勒不同生态累积风险区域面积占比　单位：%

时间段	各生态累积风险等级面积占比				
	低	较低	中	较高	高
2000—2010 年	10.739 2	26.499 8	35.147 5	22.964 9	4.648 6
2000—2019 年	22.369 0	32.614 9	26.889 5	14.942 5	3.184 1

由此可知，相较于 2000—2010 年，锡林郭勒 2000—2019 的生态累积风险整体较低，主要表现为高风险与较高风险地区面积减小，而低风险与较低风险地区面积增长，尤其是区域的西部最为明显。不过，从局部而言，特别是区域的东北方向，部分低风险与较低风险地区转化为了高风险与较高风险地区，生态累积风险有所提高。

7.3.2　矿区生态累积效应

除了比对鄂尔多斯和锡林郭勒两个区域的不同时间范围的生态累积风险之外，还针对矿区开采对周边生态累积风险的影响进行了研究。根据矿区的生态累积效应评价指数和模型，计算出神东矿区、准格尔矿区、胜利矿区以及白音华矿区的生态累积效应评价指数并对其进行分级，分别对矿区内部及各缓冲区（0～5 km、5～10 km、10～15 km 以及 15～20 km）进行研究。根据相关研究，以15～20 km 的缓冲区作为生态累积效应的对照区，其余的作为影响区，对 2000—2010 年以及 2000—2019 年矿区开采对周边的生态累积风险的影响进行研究。

7.3.2.1　神东矿区生态累积效应

根据上述方法计算得到神东矿区不同缓冲区范围的生态累积风险后，分别计算 2000—2010 年以及 2000—2019 年不同缓冲区内各种生态累积风险区域的面积占比，分别如表 7-3-3、表 7-3-4 所示。

表 7-3-3　2000—2010 年神东矿区不同生态累积风险区域面积占比　单位：%

影响区域范围/km	低	较低	中	较高	高
<0	25.614 4	39.697 5	26.559 5	6.616 3	1.512 3
0～5	15.283 2	26.532 2	28.083 8	20.636 2	9.464 7
5～10	17.674 4	29.457 4	24.961 2	19.069 8	8.837 2
10～15	15.512 3	30.014 4	26.046 2	16.738 8	11.688 3
15～20	14.195 4	31.061 1	28.882 6	19.536 2	6.324 7

由表 7-3-3 可知，低风险区域面积随着与矿区距离的增加而降低，矿区内部的低风险区域面积占比最大，为 25.614 4%，而面积占比最低的则为 15～20 km 范围，为 14.195 4%。中风险、较高风险以及高风险地区的面积占比则分别随着与矿区距离的增加先升高再降低，分别在 5～10 km、矿区内部达到最低（分别为 24.961 2%、6.616 3%以及 1.512 3%），在 15～20 km、0～5 km 以及 10～15 km 范围内达最高（分别为 28.882 6%、20.636 2%以及 11.688 3%）。此外，较低风险区面积占比则先降低再增加，在矿区内部最高，为 39.697 5%。

总体而言，2000—2010 年神东矿区内部的生态累积风险最低，中风险与较低风险区域面积占比较高，较高风险与高风险区域面积占比较低，而生态累积风险最高的为距离矿区 0～15 km 的范围，这个范围的较低风险区域面积占比最低，高风险与较高风险区域面积占比较高。与 15～20 km 的对照区进行对比可以看出，矿区外围的生态累积风险基本上高于对照区，较高风险与高风险区域面积占比均提高，较低风险区域面积占比降低，可见矿区对外围区域的生态累积影响基本为负影响，其中 0～5 km 范围区域的生态累积效应的影响最大，也是生态累积风险最高的区域，再往外矿区的生态累积影响逐渐降低，区域的生态累积风险更接近于对照区。

表 7-3-4　2000—2019 年神东矿区不同生态累积风险区域面积占比　　单位：%

影响区域范围/km	低	较低	中	较高	高
<0	23.629 5	31.380 0	28.828 0	11.436 7	4.725 9
0～5	12.208 4	26.127 5	29.004 7	22.706 1	9.953 3
5～10	14.740 1	29.635 4	25.678 8	17.610 6	12.335 1
10～15	13.892 9	25.542 7	29.884 2	20.549 9	10.130 2
15～20	13.445 4	25.840 3	34.733 9	22.409 0	3.571 4

从表 7-3-4 中可以看出与神东矿区的距离越远低风险、较低风险区域面积占比基本呈降低趋势，分别从 23.629 5%降低到 13.445 4%，从 31.380 0%降低到 25.840 3%；中风险以及较高风险区域面积占比基本呈增加趋势，分别从 28.828 0%增加到 34.733 9%，从 11.436 7%增加到 22.409 0%；高风险区域面积占比则先增加再减小，在离矿区 5～10 km 范围达到最高，为 12.335 1%，在离矿区 15～20 km 的范围达到最低，为 3.571 4%。

总体而言，2000—2019 年神东矿区的生态累积风险依旧是矿区内部最低，矿区内部的低风险、较低风险区域面积占比都是最高的，较高风险、高风险区域面积占比是最低的，其余区域的生态累积风险相差不大。总体而言，与对照区相比，矿区外围的区域低风险的面积占比相差不大，较低风险、较高风险、中风险区域的面积占比分别小幅变化，高风险区域的面积占比大幅增加，总体表现为中风险区域转化为较低风险或高风险区域，矿区对外部的生态累积影响依旧偏向负影响，即增加了外围的生态累积风险。

比较表7-3-3和表7-3-4可知，与2000—2010年的生态累积风险相比，2000—2019年神东矿区内部依旧是研究范围内生态累积风险最低的区域，但生态累积风险有所上升，低风险与较低风险区域面积占比均降低，而中风险、高风险与较高风险区域面积占比均升高，这符合前面研究体现的鄂尔多斯地区2000—2019年的生态累积风险相较于2000—2010年的整体上升的趋势。而矿区开采对周边区域的生态累积影响均为负影响，相较于对照区，影响区的生态累积风险均有所上升，不过2000—2019年有所好转，并且受矿区开采影响最严重的区域由0～5 km变成了5～10 km，经分析是矿区生态治理的成果。

7.3.2.2　*准格尔矿区生态累积效应*

采用与神东矿区类似的方法，对准格尔矿区的生态累积风险进行计算评价，得到准格尔矿区2000—2010年以及2000—2019年的矿区生态累积风险各分类面积占比，如表7-3-5以及表7-3-6所示。

表7-3-5　2000—2010年准格尔矿区不同生态累积风险区域面积占比　单位：%

影响区域范围/km	低	较低	中	较高	高
<0	8.126 1	31.523 6	34.115 6	20.210 2	6.024 5
0～5	15.164 8	36.630 0	29.377 3	16.703 3	2.124 5
5～10	16.760 6	40.281 7	25.633 8	13.591 5	3.732 4
10～15	16.233 8	37.662 3	26.428 6	14.350 6	5.324 7
15～20	18.437 5	33.812 5	28.562 5	13.187 5	6.000 0

表7-3-6　2000—2019年准格尔矿区不同生态累积风险区域面积占比　单位：%

影响区域范围/km	低	较低	中	较高	高
<0	2.276 7	16.532 4	32.889 7	36.252 2	12.049 0
0～5	9.663 3	35.505 1	37.188 9	15.959 0	1.683 7
5～10	12.896 4	32.558 1	36.293 2	15.856 2	2.396 1
10～15	16.103 9	27.402 6	24.610 4	26.168 8	5.714 3
15～20	18.965 5	23.645 3	24.199 5	22.968 0	10.221 7

如表7-3-5所示，2000—2010年准格尔矿区的生态累积低风险区域面积

占比距离矿区越远越高，从 8.126 1%增长为 18.437 5%，而较高风险区域面积占比逐渐降低，由 20.210 2%降低为 13.187 5%，较低风险区域面积占比则先升高再降低，最低为矿区内，占比 31.523 6%，最高为 5～10 km，占比 40.281 7%，而中风险以及高风险区域面积占比则先降低再升高，最低分别为 5～10 km，0～5 km，占比分别为 25.633 8%、2.124 5%，最高则为矿区内，占比分别为34.115 6%、6.024 5%。

与神东矿区不同，准格尔矿区 2000—2010 年矿区内部的生态累积风险最高，低风险与较低风险区域面积占比均为最低，中风险、较高风险以及高风险区域面积占比均为最高。与对照区相比，低风险以及高风险区域面积占比均下降，较低风险以及较高风险区域面积占比均升高，中风险区域面积占比除 0～5 km 有所上升外，其余均下降。整体表现为低风险、中风险以及高风险区域转换为较低风险或较高风险区域，并且矿区开采对周围的生态累积影响更偏向于正影响，即一定程度上降低了周边的生态累积风险，其中 5～10 km 范围受到矿区开采的影响最大，也是影响区中生态累积风险最低的。

从表 7-3-6 可知，2000—2019 年准格尔矿区的低风险区域面积占比由矿区内的 2.276 7%降低到了 15～20 km 范围内的 18.965 5%；较低风险以及中风险区域面积均先增加再降低，最高面积占比分别为 0～5 km 范围内的 35.505 1%以及 37.188 9%，最低面积占比分别为矿区内部的 16.532 4%以及 15～20 km 范围的 24.199 5%；较高风险区域面积占比则随着与矿区距离的增加先降低再升高，最高点在矿区内，占比为 36.252 2%，最低点在 5～10 km 范围内，占比为 15.856 2%。而高风险区域面积占比也表现为随着距离增长先降低再升高，最高点为矿区内部，占比 12.049 0%，最低点在 0～5 km 范围内，为1.683 7%。

纵观整个区域，准格尔矿区内部为几个缓冲区中生态累积风险最严重区域，低风险与较低风险区域面积占比均为最低，而较高风险和高风险区域面积占比则均为最高。将影响区和对照区对比，影响区的所有区域低风险与高风险区域面积占比均降低，较低风险以及中风险区域面积占比均升高。除了 10～15 km 的较高风险区域面积占比有所增长外，其他影响区的较高风险区域面积占比均为下降。受到矿区开采影响最大的区域是 0～5 km，总体而言，矿区开采对周边生态累积影响为正影响，因此 0～5 km 也是生态累积风险最低的范围，其他区域的生态累积风险逐渐上升，但都不高于 15～20 km 的生态累积风险。

将表 7-3-5 和表 7-3-6 进行比较可以发现，相较于 2000—2010 年，2000—2019 年矿区的生态累积风险整体上升，特别是矿区内以及 15～20 km 的对照区，主要表现为低风险与较低风险区域面积占比降低，较高风险与高风险区域面积占比增加，这与鄂尔多斯整体生态累积风险增加的情况是符合的。与此同时，矿区对周边的生态累积影响均为正影响，也就是矿区周边的生态累积风险比不受矿区开采影响的对照区更低，并且相较于2000—2010年这种正影响还在加强。观察受到矿区开采影响最大的0～5 km区域，可知在整体生态累积风险提高的背景下，0～5 km的较高风险与高风险地区面积占比不增反降，可见准格尔矿区对矿区外围的生态治理做得不错。

7.3.2.3 胜利矿区生态累积效应

通过对胜利矿区的生态累积风险进行计算分级，从而得到2000—2010年以及2000—2019年胜利矿区不同生态累积风险区域面积占比，如表7-3-7、表7-3-8所示。

表7-3-7 2000—2010年胜利矿区不同生态累积风险区域面积占比 单位：%

影响区域范围/km	低	较低	中	较高	高
<0	0.291 5	10.495 6	49.562 7	38.192 4	1.457 7
0～5	0	18.148 8	46.279 5	27.041 7	8.529 9
5～10	1.123 6	26.544 9	39.887 6	27.106 7	5.337 1
10～15	4.487 9	25.201 4	41.081 7	18.987 3	10.241 7
15～20	10.295 6	32.415 9	34.760 4	15.290 5	7.237 5

表7-3-8 2000—2019年胜利矿区不同生态累积风险区域面积占比 单位：%

影响区域范围/km	低	较低	中	较高	高
<0	3.197 7	26.744 2	42.441 9	26.744 2	0.872 1
0～5	6.727 3	18.909 1	44.181 8	29.454 5	0.727 3
5～10	10.845 1	26.619 7	31.126 8	29.014 1	2.394 4
10～15	10.253 5	19.009 2	35.138 2	28.917 1	6.682 0
15～20	9.168 4	19.616 2	41.044 8	24.626 9	5.543 7

根据表7-3-7中的信息，可以看出2000—2010年胜利矿区的低风险区域面积先降低再增高，面积占比最低为0，位于0～5 km区域，最高为10.295 6%，位于15～20 km区域；较低风险区域面积占比则先增加再降低，最低在0～5 km区域，占比为18.148 8%，最高在15～20 km区域，面积占比为32.415 9%；中风险与较高风险区域面积占比基本呈降低的趋势，由矿区内的49.562 7%与38.192%降为15～20 km区域的34.760 4%与15.290 5%；高风险区域面积占比随着与矿区距离的增加变化则较为复杂，整体呈现增加趋势，最大值在10～

15 km 范围，面积占比为 10.241 7%，最小值为矿区内，为 1.457 7%。

整体而言，相较于鄂尔多斯的两个矿区，胜利矿区的情况较为复杂，矿区内部的低风险、较低风险以及高风险区域面积占比均为最低，中风险和较高风险区域面积占比为最高，不过总体来看矿区内的生态累积风险要高于外部区域。而矿区开采对周边区域的生态累积影响也偏向负影响，即矿区开采使周边区域的生态累积风险有所上升，其中 0～5 km 范围受到矿区开采的生态累积影响最严重，生态累积风险相较于其他区域也是最高的，而其他区域受到的影响相对较低，生态累积风险相对更低，更接近于对照区。

由表 7-3-8 可知，2000—2019 年胜利矿区的低风险区域面积占比，随着与矿区距离的增加，表现出先增高后降低的趋势，最高值位于 5～10 km 范围，面积占比为 10.845 1%，最低值位于矿区内，面积占比为 3.197 7%；较低风险地区主要呈现出先降低再增高再降低的趋势，最高值位于矿区内，面积占比为 26.744 2%，最低值位于 0～5 km 范围，面积占比为 18.909 1%；中风险区域面积占比较为复杂，整体上呈先增加再降低的趋势，最低值位于 5～10 km 范围，面积占比为 31.126 8%，最高值位于 0～5 km 范围，面积占比为 44.181 8%；较高风险值位于区域面积占比则是先增加再降低，最高值位于 0～5 km 范围，面积占比为 29.454 5%，最低值位于 15～20 km 范围，面积占比为 24.626 9%；高风险区域面积占比则呈先降低再增加的趋势，最高值位于 10～15 km 范围，面积占比为 6.682 0%，最低值位于为 0～5 km 范围，面积占比为 0.727 3%。

总体而言，2000—2019 年胜利矿区内部的生态累积低风险区域面积占比最低，较低风险区域面积占比最高，高风险以及较高风险区域面积占比都相对较低，因此矿区内的生态累积风险要低于矿区外部。与对照区相比，矿区开采对周围区域的生态累积影响较为复杂，整体呈正影响。相较于对照区，影响区的生态累积风险变动不是很大。

将两个阶段的生态累积风险进行比较后能够发现，相较于 2000—2010 年，胜利矿区内的生态累积风险下降，由原来的大于矿区外部演变为低于矿区外部，表现为低风险与较低风险区域面积占比增加，中风险、较高风险与高风险区域面积占比降低，这与锡林郭勒整体生态累积风险降低的情况相符。不过，对照区的生态累积风险不降反增，与之相比，由于矿区开采对外围的生态累积影响由负影响转变为正影响，影响区的生态累积风险整体也呈下降趋势。2000—2010 年受到影响最大的区域为 0～5 km，而 2000—2019 年则变为了 5～10 km，可见胜利矿区生态治理成效最好的区域为距离矿区 5～10 km 的区域。

7.3.2.4 白音华矿区生态累积效应

对白音华矿区的生态累积风险进行计算分类，得到 2000—2010 年以及

2000—2019年胜利矿区不同生态累积风险区域面积占比，如表7-3-9以及表7-3-10所示。

表7-3-9　2000—2010年白音华矿区不同生态累积风险区域面积占比　单位：%

影响区域范围/km	低	较低	中	较高	高
<0	9.462 4	34.408 6	32.688 2	19.784 9	3.655 9
0～5	16.574 6	29.834 3	26.519 3	19.475 1	7.596 7
5～10	16.628 7	27.790 4	27.790 4	21.640 1	6.150 3
10～15	14.230 8	24.326 9	30.000 0	24.423 1	7.019 2
15～20	7.314 9	20.517 4	32.471 0	30.597 7	9.099 0

表7-3-10　2000—2019年白音华矿区不同生态累积风险区域面积占比　单位：%

影响区域范围/km	低	较低	中	较高	高
<0	15.584 4	39.393 9	28.787 9	12.121 2	4.112 6
0～5	17.606 6	39.614 9	28.610 7	12.517 2	1.650 6
5～10	14.059 0	36.054 4	33.560 1	13.605 4	2.721 1
10～15	13.276 0	31.709 6	36.007 6	17.478 5	1.528 2
15～20	6.774 8	25.477 1	41.316 8	23.664 1	2.767 2

由表7-3-9可知，2000—2010年白音华矿区的生态累积低风险区域面积占比先增加再减小，面积占比最高为16.628 7%（5～10 km），最低为7.314 9%（15～20 km）；较低风险区域面积占比则随着距离增加逐渐降低，由34.408 6%降低到20.517 4%；中风险区域面积占比则先降低再增加，最低为26.519 3%（0～5 km），最高为32.688 2%（矿区内）；较高风险区域面积占比先减少再增加，最高为30.597 7%（15～20 km），最低为19.475 1%（0～5 km）；高风险区域面积占比整体呈上升趋势，由3.655 59%增长到9.099 0%。

整体而言，矿区内部的生态累积风险要低于外部的生态累积风险，表现为低风险与较低风险区域面积占比较高，较高风险与高风险区域占比较低。而矿区开采对周围区域的生态累积影响主要表现为正影响，相较于对照区，影响区的低风险与较低风险区域面积占比均增加，中风险、较高风险以及高风险区域面积占比均降低，其中受到矿区开采影响最大的区域为0～5 km，该区域的生态累积风险最低，其他区域则更接近于对照区。

从表7-3-10中信息可以看出2000—2019年白音华矿区的低风险区域面积占比随着距离增长呈先增加再降低的趋势，面积占比最低为6.774 8%（15～

20 km)，最高为17.606 6%(0～5 km)；较低风险区域面积占比也呈先增加再降低的变化趋势，最高为39.614 9%(0～5 km)，最低为25.477 1%(15～20 km)；中风险区域面积占比，则先降低再增加，最低为28.610 7%(0～5 km)，最高为41.316 8%(15～20 km)；较高风险区域面积占比则由矿区内的12.121 2%增长为15～20 km的23.664 1%；高风险区域面积占比则整体呈下降趋势，最低为1.528 2%(10～15 km)，最高为4.112 6%(矿区内)。

整体来说，2000—2019年白音华矿区内的生态累积风险低于矿区外部。而矿区开采对外围的影响，特别是对0～5 km的影响最大，主要是正影响。通过与对照区对比可以发现，影响区的低风险与较低风险区域面积均多于对照区，中风险、较高风险与高风险区域面积均有所降低。其中0～5 km区域生态累积风险最低，低风险、较低风险区域面积占比是最大的，中风险与较高风险区域面积占比是最小的，因此该区域受到的矿区累积影响是最大的。

将表7-3-9与表7-3-10进行比对可以发现，相较于2000—2010年，2000—2019年矿区的生态累积风险具有较大的变化，矿区内部的生态累积风险均低于矿区外部，不过2000—2019年矿区内的生态累积风险相对更低，低风险与较低风险区域面积均增加，中风险与较高风险区域面积均降低，只有高风险区域面积有些许增长，这与锡林郭勒地区的生态累积风险整体变化趋势相符合。而矿区开采对周围区域的生态累积影响均为正影响，并且正影响的强度明显增加，周围区域的生态累积风险均明显降低。由此可知，白音华矿区的生态治理取得了不错的效果，不论是矿区的生态累积风险还是区域的生态累积风险，相较于2000—2010年，2000—2019年均有所好转。

7.4 小结

本章在前几章研究的基础上，根据生态累积效应指标选取原则选取了合适的生态累积效应评价指标，并选择了合适的生态累积效应评价模型，在将指标代入模型计算并分级后，分别对2000—2010年以及2000—2019年鄂尔多斯、锡林郭勒两个区域以及神东矿区、准格尔矿区、胜利矿区、白音华矿区的不同缓冲区范围的生态累积风险进行了比较分析，得到了研究区的生态累积效应评价结果。

(1) 根据环境累积效应和景观分析的基本原理，选取了生态累积效应评价指标，提出利用景观格局干扰累积指数、植被退化累积指数、水土流失累积指数和空气污染累积指数来表达景观演变所造成的综合生态损失，并构建了矿区生态累积效应评价模型。

(2) 对锡林郭勒与鄂尔多斯两个区域，分别选取了2000—2010年以及

2000—2019年两个时间段进行生态累积风险变化分析。其中,鄂尔多斯的生态累积风险整体呈增加趋势,高风险与较高风险区域分布由“中心聚集、四处开花”转变为“多中心聚集”,低风险与较低风险区域分布由成片变为破碎,中风险区域面积也有显著增加;锡林郭勒地区的生态累积风险则整体呈下降趋势,高风险与较高风险区域面积大幅减少,由“√”分布转变为“Y”分布,中风险区域也逐渐破碎化,低风险与较低风险区域则逐渐成片分布。

(3) 对四个矿区划分缓冲区后分别对两个时间段进行生态累积风险变化分析,在矿区内外方面,神东矿区与白音华矿区两个时间段矿区内部的生态累积风险均低于外部,准格尔矿区内部的生态累积风险则均高于外部,胜利矿区内部的生态累积风险则由高于外部转变为低于外部;在矿区开采对周围的生态累积影响方面,神东矿区两个时间段对周围区域均为负影响,即周围区域的生态累积风险相较于对照区有所上升,准格尔矿区与白音华矿区均为正影响,即周围区域的生态累积风险逐渐降低,而胜利矿区则由负影响转变为正影响;在受影响区域方面,四个矿区开采影响最大的区域主要都是0～5 km,只有神东矿区和胜利矿区在2000—2019年影响最大的区域为5～10 km。

(4) 将2000—2010年与2000—2019年矿区的生态累积风险进行比较,可以发现四个矿区的生态累积风险变化基本符合其所在区域的整体变化,鄂尔多斯的生态累积风险增长,锡林郭勒的生态累积风险降低。

(5) 总体而言,矿区的生态治理都有不错的效果,整体而言矿区内部的生态累积风险均降低,对周围区域的生态累积影响也逐渐向更强的正影响转变,不过部分矿区由于受到所在区域的影响,生态累积风险有所反弹,还需要加强治理。

参考文献

[1] 王行风.煤矿区生态环境累积效应研究:以潞安矿区为例[D].徐州:中国矿业大学,2010.

[2] 耿福明,薛联青,陆桂华.基于复合生态系统的流域梯级开发累积环境影响识别[J].水资源与水工程学报,2006,17(1):30-32.

[3] 左伟.基于RS、GIS和Models的区域生态环境系统安全综合评价研究:以长江三峡库区重庆市忠县为例[D].南京:南京师范大学,2002.

[4] WALMSLEY J J. Framework for measuring sustainable development in catchment systems[J]. Environmental Management,2002,29(2):195-206.

[5] 左伟,周慧珍,王桥.区域生态安全评价指标体系选取的概念框架研究[J].土壤,2003,35(1):2-7.

[6] 崔保山,胡波,翟红娟,等.重大工程建设与生态系统变化交互作用[J].科学通报,2007,52(S2):19-28.

[7] 林逢春,陆雍森.累积影响监测系统初步设计[J].环境监测管理与技术,2000,12(4):6-9.

[8] 邱彭华,徐颂军,谢跟踪,等.基于景观格局和生态敏感性的海南西部地区生态脆弱性分析[J].生态学报,2007,27(4):1257-1264.

[9] 李柏延,任志远,易浪.2001—2010 年榆林市土壤侵蚀动态变化趋势[J].干旱区研究,2015,32(5):918-925.

[10] 秦伟,朱清科,张岩.基于 GIS 和 RUSLE 的黄土高原小流域土壤侵蚀评估[J].农业工程学报,2009,25(8):157-163.

第 8 章　生态环境问题应对对策

在鄂尔多斯市和锡林郭勒盟这两个资源型城市建设和发展过程中，对资源过度依赖，经济发展速度很大程度上会受到资源消耗量的影响。在利益驱动和技术挤出效应作用下，大量生产力要素向资源所在地聚集，城市规模不断扩大，对资源的需求量也不断提高，更加速了对资源的消耗和对环境的破坏。这种简单的以资源换发展的模式是不可持续的，不但城市生态环境与经济发展的平衡关系将逐渐被打破，而且资源和环境最终会制约城市的发展。

根据干旱半干旱煤矿区在开采过程中产生的生态环境问题与生态累积效应评价结果，应采取弹性应对的方法，进行协同管理。把基于单一工程技术手法的应对机制转变为基于复杂系统的弹性应对机制模式，制定一整套干旱半干旱煤矿区生态弹性应对策略和协同管理体系，推广应用于相似地域，从生态和社会两部分对煤矿区进行功能分类、层次划分和适宜性匹配，结合工程弹性、经济弹性、社会弹性和生态弹性，采取动态复垦、目标靶向修复、无人区自然恢复、荒漠景观再造等优化模式，分区、分层次实施煤矿区生态恢复与治理。

弹性是英文单词“Resilience”的通常翻译，也被译为韧性、恢复力[1]。弹性最开始被机械学家和物理学家用来表示弹簧发生弹性形变后可以恢复到原来状态的一种性质。1973 年，理论生态学家霍林（Holling）将弹性的概念创造性地引入生态系统，将其定义为“系统所拥有的应对外来冲击，并在危机出现时仍能维持其主要结构和功能运转的能力”[2]。国际上不同领域的专家学者也都开始对弹性进行研究，并从不同角度界定弹性。本研究将应对弹性分为工程弹性、经济弹性、生态弹性和社会弹性四个方面。

通常，工程弹性指基础设施系统，是保障人民生活生产正常进行的基本条件，等同于城市的硬件设施。工程弹性注重公共基础设施水平，水平高则表示基础设施较为完善，能为人们提供功能较为齐全的服务，反之则表示基础设施有待提高。经济弹性强调的是当地经济发展的稳定性以及适应性。生态弹性是实现稳定可持续发展的基础，在城市发展过程中追求经济的同时必须考虑城市的生态环境状况，要尽量减少污染的产生，保护生态环境，使得城市经济发展不超越城市生态环境安全的底线。社会弹性着重于人本身，强调人本身能够利用现有条件积极采取措施应对各种变化的能力，依赖于人的年龄、性别、受教育程度、职业等[3]。

8.1 工程弹性——绿色开发技术

8.1.1 实施绿色开采制度

绿色开采制度是以不破坏共生、伴生资源为原则，对资源生态环境的破坏降到最小的一种保护性开发制度。建立绿色开采制度，就是从资源开采的源头上治理资源浪费和生态环境的破坏，实现资源型城市资源开发利用方式的根本转变和对生态环境的保护[4]。

绿色开采标准制定要结合资源型城市区域资源和生态环境的特征，依据资源赋存量、资源利用情况，以及生态环境的实际承载能力，制定合理的行业开采标准。绿色开采标准主要包括质的标准和量的标准。由于绝对标准量化的局限性，还必须设置相关的相对指标。相对指标是用来衡量矿产资源开采过程中资源(包括本体、伴生、共生资源)损害情况以及对生态环境的破坏程度。实施绿色开采约束机制，首先要建立一套绿色开采指标，对矿山企业的开采行为实施严格的认证制度和有效的监管，使矿山企业绿色开采行为制度化，以实现预防污染和环境保护的目标。以绿色开采为标准，建立科学合理的绿色开采指标和制度，规范企业开采和生产，对接国际化。

8.1.2 发展绿色开采技术

绿色开采技术是指资源开采与生态环境协调一致，以实现低开采、高集约、低排放为基本开发原则，把资源开采对生态环境和伴生资源的影响和破坏降到最小程度，通过绿色开采技术实现资源型城市经济效益和生态环境效益的双赢[5]。推进绿色开采技术创新，主要包括保水开采技术、矿区废弃地生态修复技术、建筑物与土地保护技术和洁净开采技术等的绿色创新。

保水开采的目的是在防治采煤工作面突水的同时对水资源进行有意识的保护，使煤炭开采对矿区水文环境的扰动量小于区域水文环境容量[6]。研究开采后上覆岩层的破断规律和地下水漏斗的形成机理，从采矿方法、地面注浆等方面采取措施，实现矿井水资源的保护和综合利用，同时对矿井水做相关处理。神东矿区所属煤田是我国西部已探明储量最大的煤田神东煤田，神东矿区集中了我国生产能力超过千万吨的大柳塔、哈拉沟、榆家梁、补连塔等矿井。矿区部分区域浅埋煤层上覆隔水层多由基岩及其上方黏性土层(离石组黄土或保德组红土)构成,其厚度小于 18 倍采高,采动后隔水层处于导水裂隙带内。因此,开采过程中受上覆厚层第四系冲积砂层和底部砂砾石饱和富水层突水、溃砂的威胁,易造成工作面突水及水资源的流失[7]。目前,此类特殊保水开采工作面常用的开采方法多为走向条带充填开采,即在长壁工作面选择 2~3 个充填位置,边采边充,在采空区形成 2~3 个走向充填条带,通过控制上覆隔水层的下沉量和导水裂隙的发育高度,实现神东矿区此类特殊地质条件下的保水开采[8,9],如图 8-1-1 所示[11]。

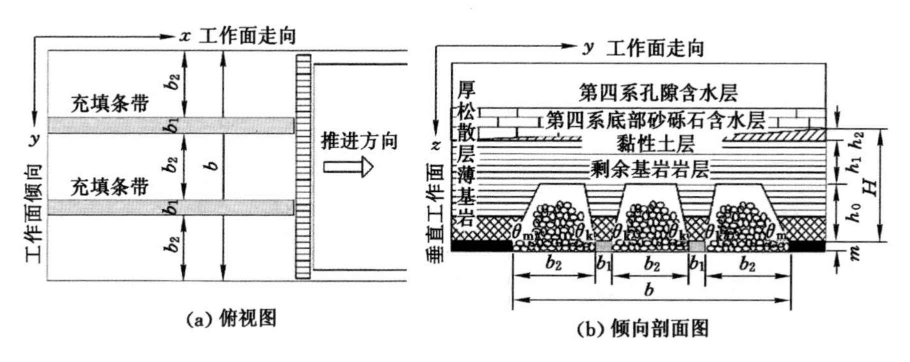

图 8-1-1　保水开采煤层长壁工作面 2 个充填条带布置方式[10]

矿区废弃地生态修复实质是矿区废弃地基质改良、土壤侵蚀控制和植物种类的筛选,并在正确评价废弃地类型、特征的基础上,进行植被的恢复与重建,进而使生态系统实现恢复并达到良性循环。

建筑物与土地保护技术用于防治煤矿开采引起的地表下沉、倾斜、扭曲、水平变形等造成的建筑物和土地的损害。主要包括充填开采、条带开采、分层开采、协调开采、陷厚开采和三步法开采等的保护土地及建筑物的开采技术和设置变形缝、钢拉杆、钢筋混凝土圈梁和变形补偿沟等建筑物及土地的保护措施。

充填开采技术能把地表变形、开采沉陷与固废利用有机结合,是实现采煤低损坏、资源高采出、矿井高安全、固废多利用的有效途径,是贯彻落实煤炭工业科学发展的重要举措。当前主要有膏体充填工艺、固体充填工艺、覆岩离层分区隔离注浆充填工艺和高水充填工艺 4 种充填开采技术,如图 8-1-2 所示[11]。

洁净开采技术主要针对包括矿区废弃物、矿井废水和工矿粉尘等所产生的生态环境问题[12],采用源头治理、实时监控、循环利用和事后修复等手段,减小煤矿开采造成的环境污染和生态破坏,从而实现资源开发和环境保护的可持续发展。

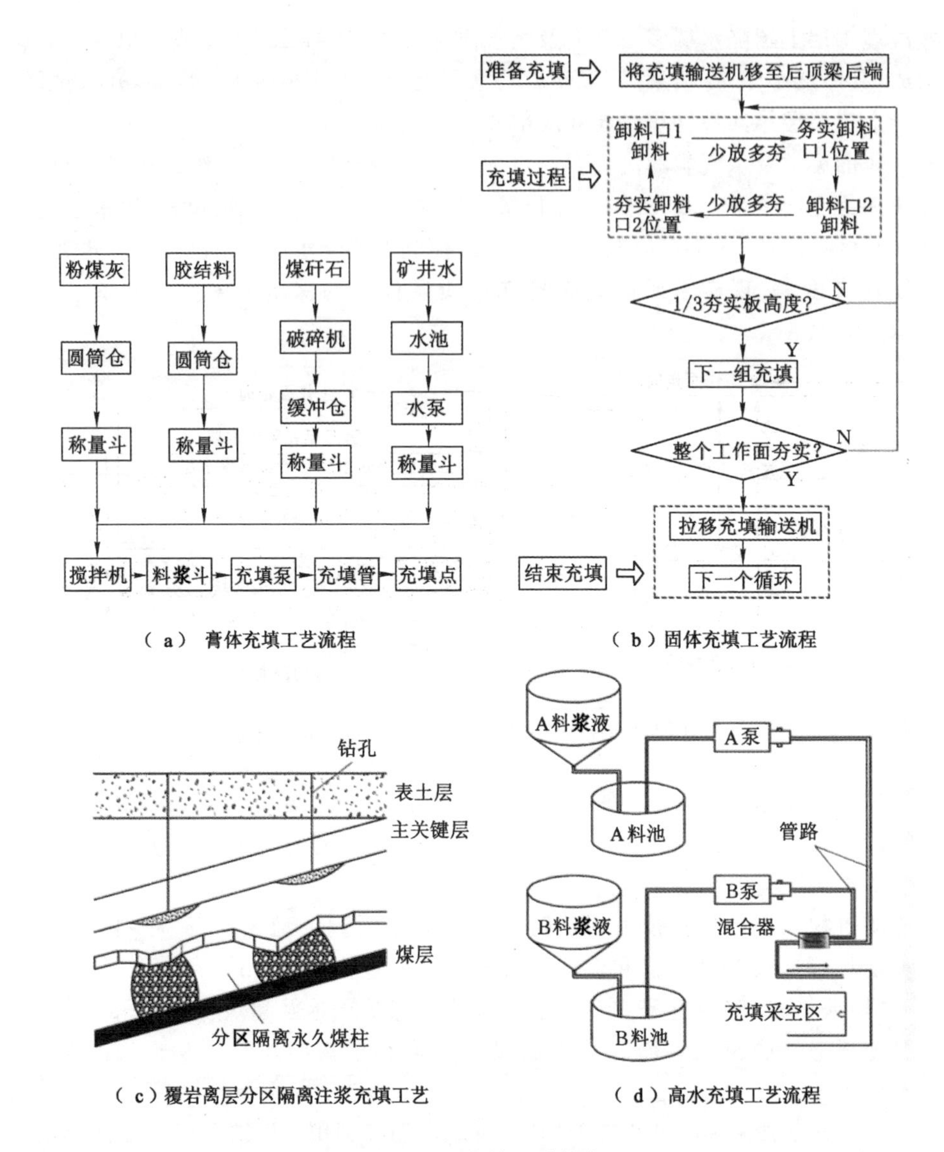

（a） 膏体充填工艺流程

（b）固体充填工艺流程

（c）覆岩离层分区隔离注浆充填工艺

（d）高水充填工艺流程

图 8-1-2　充填开采技术

8.1.3　建立绿色开采扶持机制

资源型城市实施绿色开采，往往会使煤炭企业投入更大的资金和技术，煤炭企业的开采成本在短期内会因此上升，煤炭企业利润空间就会相应下降。由于煤炭企业对利润的追求，其缺乏实施绿色开采的动力。为鼓励煤炭企业实行绿色开采和绿色开采技术的研发与创新,需要建立绿色开采扶持机制,政府应对煤炭企业,尤其是大型绿色矿山项目,给予必要的贷款补贴和信息、技术的支持和扶持。

由于煤炭企业在执行绿色开采政策过程中是个理性的博弈主体,通常会选择自身利益最大化的策略,地方政府想要确保煤炭企业绿色开采的政策执行力,可以采取以下建议。

首先,地方政府和煤炭企业要认同绿色开采技术。如果绿色开采技术除了带来一定的生态效益和社会效益外,给煤炭企业带来的经济效益损失较小,煤炭企业会对绿色开采技术政策比较认可,就会积极响应绿色开采技术的要求,通过绿色开采、清洁生产和“三废”循环利用等措施,有效保护矿区地质生态环境,节约治理费用,保持社会稳定,促进地区经济社会健康发展。

其次,可以考虑成立相关监管部门,对当地各煤炭企业的绿色开采政策执行情况进行检查。煤炭企业在绿色开采政策执行中,由于自身规模的不一致,小型煤炭企业可能会选择“搭便车”行为,等待大型煤炭企业执行绿色开采政策,而小型煤炭企业不需要为此付出就能得到相关利益。地方政府若要避免这种现象发生,需要进行检查,付出一定的检查成本。地方政府可以通过加大科研力度来降低检查成本,这样能够在一定程度上有效阻止煤炭企业为了降低自身成本而选择不执行绿色开采技术,同时也能减轻地方政府为了确保绿色开采技术的有效实施而付出的检查成本。

最后,地方政府可以加强对绿色开采技术的宣传力度。通过组织培训班,能够有效地向煤炭企业以及公众传递绿色开采技术的相关理念,提高公众以及煤炭企业对绿色开采技术的认可度,从根本上使煤炭企业的生产转型,改变煤炭企业传统的生产理念。这样不仅可以确保绿色开采技术的认知度,也能使绿色开采技术能够长期、有效地执行下去[13]。地方政府在推广绿色开采技术的过程中,不仅要考虑眼前的执行效果与各自的相关利益,更要着眼于长久的未来[14]。

8.2　经济弹性——产业结构优化

8.2.1　调整产业结构,构建绿色经济产业体系

加大产业结构调整力度,实现资源型经济绿色转型的关键是构建绿色经济产业体系。目前,资源型城市面临着传统产业逐渐衰退,新兴产业成长缓慢,新旧产业增长动力不能进行有效接续的困境,继续保持经济高速增长,会有一定的难度。因此,只有通过绿色经济体系建设,加快产业结构战略性调整,切实转变

城市的发展方式,转换城市的增长动力,才能够实现经济的高质量发展。

一是推动资源型城市经济向绿色经济的转变。尽管资源型城市产业转型取得一定的成效,但高能耗、高污染的产业依然占比较大,经济粗放型增长特征依然明显。加快对传统资源型产业绿色改造,建设一批以规模化、先进化、高效化为起点的,能耗低、污染小、产出效率高的循环经济示范项目,把资源型产业链条做大做强做精,积极推进煤炭、化工、冶金、电力等传统产业的绿色改造,实现资源型产业"节能、降耗、绿色、减污、增效"的转型发展。

二是培育发展新兴环保产业和绿色产业。以发展新能源产业、新材料产业、节能环保产业、生物产业、煤层气产业等战略型新兴产业为契机,通过优惠政策和资金支持,鼓励环保产业、节能产业、新能源产业、资源循环再利用产业、生态产业的发展,培育资源型城市经济可持续发展的新绿色经济增长点。

三是优化产业发展的绿色化布局。走高端化、配套化和集群化发展道路,采用产业聚集、产业耦合、产业链延伸等方式,加快建设一批大型综合性绿色工业产业园区。产业规划和产业布局要依据不同资源型城市的不同区位环境和资源承载能力量身打造,淘汰过度粗放式资源开发,实现经济可持续增长。

8.2.2 整合矿产资源,进行规模结构调整

针对矿产资源开发利用效率低下的问题,可以采取整合矿产资源的方式来解决问题。大型采矿加工企业可以利用收购、联合、参股或其他方式,对小型的资源开采企业和矿山进行整合,在这一过程中实现采矿权的合并,实现资源规模结构优化以及生产要素的最优化重组,促进矿山布局进一步合理,实现集约式经营、规模化生产,提升矿产资源的总体利用水平。在组建大型的矿山企业的同时,也要积极引导小型及以下矿山进行整改联合,逐步减少小型的矿山数目,最终促进本地区大、中、小矿山的协调发展。

在采矿企业的技术设备上面,积极推进新技术、工艺、设备的应用,推广并改进工艺技术,推行清洁生产和循环经济模式,采用先进的采选冶及深加工技术,淘汰落后设备、技术和工艺,提高资源开发利用整体水平,最终实现企业生产的产品由单一向配套、由低附加值产品向高附加值产品、高耗能产品向低耗能产品、资源高消耗产品向低消耗产品的转化,以实现矿业企业的高新技术产业化[15]。

8.2.3 构建资源集约综合利用机制

在经济规模效应和产业惯性的作用下,资源型城市的资源利用效率一直处于较低水平。实现资源集约利用,提高资源综合利用水平,不仅可以最大限度地

挖掘资源、生态环境的经济价值，而且有利于减轻经济发展对资源依赖程度，降低可耗竭资源的损耗速度和保护生态环境。因此，在资源的开发利用过程中，需要改变资源型企业粗放式资源开发利用方式，积极发展循环经济，构建资源集约利用机制[1]。

一是推动企业提高矿产资源的综合利用水平。资源型城市绿色转型发展的重要途径在于提高资源综合集约利用水平。矿产资源开发的原则是矿产储量规模与矿山建设规模、服务年限相适应的原则，采矿企业要制定科学合理的矿产资源开发利用方案，严格监管矿产资源开发的“三率”指标要达到规定的要求，对具有工业价值的共生或者伴生矿产实施综合开采与利用，对暂时不能综合开采与利用的矿产以及含有有用组分的尾矿应当采取有效的保护措施。资源型城市绿色转型可持续发展的实现仍然需要依托区域资源优势，因此，矿山企业要积极研发资源综合利用技术，重点发展符合区域实际的洁净资源技术和资源综合利用技术。加强政产学研、科工贸之间的横向联系与组合，建立科技开发联合体，推动企业建立健全资源综合集约利用研究开发机构，提高企业矿产资源的综合利用水平。

二是建立重点耗能产品强制淘汰和市场准入制度。建立重点耗能产品强制淘汰制度，地方政府要强制高耗能、高污染、高耗水的企业进行整顿，淘汰落后的工艺、技术和设备，引进低耗能、低耗水、低污染的生产技术和设备，定期跟踪指导和监督检查煤炭、电力、化工、建材、造纸等行业和企业。对资源型城市的重点区域和重点行业建立市场准入制度，对达不到资源综合集约利用标准的产品，禁止生产、出口和销售。

三是建立资源集约利用专项基金。为保证资源集约利用型项目建设的顺利实施，地方政府应每年有计划地从预算投资中拿出一部分资金作为资源集约利用示范项目的支持基金，主要用于资源集约利用的技术风险开发，以贴息或补助方式支持和激励重大节能、节水、节材、节地、资源综合利用、发展循环经济等资源集约利用重大项目，积极引导各类金融机构增加对资源集约利用重大项目的贷款支持。

以准格尔矿区为例，在神华集团有限责任公司（以下简称“神华集团”）“1245”清洁能源发展战略的引领下，神华集团准格尔矿区制定了煤炭伴生资源循环经济产业项目发展规划[16]。项目选址在内蒙古自治区准格尔旗大路铝工业园（图 8-2-1），规划建设“神华准格尔矿区煤炭伴生资源循环经济产业”项目，建立的产学研平台与集团公司研发人员优势互补。

图 8-2-1 大路工业园遥感影像

8.2.4 实行以清洁生产为核心的循环经济发展模式

以资源集约利用和清洁生产为主线，突出产业化、集约化、效益化，推进企业、产业、园区、社会循环经济体系建设。

一是大力推行循环经济发展模式。充分发挥资源型城市的区域资源优势，坚持“多联产、全循环、抓高端”原则，构建特色化工业循环经济发展模式。紧紧围绕资源就地转化率、传统产业循环化率、新兴产业占有率、节能减排率、科技贡献率等衡量指标，大力培育和发展资源型城市循环经济的龙头企业，充分发挥龙头企业示范效应、协同效应和规模效应，依托区域资源优势打造资源型城市产业循环链条，实现资源型城市的资源集约利用和循环经济发展模式。

二是积极研发循环经济支撑技术。充分发挥资源型城市循环经济的龙头企业和重大项目的示范效应，推进循环经济研发技术体系的建设。资源型城市绿色转型要紧紧围绕循环经济发展目标进行，对循环经济重点项目进行筛选，对循环经济支撑技术进行产业化培育，对成熟的循环经济先进适用技术进行推广应用，对循环经济的关键技术进行大力研发，为资源型城市的资源集约利用和循环经济发展提供支撑技术和关键技术。

三是发挥政府对循环经济发展的导向作用。充分发挥政府对资源型城市循环经济发展的导向作用，对资源型城市循环经济发展实施统筹规划和总体部署，将循环经济理念落实到区域发展的布局之中，建立资源型城市循环经济发展模式，依托区域资源优势，围绕资源集约利用和循环经济发展，加快产业园区的建设和整合，使其成为循环经济发展的重要载体。切实转变政府职能，积极参与服务资源型城市循环经济发展，为资源型城市循环经济发展提供体制保障、政策优惠、金融和技术支持，发挥政府对循环经济发展的导向作用。

8.3　生态弹性——生态系统恢复

8.3.1　自然修复与人工修复相结合

根据干旱半干旱煤矿区当地的景观格局、水土资源和植被覆盖等生态环境条件，遵循自然规律，制定相关的环境治理与生态恢复对策。根据生态环境损毁程度划分修复区域，实行分区修复；将自然修复和人工修复相结合，因地制宜，主次结合，适合自然修复的区域则采用自然修复的方式，自修复能力较弱的地区则采取以人工修复为主、自然修复为辅的治理方式，提高矿区生态环境修复效率、节约成本。

（1）针对区域特点，选择适用于生态修复的植被

经历过矿山开采，区域植被生长环境遭到破坏，在这样的条件下，复植原植被的困难比较大。所以，人们要结合矿区特点选择植物，提高植被复植效果。在植被复植的过程中，科学选择植被是非常必要的，因为植被选择错误很可能导致“出力不讨好”。所以，要结合区域特点，分析具体植被的环境适应性，选择生态修复效果好的植物，从而达到生态修复的目的。

以白音华矿区为例，针对不同区域，分别选取不同植被与生态恢复工程实施修复，修复绿化效果对比如图 8-3-1 所示。

（2）复植时需要做好近期规划和远期规划

从矿区的生态修复来看，人工修复仅仅是辅助手段，要想真正实现生态修复的目的，区域自然生态需要实现自我改善。当然，修复初期，人工措施是非常必要的。从长远发展考虑，生态修复初期，矿区地表裸露，所以当务之急是改善地表环境。其间要充分利用成活率高、生命力强的草本植物。从远期修复来看，生态环境要以木本植物为核心，所以在草本植物修复生态的过程中，要有计划地栽种木本植物，这样，随着时间的推移，树木逐渐长大，和草本植物形成完整的系统，生态修复效果会显著提升。

以神东矿区复垦工程为例，该工程以“治理”为核心，综合运用“一体化环境治理”解决思路，结合先进治理植物品种，突破传统治理限制，实现矿区环境与自然环境、人文环境、区域环境之间的相互结合，达到从根本上解决生态平衡体系的目的。基于“一体化环境治理”解决方案、科学的管理方法与先进的技术，通过良性干预，从而实现统一管理、跟踪和分析，达到综合治理目的。生态修复效果示例如图 8-3-2 所示。

（3）生态修复过程中要做好管护工作

(a) 工业厂区喷灌工程前　(b) 工业厂区喷灌工程后

(c) 外排土场绿化工程实施前　(d) 外排土场绿化工程实施后

(e) 道路两侧绿化工程实施前　(f) 道路两侧绿化工程实施后

图 8-3-1　白音华矿区各区域生态治理照片

(a) 修复前　(b) 修复后

图 8-3-2　神东矿区沉陷区生态治理照片

生态修复初期，矿区生态环境非常脆弱，一旦发生破坏，前期的工作会成空。所以，为了保证具体工作的有效开展，人们要在生态恢复过程中强化管理，提升生态恢复工作的实施有效性和可靠性[17]。在生态修复的过程中，管理措施的有效实施能够为生态恢复提供强有力的保证，生态修复的实际效果会更加突出，所以在生态修复过程中强化管理是非常必要的。

8.3.2 实时监测，靶向修复

将无人机遥感监测和人工实地勘察相结合，从“天地一体”的角度对干旱半干旱煤矿区及其周边地区进行全方位实时监测，全面了解煤矿区的生态环境状况，记录整理用于生态环境修复的数据；结合历史数据和监测数据，对比分析煤炭开采前后生态环境的变化，总结煤炭开采活动对周边生态环境带来的累积影响；根据生态环境累积效应表现出来的土壤污染、水土流失和空气污染等方面的问题，实施精准定向修复，例如：针对水土流失问题，采取措施加强煤矿区的绿化，修复被破坏的植被，对矿区周边的边坡进行严格的防护。

生态修复是以生态原理为指导，以生物修复为基础，结合各种物理修复、化学修复和工程技术措施，通过优化组合，达到最佳效果和最低成本的综合性污染环境修复方法[18]。过去，矿区生态修复通常是指根据当地情况，将采矿破坏的土地恢复到理想状态的行为和过程，土地复垦是矿区综合生态修复的核心[19,20]。近年来，连续三届的世界生态恢复大会报告显示：植被的修复是矿区生态修复的热点，土壤的恢复次之，除此之外，修复要素还包括生态景观、物种多样性、本土物种结构、土壤微生物、生态系统服务、水资源污染、地下水水位、土壤种子库等的修复[21]。

根据矿区生态修复的目标和土壤、水体等矿区生态修复热点、难点，将生态修复的常用技术总结、归纳为如下几类：物理修复技术、化学修复技术、植物修复技术、水体修复技术和生物修复技术，见附表1[22]。

8.3.3 统筹兼顾，动态修复

统筹煤炭开采和环境保护之间的关系，实行“边开采边治理”策略。从土地、煤炭和生态环境等资源角度出发，以确保综合效益最大化为目标，权衡煤炭开采和生态环境保护间的关系，制定科学合理的“边开采边治理”方案。以方案为指导，在进行煤炭开采活动的同时，系统地、针对性地对干旱半干旱煤矿区及其周边地区的生态环境进行动态治理与修复。

8.3.3.1 采前规划

“防患于未然”，从源头防治，在未开始之前就对开采会带来的生态问题以及景观破坏问题进行预判，同时参考现有矿区开发存在的问题和本地区的特性，罗列可能造成的结果，分析造成这些结果的源头问题，综合地区原本的生态环境、土地利用计划、矿藏资源开发方案、矿山生态系统评估报告、生态矿山建设技术、矿区所在的位置特点等方面，在开采动工前制定综合的较为完备的矿山生态保护、生态修复计划。

采前规划有利于自然资源的合理配置和最优利用，能减少因修复环境破坏而投入的各类成本，避免不必要的社会资源浪费，还能够更有效地管理场地施工、景观重塑、生态修复等方面工作，提高工作效率。提前规避破坏性较大的不当行为，使矿区的生态修复效果更好、更自然，最终促进场地的自我再生能力，缩短矿区被破坏范围回到自然循环系统中的时间。采前规划更是一种对于环境保护、资源合理利用意识的增强，也是从业者、设计者更应该具备的意识[23]。

8.3.3.2　边开采边治理

边开采边治理要求在过程中严格把控，严格监管。在采前制定的规划指导下对过程中各项内容严格把控，转变原有的先开采矿材，变为废弃地后再开始进行复绿等一系列的生态修复活动，生态修复工作在进程末端介入。在以往的矿区开采模式下开采与修复这两部分工作是割裂的，这种模式增加了矿区的综合修复成本，拉长场地脱离自然的时间。区别于以往的“先采再治”，边开采边治理则是将开采作业和生态治理紧密结合，倡导一体化管理、施工，让修复工作和开采工艺、工序以及开采阶段相配合，开采到什么位置修复也同步跟进，在整个开采过程中控制影响范围，减少矿区开采对环境的破坏[23]。

以准格尔金正泰矿区为例，相对于矿产资源采完后无恢复措施的矿区，金正泰矿区的做法值得借鉴。一是边生产边治理，对已开采完成的边坡进行绿化，有效恢复生态环境；二是分台开采，从上至下退台开采，确保了安全，最小化地减少了对生态环境的影响。具体情况如图 8-3-3 所示。

(a) 分台开采

(b) 边生产边治理

图 8-3-3　准格尔金正泰矿区生态恢复照片

8.3.3.3　分期分区修复

矿山开采本身就是一个长时间、长周期的人们活动，由于矿山储量、自然生态恢复周期、开采策划方案等问题，人们需要对矿区进行分期分区策划，对于矿区不同区域要采取不同的生态修复方法，设计不同的景观方案，将景观重塑和生态修复分期逐步实现。矿山开采后产生了新的地表形态，对于生态修复和景观重塑工作来说，崖壁区、平台区、采空区等空间都具有不同的形态特征与制约因素，因而需采取不同的生态修复技术策略与景观设计方案。恢复自然生态系统是一个系统而长期的过程，需要设计者尊重自然规律、顺应自然节奏去规划生态修复与景观重塑方案。再者，人类开采自然资源的过程是需要在自然承受范围内的，因此面对自然中大量的矿产资源储蓄量，应有计划地制定资源开采方案，尽量减少自然在开采过程中的损伤，同时人力、物力、财力、技术、政策等因素都制约着开采活动的进程[23]。

8.3.4　场地综合整治

对场地的治理是开展后续修复景观设计的基础。须注意的是应将土地形态恢复至接近自然的微地形形态，模拟自然的、有起伏的、较为粗糙的下垫面更有利于修复的矿区受损区域回到自然系统的演替中，做到真正的师法自然。除地表形态外还应对水体、土壤、微生物环境、小气候环境、生物群落等方面进行综合治理，为下一步的景观重塑提供良好且健康的自然环境[23]。

以白云鄂博矿区采矿废弃地为例，白云鄂博矿山公园原为采矿遗留废弃宗地，大规模的挖填破坏了当地的覆土生态环境，场地状况极为恶劣。设计师从生态技术美学的角度探索其场地修复方法，探讨分阶段实施植物修复技术的可行性，寻求以尊重生态秩序为基础的景观表达形式，最终实现矿区生态重塑与景观再生[24]。

8.3.5　建立和完善矿山生态修复机制

为了恢复和维护生态环境的生态结构、抵抗能力、自我恢复能力和可持续发展能力，为资源型城市绿色转型发展提供良好的生态环境，就要对已经破坏的生态环境进行修复和治理，并实现生态环境修复制度化。

以白音华矿区为例，矿山生态修复机制实施良好，本着因地制宜的原则，通过增施有机肥、菌肥、中量元素复合肥、土壤修复剂等土壤改良方式，解决种植土短缺瓶颈。同时，通过研究气候条件、土壤特性、微生物繁殖，结合排水、灌溉循环利用等技术，培育乡土植物群落，利用人工修复启发生态自愈能力，推进矿区生态环境持续改善。矿山生态修复效果见图 8-3-4。

8.3.5.1　*建立矿山生态环境规划制度*

矿山生态环境规划制度是协调矿产开发与生态环境关系的制度体系。通过

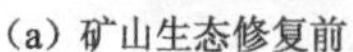

(a) 矿山生态修复前

(b) 矿山生态修复后

图 8-3-4　白音华矿区矿山生态恢复照片

矿山生态环境规划，科学约束矿产开发开采前、开采中、开采后等各阶段行为。在开采前合理预测开采可能会造成的生态破坏和环境污染，依据生态环境成本最小化原则，选择开采方案；在开采过程中，要全程实施绿色开采，把生态环境损失降到最小程度，开采方案要始终保证矿山生态环境标准执行的可靠性；开采后要对比预测损失量与实际损失量，对矿产资源开发而造成的生态破坏和环境污染损失量，要对相关利益主体进行相应的价值补偿，同时，依据功能、结构层次对生态环境进行矿山生态环境的修复与治理，以恢复矿区生态环境的生态结构、抵抗能力、自我恢复能力和可持续发展能力。

8.3.5.2　健全矿山生态环境评价体系和评价制度

矿山生态环境的评价体系和评价制度是实施生态环境修复的关键。生态环境的破坏和损失，表现在量的标准和质的标准两个方面。量的标准，主要包括植被破坏率、土地塌陷率、水资源污染量与损失量等；质的标准，主要包括土地的生产能力、地下水循环系统、环境净化能力、生态承载能力、生态结构和生态再造能力等。这些指标与量化的指标相比是很难用货币来衡量的。因此，必须充分考虑生态系统的承载能力、再造能力和可持续发展能力，从质和量两个方面衡量生态环境破坏和损失的程度，建立健全矿山生态环境评价体系和评价制度。为了保障生态环境修复的质量，还需不断地对矿山及周边环境中污染物的浓度和含量，以及生态环境承载力和再造能力进行全面地监测和分析，从污染物的排放、水资源的污染和损失、土地塌陷、大气环境质量、植被破坏等方面进行量化监测，建立生态环境的适时监测制度。

8.3.5.3　完善资源开发与生态环境统一的产权及责任体系

在中国资源产权界定表现为所有权归国家所有，国家采用招标等方式分配矿产资源产权，资源产权所带来的收益主要在国家和企业之间进行分配，而由资源开采所导致的环境责任问题却无人承担，环境产权界定同资源产权界定的分离与环境产权界定的模糊，使资源开采造成的生态环境破坏成本最终只能由社会承担。

因此，建立和完善资源开发与生态环境统一的产权及责任体系是解决矿山生态环境问题的关键。要建立资源开发与生态环境统一的产权及责任体系，就要完善绿色产权制度。核心是在保持资源国有制的前提下，通过招标、资源产权入股、有偿划转等方式尝试将资源的使用权转让给资源型企业，并与资源型企业订立长期使用合约，明确其占有、使用资源并获得收益的权利，并明确其保障资源可持续性使用和保护资源的义务。依照不同的审批权限设立不同的矿业权交易机构，对应由其审批的矿业权进行招商拍卖。在矿业权交易过程中，层层监管，衔接好政府分级审批与市场交易。同时，矿业权交易机构应采用公司制，通过市场手段选定合适的矿业权受让人。建立健全矿业中介服务体系，发挥中介机构的优势，推动综合性服务组织的建设。

8.4　社会弹性——政府主导调控

8.4.1　有完善的矿区生态修复法律法规

国家注重矿山环境保护和治理的全程控制，其完备的立法体系为生态修复提供了坚实的制度保障和法制保障，在实践中不仅对采矿企业行为进行规范，还调动了企业参与环境保护和治理的积极性，通过政府干预与市场激励的优化配置实现修复效果。建立了如下有效配套制度来保障生态修复的效果：其一，环境影响评价分析。包括成本效益分析、环境影响评价、环境技术评价、可持续发展指标体系等。其二，环境治理规划。政府制定开采规划，企业提出开采矿区的治理计划、开采后的闭坑计划等。其中，企业可自主提交闭坑计划书，若企业在修复工作实际操作中违反了闭坑计划，将会承担责任后果。其三，矿区生态恢复保证金和土地复垦。保证金的征收应与矿山开发许可证的办理相挂钩，将缴纳保证金作为获得许可证的前置条件；保证金缴纳方式灵活，企业可以选择一次性缴纳或者分期进行缴纳；保证金返还标准严格，需符合国家规定的阶段性标准，否则将全部用于土地复垦治理工作。其四，矿区环境监督检查制度。采用多种监督检查方式，如企业年检、不定期抽查、聘用专家调查员等[25]。

8.4.2　注重预防评价与监管治理相结合

对比矿区环境保护较好的国家，其具有以下几个共同点：其一，坚持环境效益优于经济效益原则，必要时经济效益让步于环境效益，在矿产开采中采取多种手段，让矿区环境影响评价制度的源头控制功能得以实现，降低末端控制可能导致的政府决策失灵。其二，确定生态修复管理各部门职责，制定可操作性强的生态修复措施和标准，协调职能、指导操作，把责任细化到地方，形成一套从上到下的监管体系。其三，落实全程监管，对矿产开发中可能产生不良影响的环节进行严格监督，进行分阶段的监测评价活动[25]。

2020 年 9 月，为了进一步压实治理责任，查漏补缺，补齐短板，确保高质量地完成露天矿山地质环境治理任务，锡林郭勒盟自然资源局委托内蒙古自治区地质环境监测院从自治区绿色矿山专家库和矿山地质环境治理专家库中聘请了 12 名专家，分 4 组对全盟 13 个旗县市（区）重点露天矿山企业的地质环境治理和绿色矿山建设成效进行检查指导和评估打分。

8.4.3 注重矿区环境保护的公众参与

以立法的方式确立公众参与机制的法律地位，不仅在日常工作中实现环境信息公开，还鼓励公众参与矿区环境保护，采取多种方式实现公民的环境参与权。公众可以充分参与到计划、项目、治理限制、标准等的修改和执行中。公众参与在全国性法律、地方实施细则、部门行业标准中被作为法定程序。公众参与的方式包括听证会、座谈会、诉讼等。公众参与贯穿矿区环境保护的始终，包括参与环境治理规划、环境影响评价听证、开采过程、监督检查等。普通公众通过参与环境保护活动，清晰地了解到自己的切身利益，在参与的过程中提高了保护矿区环境的意识、增加了法律知识，对国家的执法情况也更有信心[25]。

2020 年 12 月，为深入贯彻“生态优先，绿色发展”理念，全面提升矿区生态环境治理和煤矿安全生产水平，依据《中华人民共和国矿产资源法》《矿山地质环境保护规定》《内蒙古自治区矿山环境治理实施方案》等法律法规，按照内蒙古自治区党委、政府关于煤炭领域违规违法问题集中整治工作部署，内蒙古自治区能源局拟订了《关于进一步做好煤田（煤矿）火区采空区灾害治理管理工作的意见》，并向社会公开征求意见。这体现了内蒙古自治区对于矿区环境保护中的公众参与十分重视，并开展相应活动为公共参与提供机会。

参考文献

[1] 杨柳. 弹性规划：城市免疫力升级药方[J]. 小康，2017(4)：26-27.

[2] HOLLING C S. Resilience and stability of ecological systems[J]. Annual Review of Ecology and Systematics，1973，4(1)：1-23.

[3] HOSSEINI S，BARKER K，RAMIREZ-MARQUEZ J E. A review of definitions and measures of system resilience[J]. Reliability Engineering &

System Safety,2016,145:47-61.
[4] 支航.吉林省资源型城市绿色转型方式与机制研究[D].长春:东北师范大学,2017.
[5] 屠世浩,陈宜先.探讨绿色开采技术 保护矿区生态环境[J].能源环境保护,2003,17(4):10-13.
[6] 煤炭企业能源管理丛书编委会.节能技术[M].北京:煤炭工业出版社,2014.
[7] 缪协兴,王长申,白海波.神东矿区煤矿水害类型及水文地质特征分析[J].采矿与安全工程学报,2010,27(3):285-291.
[8] 黄庆享.浅埋煤层覆岩隔水性与保水开采分类[J].岩石力学与工程学报,2010,29(增刊):3622-3627.
[9] 王双明,黄庆享,范立民,等.生态脆弱矿区含(隔)水层特征及保水开采分区研究[J].煤炭学报,2010,35(1):7-14.
[10] 孙建,王连国,赵光明.神东特殊保水开采煤层条带充填覆岩隔水层稳定性判据[J].中国矿业大学学报,2018,47(5):957-968.
[11] 孙希奎.矿山绿色充填开采发展现状及展望[J].煤炭科学技术,2020,48(9):48-55.
[12] 杨俊哲,陈苏社,王义,等.神东矿区绿色开采技术[J].煤炭科学技术,2013,41(9):34-39.
[13] 王飞.绿色矿业经济发展模式研究:以平顶山煤业集团四矿为例[D].武汉:中国地质大学,2012.
[14] 宁国良,罗立.地方政府与企业在节能减排政策执行中的博弈分析[J].湘潭大学学报(哲学社会科学版),2012,36(4):12-15.
[15] 张旭东,李运昌.山区地带工矿产业结构优化策略分析:以河北承德为例[J].河北民族师范学院学报,2013,33(3):68-70.
[16] 李建强,高飞,张小红.黑与白的嬗变:神华准格尔矿区煤炭伴生资源循环经济产业项目综述[J].中国有色金属,2018(10):33-35.
[17] 黄仲德.矿山开采对生态环境的影响及矿区生态修复分析[J].中国资源综合利用,2020,38(10):134-136.
[18] 崔爽,周启星.生态修复研究评述[J].草业科学,2008,25(1):87-91.
[19] 白中科,赵景逵.工矿区土地复垦、生态重建与可持续发展[J].科技导报,2001,19(9):49-52.
[20] 马建军.黄土高原丘陵沟壑区露天煤矿生态修复及其生态效应研究:以黑岱沟露天煤矿为例[D].呼和浩特:内蒙古农业大学,2007.

[21] 张绍良,米家鑫,侯湖平,等.矿山生态恢复研究进展:基于连续三届的世界生态恢复大会报告[J].生态学报,2018,38(15):5611-5619.

[22] 吴冷.井工煤矿矿区生态破坏现状及常用修复技术[J].环保科技,2019,25(6):47-54.

[23] 池沫菲.基于生态修复理念下的矿区景观重塑研究:以灵宝市矿业示范区为例[D].西安:西安建筑科技大学,2020.

[24] 高坤,蔺莎,孙雯,等.基于生态技术美学视角的矿区生态修复探索:以白云鄂博矿山公园为例[J].风景园林,2017(8):66-69.

[25] 张路.我国矿山地质环境保护法律制度研究[D].北京:中国政法大学,2009.

第 9 章 煤矿区水体提取与变化监测

水资源作为生态环境的重要组成部分，所有的自然活动和人类活动都离不开水资源的参与。水域的动态变化研究是全球气候生态环境变化的重要方面之一。相对全球总水量而言，湖泊中蕴藏的水资源量是比较低的，但它却是陆地水资源的重要构成部分，参与整个全球的水循环，对区域气候有一定程度的影响和反馈[1-3]。研究矿区开采对周边水域的影响，一定程度上能够反映矿区开采对水资源的影响，是矿区开采对生态环境影响研究的重要组成部分[4]。

因此以内蒙古矿区为研究区，通过对 2000—2019 年矿区周边不同距离的 2 个水域进行提取，统计分析 2000—2019 年矿区周边水域的面积变化，从而得出矿区开采对周边水域的影响，为当地矿区生态环境治理与恢复以及矿区开采与生态环境协调发展提供参考。

9.1 国内外研究现状

9.1.1 基于遥感手段的水域变化监测的国外研究进展

在国外，在水域发展演化以及动态监测中，“3S”技术已经有了大量的应用，如 Harris 等[5]以北爱尔兰 Lough 湖为研究对象，以获取的 AVHRR 和 TM 遥感影像为数据源，对该湖的水域面积进行遥感变化调查，通过对水域面积与水位变化之间的关系进行详细的探讨，得出了两者间的对应关系，并且对 Lough 湖的水域面积变化的成因进行分析研究。Birkett[6]以里海为研究对象，通过遥感解译研究分析，掌握了里海在时间序列上的变化规律，包括季节变化和年际变化两个方面的规律，并且构建了里海湖区的遥感数据库，希望在未来能够用遥感技术在全球的宏观尺度上对湖泊、湿地和河流的水文变化规律进行研究总结，并且可以研究分析在全球范围内这些地理单元与气候的响应关系。Guirguis 等[7]选择了 1983 年到 1991 年多时段的遥感影像，对埃及的 Burllus 湖进行了研究，首先对遥感影像进行假彩色合成，提取 Burllus 湖地物的湖边界信息,对影响该湖泊动态变化的各个因子采用主成分分析等方法进行研究。Pachur 等[8]对东撒哈拉沙漠采用机载雷达 SIR-C/X-SAR 数据进行研究,发现在东撒哈拉沙漠内部存在着多个古代湖泊遗迹,为人们了解东撒哈拉沙漠的演化有着十分重要的意义。Birkett[9]对 1992—1998 年这一时段的非洲乍得湖演化进行了研究,通过分析提取到的湖区信息,对非洲乍得湖区域内的水源补给和水量损失量、水量平衡过程以及水量收支变化与气候之间的关系进行分析并作出了预测。Laabs 等[10]首先根据遥感影像对湖盆的残积物地物进行准确的提取,然后结合残积物的测年数据,对自更新世以来 Bear 湖的水位变化过程状况进行了还原分析,反演了 Bear 湖当时的水深,并且结合地质资料进行综合分析,说明了湖泊演化阶段的情况,很好地建立了演化阶段与气候事件的对应关系。Li Jiang[11]运用多个时相、多种数据源(MSS 和 TM 影像)以美国 Nebraska 地区的湖泊为案例进行研究,在对遥感影像数据进行辐射校正和正射校正等几何校正的基础上,依据湖泊等地物的形状、大小、纹理、色调等影像特征对地物加以描述,提出了分段线形多边形近似法提取湖泊边界的方法,很好地建立了根据边界形状来提取各个时期湖泊边界的方法。Devogel 等[12]以澳大利亚中部埃尔湖为研究对象,运用遥感影像方法,并结合详细的野外地质调查,在此基础上提取了埃尔湖的水文特征信息,并且对埃尔湖的第四纪的水文特征进行了分析与重建。Chipman[13]综合使用 MODIS、AVHRR 遥感影像,对 1998—2006 年间的埃及南部托斯卡湖的湖泊面积的变化进行了测量,同时利用 ICE Sat 激光测高卫星和 DEM 影像测量了湖水深度及容积的变化情况,定量地分析出了托斯卡湖水面和深度的变化过程。Cavalli等[14]通过遥感手段对维多利亚湖(Lake Victoria)进行水草监测,并且提取了相应水域的光学参数等,以此预测水草泛滥的可能性。Mancino[15]通过处理好的 Landsat TM 数据,建立了多元逐步回归模型来描述小湖泊水质参数,对意大利 Monticchio 湖泊的应用研究表明,该模型能较好地反映小湖泊水质参数。Mergili[16]等基于 RS 和 GIS 手段,用区域尺度分析的方法,快速识别了区域范围内潜在的危险湖泊以及可能的影响区域。通过对帕米尔高原西南部 428 个湖泊的研究,划分出其中 6 个很危险的湖泊以及 34 个一般危险的湖泊。

9.1.2 基于遥感手段的水域变化监测的国内研究进展

从 20 世纪 80 年代开始,我国研究水域的学者将目光转向利用“3S”技术监测湖泊的动态变化以及水域的演化情况,为大范围长时段的水域变化研究开创了新方法。刘登忠[17]通过解译 Landsat 遥感影像,初步建立了水域萎缩的遥感解译标志，描述了青藏高原水域的萎缩现状。戴锦芳等[18]采用遥感影像作为数据源，通过分析影像的色调、纹理结构等探讨了古丹阳湖的不同演化类型，对古丹阳湖地区，采用动态对比法研究了不同年份、不同季节该区域的遥感影像信息之间的变化差别，并且对遥感影像与地图等其他非遥感影像图件之间进行对比，研究了古丹阳湖的演变规律与消亡过程，分析了消亡的原因以及后期的效应。俞立中等[19]采用GIS技术研究了洪湖40年的环境变化情况及其变化的机理机制，分析了与人类生产生活相关的围湖垦殖、分割湖区、修建隔堤及水位控制等活动因素对湖泊环境变化的影响和机理，通过分析得知在洪湖的演变过程中人类活动是其变化的主导因素。陈贤章等[20]以青藏高原上的青海湖为研究对象，在遥感影像上分析湖冰、湖水以及湖岸等地物的光谱特性，掌握了1993—1994年这一时段的青海湖湖冰分布变化情况，并着重分析了湖冰的年内及年际变化对气候变化的响应状况。通过检测的湖冰数据结合青海湖周围气象站的气象观测资料分析，发现湖冰与周围气温具有明显反相关关系，并且湖冰变化对气温有滞后性；李劲峰等[21]采用遥感方法分析了四湖地区的湖泊水域的动态变化，得知该地区从50年代至80年代初，由于大规模的围湖造田等人类因素影响，湖泊水域萎缩速率明显加快，而到了80年代以后湖泊水面急剧减少的趋势得到遏制。杨日红等[22]以西藏色林错为研究对象，以1972年的MSS、1992年的TM与1999年的ETM＋3个时相的遥感数据为主要数据源，对色林错湖面扩张进行了研究，经分析得知在1972—1999年这个研究时段内色林错湖面从1 707 km^2急剧地扩大到了1 823 km^2，变化程度大。对如此剧烈变化的原因进行了探究，发现气候变化及高原隆升等是湖面扩大的主要原因。沈芳等[23]收集了多时相、多种信息源的影像数据，针对青海湖湖水面积缩小、水位持续下降、湖体分离等环境热点问题展开遥感调查与研究，分析了1975年至2000年25年间湖泊的变迁过程及其影响因素。此外对青海湖进行了实地调查以及水深测量等，对青海湖建立了水深反演模型。柯丽娜[24]利用遥感技术并结合地质、地貌信息和测年数据，对典型湖泊进行了深入的研究，建立了扎布耶盐湖的影像解译标志，准确地统计出了扎布耶盐湖不同演化时期的体积、面积以及萎缩速度，分析了扎布耶盐湖萎缩的机理，并且对现今盐沉积进行分带解译探究，为此后盐湖环境变化以及资源量的遥感研究提供了科学的依据。陈强等[25]利用遥感影像和地形图作为数据源，解译分析得出了新疆艾比湖从20世纪70年代以来的湖面变化情况，在此基础上分析了湖面变化的原因，得知自然因素和人类活动都对艾比湖产生影响，尤其是人类农业活动等对艾比湖的影响十分显著。沈欣[26]使用多时相的Landsat影像，对白洋淀地区的不同时相影像进行研究，提取不同水位高度时的水域边界，并以此水位高度为等高线，获取了多条等高线数值，对提取的多条等高线进行插值，生成了白洋淀地区的数字高程模型，在此基础上进行了淹没区与非淹没区的分类，很好地弥补了该地区数字高程信息不足或精度不够的缺陷。

在湖泊面积变化研究方面，夏清[27]根据昂拉仁错湖泊的相关沉积物在遥感图像上的影像特征，提取了不同期的边界信息，反演古湖泊在六个不同时期的水域范围，掌握了该湖自中更新世至今的演化过程，并进一步分析其演化原因，并对该湖的未来发展态势作了预测。王景华[28]通过对 TM 和 ETM+的正射校正，对羊卓雍措面积信息和该区域的冰川分布的变化信息进行了精确地提取，并叠加相应时期的气象资料进行分析，得知湖泊变化主要受控于降水的变化，而冰川退化主要是受到气温升高的影响。胡争光[29]等研究得出了一种结合双边界提取和混合像元分解的高效算法，最后基于 AVHRR 数据，对中国东北、内蒙古地区使用地形图，对所属湖泊进行定位和编码，求解湖泊面积，验证了算法的高精度和可行性。孟庆伟[30]利用 MSS 与 ETM+遥感资料，以青海湖、纳木错、色林错等三个特大型湖泊为研究对象，重点探究了这三个特大型湖泊的变化特征及其变化原因，通过研究发现这三大湖泊的变化过程不一致，并且气候变化对湖泊的变迁有着重要的影响，进而探讨了青藏高原特大型湖泊演化规律，具有明显的地质环境意义。李永生[31]根据 MODIS 各波段的特点，选择合适的波段组合，提取湖区信息，对艾比湖的变化规律进行研究，分析了湖面变化与气候尤其是降水要素的关系。蒋锦刚等[32]为了改善并提高提取湖泊边界信息的可靠性和精度，有效地减少遥感解译时的人为误差，提出利用多时相的遥感影像提取边界信息的加权平均融合的一种算法，以及对这种算法的误差域法修正处理方法。该方法能有效地提高解译的准确性，普遍适用于融合时相变化较大的湖泊边界的提取。罗重光等[33]利用遥感影像对青海可可西里地区主要湖泊应用阈值法进行水体信息提取，并且通过 Envi 软件的掩膜工具生成了包含湖底地形信息的专题图像，结合地质资料分析识别了该地区主要湖泊的湖底地形信息，而且在永红湖的北部湖盆中发现了明显的环状特征地物。万玮等[34]利用多时相 Landsat TM/ETM+影像，对羌塘高原东南部 22 个面积较大的湖泊进行研究，主要是将城市扩展中的变化强度指数和象限方位分析等概念引入对湖泊变化的研究中，从湖泊面积、变化强度和空间分异特征等多个方面对该区湖泊变化规律进行探究，通过分析得知冰雪融水、降水增加以及蒸发减少是影响该区域湖泊变化的主要因素。包娜仁图雅等[35]利用覆盖锡林郭勒草原的 TM 影像，结合野外调查，提取了该区域面积大于 5 km^2 的湖泊信息，探究了不同草原地带湖泊环境变化的规律。

黄慧等[36]以2000年和2001年的影像数据作为主要信息源，对青藏高原湖泊演变进行了分析，并且划分了该区湖泊演变的主要类型(有向心型、偏移型、分散型等)。闫立娟等[37]基于RS和GIS技术，从Landsat的MSS、TM、ETM+三期遥感影像中，对青藏高原的所有湖泊边界信息进行了提取，建立了我国青藏高原盐湖分布的空间数据库。同时利用ArcGis对1970—2000年的盐湖空间数据进行统计和分析，依据湖面变化状况划分了演变规律不同的动态变化区。柳依莎[38]以青藏高原西部为研究区域，运用遥感和GIS技术，通过对遥感影像进行投影校正、几何校正、图像拼接以及波段融合，提取冰川、湖泊边界信息，在此基础上，对冰川与湖泊总体变化趋势进行了深入的研究及冰川与湖泊面积变化的区域性比较，分析探讨了湖泊面积变化、冰川规模变化与海拔高程以及气候之间的关系。

由此可见，遥感技术可以为研究海滨和湖滨地貌等的时空变化提供重要手段，已被广泛用来进行海岸、湖岸地貌以及水域动态变化的研究。遥感数据在环境监测方面的优势主要体现在数据获取的周期性、动态性以及数据所体现出来的宏观性等方面。

9.1.3 水体提取研究

水资源是人类赖以生存和发展的重要资源，也是生态环境的重要组成部分，因此对生态环境的研究离不开对水体的研究，而研究水体首先要将水体提取出来。由于实地测量水体成本高，工作量大，随着遥感技术的不断发展，越来越多的学者开始研究怎样从遥感影像中提取水体。

卫星影像能够反映地物对电磁波的反射及地物本身的热辐射信息。各种地物由于结构组成及理化性质的不同，对电磁波的反射及本身的热辐射都存在着差异。遥感所利用的电磁波波长在0.4～2.5 μm之间，天然水体对这个波段电磁波的吸收明显高于其他绝大多数地物，因而水体的总辐射水平较低。在红外波段，水体吸收的能量高于可见光波段，即使很浅，水体也吸收了近红外及中红外波段内的几乎全部入射能量，反射能量很少；而植被和土壤在这两个波段内的吸收能量较小，具有较高的反射特性。这使得水体在这两个波段上与植被和土壤有着明显的区别[39]，进而反映在影像上，水体呈现出暗色调，土壤、植被则相对较亮。

根据最小处理单元的不同，对于影像信息利用计算机对水体信息的提取方法可以分为面向对象和面向像元两种。

9.1.3.1 面向对象的水体信息提取

面向对象(OBIA)进行水体信息提取主要是将邻近的像元群作为对象来

识别对应的光谱要素。在这一过程中充分利用了遥感影像数据里面所包含的空间、纹理、光谱等信息来分割和分类对象，从而输出相应的目标结果。在实际工程项目中面向对象的方法根据是否有人工参与分为人机交互和全自动两种模式。人机交互只需要将影像数据进行多尺度分割而在分类阶段则采用目视判别；全自动则是分割和分类两个部分均依靠算法来实现的，因此算法性能决定了最终的水体提取效果[40]。基于面向对象思路的方法中，待分类影像数据的构建离不开影像分割技术的支持，而在数字图像信息处理领域中能够对遥感影像数据进行分割的算法有很多种。比如贾永红等[41]在2014年对标记分水岭算法分割后的QuickBird高分辨率遥感影像采用水体指数模型提取水域信息；为了解决传统基于像元分割算法的缺陷性，2007年曹凯等[42]首次将多尺度分割算法应用到SPOT5数据中进行水体信息提取并取得了很好的效果；2016年于晓宁[43]使用均值漂移(mean shift)结合异质性最小值对遥感影像进行了多特征分割，能够自主确定中心点，适应性和分割精度非常高。对影像中的数据进行类型划分采用的方法常常包括监督分类、从知识构建出发分类以及仅仅依靠阈值来划分等，例如2012年周文鑫等[44]就采用多尺度分割和B分量阈值法提取了94.6%的水体信息；2017年林顺海[45]将多尺度分割和改进型模糊C聚类(FCM)算法相结合提取了高分一号影像中大面积水域信息等。

9.1.3.2 面向像元的水体信息提取

从影像中的像元特性出发来进行的水域信息提取也就是基于像元信息的水体提取方法。此方法主要是利用地物之间对于电磁波吸收、反射和辐射能力不同来进行水体信息提取的，这类方法在实际的工程应用中较为广泛，主要包括单波段阈值法、多波段组合法、水体指数法、图像变化法以及大家熟知的色彩空间变化法等。

(1) 单波段阈值法

单波段阈值法[46]主要利用了水体在不同波段范围内对电磁波的反射同其他地物之间具有较为明显的差异这一特性。例如彭定志等[47]利用LandsatMSS的近红外波段提取水体信息。水体信息在绿光波段反射率最高，且随着波长增加水体信息的反射率逐渐降低，尤其是在近红外波段，而其他地物在近红外波段的反射率较高，利用这一特性，近红外波段是水体信息提取主要考虑的波段，其提取公式如下：

$$G(x,y)=\begin{cases}1 & \lambda_{CH_4}\leqslant T\\ 0 & \lambda_{CH_4}>T\end{cases} \tag{9-1-1}$$

其中 T 为分割阈值，$G(x,y)$ 表示分割之后的二值影像，1 表示水体信息，0 表示非水体信息，λ_{CH_4} 表示近红外波段。这种方法最为简单，但是提取出来的水体信息当中往往会掺杂大量的暗色地物信息和阴影信息，如徐涵秋[48]认为单波段阈值法很难去除水体中混杂的阴影，水体提取的效果和精度非常差。

（2）多波段组合法

多波段组合法[49]利用了地物在不同波段之间光谱特性差异的综合信息，即将每组波段范围内水域信息和其他地物信息之间的微小差异进行波段叠加来放大这些细微差别，从而发现它们之间的变化规律，之后选择两个或者多个适合的波段进行组合，从而实现水体信息的提取，如刘建波等[50]利用 TM 的 4、5、7 波段进行大型水库库情监测。多波段组合法可分为谱间分析法和比值法。谱间分析法通常比较复杂；而比值法能简单、快速地提取水体信息，但却容易造成信息误判。相较于只选择某一个波段影像进行水域信息的提取，使用多波段数据来增大地物在不同波段之间的微小差异方法充分利用了地物在各个波段上的光谱特性，避免了单一波段的局限性，能够很好地去除阴影等地物信息，基本公式表示如下：

$$\lambda_{CH_i}+\lambda_{CH_{i+1}}+\cdots\cdots\geqslant\lambda_{CH_j}+\lambda_{CH_{j+1}}+\cdots+\lambda_{CH_1} \quad (9\text{-}1\text{-}2)$$

式中，λ_{CH_i} 为波段组合之后生成的遥感影像，不需要进行阈值分割就能够得到水体信息，但是这种方法其实就是对影像波段进行操作，当所求值大于零的时候，就视其为水体信息。针对某一特定的遥感影像，该方法能够很好地提取出水体信息，但是实际上水体的光谱特性是会随着时间、季节、地段的不同而发生一系列的改变，因此处理后的影像值不一定能够将水体信息有效地提取出来，该方法适用范围较窄。

（3）水体指数法

水体指数法[48]主要基于数学运算，通过找出多光谱影像中水体信息反射率最强的一个或者多个波段和最弱的一个或者多个波段进行组合，使最强的波段组合和最弱的波段组合进行比值运算，从而拉开水体与其他地物之间的差距。最早提出的水体指数法原理基于遥感影像上水体反射能力在近红外波段最低而在绿色波段较高来构建归一化水体指数（Normalized Difference Water Index，NDWI）：

$$NDWI=\frac{\lambda_{CH_2}-\lambda_{CH_4}}{\lambda_{CH_2}+\lambda_{CH_4}} \quad (9\text{-}1\text{-}3)$$

式中，λ_{CH_2} 是指绿光波段，λ_{CH_4} 是指近红外波段。

由于遥感场景的复杂性，该方法无法彻底抑制与水体信息无关的背景信息，尤其是在城市地物较为复杂的区域，水体、阴影、暗色地物、房屋的 NDWI 值比较接近，提取出来的水域信息中含有不少杂质信息。为了解决这一问题，不少学者相继对该水体指数进行了改进，提出了不少新的水体指数，例如2005年徐涵秋[48]将近红外波段替换成短波波段、2017年赵紫薇[51]等使用近红外和短波波段组合替换近红外波段等。

(4) 图像变换法

为了充分利用遥感图像中的地物信息，不少学者也将基于数学统计方法的图像变换法应用到遥感影像中，比如1991年陆灯盛等[52]将主成分变换、缨帽变换(KT)、比值变换等方法做了比较，2018年彭凯锋等[53]等将LBV变换方法首次应用到高分二号遥感影像中进行水体信息提取等。

主成分分析法(Principal Components Analysis，PCA)又被称为KL变换法，此方法的主要好处是将具有相关性的多波段数据进行压缩，从而达到信息综合与增强的目的，既能保证信息的完整性，又能增强各种地物之间的差异性。

LBV变换方法则是从地物的物理意义入手，通过分析不同地物在多光谱影像上辐射值的变化，将每个波段的辐射值分解为包含不同物理意义的三个部分，从而突出感兴趣区域。不同传感器，有着不同的LBV变换公式。

(5) 色彩空间变换法

不少学者也将色彩空间[54]引入遥感影像水体信息提取中，比如朱宝山等[55]于2013年采用HSV中的S和V分量构造成归一化水体指数成功提取了TM数据中的水体信息，这些方法主要集中在中低分辨率波段较多的遥感影像上，因为波段信息比较充分，所以能够达到较好的提取结果，最常见的是从RGB色彩空间转化到HSV色彩空间。

此外，许多学者还提出了一些新的水体信息提取方法。例如李小涛等[56]基于纹理信息进行水体信息提取，于晓宁[43]结合光谱、几何、纹理等多特征进行水体信息提取，相比传统方法准确度明显提高。此外，还有增强型水体指数(EWI)[57]等方法用于提取水体信息。但以上改进方法仍集中在遥感影像各波段的波谱特征上，对影像纹理、空间等其他特征关注较少，严重制约了水体提取的精度。分类器方法可针对采用的影像特征设计分类器，基于某种算法规则进行水体提取，能在一定程度上去除阴影和建筑物的影响，但其特征提取、分类器设计依赖于专家知识，并且不同区域、不同影像不具有通用性。

9.2　数据处理

9.2.1　数据源

遥感数据均下载于美国地质勘探局官网以及中国科学院计算机网络信息中心地理空间数据云平台，选用了包括两个水域的行列编号为 123030 和 124030 的 Landsat 数据。考虑到气候问题对水域面积的影响以及内蒙古冬天积雪对水体提取的影响，选择研究时段为 2000—2019 年，共 21 年，每年除 12 月、1 月、2 月之外的 9 个月份，每月一幅，一期一景。

Landsat 即美国国家航天航空局的陆地卫星计划，自 1972 年 7 月 23 日 Landsat 1 发射以来，陆续已有 8 颗发射升空，其中 Landsat 6 发射失败，第 1～4 颗均已失效，第 5 颗则已于 2013 年 6 月退役，目前只有 Landsat 7(于 1999 年 4 月 15 日发射)、Landsat 8(于 2013 年 2 月 11 日发射)在役并免费提供数据。

Landsat 5 携带的传感器是 Landsat 主题成像仪(TM，1982 年发射，2011 年 11 月停止工作)。Landsat 5 每 16 天扫描同一地区，即其 16 天覆盖全球一次。Landsat 5 TM 影像包含 7 个波段(超链接)，波段 1—5 和波段 7 的空间分辨率为 30 m，波段 6(热红外波段)的空间分辨率为 120 m。南北的扫描范围大约为 170 km，东西的扫描范围大约为 183 km。

Landsat 7 携带的主要传感器为增强型主题成像仪 ETM＋(Enhanced Thematic Mapper)，其影像数据共包括 8 个波段，其中，波段 1—5、7 的分辨率均为 30 m，波段 6 的分辨率为 60 m，波段 8(全色波段)的分辨率为 15 m，其 16 天覆盖全球一次。数据产品 Landsat 7 SLC-off 是指 Landsat 7 的机载扫描行校正器 SLC(Scan Lines Corrector)于 2003 年 5 月 31 日突然发生故障之后的异常数据产品，其获取的图像会出现数据重叠和大约 25％的数据丢失，这些数据产品都需要采用 SLC-off 模型进行校正；Landsat 7 SLC-on 则指发生故障之前的数据产品。

Landsat 8 OLI 卫星上携带有两个传感器，分别是 OLI 陆地成像仪(Operational Land Imager)和 TIRS 热红外传感器(Thermal Infrared Sensor)，该卫星共有 11 个波段(其中 OLI 陆地成像仪有 9 个波段，TIRS 热红外传感器有 2 个波段)，其中波段 1—7、9 的空间分辨率为 30 m，波段 8 为空间分辨率为 15 m 的全色波段，波段 10、11 为空间分辨率为 100 m 的热红外波段。

各个水域的数据源见表 9-2-1。

表 9-2-1　各个水域的数据源

水域名称	数据年份	数据量/期	水域名称	数据年份	数据量/期
达里诺尔	2000	9	水域 1	2000	8,缺 3 月
	2001	9		2001	9
	2002	9		2002	8,缺 10 月
	2003	9		2003	7,缺 6、11 月
	2004	8,缺 7 月		2004	7,缺 3,6 月
	2005	8,缺 7 月		2005	8,缺 5 月
	2006	9		2006	9
	2007	8,缺 11 月		2007	8,缺 6 月
	2008	8,缺 11 月		2008	8,缺 3 月
	2009	8,缺 11 月		2009	7,缺 3,11 月
	2010	8,缺 9 月		2010	7,缺 5、11 月
	2011	8,缺 11 月		2011	8,缺 6 月
	2012	7,缺 3,11 月		2012	7,缺 3、11 月
	2013	8,缺 4 月		2013	7,缺 3、4 月
	2014	9		2014	8,缺 3 月
	2015	9		2015	8,缺 6 月
	2016	9		2016	8,缺 4 月
	2017	9		2017	9
	2018	8,缺 11 月		2018	7,缺 5、9 月
	2019	8,缺 7 月		2019	9

9.2.2　数据预处理

本研究以我国内蒙古自治区锡林郭勒盟胜利矿区作为研究对象，通过 Landsat 影像数据，统计并分析研究区周边的水域面积变化，从而研究矿区开采对周边水域的影响。

研究的主要内容是利用从美国地质勘探局(United States Geological Survey,USGS)下载的 Landsat 5、Landsat 7 以及 Landsat 8 数据，对从研究区选取的距矿区不同距离的 2 片水域进行水体提取，对提取出来的水体面积进行统计分析，得到了 2000—2019 年矿区周边水域的面积变化，从而分析矿区开采对周边水域生态环境的影响，并为矿区开采与周边生态环境的和谐发展提供一定的参考依据。

9.2.2.1　几何校正

在遥感图像成像过程中，由于传感器内部因素（如高度、飞行姿态等）、遥感平台因素和地球因素（如地形起伏、地球曲率等）等，传感器生成的图像像元相对于对应的地面目标物的实际位置，会发生挤压、拉伸、扭曲和位移等问题，即产生了几何畸变。这种几何畸变不利于此后的图像信息处理、提取与分析，故需要几何校正这一步骤来纠正变形。

遥感中，几何校正分为几何粗校正（又称系统几何校正）和几何精校正。几何粗校正是针对引起图像畸变有规律的、可预测的原因进行的校正，一般来说，这一步骤在遥感数据接收后，由就收部门把遥感传感器的校准数据、位置、姿态等测量值代入有关理论校正公式，从而进行校正。几何精校正则需要用户根据其使用目的、投影及比例尺等各种需要，利用地面控制点 GCP（Ground Control Point）和几何校正数学模型来矫正非系统因素产生的误差，包括像素坐标变换和像素亮度值重采样两个环节。从数学角度来讲，就是通过一组 GCP 建立原始的畸变图像空间与校正空间的坐标变换关系，并利用这种对应关系把畸变空间中全部元素变换至校正空间。原始的畸变图像空间与校正图像空间的坐标变换关系为：

$$\begin{cases}\xi = p(x,y)\\ \eta = q(x,y)\end{cases} \quad 或 \quad \begin{cases}x = p^{-1}(\xi,\eta)\\ y = q^{-1}(\xi,\eta)\end{cases} \tag{9-2-1}$$

如图 9-2-1 所示，依次分别为 2000 年、2005 年、2010 年、2015 年、2019 年共 5 期的研究区原始 Landsat 影像数据。

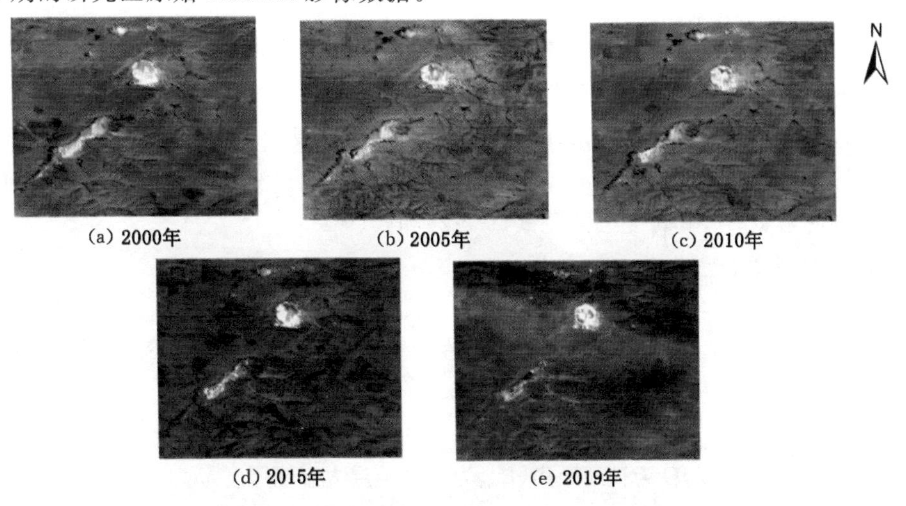

图 9-2-1　2000—2019 年研究区原始 Landsat 影像

9.2.2.2　条带去除

由于 Landsat 5 在 2011 年停止运作，而 Landsat 8 在 2013 年才发射，故缺少 2012 年的数据，而对于 2003 年 5 月 31 日之后的 Landsat 7 影像数据，由于 SLC 故障，其中含有条带状的数据缺失，因此需要采用 SLC-off 模型进行校正。本研究利用 Envi 的 tm_destripe. sav 或 landsat_gapfill. sav 两种补丁中任一补丁进行条带修复，两者均是利用掩膜通过空间插值方法对缺失的条带信息进行修补的，且经过试验，landsat_gapfill. sav 补丁更有利于之后的辐射校正和大气校正处理。

根据研究需要，对所采用的 2012 年以后 Landsat 影像数据中的多光谱波段和全色波段进行条带去除处理之后的影像数据如图 9-2-2 所示。从最终的处理结果来看，无论是多光谱波段还是全色波段，原始影像含有的条带去除效果明显。

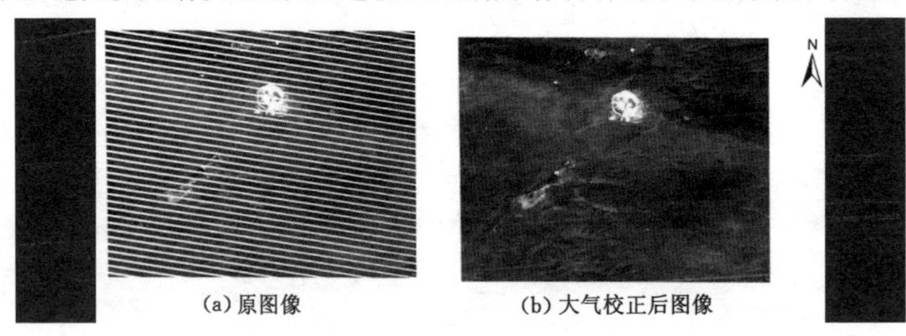

图 9-2-2　条带去除效果对比

9.2.2.3　辐射定标

进行辐射定标这一步骤的意义在于，将影像中的相对辐射值数据转换为绝对辐射值数据，从而消除传感器本身引起的误差。原始影像中像元的亮度值即 d_{DN}值（或称记录地物的灰度值）是无量纲的量，用来反映地物的辐射率。经过辐射定标这一过程后，可以将 d_{DN}值转化为反射率或辐射亮度值等可以表示地面物理量的数据[58]，其转变公式见式（9-2-2）和式（9-2-3）。

辐射亮度：

$$L = G_{\mathrm{gain}} \cdot d_{\mathrm{DN}} + b_{\mathrm{bias}} \tag{9-2-2}$$

其中，G_{gain}为增益值，b_{bias}为偏移量，均可以在影像头文件中读取；d_{DN}为影像的灰度值。

反射率：

$$R = (\pi L D^2)/(E_{\mathrm{sun}} \cdot \cos\theta) \tag{9-2-3}$$

其中，L 为辐射亮度，D 为日地距离，E_{sun}为大气顶层太阳辐照度，θ 为太阳天顶角。

考虑到之后的大气校正，利用 Envi 辐射定标中的“Radiometric Calibration”选项，自动读取元数据中的正射参数，将 d_{DN}值转变为辐射亮度以 BIL 格式输出。辐射定标过程中，会自动删除不起作用的卷云波段和质量检查波段，热红外的两个波段因分辨率不同不能和多光谱波段同时参与运算。对本研究中用到的图像进行辐射定标后的效果图如图 9-2-3 所示。

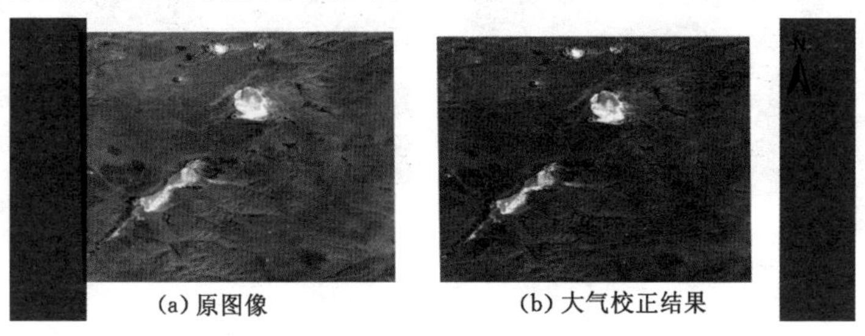

图 9-2-3　辐射定标结果对比

9.2.2.4　大气校正

大气校正是遥感多光谱数据进行地表参数定量分析的前提。进行大气校正这一步骤后，可以消除大气(如水蒸气、氧气、二氧化碳、甲烷、臭氧等)和光照等因素对地物反射的影响，反演获得地物反射率、辐射率、地表温度等真实物理模型参数[59]。

研究采用 Envi 平台自带的 FLAASH(Fast Line-of-sight Atmospheric Analysis of Spectral Hypercubes)大气校正模型基于 MODTRAN4＋的辐射传输模型，依靠影像像元的光谱特征，能够有效去除水汽和气溶胶散射效应，而非依赖遥感成像时同步测量的大气参数数据。在可见光波段，FLAASH 模型可以有效去除大气散射的影响使反射率总体降低，而在近红外波段，则弥补了大气对近红外波段的吸收作用而使反射率增加[60]。

FLAASH 大气校正基于太阳波谱范围内(不包括热辐射)标准的平面朗伯体，在传感器处接收到的单个像元光谱辐射亮度计算公式如下所示[61]：

$$L=\left(\frac{A\cdot\rho}{1-\rho_e\cdot S}\right)+\left(\frac{B\cdot\rho}{1-\rho_e\cdot S}\right)-(L_a) \tag{9-2-4}$$

式中　L——在传感器处接收到的单个像元的辐射亮度；

ρ——该像元的地表反射率；

ρ_e——该像元及周边像元的混合平均地表反射率；

S——大气球面反射率；

L_a——大气后向散射的辐射率；

A,B——由大气条件及地表下垫面几何条件所决定的系数，与地表反射率无关。

FLAASH 大气校正过程中，利用 Envi 自带的世界 DEM 数据，以研究区边界矢量数据作为掩膜对研究区进行海拔统计，得到研究区平均海拔分布为

0.036 km，最终经过大气校正的结果如图 9-2-4 所示。

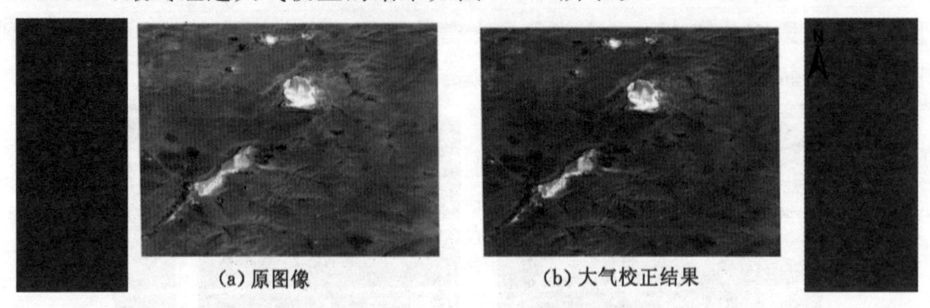

图 9-2-4　大气校正结果图

9.2.3　技术路线

具体技术路线见图 9-2-5。本研究以 2000—2019 年的 Landsat 数据为主要数据源，对其进行影像预处理之后，选用若干水体指数法进行矿区水域的提取，

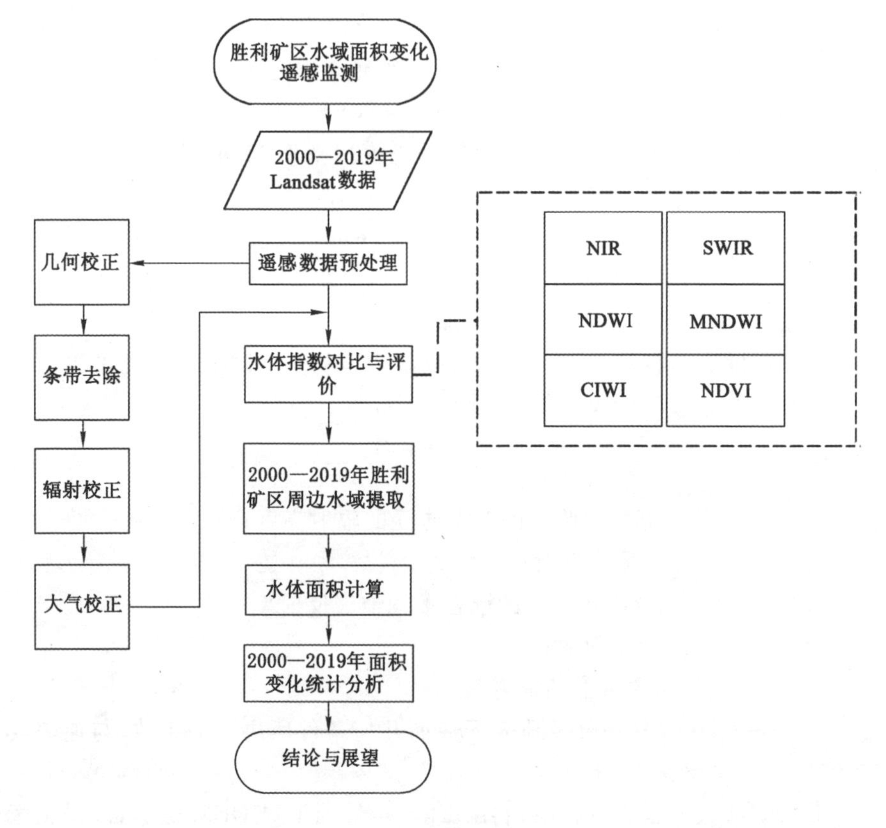

图 9-2-5　技术路线图

并对所选用水体指数法的结果进行比较，从中选择效果最好的水体指数用于2000—2019年的矿区周边的水域提取；之后，将提取出来的水体进行面积计算，并对结果进行统计分析，得到矿区水域20年的面积变化趋势，从而分析矿区开采对周边水域的影响。

9.3　水域面积变化研究

本章利用地理空间数据云以及USGS官网的Landsat 8、Landsat 7以及Landsat 5数据，选取2000—2019年数据，利用Envi进行水体提取，并将提取后的水体信息处理后转换为矢量格式，利用ArcGis进行面积计算，从而得到2000—2019年研究区的水域面积变化信息，进而据此研究矿区开采对周边水文环境的累积效应。

9.3.1　基于水体指数的水体提取方法比较

本研究对2014年的Landsat 8影像数据经过影像预处理后，以胜利矿区为研究范围，应用若干经典的水体指数对水体信息进行提取，经过对比后，选择适用于研究区的水体提取方法。选用的影像是2014-9-27的条带号为124030的Landsat 8 OLI影像，大气校正后的影像如图9-3-1所示，影像中有大面积水体，也有小面积水体，还有居民地、云层等干扰水体提取的信息。通过使用不同的方法从这幅影像中提取水体并比较其结果，选择提取效果最好的、最适合该区域的水体提取方法。

图9-3-1　2014-9-27大气校正后影像

9.3.1.1 单波段阈值法

此方法利用水体在波段 λ_{NIR} 和波段 λ_{SWIR1} 吸收最强、反射率几乎为零的特性,在两波段上分别通过设定阈值范围提取水体。单波段阈值法提取水体的运算模型如下:

$$\lambda_{NIR} < T_1 \tag{9-3-1}$$

$$\lambda_{SWIR1} < T_2 \tag{9-3-2}$$

利用 Envi 软件中的"灰度分割"工具,分别通过不断地调整波段 λ_{NIR} 和波段 λ_{SWIR1} 的阈值,选择合适的提取水体的范围,最终选择两波段阈值范围为 $\lambda_{NIR} < 902$、$\lambda_{SWIR1} < 586$,利用决策树分类法将两个波段分别分为 non_water(非水体)和 water(水体)两大类,从而实现积水区提取的目的。提取结果如图 9-3-2 所示。

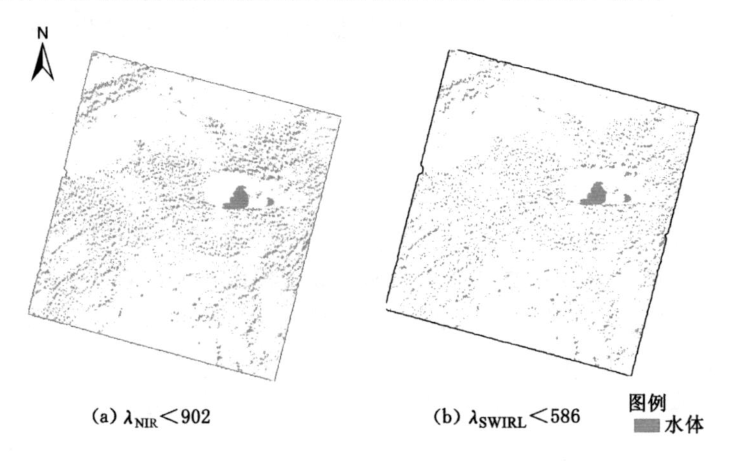

图 9-3-2 2014-9-27 影像提取水体区图

图 9-3-2 所示为分别利用波段 λ_{NIR}、λ_{SWIR1} 对 2014-9-27 影像进行单波段阈值提取积水区的结果,白色的为非水体,蓝色的为水体。由结果图来看,两者对于大面积的积水区都能提取出来,但整体来说 λ_{SWIR} 的提取效果要更好一点,它受到云层的干扰要小一些,λ_{NIR} 提取的水体中明显有更多的云层,但两种波段提取水体都不可避免地受到了云层的影响,若云量较大的话,会影响水体提取的精度。

9.3.1.2 归一化差异水体指数

Mcfeeters 提出了归一化差异水体指数 NDWI(Normalized Difference Water Index),归一化差异水体指数是利用水体在绿波段反射率强而在近红外波段吸收率强的特点,进而改造而成的用于水体信息提取的模型,其本质也是放大水体在各波段光谱特征的差异。NDWI 模型的计算公式见式(9-3-1):

$$NDWI = (\lambda_{GREEN} - \lambda_{NIR})/(\lambda_{GREEN} + \lambda_{NIR}) \quad (9\text{-}3\text{-}1)$$

式中 NIR 为近红外波段，GREEN 为绿色波段，对于 Landsat 5 TM 影像公式则为：

$$NDWI = \frac{\lambda_{CH_2} - \lambda_{CH_4}}{\lambda_{CH_2} + \lambda_{CH_4}} \quad (9\text{-}3\text{-}2)$$

式中 λ_{CH_2}、λ_{CH_4} 分别为 TM 影像 2、4 波段的像元值。

运用 NDWI 模型对影像数据进行运算，并剔除[－1,1]范围以外的像元信息，调整阈值，令 NDWI＞(0.6)，运用决策树分类法进行分类，于是得到利用 NDWI 模型提取的水体分类图(图 9-3-3)。由图可知，此模型提取的结果中，相比前面几种模型，所提取的水体信息较少，一定程度上避免了云层对水体提取的影响，但同时一些较小的水体也被忽略了，可以明显看到部分水体提取不完整，有缺漏。采用这种方法构建模型时主要考虑了植被因素会干涉积水区信息的提取，而忽略了建筑或土壤等因其光谱特征也容易混入水体信息而被当作积水信息提取[62]，因此这种方法提取的水体精度不足。

图 9-3-3　2014-9-27 影像 NDWI 法提取水体结果

9.3.1.3　归一化植被指数法

与 NDWI 类似，NDVI(Normalized Difference Vegetation Index，NDVI)是一种研究地表植被覆盖的指数，由于水体在可见光波段比近红外波段有较高的反射作用，因而其 NDVI 值为负值，而在植被覆盖情况下 NDVI 为正值。因此，可以利用 NDVI 阈值法提取水体信息，其公式如下：

$$NDVI = (\lambda_{NIR} - \lambda_{RED})/(\lambda_{NIR} + \lambda_{RED}) \quad (9\text{-}3\text{-}3)$$

式中，λ_{NIR}为近红外波段，λ_{RED}为红外波段，对于 Landsat 5 TM 影像公式则为：

$$\mathrm{NDVI}=\frac{\lambda_{CH_4}-\lambda_{CH_3}}{\lambda_{CH_4}+\lambda_{CH_3}} \tag{9-3-4}$$

式中，λ_{CH_3}、λ_{CH_4} 分别为 TM 影像 3、4 波段的像元值。

和 NDWI 提取水体类似，运用 NDVI 模型对影像数据进行运算，并剔除[−1,1]范围以外的像元信息，调整阈值，令 NDVI>(−0.1)，运用决策树分类法进行分类，于是得到利用 NDVI 模型提取的水体分类图(图 9-3-4)。由图可知，此模型能够较好地提取水体，但是裸地在两波段与水体具有相似的反射率，故其 NDVI 值接近于 0，这就容易造成裸地和水体混淆。可以看到在图中有一部分居民地也被当成水体提取了出来，降低了此模型水体提取的精度。

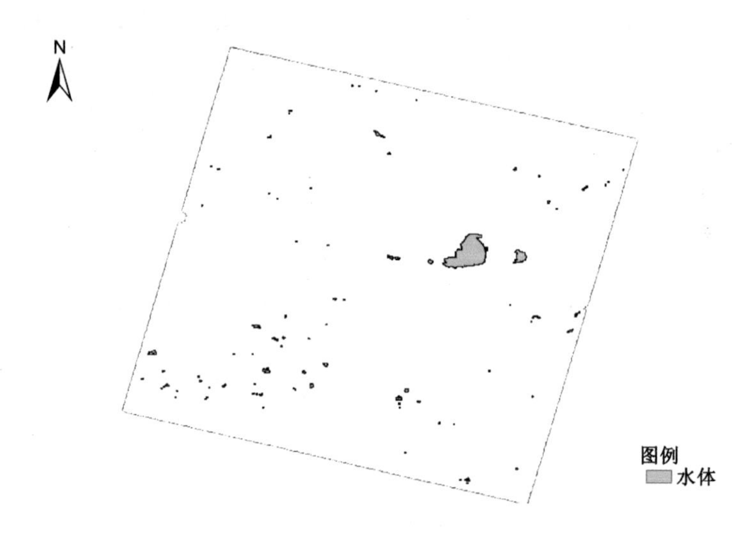

图 9-3-4　2014-9-27 影像 NDVI 法提取水体结果

9.3.1.4　基于植被指数和中红外通道的混合水体指数

基于植被指数和中红外通道的混合水体指数模型(Combined Index of NDVI and NIR for Water Body Identification，CIWI)。莫伟华等在分析 NDWI、NDVI 和 MNDWI 优缺点和各波段光谱特征的基础上，指出 NDVI 对植被表现最好，易于分离水体与植被信息；近红外通道的城镇光谱值最高，水体的光谱值最低，城镇和水体光谱值差异最大，易于区分水体与城镇。据此，首先用近红外波段与近红外波段均值的比值构造 1 个无量纲参数 C，再将其与 NDVI 求和。水体指数(CIWI)模型为

$$\mathrm{CIWI}=\mathrm{NDVI}+C \tag{9-3-5}$$

运用 CIWI 模型进行计算之后，通过决策树分类法，调整阈值，令 NDVI>(−0.1)，运用决策树分类法进行分类，于是得到利用 CIWI 模型提取的水体分类图(图 9-3-5)。由图可知，CIWI 模型类似于 NDWI 模型，大面积的水体提取效果良好，但是小面积水体依旧有所缺漏，可以看到有些水体并不完整，因此该模型在提取水体的过程中，精度会有所降低。

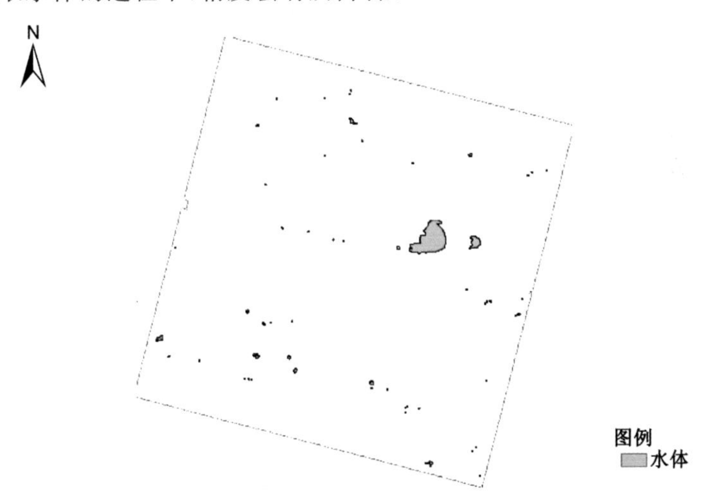

图 9-3-5　2014-9-27 影像 CIWI 法提取水体结果

9.3.1.5　改进的归一化水体指数

改进的归一化水体指数(Modified Normalized Difference Water Index, MNDWI)是徐涵秋在归一化水体指数 NDWI 的基础上改进而成的，他通过分析波段特征发现建筑物在 TM 的 4 波段和 5 波段突然转强，于是针对 NDWI 不能很好地区分建筑物和水体信息的缺点，将 NDWI 做了修改，用近中红外波段(SWIR1)替换了原来 NDWI 的近红外波段(NIR)，计算出来的建筑物的指数值明显减小。同时，由于水体在近中红外波段的反射率继续走低，这就使得水体与建筑物的反差明显增强，从而有利于水体信息的准确提取。该模型考虑到建筑物在波段 λ_{GREEN} 和波段 λ_{NIR} 的反射率趋势与水体十分接近，并利用建筑物的反射率在波段 λ_{NIR} 到波段 λ_{SWIR2} 会发生骤然上升的特征，将 NDWI 模型中的波段 λ_{NIR} 替换为波段 λ_{SWIR2}，放大建筑物与水体光谱信息的差异与可分离性[63]，其公式如下：

$$MNDWI=(\lambda_{GREEN}-\lambda_{SWIR1})/(\lambda_{GREEN}+\lambda_{SWIR1}) \tag{9-3-6}$$

式中，λ_{GREEN} 为绿光波段，λ_{SWIR1} 为中红外波段，对于 Landsat 5 TM 影像公式则为：

$$MNDWI=\frac{\lambda_{CH_2}-\lambda_{CH_5}}{\lambda_{CH_2}+\lambda_{CH_5}} \quad (9\text{-}3\text{-}7)$$

式中，λ_{CH_2}、λ_{CH_5} 分别为 TM 影像 2、5 波段的像元值。

利用 MNDWI 模型对影像计算完成后，调整阈值发现，MNDWI>(0.73)是较为合适的阈值范围，提取得到的积水区分布图(图 9-3-6)显示，MNDWI 指数算法既能较好地提取大面积水体，也能够较好地完整提取小面积的水体，还能控制云层对水体提取的影响，因此比较适合该区域的水体提取。

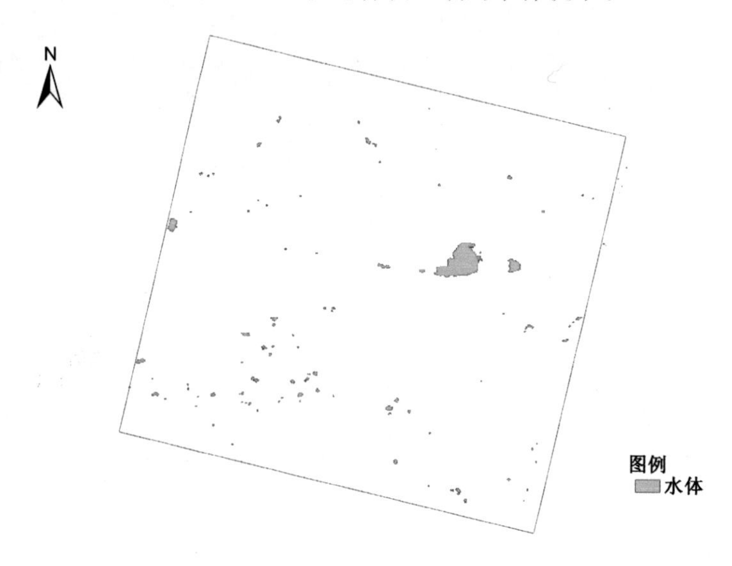

图 9-3-6　2014-9-27 影像 MNDWI 法提取水体结果

综上通过几种水体提取方法的比较，从结果来看，MNDWI 指数更适合于在研究范围提取水域的水体信息，因此本研究选用 MNDWI 指数作为后续研究提取水域的方法。

9.3.2　基于 MNDWI 指数的矿区水域面积变化研究

通过对 2014-9-27 的 Landsat 8 OLI 影像数据进行试验，结果显示在单波段法(波段 NIR 和 SWIR1)、NDWI、NDVI、CIWI、MNDWI 等水体提取方法中，运用 MNDWI 水体指数提取矿区水体的精度最高。故研究采用 MNDWI 指数对矿区 2000—2019 年的水域进行提取，并对提取结果进行面积统计与分析。

9.3.2.1　2000—2019 年矿区水体提取

通过比较上面的水体提取方法，决定采用 MNDWI 指数分别对达里诺尔湖以及矿区附近区域 1 2000—2019 年共 90 期(每年 3—11 月，每月 1 期)影像进行水体提取，图 9-3-7 为达里诺尔湖每年 9 月的提取结果，图 9-3-8 为矿区附近区域 1 每年 8 月的水体提取结果。

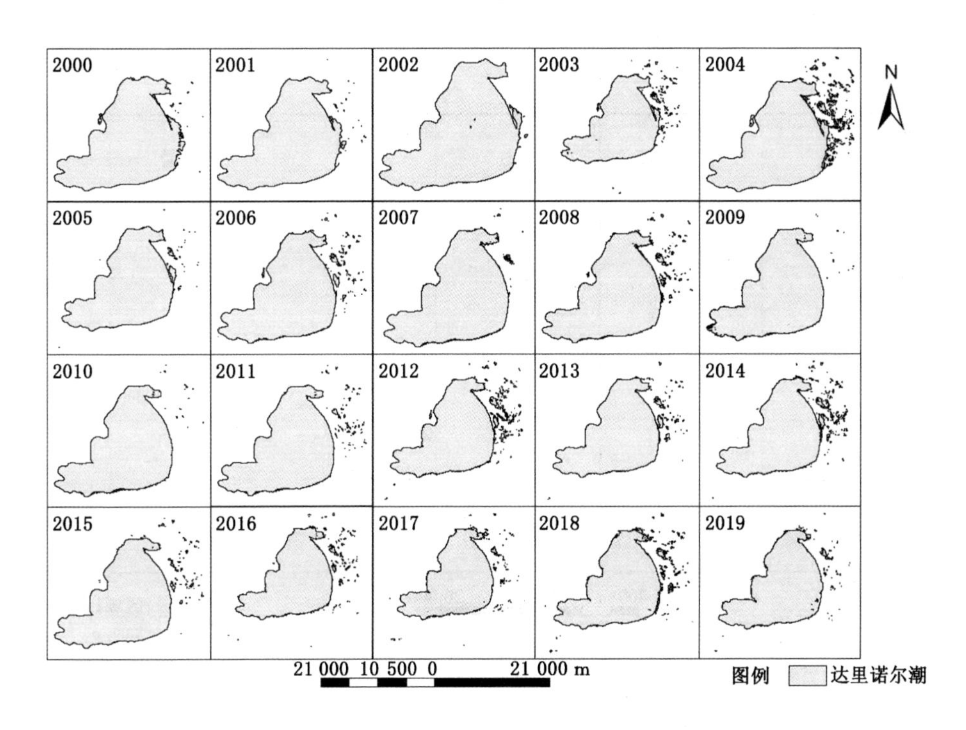

图 9-3-7 2000—2019 年达里诺尔湖每年 9 月水体提取结果

从提取结果图可以很明显地看出离矿区相对较远的达里诺尔湖的水域形状大小变化不大，整体是减小的趋势，湖泊西侧突出的一小部分水体面积逐年减小，最终消失，而湖泊整体的形状并没有太大的变化。而在矿区附近的区域 1 的水域形状大小变化较为明显，区域中的几片主要水体形状变化剧烈，区域中间的两片面积较大的条状水体甚至在有的年份一度消失，面积最大的那片水体也是形状大小变化明显，还有大量细碎水体分布在区域内，时有时无，水体面积整体上呈现逐渐增加的趋势。

9.3.2.2 2000—2019 年矿区水域面积统计

在完成水体提取之后，通过 Envi 将水体信息转换为矢量格式，在 ArcGis 中对水域的面积进行计算，将提取的每年各个月的水域面积进行平均，平均值作为该年的水域面积，这样可以减少季节因素以及偶然性对水域面积的影响，各个水域的统计结果见附表 2。

从表中的测量结果可以看出离矿区较远的达里诺尔湖 2000—2019 年期间

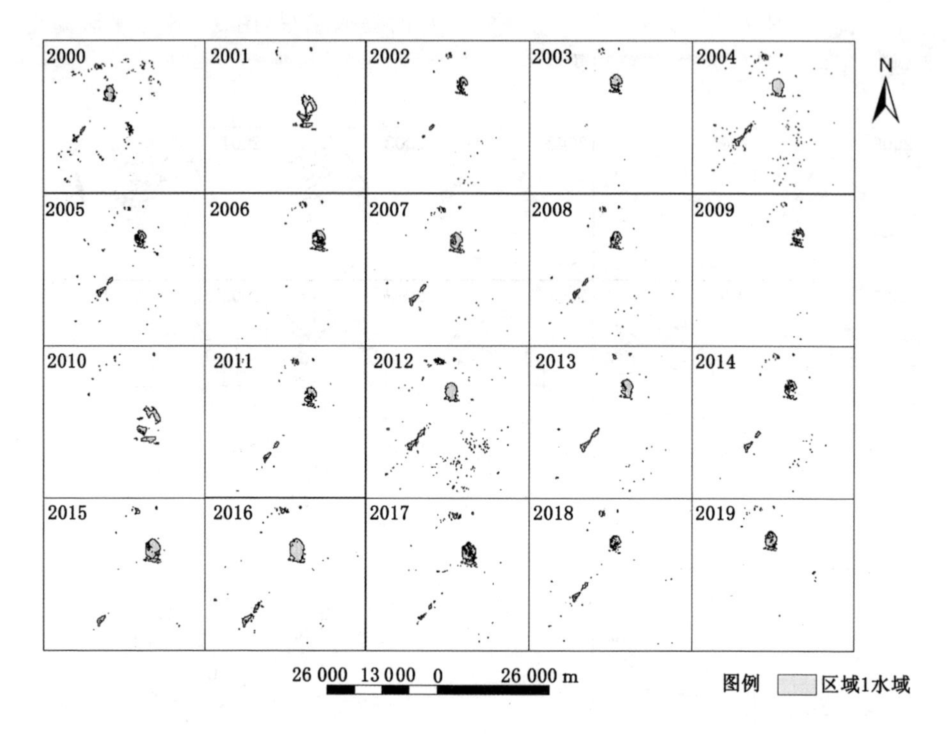

图 9-3-8 2000—2019 年矿区附近区域 1 每年 8 月水体提取结果

面积一直呈比较平稳的逐年下降趋势，而与之相比，靠矿区较近的区域 1 的水域面积则截然不同，2000—2019 年期间水域面积变化比较剧烈。同时从整体的统计结果可看出，在同一年的九个月中达里诺尔湖的面积比较稳定，而区域 1 的水域面积在同一年的不同月份存在比较大的波动。比如区域 1 2019 年 9 月 17 日的水域面积相较于 2019 年 8 月 24 日的水域面积，从 7.966 8 km^2 增长到了 20.969 1 km^2，增长了大约 163.21%。诸如这样的剧烈变化还有好几次，说明区域 1 的水域面积不稳定，受到多种因素的影响。

9.3.2.3 2000—2019 年矿区水域面积变化分析

求出各个水域 2000—2019 年每年的年平均水域面积之后，对面积进行统计分析，得出 2000—2019 年 20 年间各个水域的面积变化趋势，并进行分析。表 9-3-1是达里诺尔湖 2000—2019 年每年的平均水域面积以及面积年均增速，图 9-3-9 是达里诺尔湖 2000—2019 年水域面积年际变化的统计图；表9-3-2是 2000—2019 年区域 1 的平均水域面积以及面积年均增速，图 9-3-10 则是区域 1 2000—2019 年水域面积年际变化的统计图。

表 9-3-1　2000—2019 年达里诺尔湖年平均面积及面积年均增速

年份	年平均面积/m²	年均增速/%	年份	年平均面积/m²	年均增速/%
2000	222 132 700.0	—	2010	192 859 200.0	−1.13
2001	215 556 933.3	−2.96	2011	192 068 437.5	−0.41
2002	210 441 244.4	−2.37	2012	194 411 685.7	1.22
2003	208 215 011.1	−1.06	2013	193 494 487.5	−0.47
2004	209 325 162.5	0.53	2014	195 757 800.0	1.17
2005	205 452 112.5	−1.85	2015	192 131 200.0	−1.85
2006	200 821 788.9	−2.25	2016	192 861 400.0	0.38
2007	199 541 250.0	−0.64	2017	189 927 800.0	−1.52
2008	195 568 012.5	−1.99	2018	186 546 037.5	−1.78
2009	195 057 800.0	−0.26	2019	184 130 775.0	−1.29

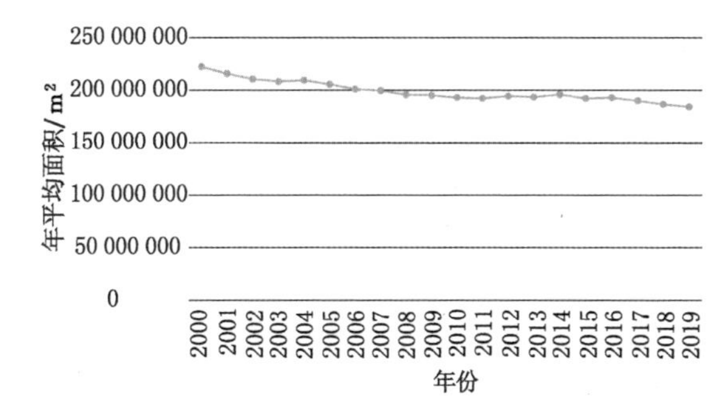

图 9-3-9　2000—2019 年达里诺尔湖面积年际变化

表 9-3-2　2000—2019 年区域 1 水域年平均面积及面积年均增速

年份	年平均面积/m²	年均增速/%	年份	年平均面积/m²	年均增速/%
2000	9 489 937.5	—	2010	10 759 757.1	−1.83
2001	6 064 500.0	−36.10	2011	9 220 500.0	−14.31
2002	6 115 837.5	0.85	2012	15 082 971.4	63.58
2003	11 088 400.0	81.31	2013	15 598 414.3	3.42
2004	12 849 942.9	15.89	2014	12 959 887.5	−16.92
2005	10 595 137.5	−17.55	2015	9 860 625.0	−23.91
2006	8 180 500.0	−22.79	2016	11 732 625.0	18.98
2007	10 974 712.5	34.16	2017	8 645 400.0	−26.31
2008	9 952 987.5	−9.31	2018	12 456 900.0	44.09
2009	10 959 814.3	10.12	2019	16 609 000.0	33.33

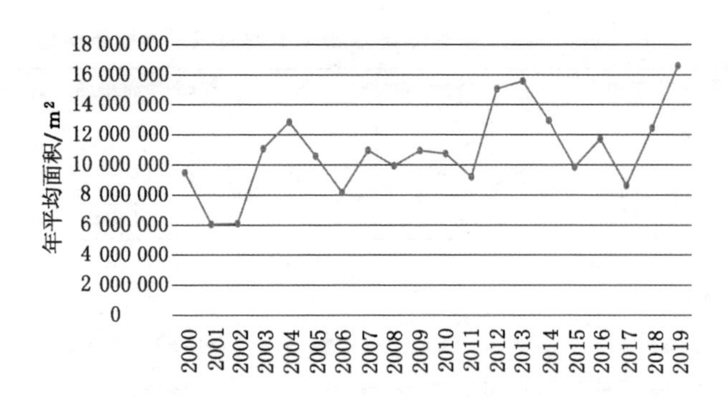

图 9-3-10　2000—2019 年区域 1 水域面积年际变化

从统计图表中可以看出，达里诺尔湖面积在 2000—2019 年的 20 年间基本是一个平滑的下降趋势，变化较为稳定，除了 2003 年至 2004 年、2011 年至 2012 年、2013 年至 2014 年以及 2015 年至 2016 年水域面积有较小的增长(增值率分别为 0.53%、1.22%、1.17%和 0.38%)，其余年间面积均为减少，且变化速度稳定，变化率最小的为 2008 年至 2009 年，降低了 0.26%，变化率最大的为 2000 年至 2001 年，降低了 2.96%，两变化率只相差了 2.7%，可见达里诺尔湖由于距矿区较远，受到的矿区开采影响较小，水体面积变化主要是受到了当地常年蒸发量高于降水量气候的影响，所以水体面积逐年平稳下降。

而区域 1 的水体面积变化则波动特别大，时涨时跌，整体呈上升的变化趋势。通过统计表可以看出，区域 1 的水域面积 2000 年至 2001 年、2004 年至 2006 年、2007 年至 2008 年、2009 年至 2011 年、2013 年至 2015 年以及 2016 年至 2017 年有所减小，而 2001 年至 2004 年、2006 年至 2007 年、2008 年至 2008 年、2011 年至 2013 年、2015 年至 2016 年以及 2017 年至 2019 年有所增长。区域 1 的水域面积不仅时增时减，波动严重，而且变化率变化也很大，变化速度不稳定，变化率最大的是 2002 年至 2003 年，增长了 81.31%，变化率最小的是 2001 至 2002 年，增长了 0.85%，两变化率相差 80.46%。

对照相似气候条件下的达里诺尔湖，同时参考当地的气候观测数据可以发现该地区的年蒸发量远大于降水量，因此在没有其他因素的影响下，水域面积应呈一种下降趋势，例如达里诺尔湖，它在 2000—2019 年水域面积一直呈一种比较平滑的下降趋势。与之相比，矿区附近的区域 1 的水域面积呈增长趋势，并且波动剧烈，说明煤矿区附近采矿活动对环境影响较大，环境状况较远离矿区的更为不稳定，且人类活动对环境的影响是久远的，随时间加长而出现累积效应。

将区域 1 的水域面积每 3 年进行滑动平均分析，统计结果如表 9-3-3、图

9-3-11所示。可以看到,2000—2019年区域1的水体面积总体上是增长的,每3年滑动平均面积从2000—2002年的7 223 425 m^2增长到2017—2019年的12 570 433.3 m^2,2012—2014年的平均水域面积最大,为14 547 091 m^2,2000—2002年的平均水域面积最小,为7 223 425 m^2,其中增速最快的是2001—2003年到2002—2004年,增长了29.161 2%,增速最慢的则是2000—2002年到2001—2003年,增长了7.376 3%;同时部分年份出现了水域面积下降现象,但下降率相比于增长率不高,下降率最大的为2014—2016年到2015—2017年,下降了12.486 5%,下降率最小的为2007—2009年到2008—2010年,下降了0.674 1%。

表9-3-3 2000—2019年区域1每3年滑动平均水域面积及年均增速

年份	水域年平均面积/m^2	年均增速/%	年份	水域年平均面积/m^2	年均增速/%
2000—2002	7 223 425.0	—	2009—2011	10 313 357.1	−2.312 7
2001—2003	7 756 245.8	7.376 3	2010—2012	11 687 742.9	13.326 3
2002—2004	10 018 060.1	29.161 2	2011—2013	13 300 628.6	13.799 8
2003—2005	11 511 160.1	14.904 1	2012—2014	14 547 091.1	9.371 5
2004—2006	10 541 860.1	−8.420 5	2013—2015	12 806 308.9	−11.966 5
2005—2007	9 916 783.3	−5.929 5	2014—2016	11 517 712.5	−10.062 2
2006—2008	9 702 733.3	−2.158 5	2015—2017	10 079 550.0	−12.486 5
2007—2009	10 629 171.4	9.548 2	2016—2018	10 944 975.0	8.585 9
2008—2010	10 557 519.6	−0.674 1	2017—2019	12 570 433.3	14.851 2

参考区域1的DEM数据,发现区域1的水域均位于地势较低的位置,特别是周边的细碎水体,这些地方由于矿区的开采活动极易出现塌陷区,在形成地面塌陷后极易形成积水区,且随开采年限加长,积水区面积随之增大。同时考虑到研究区域干旱半干旱的特殊气候条件,过大的蒸发量导致积水区极易蒸发消失,以至于水域面积波动严重。对照区域1附近矿区的几个主要煤矿的开采时间,2000—2004年期间三个主要煤矿未进行开采,但当地有一些乡属小矿坑以及一些小矿在进行开采活动,所以矿区附近的水域面积逐渐增长,并且此时的采矿活动不注重生态环境保护,因此水域面积增速较大。2005—2009年期间胜利一号露天煤矿一期工程于2008年完工付产,胜利东二号露天煤矿一期工程于2009年完工付产,在原来小型煤矿被统一管理后,更加注重开采过程中的生态保护与修复,因此2005—2009年平均水域面积出现小幅度降低。随后胜利一号露天煤矿二期工程于2012年投入运行,胜利东二号露天煤矿二期工程于2012年完工

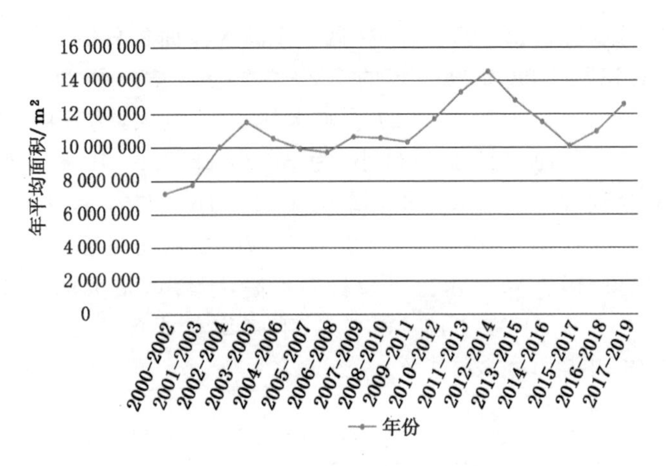

图 9-3-11　2000—2019 年区域 1 水域每 3 年滑动平均面积变化

付产，阿巴嘎旗宝润矿业有限责任公司坤宝煤矿也于 2011 年完成扩建并开始生产，各个煤矿的开采强度都显著增加，而矿区治理没能够相应跟上，导致 2010—2014 年平均水域面积继续增长，并且水域面积达到研究期间的最高点。2015—2017 年期间，阿巴嘎旗宝润矿业有限责任公司坤宝煤矿于 2011 年 2 月进行灭火工程，计划当年的 5 月开始施工，井工煤矿井下生产从灭火工程开始停产至 2017 年，相应的 2015—2019 年的平均水域面积逐渐减小，但减小速率不快。2017 年以后，坤宝煤矿通过了环评开始复产，水域面积随之逐渐增加。可以看出区域 1 的水域面积变化与矿区的开采时间基本吻合，明显受到了矿区开采活动的影响。

9.4　结论

以内蒙古自治区锡林浩特市胜利矿区为研究区，采用水体指数法，基于 Landsat 数据对 2000—2019 年间离矿区较远的达里诺尔湖以及矿区附近的区域 1 的水域面积进行水体提取，将提取结果进行面积计算，并进行统计分析，得到 2000—2019 年水域面积的变化结果，从而分析 2000—2019 年矿区开采对附近水域面积变化的影响。

(1) 在 5 种经典水体指数提取方法中，MNDWI 指数提取水体的结果较好。单波段提取水体不可避免地受到了云层的影响，若云量较大的话，会影响水体提取的精度；NDWI 指数提取水体忽略了一些较小的水体，导致部分水体提取不完整，有缺漏；NDVI 指数提取水体容易混淆裸地和水体，一部分居民地可能被当成水体；CIWI 指数提取水体容易漏提取小面积的水体，导致水体提取的精度不足;MNDWI 指数提取水体既能较好地提取大面积水体,也能够较好地完整提取小面积的水体,还能控制云层对水体提取的影响。

(2) 2000—2019 年达里诺尔湖的面积呈平滑降低趋势,除了有四年出现小幅度增长外,其余各年均为缓慢降低,且变化速率稳定,由 2000 年的 222 132 700 m^2 降低到 2019 年的 184 130 775 m^2;而区域 1 水域面积波动严重,整体呈上升趋势,时增时减,且变化速率也不稳定,从 2000 年的 9 489 937.5 m^2 增长到 2019 年的 16 609 000 m^2。

(3) 达里诺尔湖水体面积下降可能是受到当地蒸发量远大于降水量的干旱半干旱气候的影响,处于同一地区的区域 1 中的水域由于靠近矿区,在相似的气候条件下,水域面积变化规律迥异,且变化规律与矿区开采动态相关,可见矿区周边水域面积的变化与采矿活动有着较大的相关性。

(4) 胜利矿区的生态治理与修复实施效果不错,一度控制了周边水域面积增长趋势,但在几个重点煤矿二期工程均完工付产后,开采强度大幅增加的情况下,生态治理与修复力度不够,还需加强。

参考文献

[1] 杨社锋,方维萱,胡瑞忠. 中国煤矿废弃物环境效应研究进展[J]. 矿物岩石地球化学通报,2004,23(3):264-269.

[2] 陈宏念. 千米深井条带开采沉陷规律研究及应用:以张小楼矿区为例[D]. 徐州:中国矿业大学,2017.

[3] HOPE R J. Changing environments[J]. Power Engineering,2015(10):8.

[4] 吴娟娟. 近 20 年柴达木盆地主要盐湖湖水面积变化及原因分析[D]. 西宁:中国科学院研究生院(青海盐湖研究所),2014.

[5] HARRIS A R, MASON I M. Lake area measurement using AVHRR A case study[J]. International Journal of Remote Sensing, 1989,10(4-5):885-895.

[6] BIRKETT C. The global remote sensing of lakes,wetlands and rivers for hydrological and climate research[C]//1995 International Geoscience and Remote Sensing Symposium,IGARSS '95. Quantitative Remote Sensing for Science and Applications. July 10-14,1995,Firenze,Italy. IEEE,1995:1979-1981.

[7] GUIRGUIS S K,HASSAN H M,EL-RAEY M E,et al. Technical note multi-temporal change of lake brullus,Egypt,from 1983 to 1991[J]. Inter-

national Journal of Remote Sensing,1996,17(15):2915-2921.

[8] PACHUR H J,ROTTINGER F. Evidence for a large extended paleolake in the Eastern Sahara as revealed by spaceborne radar lab images[J]. Remote Sensing of Environment,1997,61(3):437-440.

[9] BIRKETT C M. Synergistic remote sensing of lake Chad:variability of basin inundation[J]. Remote Sensing of Environment,2000,72(2):218-236.

[10] LAABS B J C,KAUFMAN D S. Quaternary highstands in bear lake valley,Utah and Idaho[J]. Geological Society of America Bulletin,2003,115:463-478.

[11] LI J,NARAYANAN R M. A shape-based approach to change detection of lakes using time series remote sensing images[J]. IEEE Transactions on Geoscience and Remote Sensing,2003,41(11):2466-2477.

[12] DEVOGEL S B,MAGEE J W,MANLEY W F,et al. A GIS-based reconstruction of late Quaternary paleohydrology:Lake Eyre,arid central Australia[J]. Palaeogeography, Palaeoclimatology, Palaeoecology, 2004, 204(1/2):1-13.

[13] CHIPMAN J W,LILLESAND T M. Satellite-based assessment of the dynamics of new lakes in southern Egypt[J]. International Journal of Remote Sensing,2007,28(19):4365-4379.

[14] CAVALLI R M,LANEVE G,FUSILLI L,et al. Remote sensing water observation for supporting Lake Victoria weed management[J]. Journal of Environmental Management,2009,90(7):2199-2211.

[15] MANCINO G,NOLÈ A,URBANO V,et al. Assessing water quality by remote sensing in small lakes: the case study of Monticchio lakes in southern Italy[J]. IForest-Biogeosciences and Forestry, 2009, 2(4):154-161.

[16] MERGILI M,SCHNEIDER J F. Regional-scale analysis of lake outburst hazards in the southwestern Pamir, Tajikistan, based on remote sensing and GIS[J]. Natural Hazards and Earth System Sciences, 2011, 11(5):1447-1462.

[17] 刘登忠. 西藏高原湖泊萎缩的遥感图像分析[J]. 国土资源遥感,1992,4(4):1-6.

[18] 戴锦芳,赵锐. 遥感技术在古丹阳湖演变研究中的应用[J]. 湖泊科学,1992,4(2):67-72.

[19] 俞立中,许羽,蔡述明,等. GIS技术在洪湖环境演变研究中的应用[J]. 湖泊科学,1993,5(4):350-357.
[20] 陈贤章,王光宇,李文君,等. 青藏高原湖冰及其遥感监测[J]. 冰川冻土,1995,17(3):241-246.
[21] 李劲峰,李蓉蓉,李仁东. 四湖地区湖泊水域萎缩及其洪涝灾害研究[J]. 长江流域资源与环境,2000,9(2):265-268.
[22] 杨日红,于学政,李玉龙. 西藏色林错湖面增长遥感信息动态分析[J]. 国土资源遥感,2003,15(2):64-67.
[23] 沈芳,匡定波. 青海湖最近25年变化的遥感调查与研究[J]. 湖泊科学,2003,15(4):289-296.
[24] 柯丽娜. 基于RS,GIS技术的扎布耶湖泊演化研究[D]. 成都:成都理工大学,2004.
[25] 陈强,陈正江,张兴国,等. 基于RS/GIS的艾比湖沿岸绿洲生态系统服务功能价值及其演变[J]. 水土保持通报,2005,25(2):79-82.
[26] 沈欣,欧阳志云,JANDE L. 利用多时相Landsat影像生成白洋淀湖底DEM的研究[J]. 地理与地理信息科学,2005,21(2):16-19.
[27] 夏清. 基于RS、GIS技术对昂拉仁错湖泊的演化研究[D]. 成都:成都理工大学,2006.
[28] 王景华. 羊卓雍错流域冰川-湖泊时空格局变化及其对气候变化的响应[D]. 济南:山东师范大学,2006.
[29] 胡争光,王祎婷,池天河,等. 基于混合像元分解和双边界提取的湖泊面积变化监测[J]. 遥感信息,2007,22(3):34-38.
[30] 孟庆伟. 青藏高原特大型湖泊遥感分析及其环境意义[D]. 北京:中国地质科学院,2007.
[31] 李永生. 基于MODIS数据的艾比湖湖面变化研究[D]. 乌鲁木齐:新疆师范大学,2008.
[32] 蒋锦刚,李爱农,邓伟,等. 多时相遥感影像提取湖泊边界信息的融合算法[J]. 湖泊科学,2009,21(2):264-271.
[33] 罗重光,韩凤清,庞小朋,等. 青海可可西里主要湖泊湖底地貌研究[J]. 盐湖研究,2010,18(1):1-8.
[34] 万玮,肖鹏峰,冯学智,等. 近30年来青藏高原羌塘地区东南部湖泊变化遥感分析[J]. 湖泊科学,2010,22(6):874-881.
[35] 包娜仁图雅,李政海,蒙荣,等. 锡林郭勒盟不同草原地带湖泊环境变化规律研究[J]. 干旱区资源与环境,2011,25(7):150-154.

[36] 黄慧,刘登忠.青藏高原湖泊演变类型的遥感研究[J].四川地质学报,2011,31(1):84-87.
[37] 闫立娟,齐文.青藏高原湖泊遥感信息提取及湖面动态变化趋势研究[J].地球学报,2012,33(1):65-74.
[38] 柳依莎.青藏高原西部冰川、湖泊的动态变化及其对气候变化的响应研究[D].重庆:重庆师范大学,2012.
[39] 都金康,黄永胜,冯学智,等.SPOT卫星影像的水体提取方法及分类研究[J].遥感学报,2001,5(3):214-219.
[40] 陈杰.高分辨率遥感影像面向对象分类方法研究[D].长沙:中南大学,2010.
[41] 贾永红,冯在梅,沈庭乐.基于标记分水岭分割的高分辨率影像水体信息提取[J].测绘通报,2014(9):31-33.
[42] 曹凯,江南,吕恒,等.面向对象的SPOT 5影像城区水体信息提取研究[J].国土资源遥感,2007,19(2):27-30.
[43] 于晓宁.基于高分辨率遥感影像的水体信息提取方法研究[D].长春:吉林大学,2016.
[44] 周文鑫,何隆华,马荣华,等.基于面向对象的TM_BV变换水体信息提取[J].中国科学院研究生院学报,2012,29(6):775-779.
[45] 林顺海.基于NDWI与改进型FCM相结合的高分一号影像水域信息提取方法研究[J].测绘与空间地理信息,2017,40(6):86-88.
[46] 王伟武,朱霞,孙跃池,等.基于ETM图像的山地水体提取方法研究[J].系统仿真学报,2013,25(9):2196-2200.
[47] 彭定志,熊立华,郭生练,等.MODIS在水文水资源中的应用与展望[J].水科学进展,2004,15(5):683-688.
[48] 徐涵秋.利用改进的归一化差异水体指数(MNDWI)提取水体信息的研究[J].遥感学报,2005,9(5):589-595.
[49] 汪金花,张永彬,孔改红.谱间关系法在水体特征提取中的应用[J].矿山测量,2004(4):30-32.
[50] 刘建波,戴昌达.TM图像在大型水库库情监测管理中的应用[J].环境遥感,1996(1):54-58.
[51] 赵紫薇.基于OSTU算法利用新型水体指数进行Landsat数据自适应阈值水体自动提取研究[J].测绘与空间地理信息,2016,39(9):57-60.
[52] 陆灯盛,游先祥,崔赛华.TM图像的信息量分析及特征信息提取的研究[J].环境遥感,1991(4):267-274.

[53] 彭凯锋,贾永红,李辉. 基于LBV变换的GF-2影像水体提取方法[J]. 北京测绘,2018,32(4):394-398.

[54] 杨光源. 基于HSI高光谱遥感数据的水体分布提取及泥沙含量反演研究[D]. 南宁:广西师范学院,2014.

[55] 朱宝山,张绍华,徐大龙,等. 综合水体指数及其应用[J]. 测绘科学技术学报,2013,30(1):19-23.

[56] 李小涛,黄诗峰,郭怀轩. 基于纹理特征的SPOT 5影像水体提取方法研究[J]. 人民黄河,2010,32(12):5-6.

[57] 徐涵秋. 从增强型水体指数分析遥感水体指数的创建[J]. 地球信息科学,2008,10(6):6776-6780.

[58] 陈顺. Landsat-7ETM+和PALSAR数据联合反演森林生物量方法研究[D]. 徐州:中国矿业大学,2018.

[59] 丁凡. 太湖OLI影像大气校正方法对比与适用性评价[D]. 西安:西安科技大学,2018.

[60] 李述,刘琪璟. 高程和大气模式对FLAASH模型校正结果的影响[J]. 遥感技术与应用,2015,30(5):939-945.

[61] 王永锋,靖娟利. 基于FLAASH和ATCOR2模型的Landsat ETM+影像大气校正比较[J]. 测绘与空间地理信息,2014,37(9):122-125.

[62] 王大钊,王思梦,黄昌. Sentinel-2和Landsat8影像的四种常用水体指数地表水体提取对比[J]. 国土资源遥感,2019,31(3):157-165.

[63] 褚敏,吕伟才,李金恒,等. 淮南市水域面积变化遥感监测[J]. 黑龙江工程学院学报,2019,33(1):7-12.

附　录

附表1　煤矿生态修复常用技术

技术类型	分类	治理方法	优点	缺点
物理修复技术	充填法	充填开采、采空区充填、地表回填	减少地面变形、地表占地污染	工艺复杂、工期较长
	换土法	净土置换污染土	修复彻底	工程量大
	客土法	无污染土覆盖污染土	见效快,效果好	不适合坡度高、雨量大处实施
	深耕翻土法	混合上层污染土于下层净土	操作简便	不能根本去除污染物
化学修复技术	化学改良剂法	向土壤中施加化学改良剂	药剂便宜、修复快速、操作简单	污染物总量没变,需长期管理
	化学淋洗法	用化学溶液淋洗污染土壤	彻底去除污染物、修复周期短	易造成二次污染、水土流失
	化学栅法	用固体材料吸附或沉降污染物	易取材、易操作	不适用于厚土污染
	植物固化法	用超积累植物固定重金属污染物	成本低、不改变土壤性质、没有二次污染	耗时长、不能除去超过植物耐受度的污染
植物修复技术	植物萃取法	用超积累植物富集重金属污染物并收割处理	成本低	对土壤条件要求高
	根际过滤法	用超积累植物的须根在水中富集重金属污染物	具有永久性和广泛性	对根系表面积要求高
	植物辅助法	通过根系范围内植物的活动刺激微生物,促进污染物的生物降解	易操作、成本低,增加矿区植被覆盖量	只适用于挥发性污染物,应用范围小
	植物转化法	通过植物新陈代谢作用降解环境污染物	易操作、成本低	对疏水性强的污染物无效

附表 1(续)

技术类型	分类	治理方法	优点	缺点
水体修复技术	矿井水的处理	去除悬浮物的物化处理	施工简单、工艺成熟	有复杂污染物时需生化配合
	地表水的修复	建立人工湿地模拟单元和漫流湿地处理单元	运行费用低，无需现场管理	占地面积大、运行周期长
生物修复技术	原位生物修复	微生物可以通过电性吸附并分解有机污染物	环境影响小、无二次污染	耗时长、生物修复特定性强
	异位生物修复	把污染土壤挖出进行集中生物降解	效率高且彻底、易监控	运输成本高、有扩散风险

注:本表参照文献《井工煤矿矿区生态破坏现状及常用修复技术》中表 1 编制。

附表 2　2000—2019 年区域 1 每年 3 到 9 月水体面积提取结果

2000/3	2001/3/31	2002/3/10	2003/3/29	2004/3	2005/3/18	2006/3/21	2007/3/24	2008/3	2009/3
缺	9342900	5975100	11372400	缺	13922100	7763400	16716600	缺	缺
2000/4/13	2001/4/16	2002/4/27	2003/4/14	2004/4/8	2005/4/3	2006/4/30	2007/4/17	2008/4/11	2009/4/6
7173000	6865200	3726900	7231500	6207300	15010200	6248700	8983800	10882800	9098100
2000/5/23	2001/5/10	2002/5/29	2003/5/24	2004/5/18	2005/5	2006/5/16	2007/5/3	2008/5/5	2009/5/8
7624800	5202000	3544200	9379800	13098600	缺	4533300	8384400	9639900	9034200
2000/6/16	2001/6/3	2002/6/6	2003/6	2004/6	2005/6/22	2006/6/25	2007/6	2008/6/22	2009/6/17
7821900	4704300	4668300	缺	缺	12752100	12705300	缺	10197000	17571600
2000/7/10	2001/7/5	2002/7/8	2003/7/27	2004/7/13	2005/7/24	2006/7/11	2007/7/6	2008/7/8	2009/7/27
10771200	9231300	7938000	13367700	7354800	14734800	10807200	4911300	9641700	12614400
2000/8/27	2001/8/30	2002/8/17	2003/8/4	2004/8/14	2005/8/17	2006/8/4	2007/8/15	2008/8/25	2009/8/12
11921400	3987000	6595200	11755000	15751800	9291600	5428800	15060600	8798400	8578800
2000/9/20	2001/9/15	2002/9/2	2003/9/21	2004/9/23	2005/9/18	2006/9/21	2007/9/8	2008/9/26	2009/9/13
10390500	3508200	6768000	11388600	16377300	5771700	6120000	9055800	8976600	10115100
2000/10/14	2001/10/17	2002/10	2003/10/23	2004/10/25	2005/10/4	2006/10/7	2007/10/2	2008/10/12	2009/10/15
11292300	5642100	缺	13123800	16753500	8056800	9393300	12242700	9384300	9706500
2000/11/15	2001/11/2	2002/11/29	2003/11	2004/11/18	2005/11/21	2006/11/8	2007/11/3	2008/11/5	2009/11
8924400	6097500	9711000	缺	14406300	5221800	10624500	12442500	12103200	缺

附表 2(续)

2010/3/24	2011/3/27	2012/3	2013/3	2014/3	2015/3/14	2016/3/24	2017/3/3	2018/3/6	2019/3/25
5412600	7257600	缺	缺	缺	7929900	11963700	8244000	12445200	17822700
2010/4/1	2011/4/12	2012/4/22	2013/4	2014/4/28	2015/4//23	2016/4	2017/4/4	2018/4/15	2019/4/26
11025900	10140300	12782700	缺	14684400	11293200	缺	9741600	7242300	16535700
2010/5	2011/5/22	2012/5/24	2013/5/11	2014/5/30	2015/5/25	2016/5/3	2017/5/6	2018/5	2019/5/28
缺	16415100	15687000	17044200	12876300	6756300	8849700	9466200	缺	18699300
2010/6/28	2011/6	2012/6/25	2013/6/20	2014/6/15	2015/6	2016/6/4	2017/6/15	2018/6/26	2019/6/5
9014400	缺	12197700	12273300	12587400	缺	11855700	5972400	12349800	9657000
2010/7/22	2011/7/17	2012/7/27	2013/7/14	2014/7/17	2015/7/12	2016/7/6	2017/7/17	2018/7/28	2019/7/15
12611700	6489000	17625600	19126800	14773500	8832600	13209300	7261200	16362000	19256400
2010/8/31	2011/8/2	2012/8/28	2013/8/7	2014/8/26	2015/8/29	2016/8/7	2017/8/26	2018/8/5	2019/8/24
4149900	7836300	17901900	11902500	7834500	9440100	12893400	8954100	8539200	7966800
2010/9/24	2011/9/6	2012/9/29	2013/9/16	2014/9/3	2015/9/14	2016/9/24	2017/9/11	2018/9	2019/9/17
12427200	8277300	16540200	14526000	12909600	9077400	11473200	8129700	缺	20969100
2010/10/26	2011/10/5	2012/10/31	2013/10/2	2014/10/21	2015/10/24	2016/10/26	2017/10/29	2018/10/16	2019/10/9
20676600	6613200	12845700	14960700	13610700	14217300	12998700	10141200	14188500	22561200
2010/11	2011/11/14	2012/11	2013/11/19	2014/11/22	2015/11/1	2016/11/3	2017/11/30	2018/11/1	2019/11/4
缺	10735200	缺	19355400	14402700	11338200	10617300	9898200	16071300	16012800

附表 3　2000 年 2019 年达里诺尔湖每年 3 到 9 月水体面积提取结果

2000/3/28	2001/3/30	2002/3/11	2003/3/30	2004/3/23	2005/3/19	2006/3/6	2007/3/25	2008/3/18	2009/3/14
227956500	220504500	211046400	208395200	212038200	211435200	205303200	204216300	194466600	198299800
2000/4/13	2001/4/16	2002/4/19	2003/4/15	2004/4/8	2005/4/11	2006/4/30	2007/4/26	2008/4/28	2009/4/15
218566800	215442000	211165200	205945200	206514900	217646100	199560600	198375300	195391800	193910400
2000/5/15	2001/5/27	2002/5/21	2003/5/24	2004/5/3	2005/5/6	2006/5/16	2007/5/3	2008/5/14	2009/5/17
232458300	214555800	210151000	209326500	208072400	202753800	199744200	199298700	195959700	193215600
2000/6/9	2001/6/3	2002/6/6	2004/6/18	2004/6/27	2005/6/7	2006/6/26	2007/6/4	2008/6/22	2009/6/25
221975100	215460900	211497300	211275900	209039400	190916100	201852900	199925100	192539100	193286700
2000/7/18	2001/7/5	2002/7/8	2003/7/20	2004/7	2005/7	2006/7/19	2007/7/6	2008/7/8	2009/7/27
220748400	217110600	212193900	207782100	缺	缺	200631600	199089000	196240500	202975200
2000/8/3	2001/8/15	2002/8/2	2003/8/28	2004/8/14	2005/8/17	2006/8/13	2007/8/7	2008/8/25	2009/8/12
219816900	215770500	212957100	207124100	212037300	207412200	199408700	205907400	196812000	194610600
2000/9/20	2001/9/7	2002/9/19	2003/9/6	2004/9/8	2005/9/2	2006/9/21	2007/9/8	2008/9/26	2009/9/22
218862000	214203600	208211400	210096000	203245700	206314200	200372400	197864100	197002800	192758400
2000/10/15	2001/10/25	2002/10/28	2003/10/24	2004/10/1	2005/10/4	2006/10/7	2007/10/3	2008/10/12	2009/10/24
218519100	212990400	208217900	204164900	211684500	205347600	200652300	191654100	196131600	191405700
2000/11/7	2001/11/19	2002/11/6	2003/11/9	2004/11/2	2005/11/21	2006/11/1	2007/11	2008/11	2009/11
220291200	213974100	208531000	209825200	211968900	201791700	199870200	缺	缺	缺

附表 3(续)

2010/3/24	2011/3/27	2012/3	2013/3/17	2014/3/27	2015/3/30	2016/3/25	2017/3/19	2018/3/22	2019/3/25
195677400	193473900	缺	194036400	206433000	197813700	196913700	194421600	191070000	189978300
2010/4/18	2011/4/12	2012/4/22	2013/4	2014/4/29	2015/4/24	2016/4/10	2017/4/4	2018/4/24	2019/4/26
191654100	190277100	190882800	缺	193529700	190114200	196443000	191242800	184950000	183959100
2010/5/20	2011/5/23	2012/5/1	2013/5/3	2014/5/22	2015/5/2	2016/5/3	2017/5/6	2018/5/1	2019/5/28
193270500	190260900	191664000	193463100	192932100	190693800	190465200	189474300	184963500	187322400
2010/6/5	2011/6/8	2012/6/18	2013/6/29	2014/6/15	2015/6/27	2016/6/4	2017/6/15	2018/6/18	2019/6/6
192894300	198225900	194780700	194569200	194987700	191961900	191256300	185357700	181505700	185689800
2000/7/23	2011/7/17	2012/7/4	2013/7/31	2014/7/17	2015/7/29	2016/7/6	2017/7/17	2018/7/28	2019/7
192113100	192378600	191664000	195990300	197425800	191598300	191531700	189650700	192391200	缺
2010/8/31	2011/8/2	2012/8/28	2013/8/23	2014/8/26	2015/8/13	2016/8/15	2017/8/10	2018/8/21	2019/8/24
190796400	190933200	195570800	188957700	193009500	191864700	190795500	193548600	182066400	181664100
2010/9	2011/9/19	2012/9/6	2013/9/24	2014/9/27	2015/9/14	2016/9/24	2017/9/3	2018/9/15	2019/9/2
缺	189814500	201589200	193429800	192673800	190614600	190426500	189149400	184167900	181733400
2010/10/11	2011/10/5	2012/10/31	2013/10/3	2014/10/5	2015/10/8	2016/10/26	2017/10/13	2018/10/16	2019/10/19
188354700	191183400	194730300	194041800	197887500	194877900	190549800	190134000	191253600	181761300
2010/11/28	2011/11	2012/11	2013/11/11	2014/11/15	2015/11/2	2016/11/4	2017/11/23	2018/11	2019/11/20
198113100	缺	缺	193467600	192941100	189641700	197370900	186371100	缺	180937800